KB042555

갈등의 시대,
진정한 리더의 자격

리더는 '갈등관리'를 어떻게 해야 하는가?

박성재

박영사

누가 "당신은 어떻게 살고 싶으세요?"하고 묻는다면 당신은 어떻게 답할 것인가? 편안하고 행복하게 살고 싶다는 답을 하지 않을 사람은 없다. 비슷한 맥락에서 "당신은 리더로서 조직을 어떻게 관리하고 싶은가?"라는 질문을 받는다면 "안정된 가운데 성공적으로 조직목표를 달성하고 싶다."는데 이의를 제기할 사람은 없을 것이다.

개인이나 조직이 평안하고 안정되기를 바라는 것은 누구나 같은 마음이다. 그것이 개인의 행복, 조직의 성공을 가져다주기 때문이다. 그렇다면 여기서 한걸음 더 나가서 "그런 행복과 성공을 위해 어떻게 해야 하는가?"라는 구체적인 물음에는 선뜻 답하기가 어려워진다. 생각하는 것은 쉽지만 이를 실전에서 행동으로 옮기기는 그만큼 힘들다.

필자는 이 질문에 확연한 답 하나를 가지고 있다. 바로 '갈등'을 잘 관리하는 것이다. 개인의 스트레스는 물론, 조직의 화합과 안정 모두는 '갈등을 어떻게 관리하느냐'에 따라 달라진다. 우리 삶의 모든 불행의 씨앗은 사소한 갈등에서 시작된다. 만약 이것을 소홀히 여기거나 제대로 관리하지 않으면 심각한 위기를 맞게 된다. 이것이 필자로 하여금 부족하지만 이글을 쓰게 한 동기다.

현재 우리사회는 개인이나 사회 모두 심각한 갈등의 병에 걸린 상태이다. 개인의 갈등을 제대로 관리하지 못하여 OECD 국가 중 자살률(10만 명

당 26.6명)이 1위다. 사회적으로도 사회양극화로 인한 빈부격차 갈등, 지역
갈등, 정파적인 갈등까지 온통 갈등과 불신으로 사회가 병들고 있다. 그중
에서도 촛불과 태극기 민심으로 대변되는 보수와 진보의 이념적인 갈등은
그 심각함을 넘어 위기에 이르는 상황이 되었다.

무엇이 우리사회를 이처럼 만들었을까? 물론 나름대로의 여러 가지 이
유가 있을 것이다. 그러나 필자는 큰 틀에서 두 가지를 그 원인으로 생각
한다. 먼저 우리는 화합과 협력을 강조하면서도 실제 그것을 저해하는 갈
등을 관리하는 데 있어 사회적 관심이 크지 않기 때문이다. 그리고 이러한
사회적 무관심에는 이 시대를 이끌어가야 할 지도자들이 올바른 리더십을
발휘하지 못한 책임도 크다.

우리사회가 잘되기를 바라는 필자의 입장에서는 심각한 문제인식을 갖
게 되었다. 개인은 물론 사회나 조직의 갈등을 '어떻게 하면 잘 관리할 수
있을 것인가?'라는 문제에 깊은 관심을 가질 수밖에 없었다. 이에 필자는
이 책을 통해 우리가 안고 있는 갈등문제를 리더십 측면에서 재조명하고
그 해결책을 제시하고자 한다.

우리 주변에 훌륭한 리더십 책자는 많다. 하지만 '갈등관리 리더십'을
주제로 한 책자는 의외로 없는 것이 현실이다. 조직관리를 위한 리더십의
기본은 조직의 화합과 안정이다. 그런데 정작 이를 저해하는 갈등을 관리
하는 데 있어 리더들의 관심이 소홀하다. 이는 마치 건강을 원하면서도 질
병에 관심을 갖지 않는 것과 같이 아이러니한 일이다. 따라서 저자는 이
책을 통하여 독자님들께서 조직의 갈등을 관리하는 데 있어 조금 더 도움
이 되길 바란다.

이 책을 쓰면서 나름대로 열과 성을 다하였지만, 전문적인 작가들에 비
해 여러모로 부족한 것은 사실이다. 하지만 필자는 위대한 리더의 갈등관
리 사례를 통하여 흥미는 물론, 현장감 있는 교훈을 독자들에게 전달하고
자 노력하였다. 그리고 주제 하나를 단숨에 이해할 수 있도록 그 분량을

조절하였다는 점도 독자님들께서 어여삐 보아주셨으면 좋겠다.

그럼에도 불구하고 나름대로 필자가 내세울 것이 있다면, 이 책이 이론보다는 실전경험에 비중을 두었다는 것이다. 필자는 정규사관학교에서 체계화된 리더십을 교육받았다. 그리고 군사경찰 장교로서 참모직위와 지휘관보직을 두루 수행하면서 늘 개인이나 조직의 갈등이 사고로 이어지지 않도록 예방업무에 주력하였다. 이런 경험에서 체득한 노하우를 책속에 고스란히 담기도록 힘썼다. 보통 관련도서들의 이론적 지식전달과는 분명히 다른, 차별성을 가졌다고 본다.

마지막으로 독자님들께 한 가지를 부탁드리고자 한다. 노파심에서 말씀드리지만, 부분적으로 인용된 내용에 대해 시시비비를 가리지 않았으면 좋겠다. 가급적 객관성을 가지고 자료에 충실하여 내용을 전개하였지만, 간혹 인용된 일부 정치적인 사안들은 그저 메시지 전달의 일부분일 뿐 그 어떤 정치적인 의도도 없다는 사실을 분명히 밝혀둔다. 물론 현명하신 독자님들께서는 충분히 헤아리실 것으로 믿는다.

이제 필자는 35년간의 군생활을 마치고 민간인으로서의 제2의 인생을 계획하고 있다. 소중했던 군의 울타리를 넘어 공직생활에서 배여 있었던 경직된 인식의 틀을 깨고 넓은 세상으로 나와 다양한 사람들과 소통하기를 원한다. 현 시대의 사회문제를 평범한 시민의 눈높이로 보고 군에서 체계적으로 배운 경험과 지식을 통해 주변 사람들과 공감하며 해결책을 함께 고민해보고 싶다.

군인에게 명예만큼 소중한 것은 없다. 그런 의미에서 국가가 준 공직생활을 영예롭게 마무리하는 필자는 행운아다. 더욱이 이렇게 작은 지식으로 그동안 국가와 군으로부터 받은 은혜에 조금이나마 보답할 수 있음에 무한한 보람을 느낀다. 이 책이 조직의 갈등으로 고민하는 군 간부 및 지휘관, 공공조직의 관리자, 기성리더들은 물론, 앞으로 우리사회의 미래를 이끌어가야 할 잠재적 리더인 청소년들에게도 참고가 되길 진심으로 바란다.

다시 한 번 그동안 필자에게 국가에 봉사할 수 있는 기회를 준 군과 주변에서 물심양면으로 도와준 선·후배 여러분들께 감사드린다. 특히 노구에도 노심초사 항상 관심을 아끼지 않으신 부모님, 군인의 아내라는 고된 길을 묵묵히 걸으며 내조해온 사랑하는 아내, 그리고 가족 및 친지 여러분들께도 이 기회를 빌려 고맙다는 말을 전하고 싶다.

2020년 12월 계룡대에서
박성재

|차례|

갈등의 본질과 특성 이해

우리의 삶에서 갈등을 관리하는 것은 매우 중요한 현실적인 문제다. 갈등은 불씨와도 같아 잘 관리하면 유용하지만 그렇지 않으면 삶 전체를 송두리째 파괴해 버리기도 한다. 현재 우리 주변에서 일어나고 있는 '개인의 스트레스, 조직 간의 대립과 분열' 등의 일들은 갈등을 제대로 관리하지 않아서 생기는 것이다. 개인의 행복과 조직의 안정을 위해서는 작은 갈등의 불씨가 거세지지 않도록 잘 관리할 필요가 있다.

갈등관리는 먼저 그 본질과 특성을 이해할 필요가 있다. 갈등葛藤의 한자적 의미는 '칡 갈葛, 등나무 등藤'이다. 칡과 등나무가 서로 얽혀 화합하지 못함을 비유한 것이다. 즉 서로 다른 견해와 입장, 이해관계로 생기는 불화와 충돌을 의미하는 말이다.

일부 역사학자들은 인류의 역사를 '갈등과 투쟁의 역사'로 보고 있다. 이들의 관점에서 보면 태초부터 인류의 삶속에는 갈등이 존재하였고, 이로 인한 끊임없는 투쟁의 역사가 현재 우리의 삶속으로 이어지고 있다고 보는 것이다. 이런 의미에서 갈등은 우리 삶속에 '필연적必然的이면서도 하나의 보편적普遍的인 삶의 방식'이라 할 수 있다.

갈등의 필연성에는 근본적으로 우리 인간이 불완전한 존재라는 사실과 맥을 같이 한다. 인간의 내면에는 항상 선善과 악惡이라는 두 가치가 서로 갈등하면서 우리의 사고와 행동체계를 지배한다. 선이 악을 이길 때는 선한 행동으로 마음의 평화를 가져오지만 악이 선을 지배할 때는 분노를 느끼고 마음의 평화를 깨뜨려 죄를 짓기도 한다. 그런 점에서 갈등은 불완전한 인간의 태생적인 한계에서 비롯된 필연적인 문제다.

또한 이러한 필연적인 갈등은 우리의 보편적인 삶을 지배한다. 아침에 잠에서 깨면 "가장 먼저 무엇을 할 것인가?"하는 문제로 시작하여 "점심은 무엇을 먹을 것인가?"와 같은 시시콜콜한 문제, 그리고 제대로 관리하지 않으면 조직 전체가 심각한 위기에 빠질 수 있는 중대한 갈등까지 겪으면서 하루하루를 살아간다. 대부분 우리의 삶이 갈등과 함께 한다고 해도 과언이 아니다.

그런데 우리 일상에서 흔히 일어나는 이러한 갈등들이 "어떻게 관리되어 지느냐?"에 따라서 개인의 삶의 질이 달라지기도 하고 더 나아가서는 자신이 몸담고 있는 조직이나 사회의 운명을 결정짓기도 한다.

미국의 심리학자 바우마이스터Roy F. Baumeister는 "나쁜 것은 좋은 것보다 강하다"라고 하였다. 긍정적인 반응보다는 부정적인 반응이 더 강한 영향을 미친다는 것을 강조한 말로서 갈등이 우리사회에 미치는 영향이 그만큼 크다는 것이다.

현재 우리사회가 겪고 있는 갈등에 대한 경제적 비용이 한 해에 300조 원을 넘고 있고 사회갈등수준은 OECD 국가 중 최하위로 심각하다는 연구결과가 있었다. 1위가 종교분쟁을 겪고 있는 터키이고, 우리나라가 그 다음이라는 것은 우리에게 시사하는 바가 크다.

그 원인은 다양하지만 사회학자들 대부분은 우리사회의 급속한 발전에서 그 답을 찾고 있다. 지금까지 우리사회는 압축적인 근대화를 통해 비약적으로 발전해 왔다. 그로 인해 사회구성원들의 인식은 빠르게 바뀌고 있는 데 반해 사회전반적인 체계나 환경이 미처 따라오지 못하는 괴리현상은 갈등을 촉발하고 있다. 더욱이 세계화된 개방화시대를 맞이하면서 복잡한 사회구조에서 오는 다양한 이해관계의 충돌은 사회갈등을 더욱 부채질하고 있다.

그 내면을 조금 더 자세히 들여다보면 우리나라의 국민성 역시 갈등에 취약하다는 점을 알 수 있다. 한 여론조사에 의하면 한국 사람의 장점으로 가장 많이 꼽히는 것은 근면성, 인내심, 그리고 인정人情 순이었고 포용력과 합리성이 가장 낮은 것으로 조사되었다.

갈등관리 측면에서 보면 근면성은 곧 성과주의를 포함할 수 있고 인정은 관계성을 중시하여 공적 시스템 가동을 약화시킨다. 특히 갈등관리에 필요한 합리성과 포용력 부족은 논리적이거나 객관적인 판단보다는 주관적인 직관을 신뢰하기 때문에 그만큼 갈등에 취약하다는 점을 보여주고 있는 것이다.

우리사회 조직의 갈등관리는 한마디로 '우리 몸의 병病을 다스리는 것'과 같다. 우리 몸에 병이 생기면 이를 관리하고 치유하여야 한다. 그렇지 않으면 병은 심각해지고 그로 인해 목숨까지 위태로워진다. 갈등도 마찬가지다. 작은 갈등이라도 제대로 관리하지 않으면 조직에 큰 위기를 불러올 수 있다.

그렇다고 해서 병이 없는 게 건강에 좋은 것도 아니다. 일병장수一病長壽라는 말이 있는 것처럼 적절하게 관리되는 한 가지 병이 오히려 장수에 도움이 된다. 만약 병이 없다면 건강에 과신하게 되고 갑자기 병이 생겼을 때 저항력이 떨어져서 심각한 건강문제가 될 수 있기 때문이다.

지금 우리가 추구하는 건강한 사회는 갈등이 없는 평온한 상태가 아니라 오히려 적절한 갈등이 내재하는 사회이다. 갈등은 사회를 적당히 긴장시켜 선의의 경쟁을 유발할 뿐 아니라 조직을 더욱 활력 있고 역동적으로 만들어준다. 따라서 우리사회가 조금 더 안정적인 가운데 발전을 추구하려면 내재된 갈등을 잘 관리해야 할 필요가 있다.

갈등관리 리더십의 필요성

우리사회나 조직에서 리더의 영향은 절대적이다. 고금古今을 막론하고 조직의 흥망興亡은 '리더가 조직의 갈등을 어떻게 관리하였는가?'에 달려있다고 해도 틀린 말이 아니다. 우리가 역사적으로 위대한 인물로 존경하는 사람들은 모두 당대의 위대한 갈등조정자였다. 그 가운데 아브라함 링컨과 마하트마 간디, 넬슨 만델라와 같은 인물은 어려운 현실적인 여건에서도 갈등을 화합으로 바꾸는 데 있어 탁월한 리더십을 발휘하였다.

위대한 역사는 위대한 사람이 만든다. 그렇지만 위대한 역사 속에서 위대한 교훈을 얻는 것 역시 위대한 것이다. 과거와 현재를 잇는 수많은 갈등의 중심에서 리더들의 성공과 실패를 통하여 현대의 리더들이 가야 할 올바른 길을 찾는 것은 값지고 의미 있는 일이다.

미국의 16대 대통령이었던 링컨은 어려운 성장과정과 가정적인 불행, 그리고 우울증이라는 지병을 앓고 있으면서도 재임기간 중 남북전쟁이라는 고조된 갈등을 잘 극복하고 미국의 가장 존경받는 대통령이 되었다.

인도의 영적지도자인 마하트마 간디는 비폭력 무저항주의를 통하여 갈등을 평화로 해결하는 위대한 리더십을 발휘하여 세계인으로 하여금 그를 '마하트마Mahatma', 즉 '위대한 영혼'으로 부르게 하였다.

그리고 남아프리카 공화국의 최초 흑인 대통령 넬슨 만델라는 자신이 겪은 박해에도 불구하고 용서와 관용으로 흑백의 인종적 갈등을 넘어 화합으로 이끈 훌륭한 갈등관리의 리더였다.

우리와 정서가 비슷한 중국의 역사를 보면 분할과 경쟁, 그리고 갈등 속에서도 위대한 성군으로서 '정관貞觀의 치治'를 이룬 당태종 이세민의 리더십이 단연 돋보인다. 그리고 군웅할거시대인 춘추전국시대와 삼국시대를 거치면서 공자와 같은 많은 현인賢人들의 '치세治世에 대한 철학'은 갈등관리를 위해 고민하는 현대의 리더들에게 큰 교훈을 주기에 충분하다.

특히 최근 세간의 관심을 모은 삼국지의 두 책략가인 제갈공명과 사마의에 대한 리더십을 이런 관점에서 비교해 보는 것도 흥미로운 일이다. 제갈공명은 삼고초려로 유명한 초나라 유비를 모신 인물이고 사마의는 위나라 조조의 책사로서 거의 같은 시대에 서로 경쟁하며 살았던 사람들이다.

우리에게 더 잘 알려진 제갈공명은 위로는 후덕한 황제 유비의 절대적인 신임을 받았고 아래로는 백성들의 전폭적인 지지 속에 순탄하게 조직을 장악하며 통치할 수 있었다.

하지만 사마의는 주군인 조조가 호랑이보다 무섭고 여우보다 더 간교하며 의심이 많아 항상 긴장 속에서 살았다. 그리고 얼굴이 반역자 상을 지녔다고 해서 주변으로부터 끊임없이 견제를 받아야만 했다. 그러나 잠시라도 방심하면 목이 날아가는 살벌한 환경 속에서도 조조를 포함한 4대의 조씨 정권을 무사히 보필하고 위나라가 삼국을 통일하는 데 핵심적인 역할을 하였다.

그는 세간의 "죽은 공명이 산 중달(사마의 字)을 쫓는다."는 조롱을 받으면서도 끊임없이 자신을 통제하여 자신보다 2살 어린 제갈공명보다 무려 19년을 더 살았다. 공명이 54세에 병사하였지만 사마의는 73세까지 부귀영화를 누리며 천수를 다하였다.

최후의 승자는 누구인가? 오늘날 많은 역사가는 사마의의 능력을 더 높이 평가하기도 한다. 그가 갈등과 위기를 극복하는 능력이 더 탁월하기 때문이다. 지금 당신은 제갈공명보다 더 좋은 환경에 있는 조직의 리더일 수도 있고 사마의보다 더 나쁜 환경에서 조직을 이끌 수도 있다. 하지만 어떠한 리더라도 갈등을 제대로 관리하지 않고서는 조직을 성공적으로 이끌 수 없다.

최근 우리사회는 전 대통령이 탄핵되는 초유의 사건을 겪었다. 그리고 그로 인한 후유증이 아직까지도 우리사회를 분열시키고 있다. 이제라도 우리사회는 조직 내 갈등과 분열을 대승적으로 보듬어 화합으로 이끌어가야 할 진정한 리더십이 필요하다. 이것이 지금 우리에게 '갈등관리 리더십'이 필요한 이유다.

성공적인 갈등관리를 위한 리더의 자세

갈등관리 리더십은 한마디로 '조직의 갈등을 관리하는 지도자로서의 능력'을 말한다. 조직의 리더로서 성공적으로 갈등을 관리하기 위해서는 스스로가 올바른 처신과 사고思考를 해야 한다. 자칫 리더의 처신이 잘못되면 리더 자신이 갈등관리는 고사하고 갈등의 주체가 되어 분란의 중심이 되고 만다. 그렇다면 리더로서 올바른 갈등관리를 위해 어떠한 자세를 가져야 하는가?

첫째로 철저한 '자기관리自己管理'다. 리더는 단순하게 지위만 높은 것이 아니라 거기에 맞는 높은 인격과 도덕성을 갖추어야 한다. 이것이 부족하면 부하들은 리더를 진정으로 신뢰하지 않는다. 올바른 리더가 되기 위해서 스스로를 낮추면서 모범을 보이고, 끊임없이 자기를 성찰하면서 인격을 다듬지 않으면 안 된다. 그리고 조직이 위태로울 때는 즉시 자신을 던져 조직을 구할 줄 아는 헌신이야말로 리더가 가져야 할 올바른 자세다.

둘째로 '균형적均衡的 사고'를 해야 한다. 리더가 편견을 가지고 좌고우면左顧右眄하면 조직은 흔들리게 된다. 리더는 어떠한 경우라도 균형감을 가져야 하며 평정심을 잃어서는 안 된다. 항상 공정하고, 공평하며, 공개적인 업무자세를 통해 합리적으로 조직을 이끌어야 한다. 이것이 과거 제갈공명의 통치철학인 '3공원칙3公原則'이며, 갈등관리에 꼭 필요한 요소다.

셋째로 '유연柔軟하고 개방적開放的인 자세'가 필요하다. 리더의 생각이 고정관념에 사로잡혀 한치 앞을 보지 못하면 조직은 경직될 수밖에 없다. 항상 조직원들과 소통하고 배려하면서 공감대를 형성할 수 있는 유연하고 개방적인 자세가 필요하다. 그리고 자신과 다른 상대의 생각을 포용하고 너그러운 아량과 배려로 감싸 안을 줄 아는 큰 리더십을 발휘하여야 한다.

넷째로 '화합형和合形 리더십'을 가져야 한다. 리더는 평화 추구자Peace

Maker가 되어야 한다. 지나치게 전투형 사고를 가지고 매사에 돌직구형으로 문제를 해결하려고 하면 도처에 갈등과 적들로 가득 찰 것이다. 다소 시간과 절차가 복잡하더라도 민주적인 의사결정을 존중하고 자율적인 '대화와 협상'을 통하여 문제를 해결하도록 해야 한다.

마지막으로는 '결단決斷하고 책임責任'지는 자세다. 조직의 성패는 리더에게 달려있다. 그러므로 책임 또한 리더의 몫이다. 리더는 어떠한 위기 상황에서도 단호한 결단을 하고 그 책임은 전적으로 리더 자신이 져야 한다. 그것이 갈등을 최소화하고 위기에서 가장 빨리 벗어나는 길이다.

우스갯소리로 이 세상에 없는 것이 3가지가 있다고 한다. '공짜, 비밀, 정답'이 그것이다. 조직의 갈등관리에 있어 리더십 역시 마찬가지다. 정답은 없다. 하지만 올바른 갈등관리를 위해서는 위의 다섯 가지 핵심적 리더의 자세로 조직을 관리해야 한다. 이 책은 이를 중심으로 본문을 구성하여 현대의 리더들이 조직의 갈등을 효과적으로 관리할 수 있도록 그 방향과 해법을 드리고자 한다.

제1편

갈등관리의 전제조건:
"리더가 바로 서야 한다"

"조직의 리더로서 갈등관리를 위한 전제조건은 리더가 바로 서는 것이다. 리더는 조직의 거울이다. 그만큼 리더의 생각과 처신 하나 하나는 조직에 그대로 영향을 미친다. 리더가 바로 서지 않으면 조직은 방황하고 작은 분란도 큰 갈등이 되어 위기를 맞게 된다. 갈등관리의 주체가 되어야 할 리더가 갈등관리의 대상이 되어서야 되겠는가?

무엇보다도 갈등관리를 위한 리더십은 리더 자신으로부터의 변화가 중요하다. 올바른 리더십은 리더 스스로가 본질적인 리더의 요건을 갖출 때 가능하다. 조직의 갈등관리를 위해서 리더는 '고도의 인격과 겸허함, 솔선수범의 자세, 그리고 자기성찰과 헌신'의 노력이 있어야 한다. 이를 위해 리더는 끊임없이 자신을 관리하여 조직으로부터 존경과 신뢰를 갖도록 함으로써 구성원 스스로가 마음으로 따르도록 해야 한다."

제1장 리더가 바로 서야 조직이 산다

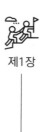

제1장

리더가 바로 서야 조직이 산다

갈등은 성숙한 인격으로 관리한다

리더의 인격Personality이란 조직의 선과 악을 가장 합리적으로 판단할 수 있는 도덕적인 기준이 된다. 리더가 인격에 흠결이 있으면 부하의 옳고 그름을 따질 수도 없을 뿐 아니라 조직의 신뢰와 존경을 받을 수도 없다. 그런 점에서 리더의 성숙한 인격은 조직 갈등관리의 가장 중요한 전제 조건이다.

미국의 16대 대통령 아브라함 링컨Lincoln은 위대한 정치가이기 이전에 훌륭한 갈등관리 조정자였다. 그는 당시 어려운 사회적 갈등 속에서도 고결한 인품으로 리더십을 발휘하여 세상의 갈등을 사랑으로 승화하고 적개심은 호의로 바꾸어 미국을 화합으로 이끌었다. 그가 발휘한 이러한 리더십은 그의 고단했던 어린 시절과 불행한 가정으로부터 성숙된 것이라는 점에서 그를 더욱 빛나게 한다.

링컨은 1809년 2월 12일 미국 켄터키주의 시골 개척지 농장에 있는 작은 통나무집에서 가난한 농부의 아들로 태어났다. 어려운 가정환경 때문에 정규교육은 9개월밖에 받지 못하고 막노동꾼과 뱃사공 등 온갖 허드렛일을 하며 피곤한 삶을 살아야만 했다. 더욱이 하는 사업마다 실패하여 파산에 이르렀고 17년 동안이나 그 빚을 갚기 위해 노력해야만 했다.

그 과정에서 사랑하는 어머니와 누이를 잃었고, 27살에 결혼을 약속했던 연인마저 병으로 세상을 떠나자 심한 우울감과 자괴감으로 죽음을 생각하기도 하였다. 한마디로 그의 성장환경은 불행과 실패의 연속이었다.

1842년 링컨은 34세의 나이에 10살 연하인 메리토드와 원치 않는 결혼을 하게 되었는데, 당시 링컨은 그 결혼을 '지옥에 끌려가는 기분'이라고 표현할 정도였다. 링컨의 아내는 부유한 은행가의 딸로 사치가 심하며 내성적인 링컨에 비해 충동적이고 신경질적이었다. 화가 나면 주변을 의식하지 않고 남편의 얼굴에 뜨거운 커피를 끼얹을 정도로 괴팍하였고 끊임없이 잔소리를 해대는 악처였다.

하루는 아내 메리토드가 평소 자주 가는 생선가게에 들렀다. 그녀는 늘 하던 대로 생선가게 주인에게 짜증스러운 말로 따졌다. "당신 가게의 생선은 늘 상태가 이 모양이오?" 그러자 생선가게 주인은 불쾌한 표정을 지으면서 옆에 있던 남편 링컨에게 항의를 하였다. "매사 부인은 신경질적인데 남편분이 잘 타일러 보시지요."

이 말을 들은 링컨은 황당한 표정이었다. 그는 황급하게 주인의 옷소매를 가게 구석으로 이끌더니 아내가 듣지 않게 조용히 부탁하였다. "주인어른께서 항의하시는 것은 당연하지요. 저는 지금까지 15년 동안 참고 살아왔는데 웬만하면 그냥 15분만 참아주시면 안 되겠습니까?"

아내의 이러한 행동은 링컨이 대통령이 된 이후에도 변함이 없었다. 백악관 관저의 공식적인 자리에서 손님과 대화할 때도 부인은 아랑곳하지 않고 화를 내고 불만을 표출하였다. 그럴 때면 민망하지만 링컨은 조용히 아내의 손을 잡고 방으로 데리고 들어간 다음 밖에서 문을 잠그는 정도였다.

남북전쟁이 한창일 때 주변에서는 영부인이 값비싼 옷을 사고 백악관의 호화로운 장식을 위해 2만 달러가 넘는 예산을 사용하였다는 비난이 쏟아졌다. 물론 대통령으로서는 수치스러운 비난을 받은 것에 대해 매우 창피했을 것이다.

링컨은 이때도 부인을 불러 점잖게 나무라면서 다시는 그러지 않도록 신신당부하였다. "지금은 전쟁 중이라 온 나라가 궁핍해 있는데 당신이 이렇게 행동하면 국민들이 우리를 보고 어떻게 생각하겠소?"

링컨은 불행한 자신의 가정적 불화와 갈등을 무한한 인내와 사랑으로 감내하였다. 그리고 아내의 약점을 보듬고 가정의 행복을 위해 더할 나위 없이 헌신하였다.

링컨은 생전에 3명의 자식을 병으로 잃었고 27번의 인생실패를 경험해야 했다. 그의 삶은 평범한 사람보다도 훨씬 불행하고 암흑 같았다. 하지만 그는 자신의 내면적인 고통과 갈등을 스스로 관리하면서 공적인 일은 훌륭하게 수행한 위대한 리더였다.

링컨이 정치하던 당시 미국사회는 흑백의 인종적 갈등과 노예해방을 위한 남북전쟁 등으로 대혼란을 겪고 있었다. 그 와중에 정치적인 갈등도 심하여 링컨 주변에는 정적도 많았다. 하지만 링컨은 이토록 어려운 상황을 그의 훌륭한 인품으로 극복하였다.

1855년 링컨의 오랜 정적인 스티븐 더글러스와 상원의원을 위한 합동 유세를 할 때였다. 더글러스는 링컨을 향하여 인신공격을 하기 시작하였다. "링컨 당신은 말만 그럴듯하게 하는 두 얼굴을 가진 이중인격자입니다!"라고 몰아세웠다. 그러나 링컨은 이에 당황하지 않고 차분하게 응수하였다. "더글러스 후보가 저보고 두 얼굴을 가진 사람이라고 몰아세우고 있습니다. 그런데 여러분! 만일 제가 두 얼굴을 가졌다면 오늘 같은 날 제가 이렇게 못생긴 얼굴을 가지고 나왔겠습니까?"

청중들은 링컨의 재치 있는 답변에 박수를 아끼지 않았다. 링컨은 상대방의 악의적인 인신공격을 감정적으로 대응하지 않고 그만의 유머로 갈등 상황을 모면하는 놀라운 재주가 있었다.

1860년 링컨은 공화당, 더글러스는 민주당 대통령 후보로 다시 격돌하였는데 선거결과 링컨은 압도적인 표차로 승리를 거두었다. 더글러스는 자신의 패배를 깨끗이 인정하고 링컨이 대통령으로 임무수행을 하는 데 적극적으로 도왔다. 링컨도 더글러스의 그런 모습에 감동하여 마음으로 존경하였고, 그 이듬해 더글러스가 열병으로 사망하자 백악관에 30일간 조기를 걸어 진심으로 조의를 표하였다. 링컨과 더글러스는 정적으로 치열하게 경쟁하였지만 협력이 필요할 때는 서로 손을 잡아주는 아량을 가진 멋진 정치가들이었다.

링컨에게는 더글러스 외에 또 하나의 정적이 있었다. 그 이름은 에드윈 스탠턴이었다. 스탠턴은 변호사 시절, 틈만 나면 주변 사람들에게 링컨의 허름한 옷차림을 보고 "무식한 촌놈"이라고 놀리고, 외모를 빗대어 "털 많은 고릴라의 원조"로 표현하면서 독설을 퍼부은 사람이다. 링컨이 대통령에 당선되었을 때도 "링컨의 당선은 국가적 재앙이다!"라고 비난하였다.

보통사람들의 생각에는 스탠턴은 링컨의 원수 같은 사람이었지만 링컨은 오히려 내각을 구성하면서 스탠턴을 가장 중요한 보직인 국방부 장관에 임명하였다. 그것도 같은 공화당이 아닌 민주당 사람을 말이다. 참모들은 링컨의 이러한 결정에 모두 놀라면서 반대하였다. 그러나 링컨은 "스탠턴은 소신과 능력을 갖춘 훌륭한 사람입니다. 그가 비록 나와 원수 같은 사이였지만 원수는 죽여서 없애는 것이 아니라 사랑으로 녹여 없애버려야지요." 라는 그의 말에 이의를 제기하는 사람은 없었다.

이후 스탠턴은 국방부 장관으로서 링컨을 도와 남북전쟁을 승리로 이끄는 데 결정적인 역할을 하였다. 그리고 링컨이 극장에서 총에 맞아 암살당할 때 그의 옆에서 그를 부둥켜안고 통곡하며 "여기 가장 위대한 사람이 누워있습니다."라고 울부짖었다. 그리고 자청해서 이 사건의 조사를 맡았고 장례식도 앞장서서 준비하였다. 마지막 이별사에서 "링컨은 사랑으로 사람을 변화시키는 힘이 있다. 그는 이 시대의 위대한 창조자다."라고 칭송하였다.

링컨은 자신을 헐뜯고 비방한 정적 스탠턴을 '미움과 증오' 대신 '용서와 사랑'으로 품어주어 자신을 가장 존경하는 사람으로 만들었다. 적을 없애는 방법을 '적을 친구로 만드는 방법'으로 선택한 놀라운 인격의 소유자였다.

1860년 링컨이 대통령으로 당선된 후, 의회에서 처음으로 취임 연설을 하게 되었다. 거만한 상원의원이 그의 미천한 출신을 거론하면서 비방하였지만 그때도 그만의 고결하고 절제된 인격으로 갈등상황을 해결하였다.

당시 미국 정가는 좋은 학벌에 명문귀족 출신들이 많았지만 링컨의 가문은 1637년 영국에서 이민 온 보잘것없는 흙수저 집안이었다. 아버지 토마스 링컨은 농사일을 하다가 후에는 구두수선공으로 생계를 꾸려가야만 했다.

링컨이 의회 첫 연설 때 한 상원의원이 링컨의 이런 가족사를 언급하면서 불쾌하다는 표정을 지으며 공격했다. "당신의 아버지는 구두수선공으로 우리 구두를 수선해주는 일을 하였습니다. 그런데 당신이 그런 형편없는 신분으로 대통령에 당선되었다니 이는 미국역사에 있을 수 없는 일입니다!"

그의 말이 끝나자 여기저기서 링컨을 비웃는 소리가 들렸다. 링컨은 이 말을 듣고 당황했다. 그리고 순간 마음속 깊은 곳에서 분노와 적개심이 솟아나는 것을 억누를 수가 없었다. 부모에 대한 멸시는 그 누구도 참기 힘든 고통인 것이다. 링컨은 잠시 눈을 감았다. 그리고는 무언가를 생각하고 있는 듯 아무 말도 하지 않았다. 의사당 안은 무거운 정적이 흘렀다.

잠시 후 링컨은 자신을 공격한 의원을 향하여 말을 하기 시작하였다. 차분하고 담담한 모습이었지만 눈가에는 눈물이 그렁그렁 맺혔다. "고맙습니다. 의원님! 한동안 잊었던 아버지 얼굴을 떠올리게 해주시니 고맙습니다. 아버지는 완벽한 솜씨를 가지신 구두수선공이었습니다. 혹 여러분 중 구두에 이상이 있으면 말씀해 주십시오. 제가 아버지 옆에서 곁눈질로 배운 솜씨로 정성껏 손봐드릴 수 있습니다. 나는 자랑스러운 아버지의 아들이고 지금도 아버지를 존경합니다."

링컨은 자신을 조롱하고 비웃는 상원의원의 무례한 공격을 받고도 전혀 불쾌한 감정을 나타내지 않고 진심어린 말로 받아넘겼다. 링컨의 말에 상원의원들은 아무런 말도 하지 못하였다. 비록 링컨의 아버지는 세상 사람들이 볼 때 천한 직업인 구두수선공이었지만 링컨에게는 가장 소중하고 존경하는 아버지였던 것이다.

만약 당시 링컨이 분노감을 표출하였거나 변명의 말로 설득하려 하였다면 링컨은 더 많은 공격을 당하였을 것이다. 그러나 그의 인격이 담긴 말 한마디는 지체 높고 교만하기 짝이 없는 의원들의 마음속에 존경이라는 온기를 강하게 불어넣어 주었다.

링컨은 대통령 되어서도 매일 아침 자기 구두는 스스로 닦았다. 하루는 젊은 비서가 이것을 보고 자기가 하겠다고 말했다. 그러자 링컨은 빙그레 웃으며 이렇게 말했다. "자기 구두를 자기가 닦는 게 뭐가 문제인가? 사람들은 구두를 자기 손으로 닦는 일을 천한 일로 여기는 모양인데 모든 일에는 귀천이 없는 것이네! 그리고 대통령이 구두를 닦는 게 아니라 구두닦이가 대통령이 된 것일세. 걱정 말고 자네 일이나 하게."라고 하며 익숙한 솜씨로 멋지게 구두를 닦았다.

링컨은 평범한 사람보다 훨씬 못한 어려운 환경에서 살았지만 그 어떤 위인보다도 더 위대한 인격을 갖춘 리더였다. 그는 자신에게 주어진 고난과 갈등을 자신의 굳은 의지와 인내심으로 극복하였다. 그것은 자신이 추구하는 목표가 그만큼 가치 있고 사회적 책임이 막중했기 때문이다.

그리고 그는 자신의 지난至難한 삶에서 끊임없이 자신을 괴롭혀온 불행과 갈등에서 벗어나는 방법이 바로 '사랑과 용서'라는 것을 알고 있었다. 비록 자신을 공격하는 정적이라 할지라도 상대의 인격을 존중하고 소중히 여겼다. 그리고 상대를 사랑과 용서로 감싸 안았다. 적을 없애는 가장 좋은 방법으로 이를 선택한 것이다.

링컨은 한 번도 갈등을 갈등으로 맞서지 않았다. 때로는 양보하고 때로는 침묵하면서 진실한 마음으로 상대가 깨우치도록 기다렸다. 자신의 마음속에 있는 원망과 미움은 스스로를 돌아보며 없애려고 노력하였다. 그는 그것을 위해서 스스로를 담금질하고 절제하였으며 매일 아침 일어나서 기도하였다.

그의 기도는 자신의 부족함을 반성하고 다른 사람과의 화해와 용서를 위한 것이었다. 그 기도는 시간과 장소를 가리지 않았다. 사무실은 물론 전쟁터의 숙영지에서도 그가 기도하는 시간에는 높이 흰색깃발을 매달아 방해를 받지 않도록 할 정도였다. 링컨의 인격은 이러한 노력으로 완성되었다. 그는 그런 인품으로 갈등하는 민족을 품어 미국을 화합과 번영의 위대한 국가로 만들었다.

지금 우리도 링컨시대와 같은 갈등을 겪고 있다. 사회도처의 민심은 각박해지고 사회적 불만에서 오는 갈등은 커지고 있다. 특히 보수와 진보의 이념적 문제로 인한 갈등의 덫은 민심을 혼돈과 대립이라는 더욱 깊은 수렁으로 몰아넣고 있다. 이를 바르게 이끌어가야 할 지도자들은 자신들의 정파적 이해관계로 분열되어 오히려 선량한 민초들에게 큰 상실감을 안겨주고 있다.

우리의 현실이 이렇게 어려울수록 우리사회를 따뜻하게 보듬어줄 링컨과 같은 인격을 가진 정신적 지도자가 필요하다. 이 시대의 이념과 정파적인 이해관계를 뛰어넘어 상처 입은 민심을 위로해주고 정서적으로 의지할 수 있는 그런 리더 말이다. 그러려면 리더의 인격은 남달라야 한다. 조직의 리더다운 성숙한 인격을 갖추어야 하고 그에 따른 행동으로 모범을 보여야 한다.

프랑스의 사상가 볼테르Voltaire는 "리더의 인격이 리더를 리더답게 만든다."고 하였고, 미국의 심리학자 올포트Allport는 "성숙한 인격이야말로 모든 사람이 추구해야 할 궁극적인 인간상이다."라고 하였다. 두 학자의 말처럼 리더는 성숙한 인격을 통하여 조직이 추구해야 할 궁극적인 인간상을 올바르게 제시해 주어야 한다.

리더의 성숙한 인격은 '도덕성과 인품, 그리고 절제력'이 요구된다. 그중에서도 도덕성은 리더의 인격을 가늠하는 준거準據의 틀인 동시에 조직의 옳고 그름을 판단하는 잣대다. 도덕적인 리더는 스스로가 올바른 가치를 내면화하고 윤리적 규범과 양심에 따라 행동한다. 그리고 조직에 모범을 보여 올바른 조직문화를 선도함은 물론, 부하로부터 신뢰와 존경을 받아 조직을 올바르게 이끌어갈 수 있다.

하지만 리더가 비도덕적이고 파렴치한 행동을 하는 순간, 리더의 실질적인 자격은 상실된다고 보아야 한다. 그때부터 리더의 권위와 신뢰는 추락하여 조직은 리더를 따라 움직이지 않게 된다. 특히 '술과 금전, 성性'과 관련된 문제는 리더에게 치명적이다. 리더 스스로가 교만하여 통제력을 잃으면 언제나 생길 수 있는 악마의 속삭임이다. 혹 부하 리더 중에 이러한 문제가 생기면 바로 교체하는 것이 현명하다.

다음은 리더의 인품人品이다. 리더의 성숙한 인격은 고매한 인품에서 나온다. 조직의 리더로서 그의 인품은 늘 넉넉하고 따뜻해야 한다. 다른 사람을 쉽게 정죄하기보다는 덕을 베풀어 감싸 안아야 하고, 자신을 공격하는 상대라도 관용으로 따뜻한 손길을 내밀 줄 알아야 한다. 그리고 모든 문제를 투쟁과 갈등이 아닌 화합과 협력에서 찾으려는 포용력을 가져야 한다.

또한 리더의 인격은 고도의 '절제력'으로 다듬어진다. 평소 자신을 돌아보고 절제하면서 주변을 깨끗하게 해야 한다. 리더의 인격은 올바름을 추구하되 결코 모나거나 기울어져서는 안 된다. 스스로의 언행은 신중하고 삼가지만 소통에 막힘이 없어야 한다. 그리고 마음의 중심에는 늘 사랑과 용서의 향기가 머물러 있어야 한다. 링컨처럼 늘 기도하면서 자신을 절제할 때 고도의 인격은 만들어지는 것이다.

옛말에 "토끼를 잡으려면 귀를 잡아야 하고 사람을 잡으려면 마음을 잡아야 한다."고 하였다. 리더가 부하의 마음을 사로잡는 것은 리더의 권위가 아니라 성숙한 인격이다. 이 시대의 갈등과 불만을 해소하기 위해서는 링컨과 같이 존경받는 인격의 리더가 이끌어가야 한다. 그런 의미에서 리더의 '성숙한 인격'은 갈등관리 리더십의 가장 기본적인 전제조건이 될 수 있다.

낮아질수록 부딪히는 법이 없다

리더의 권위는 자신을 드러냄으로써 세워지는 것이 아니다. 진정한 권위는 자신의 특권을 버리고, 낮추는 자세로부터 얻어진다. 그리고 그것은 머리가 아닌 가슴에서 우러나오는 진심이어야 한다.

조직의 정점에서 권력과 명예를 모두 가진 리더가 '자신을 낮춘다'는 것은 높은 인격과 절제가 필요하지만 그런 리더가 이끄는 조직은 시기와 질투가 없어 부딪히는 법이 없다.

현대의 리더 중 우루과이의 **호세 무히카**Jose Mujica **대통령**은 세계에서 가장 가난한 대통령으로 유명하다. 그는 철저히 자신의 특권을 내려놓고 낮은 자세로 국민을 섬겨 조국의 산적한 난제를 극복하였다. 그의 이런 리더십은 전 세계 리더들의 모범이 되었을 뿐 아니라 세인들의 존경과 찬사를 한몸에 받게 하였다.

무히카는 1935년 5월 20일 남아메리카의 동남부에 있는 인구 330만 명의 작은 나라 우루과이의 몬테비데오에서 태어났으나 다섯 살 때 아버지를 여의고, 가난하여 고등학교도 졸업하지 못하였다.

1960년대 초 군부독재에 저항하는 무장단체인 투파마로스Tupamaros에서 활동하다가 경찰에 체포되어 14년 동안 감옥에서 모진 고문을 받으며 생활하였다. 그러나 그는 자신에게 정치적 박해를 가한 정부에 대해 분노와 적개심을 갖지 않았다. "우리의 투쟁가치는 적이 우리를 존중했을 때 느낄 수 있다!"며 자기를 박해한 사람들을 오히려 이해하려 하였다.

1985년 군사정부가 민정으로 이양된 후 그는 석방되었고, 정치에 입문하여 약자와 가난한 자들의 편에 서서 그들의 입장을 대변하는 데 정치적인 역량을 쏟았다. 그리고 늘 자신도 그들처럼 가난한 삶을 살면서 애환을 나누고자 하였다. "나는 가난하지만 내 마음은 절대 가난하지 않습니다!"라는 말과 함께 이를 몸소 실천하였다.

그의 이러한 모습은 많은 시민들로부터 사랑과 지지를 받았다. 그로 인해 상·하의원과 농목축산부 장관에 이르는 화려한 정치적 이력을 갖게 되었다. 그는 정치적 권력을 가졌지만 항상 가난했고 자신의 신분을 이용하여 어떠한 부정과 비리에도 개입하지 않았다.

드디어 2008년 무히카는 정치인의 열망인 대통령 후보로 선출되었고, 2009년 치러진 대통령 선거에서 52.5%의 득표율을 얻어 경쟁자인 국민당의 알베르토 라카예 후보를 물리치고 당선되었다.

2010년 그가 우루과이 40대 대통령으로 취임할 당시 당국에 신고한 그의 전 재산은 1987년산 폭스바겐 비틀 승용차 1대로 시가 1,800달러 정도가 전부였다. 이러한 사실이 언론에 알려지자 전 세계인들은 깜짝 놀랐다.

그러나 정작 당사자인 무히카는 "세상 사람들이 왜 이렇게 호들갑을 떠는지 모르겠다. 작은 집에 살고 보잘것없는 살림살이에 낡은 자동차를 모는 것이 왜 뉴스거리가 되는가? 그렇다면 세상 사람들이 이상한 것이다. 왜냐하면 지극히 정상적인 일을 놀라워하니까!" 그는 자신의 가난을 누구에게 보여주고자 하는 것이 아니라 지극히 정상적인 자신의 삶으로 생각하고 살아온 것이다.

2010년 3월1일 무히카는 대통령에 취임하자마자 가장 먼저 대통령에게 주어진 특권을 내려놓았다. 직원 42명이 돌보는 화려한 대통령궁을 노숙자 쉼터로 내어주는가 하면 해변 휴양도시에 위치한 대통령 별장도 팔아버렸다. 그리고 자신은 수년간 아내와 함께 살던 수도 몬테비데오 외곽의 농장이 딸린 허름한 집에서 평소와 같이 생활하였다. 여가시간에는 직접 농장에서 트랙터를 몰고 야채와 농산물을 재배하여 이웃과 나눠 먹었다.

그는 자신의 집에서 20km 떨어진 몬테비데오 관저까지 매일 자신의 낡은 승용차를 직접 운전하여 출퇴근하였다. 그리고 몸이 아파 병원에 갈 때면 비록 대통령 신분이었지만 일반사람들과 똑같이 줄을 서서 진료를 받았다. 한번은 이웃집이 토네이도로 인해 지붕이 망가지자 직접 수리 공구를 챙겨 도와주다가 다치기도 하였다. 이런 그를 사람들은 따뜻한 이웃집 아저씨로 대했다.

무히카 자신도 대통령이기 이전에 한 인간이기 때문에 특권이 주는 편리함을 모를 리 없다. 그러나 그가 취임 연설에서 "나는 국가원수지만 국민들의 명령을 받는 사람이다."라고 강조하였듯이 그가 섬겨야 할 국민들의 소중하고도 준엄한 명령, 즉 국민의 대표로서 국민의 고충을 이해하고 보듬어 달라는 그 명령을 서민의 눈높이에서 따르고자 노력하였다.

무히카는 대통령으로서 "정치인은 절대로 돈을 좋아해서는 안 된다."는 자신의 소신을 실천하였다. 그의 대통령 봉급 1만 2,000달러(약 1,200만 원) 중 90%를 복지단체에 기부하고 나머지 100만 원 정도로 생활하였다.

이런 대통령이 통치하는데 어느 국민이 그를 따르지 않겠는가? 그리고 대통령의 삶이 이럴진대 과연 그 나라 국민들이 비리에 연루될 꿈이라도 꿀 수 있겠는가?

그가 임기를 마칠 때쯤 우루과이는 변하고 있었다. 이전에 있었던 정파 간의 갈등도 안정화되었고 빈부의 격차로 인한 사회적 갈등, 각종부패와 범죄 등도 놀랄 만큼 줄어들었다. 10년 전 30%에 달하던 빈곤율은 11%로 떨어졌고 극빈층도 크게 줄었다. 실업률도 22%에서 5%로 낮아졌고, 농민 이나 노동자의 처우도 크게 개선되었다. 한 지도자의 리더십은 실로 놀라 웠다. 그의 이런 삶의 철학이 남미의 작은 나라를 일깨워 사회를 안정시키 고 살기 좋은 나라로 만든 것이다.

무히카가 유명해지자 아랍의 대부호가 그의 낡은 차를 10만 달러에 사 겠다고 제안하였다. 그러자 그는 "모든 자동차에는 가격이 붙어 있지만 삶에는 가격이 없다."고 말하며 정중히 거절하였다. 그의 낡은 차는 그가 살아온 소중한 삶 자체이기 때문이었다.

2015년 3월 1일 그는 연임할 수 없는 우루과이 헌법에 따라 짧은 5년 간의 임기를 마치고 애마인 중고 하늘색 폭스바겐 차량을 타고 평소 출퇴 근 하듯이 홀연히 그의 허름한 안식처로 돌아갔다. 물론 그의 지지율은 취 임 때보다 높은 65%였다. 그리고 그는 자신의 보잘것없는 농장에서 이웃 주민과 함께 마음씨 좋은 아저씨로 만족하며 살아가고 있다.

무히카는 가난한 대통령이었지만 그 누구보다 많은 것을 가졌고, 보잘 것없는 학력을 가졌지만 누구보다도 지혜로운 삶의 철학을 가진 대통령이 었다. 그리고 한없이 자신을 낮추었지만 누구보다도 높은 내면적인 권위 를 가진 대통령이었다. 지구의 반대편에 있는 우루과이의 이 작은 혁명은 전 세계인들의 가슴에 잔잔한 감동을 주기에 충분했다. 무히카는 낮은 자 세의 리더십으로 세상의 갈등을 막고 교만한 리더들에게 겸손의 가치가 얼마나 소중한 것인가를 행동으로 보여주었던 것이다.

성경 잠언에는 "교만은 패망의 선봉이요, 거만한 마음은 넘어짐의 앞잡 이니라."고 하는 구절이 있다. 교만한 리더는 자신뿐만 아니라 조직의 생 명까지도 위태롭게 한다. 지나친 엘리트 의식으로 상대를 무시하거나 자신의 권위로 약자 위에 군림하려는 군상들의 미래는 밝지 않다.

조선 초기의 명재상 **맹사성**孟思誠(1360~1438)도 입신 초기에는 그런 군상 중 한 사람이었다. 19세에 과거에 장원급제하고 20세의 젊은 나이에 군수가 되자 교만하기가 하늘을 찔렀다.

하루는 맹사성이 고을에 유명한 고승高僧을 찾아가서 함께 차를 마시게 되었다. 그런데 그 고승은 맹사성의 찻잔에 물이 넘치는데도 어찌된 영문인지 계속해서 따르고 있는 것이 아닌가?

맹사성은 젊은 혈기에 크게 화를 내었다. "스님 이게 무슨 짓입니까?" 그러자 스님은 교만방자한 맹사성을 보고 한마디 한다. "찻잔에 물이 넘쳐 바닥에 흐르는 것은 알고 지식이 넘쳐 자신의 인격을 해치는 것은 왜 알지 못한단 말이오?"

이에 부끄러워진 맹사성이 황급히 일어나 방을 나가려다가 난간에 이마를 부딪치게 되었다. 그러자 스님이 또 한마디 한다. "스스로를 낮추면 부딪치는 법이 없지요."

맹사성은 이 일로 크게 깨우침을 얻고 교만했던 자신을 철저히 반성하게 되었다. 그리고 겸손하게 자신을 돌보아 훌륭한 재상이 되었다. 만약 맹사성의 그런 깨달음이 없었다면 주변의 질투와 모함의 대상이 되어 정승의 자리에 오르지 못하였을 것이다.

지구 정반대편에 서있는 우리나라와 우루과이의 과거와 현재에 일어났던 두 가지 사례들은 시기와 장소에 구분 없이 '자신을 낮추는 것이 얼마나 중요한가'를 일깨워주는 좋은 교훈이 되었다.

우리 주변에도 성경의 잠언구절처럼 교만하여 패망으로 가는 길을 두려워하지 않고, 거만한 마음으로 수시로 깨지고 넘어지는 일이 비일비재하다. 최근 발생한 '땅콩 항공기 회항사건, 공관병 갑질사건'과 같은 '갑질甲質 논란'도 우리사회 지도층들의 교만함에서 비롯되었다. 이 문제는 공적조직이나 일반직장에서도 끊임없이 발생하여 2019년에는 이를 근절하는 법이 생겨나기까지 하였다.

하지만 이런 갑질문화는 어제 오늘의 일이 아니다. 과거 우리민족이 살아온 역사가 궁핍하고 핍박받아서인지 우리는 유달리 자신을 드러내고 행세하기를 좋아한다. 그래서 다른 사람을 부리기 쉬운 돈과 권력에 집착하고 있는지도 모른다. 돈 있는 사람은 돈의 위력을 뽐내려 한다. '돈이 입을 열면 만물이 침묵을 지킨다'는 말도 이런 세태를 꼬집은 말이다. 고급자동차와 호화 아파트는 그 사람의 인격까지도 높이는 세상이 되었다.

권력을 가진 사람도 마찬가지다. 이를 부정적으로 빗대어 꽤 오래전 과거의 학창시절에나 썼을 법한 '완장 찼다'는 표현을 쓰기도 한다. 주변에서는 이를 두고 여의도를 가리킨다. 서민의 아픔을 대변해 주어야 할 권력을 특권과 정쟁에만 사용하는 데 대한 불만과 비난을 함축한 표현이다. 선진국인 핀란드의 경우, 국회의원들은 명예직으로 1/3이 임기 중에 과중한 업무로 인해 스스로 직위를 내려놓는다고 한다. 우리 국회도 이처럼 스스로의 특권을 내려놓고 국민을 섬기는 자세로 일해야 한다.

교만한 리더가 특권을 누리는 사회는 미래가 없다. 이 시대의 진정한 화합과 평화를 위해서는 지도층의 갑질문화는 사라져야 한다. 그 대신 보통사람들의 보편타당한 가치가 존중받고 사회적 약자가 보호받는 사회적 체계가 자리 잡아야 한다. 지금이라도 사회적 리더로서 스스로의 교만함을 내려놓고 무히카처럼 낮은 자세로 세상을 섬기고자 할 때 사회적 신뢰는 회복되고 내면적 권위는 높아진다.

세계적으로 가장 가난하지만 존경받은 대통령 무히카! 그는 대통령이 주는 최고의 특권을 내려놓고 자신에게 주어진 권위를 다스리는 데 쓰지 않고 섬기는 데 사용하였다. 즉, 높은 지위에서 얻은 권위를 낮은 자세에서 행사한 것이다. 결코 그것은 의도 있는 가식이 아니라 마음에서 우러나오는 양심의 울림이었다. 사람들은 그런 그에게 감동하고 더욱 높여 존경하게 되는 것이다.

진정한 리더라면 자기를 낮추어 세상을 볼 줄 알아야 한다. 세상을 자신의 발밑에 두려하면 세상은 오히려 자기 위에 서 있지만 자기를 낮추어 세상을 우러러보면 세상은 어느새 내 발밑에 엎드려 있다. 모든 화와 근심은 세상 위에 서서 행세하려고 하는 데서 온다. 지위가 높을수록 자신을 낮추어 세상을 섬기면 부딪침이 없는 법이다. 마음속에 늘 '소신은 갖되 교만하지 말고, 스스로를 낮추되 비굴하지 말라!'는 말을 깊이 새겨야 한다.

'모범'을 보이면 신뢰가 따른다

리더는 조직의 거울이다. 리더의 행동은 곧 조직원들의 행동이나 사고방식에 그대로 반영된다. 만약 조직에 갈등이나 문제가 있다면 리더 자신을 거울에 비추어 보고 스스로를 추슬러야 한다. 그리고 모범을 보여 조직을 이끌어야 호응을 얻을 수 있다.

알베르토 슈바이처 박사는 "다른 사람에게 모범을 보이는 것은 그들에게 영향을 줄 수 있는 유일한 방법이다."라고 하였다. 어려운 상황에서 부하만 앞세우면 전열이 흐트러지고 오합지졸이 된다. 리더가 위험을 무릅쓰고 앞장서서 달리면 부하들은 죽기를 각오하고 따를 것이다.

세계의 탐험역사에 가장 위대한 인물로 영국의 **어니스트 섀클턴**Ernest Shackleton을 꼽는 데 주저하는 사람은 많지 않다. 그의 위대함은 탐험가로서의 업적보다도 극한의 위기와 갈등상황에서 그가 보여준 '솔선수범의 리더십'에서 드러난다.

섀클턴은 1914년 8월 1일 대원 27명과 함께 인듀어런스Endurance호에 승선하여 영국을 출발함으로써 세계 최초로 남극탐험에 나선다. 물론 사전에 2년치 식량과 장비들을 철저히 준비하였다.

하지만 탐험대에게 고난은 예상보다 빨리 찾아왔다. 출발 다음 해인 1915년 4월 4일 남극점을 150km 앞두고 바다의 기온이 영하 30도 이하

로 떨어지면서 바다가 얼기 시작하였다. 탐험대를 태운 배는 남극의 얼어
붙은 바다에 갇혀 앞으로도 뒤로도 갈 수 없는 신세가 되었다.

신변의 위험을 느끼자 대원들은 동요하기 시작하였다. 예민해진 대원들
은 사소한 일에도 고성이 오가고 거친 행동을 노골적으로 표현하였다. 캐
나다 탐험대가 2년 전 북극탐험 시 극한 위기 상황에서 서로 갈등하다가
대원 11명 전원이 비참한 최후를 맞이한 사건과 비슷한 상황이 되었다.

그런데 그때와 다른 점이 하나 있었다. 바로 섀클턴이라는 리더가 탐험
대를 이끌고 있다는 것이다. 그는 이런 상황을 벗어나기 위해서 자신이 솔
선수범해야 한다는 사실을 알고 있었다. 귀찮고 어려운 일은 언제나 앞장
서서 해결하였고 배고파하는 대원에게는 은밀히 다가가 자신의 아침용 비
스킷을 나눠주었다.

그리고 대원들의 불안감을 달래주기 위해 간이 콘서트를 열어 위로하
고 개썰매 경주를 하며 지루함을 달래주었다. 배를 운용하는 데 필수적인
배의 조종, 야간 불침번 등은 의사나 과학자 할 것 없이 모두 번갈아가면
서 임무를 하도록 하여 불만을 최소화시켰다. 대장의 이런 모습에 대원들
은 점차 따르기 시작하였고 내부 갈등도 차츰 가라앉게 되었다.

섀클턴의 탐험대는 이런 상황에서도 얼음바다를 헤치고 계속하여 항해
를 해나갔다. 악전고투 끝에 그의 배는 최종 목적지에서 100km 떨어진
지점에 다다르게 되었다. 그런데 설상가상으로 그만 배가 얼음에 부딪혀
침몰해버렸다. 대원들은 또다시 절체절명의 위기 상황을 맞게 되었다. 얼
음(부빙) 위에 비상식량과 비상용 작은 배 세 척을 가지고 표류할 수밖에
없는 상황이 되어 버린 것이다.

이때 섀클턴은 대원들에게 단호하게 명령을 내렸다. "육지와는 멀리 떨
어져 있고 날씨는 영하 39도다. 배와 물품은 없어졌으니 이제 집으로 돌
아가야 한다. 살아남는 데 필요한 것만을 제외하고 모든 물건은 버려라.
개인의 소지품은 1kg으로 제한한다."

이 지시에 대부분 대원들은 주저하며 따르지 않았다. 그들에게는 버릴 수 없는 소중한 물품들이 많았기 때문이다. 금과 같은 장신구, 가족들의 추억이 담긴 사진, 귀한 소지품 등…….

섀클턴은 잠시 무언가 생각하는 듯하다 대원들이 보는 앞에서 가지고 있던 귀중품인 금화와 시계를 눈 속으로 던져 버렸다. 주머니 안쪽에 고이 간직하였던 금으로 된 담배케이스도 찾아내어 버렸다.

그의 이런 행동을 보고 있던 대원들은 "우리에게 생명보다 소중한 것은 없다."는 말과 함께 하나 둘 자신의 귀중품을 눈 속으로 던져버렸다. 오직 살기 위해 필요한 생필품만 챙겼다. 어렵고 힘든 갈등상황에서도 그는 자신이 몸소 모범을 보임으로써 대원들이 스스로 따라오도록 하였다.

섀클턴은 생사의 기약이 없고 지칠 대로 지친 대원들을 격려하며 고난한 행군을 계속하였다. 영하 60도가 넘는 혹독한 추위와 시속 300km의 강풍을 헤쳐 나가야만 했다. 그리고 고생 끝에 처음으로 육지인 엘리펀트섬에 도착하게 되었다. 탐험대는 극한의 상황에서 생존을 위해 현지의 펭귄과 물개들을 잡아먹으며 15개월을 버텼다. 그러나 상황이 호전되지 않았다.

섀클턴은 탐험을 출발한 지 2년이 되어가는 1916년 4월 20일 중대한 결심을 하게 되었다. 얼음이 조금씩 녹아가자 구조요청을 하기 위해 먼 길을 떠나겠다는 것이다. 지금까지 탐험한 거리의 10배가 넘는 1280km를 항해하여 사우스조지아섬으로 가겠다는 생각이었다. 그것도 추운 겨울의 날씨에 세계에서 가장 험난하다는 드레이크 해협을 통과한다는 것이다.

섀클턴은 자살과도 같은 이 결심을 하고 자신이 선두에 섰다. 그는 체력이 좋은 대원 다섯 명을 선발하여 길이 6.6m의 작은 배에 태우고 직접 출발하였다. 시속 100km의 강풍과 20m 높이의 파도를 헤쳐 나가면서 16일간의 악전고투 끝에 사우스조지아섬에 도착하였다.

그들은 섬에 상륙하고 나서도 또 다른 역경이 기다리고 있었다. 아무도 넘어보지 않은 3,000m 높이의 눈 덮인 산을 넘어 반대편 포경기지까지 가야만 했다. 그들이 휴대한 것은 오로지 비상식량 3일분과 얼음용 손도끼, 밧줄이 전부였다. 실패하면 꼼짝없이 얼음산에서 굶어죽을 판이었다.

세 개의 협곡을 넘어 올라간 꼭대기마다 내려가는 길이 막혀서 다시 올라오기를 반복하였다. 기진맥진한 이들은 마지막 힘을 내어 네 번째 협곡에 도전하였다. 섀클턴의 이런 투혼을 하늘도 알아주었다. 마지막 네 번째 협곡 꼭대기의 막다른 길에서 극적으로 포경기지로 내려올 수 있는 길을 찾아내어 구조요청을 할 수 있게 되었다.

포경기지에 도착한 섀클턴 일행은 온몸이 만신창이가 되었지만 마냥 쉴 수는 없었다. 며칠 간단하게 몸을 추스른 다음 약속대로 구조대를 이끌고 대원들이 있는 곳으로 출발하였다. 또다시 힘겨운 여정이 시작되었다. 구조대는 우여곡절 끝에 네 달이 지난 후에 겨우 대원들이 기다리는 엘리펀트섬에 도착하게 되었다.

섀클턴은 먼저 쌍안경으로 대원들이 남아있는 해안가를 살펴보았다. 나름대로 각자의 역할을 하면서 생활하는 대원들의 모습이 눈에 들어왔다. 한명의 낙오자도 없이 22명의 대원들을 확인하는 순간 벅찬 감동을 느꼈다. 섀클턴은 대원들과 부둥켜안으며 눈물로 조우하게 되었다. 이 기적은 위기에서 솔선하는 자기희생적 리더십이 만들어낸 결과였다.

섀클턴이 구조를 떠날 당시, 남은 대원들은 보트로 집을 만들어 대장이 오기만을 손꼽아 기다렸다. 그들은 비록 대장이 기약 없이 떠났지만 반드시 돌아오리라는 믿음을 굳게 가지고 있었다. 4개월 만에 돌아온 대장을 향해 "우리는 최악의 구렁텅이 빠지더라도 그와 함께 있다면 두렵지 않다."라는 말로 그 믿음을 대신했다.

현재의 많은 리더들은 섀클턴의 '솔선수범 리더십'을 닮아가고 싶어 한다. 세계 최초로 에베레스트를 정복한 에드먼드 힐러리경은 "위기 상황에서 탈출할 수 있는 출구가 보이지 않을 때에는 섀클턴의 리더십을 달라고 기도하라!"고 할 정도였다. 최근 우리나라에서도 SK그룹 최태원 회장의 딸 최민정이 해군장교로 자원입대하면서 "내가 군에 입대하도록 영향을 준 것은 섀클턴의 리더십에 감동받았기 때문이다."라고 밝혀 우리사회에 귀감이 된 적이 있다.

우리는 사회지배층의 모범적인 도덕적 의무를 '노블레스 오블리주 Noblesse Oblige'라고 부른다. 프랑스어로 노블레스는 '명예', 오블리주는 '의무' 를 뜻하는데, '사회적 지위를 가진 사람일수록 그들의 지위만큼 사회적 의무를 다하고 솔선수범해야 한다'는 의미이다.

그 유래는 14세기 영국과 프랑스 간의 백년전쟁에서 찾을 수 있다. 당시 영국과 가장 가까운 프랑스의 항구도시 '칼레'는 영국군의 집중공격을 받게 되었다. 프랑스 칼레시민들은 시민군을 조직하여 맞서 싸웠지만 결국 패하여 항복하게 되었다.

영국의 왕 에드워드 3세는 파격적인 항복조건을 제시하였다. "모든 칼레 시민들의 목숨을 살려주는 대신 책임 있는 시민대표 6명을 처형하겠으니 정해오라!"는 것이었다. 그 소식을 들은 칼레시민들은 안도하였으나 동시에 책임자 선정문제로 혼란에 빠지게 되었다. 누가 처형될 것인가?

이때 가장 먼저 나타난 사람이 도시에서 가장 부자인 외슈타슈 드 생피에르였다. 그리고 그 뒤로 고위관료인 시장, 법률가 등 부유층 6명이 죽음을 자처하였다.

다음 날 아침 이들은 목에 밧줄을 걸고 맨발에 자루 옷을 입고 교수대로 향하였다. 사형이 집행되는 순간 왕의 옆에 있던 왕비의 만류로 가까스로 죽음을 모면한 이들은 칼레의 영웅이 되었다. 그리고 지금까지도 대표적인 노블레스 오블리주의 사례로 회자되고 있다.

오늘날 선진국 중에는 노블레스 오블리주를 실천하는 사회지도층들이 많다. 한국전쟁 당시 미군은 3년 1개월 동안 약 13만 7천여 명의 사상자를 냈는데 그중에서 142명이 미군 장성의 아들이었다. 아이젠하워 당시 미국 대통령 아들, 클라크 유엔총사령관 아들, 워커 미8군사령관 아들 등 저명한 지도층 인사의 아들 다수가 참전하여 그중 많은 인원이 전사하거나 다쳤다. 영국도 마찬가지였다. 1차·2차 세계대전 시 고위층이 다니는 이튼 칼리지 출신 젊은이들 약 2,000명이 참전하여 목숨을 잃었다. 1982년 포클랜드 전쟁 때는 앤드류 왕자와 당시 수상이었던 마거릿 대처의 아들도 직접 참전하였다.

이들 국가가 강대국으로 건재할 수 있던 힘은 바로 국가가 필요할 때 지도층 인사들이 솔선하여 노블레스 오블리주를 실천하였기 때문이다. 고위층 인사 자제들의 병역기피 현상이 심심찮게 일어나는 우리사회와는 대조적이다. 명예와 권력을 누리는 만큼 어려울 때 칼레의 영웅들처럼 노블레스 오블리주를 실천하는 분위기가 우리사회에도 형성되어야 한다.

노블레스 오블리주의 실천자였던 아이젠하워가 사령관 시절 임지로 떠나는 지휘관을 대하며 항상 하는 일이 있었다. 50cm 정도의 줄을 탁자 위에 놓고 뒤에서 밀게 하였다. 줄은 당연히 구부러질 뿐이다. 이때 다시 앞에서 당기게 하면 줄은 똑바로 끌려온다. 그는 후배장교들에게 "여러분도 이와 같이 앞장서서 솔선수범해야만 조직을 똑바로 이끌 수 있습니다!"라고 강조하였다.

리더란 앞장서서 행동으로 이끄는 사람을 뜻한다. 그런 의미에서 리더십의 본질은 행동으로 솔선수범하는 데 있다. 개코원숭이는 20~30초에 한 번꼴로 무리를 이끄는 보스를 쳐다본다고 한다. 그만큼 조직에서 리더 행동 하나하나가 부하들에게 관찰되고 영향을 미친다. 좋은 일이든 그렇지 않든 그대로 부하에게 영향을 미치는데 이것을 일명 '폭포효과Cascade Effect'라 한다.

그렇다면 리더는 어떻게 모범을 보여야 할까? 우선 리더의 처신은 언제나 진중하고 언행이 일치되어야 한다. 인도의 성자聖者 간디가 수행할 때, 한 여인이 찾아와 "아들이 사탕을 좋아하는데 버릇을 고쳐 달라."고 간청하였다고 한다. 인자한 간디가 이 부탁을 거절하였는데 그 이유는 자신도 사탕을 좋아했기 때문이다. 물론 사탕을 끊고 난 후 이 부탁을 들어주었다. 리더는 간디처럼 아무리 사소하더라도 행동이 따르지 않는 말을 하지 말아야 한다.

또한 조직 내 법규를 솔선해서 지켜야 한다. 리더에게 권한은 많이 주어지지만 그 권한은 바르게 사용되어야 한다. 조직을 제도권 내에서 통제하는 가장 좋은 방법은 리더 스스로가 원칙을 지키는 것이다. 비록 작은 일이라도 자신을 예외로 두거나 권한을 남용하면 조직은 큰 혼란에 빠진다. 리더가 솔선하여 조직의 규정을 지키고 이를 주도적으로 실천하면 조직 내 불만이 있을 수 없다.

그리고 조직이 어려울 때 앞장서야 한다. 인디언 아파치 추장에게 "당신의 특권이 무엇이오?"라고 물으니 "전쟁이 일어났을 때 가장 앞장서는 것이다."라고 대답했다고 한다. 가장 용맹한 부족의 리더다운 답이다. 부하를 사지에 몰아넣고 자신만의 안위를 도모하면 리더십은 그 순간 붕괴된다. 위기에서 리더가 앞장서면 그 존재감은 더욱 빛나고 부하들도 지지하게 될 것이다.

독일의 철학자 칸트Kant는 "리더는 어떤 누구에게도 나처럼 행동하라고 말할 수 있게 행동해야 한다. 그러면 모든 사람이 존경하고 따를 것이다."라고 하였다. 참다운 리더의 권위와 강력한 지도력은 리더가 몸소 실천하고 모범을 보이는 데서 나온다. 어렵고 힘든 위기의 세상에서 "먼저 가라!"가 아니라 "내가 앞장서겠으니 함께 가자!"는 섀클턴과 같은 솔선수범의 정신이 필요하다. 하물며 세상에 모범을 보여야 할 리더가 "당신이나 잘하세요!"라는 냉소적인 비판의 대상이 되어서는 안 될 일이다.

세상을 보는 거울로 자신을 먼저 보라

리더는 태어나는 것이 아니라 만들어진다. 리더로서 스스로를 갈고 닦아 부족한 점은 보완하고 잘못된 점은 바로 잡는 겸허한 자세가 필요하다. 이것이 자신을 더욱 지혜롭게 하고 세상의 분란으로부터 스스로를 지키는 길이다.

창공을 날아다니는 비행기는 90% 이상이 정상궤도를 벗어난다고 한다. 그러나 조종사가 수시로 궤도를 수정하여 정상항로로 복귀시키기 때문에 안전하게 목적지까지 갈 수 있다. 리더 역시 철저한 자아성찰을 통하여 잘못된 인생의 궤도를 바로 잡아야 안전하게 자신이 목표한 곳으로 조직을 이끌 수 있다.

일본의 사업가 **마쓰시다 고노스케**는 세계적인 기업인 파나소닉_{Panasonic}의 회장으로 잘 알려진 입지전적인 인물이다. 그가 일본의 '경영의 신神'으로 불리며 존경을 받고 있는 것은 철저한 자아성찰의 결과였다.

마쓰시다는 1884년 11월 27일 와카야마현에서 유복한 집안의 8형제 중 막내로 태어났으나 4살 때 부친의 쌀 경매사업이 실패하여 경제적 파탄을 맞았다. 이로 인해 그는 9살 때 초등학교를 중퇴하고 자전거 가게에서 점원으로 일하면서 어렵게 살아야만 했다. 어린 나이에 새벽 5시에 일어나서 나이 많은 직공들에게 얻어맞아 가면서 늦은 저녁 10시까지 일에 시달렸다.

거기에다가 체구도 작고 몸이 약해 그에게 주어진 시련은 가혹하기만 하였다. 이 어려운 상황에서 마쓰시다를 붙잡아준 것은 평소 아버지의 말씀이었다. "예로부터 훌륭한 사람은 모두 어려서부터 고생을 하였다. 너도 결코 괴롭다고 생각하지 말고 견뎌라."

1906년 22살이 된 마쓰시다는 그동안의 사업노하우를 바탕으로 자전거 램프 제조사업을 시작하였다. 나름대로 전력을 다했지만 사업은 기대했던 것처럼 잘되지 않았다. 엎친 데 덮친 격으로 그의 나이 30세가 되기 전에 그동안 정신적 지주였던 아버지를 비롯하여 가족 9명을 모두 잃는 불행을 겪었다.

이 비참한 현실 앞에 홀로 서있는 자신을 돌아보며 스스로에게 반문하였다. "지금 나는 왜 이런 현실을 겪어야만 하는가? 내 주변에는 누구하나 나를 위해 도와주는 사람도 없는가?" 하지만 이내 마음을 다잡을 수밖에 없었다. "나의 운명을 탓하지 말자!"

그리고는 다시금 마음속으로 다짐하였다. "돈이 없으면 두 배로 일하면 된다. 학교에 갈 수 없으면 경험으로 배우자. 의지할 사람이 없으면 내 자신에게 의지하면 된다. 몸이 약하면 그만큼 다른 사람을 이용하면 되지 않을까? 그 대신 쉴 때도 생각하고 또 생각하자!"

마쓰시다는 이렇게 생각을 바꾸면서 새로운 용기를 얻었다. 어려울수록 자신의 현실을 돌아보고 반성하며 더욱 열심히 일하였다. 회사는 마쓰시다의 노력과 부지런함으로 점차 회복되어 성장하기 시작하였다.

그러나 1929년 10월 미국발 세계적인 공항의 여파로 또 한 번 경영의 위기가 찾아왔다. 회사 이사회에서는 특단의 대책으로 "직원들을 반으로 줄이자."는 주장이 나왔다. 마쓰시다는 고민하였다. "그동안 동고동락한 직원들을 어떻게 할 것인가?"라는 고민 끝에 최종 결정을 하였다. "직원을 한 명도 자를 수 없다. 급료도 깎지 않겠다."

과거 어려웠던 자신의 처지를 생각한 결론이었다. 회사의 어려운 사정을 잘 알고 있던 종업원들은 마쓰시다의 이러한 조치에 감격했다. 그리고 그들은 자율적으로 휴일도 없이 뛰어다녔다. 그 결과 2개월 만에 상품재고는 모두 팔렸고 공장도 정상 가동되었다.

1935년 마쓰시다는 지금까지의 사업을 경험으로 사업을 확장시켰다. 마쓰시다 전기산업 주식회사를 설립하여 본격적인 전기사업에 뛰어든 것이다. 사업은 바람대로 확장일로에 있었다. 그는 사업이 번창할수록 자신의 사업방향에 대해 수시로 돌아보면서 반성하고 궤도를 수정하였다.

그러면서 완성한 사업철학이 '인간중심의 경영'이었다. 그는 고객이 "마쓰시다 전기는 무엇을 만드는 회사입니까?"하고 물으면 "마쓰시다 전기는 인간을 만드는 회사입니다. 아울러 전기제품도 만듭니다."라고 답하도록 직원들을 가르쳤다. 마쓰시다는 기업이윤의 원천이 인간이라는 신념을 한시도 잊지 않았다.

1961년 1월 마쓰시다의 회사는 그의 염원과 성실함, 그리고 경영철학을 더하여 세계굴지의 다국적 기업으로 성장하였다. 그리고 그도 명실공히 대기업회장이 되어 일본 산업계를 주도하였다. 그러나 마쓰시다에게 운명 같은 시련이 또다시 찾아왔다.

회장으로 취임한 지 3년이 지난 1964년 7월 일본경제는 도쿄 올림픽을 기점으로 경기과열에 의한 긴축금융이 강화되어 회사에 큰 타격을 입게 되었다. 그중에서도 지역대리점의 피해가 컸다.

마쓰시다 회장은 대리점 사장단을 본사로 불러 긴급회의를 하였다. 회의는 2일간의 일정으로 진행되었으나 뾰족한 해결책이 없이 내부 갈등만 깊어졌다. 하루를 더 연장한 마라톤 회의에서도 본사와 대리점 사장단 간에는 고성만 오고 갈 뿐 좀처럼 대안이 보이지 않았다.

마쓰시다 회장은 마냥 침묵을 지킬 수밖에 없었다. 회의가 늦도록 결론이 나지 않자 회장은 비장한 자세로 나섰다. 그는 회의의 발언권을 얻어 진심어린 목소리로 호소하였다. "오늘날 우리 회사가 성장한 것은 모두 여러분의 덕택입니다. 저희 본사는 한마디도 불평을 할 자격이 없습니다. 오늘날 이 문제에 대한 잘못을 깊이 반성하고 개선해 나가도록 약속드리겠습니다!"

회장은 잠시 고개를 떨어뜨렸다. 그리고 고개를 들었을 때 그의 눈은 충혈 되어 있었다. 이런 모습을 본 사장단 절반 이상이 손수건을 꺼내 눈물을 훔쳤다. 이후 공격적이던 회의장 분위기는 완전히 바뀌었다. "우리도 잘못이 있으니 앞으로 서로 마음을 고쳐먹고 열심히 합시다!"라고 한 목소리로 외쳤다.

결국 마쓰시다 본사와 대리점 전체는 이 난국을 함께 타개하기로 결의했다. 서로의 노력으로 회사는 얼마 지나지 않아 자금 압박에서 벗어나 정상적으로 돌아갔다. 회장의 진심어린 반성과 눈물의 호소가 사장단의 마음을 움직였고, 그로 인한 갈등은 해소되었다.

1989년 마쓰시다는 향년 94세의 나이로 파란만장한 삶을 마감했다. 그렇지만 100엔으로 힘들게 시작한 그의 사업이 파나소닉 등 세계적인 브랜드와 570여 개의 계열사를 가지게 되었다. 현재 13만 명의 직원이 일하는 세계 20위권의 대기업을 일궈낸 것이다.

마쓰시다가 생전에 대기업 총수로 있을 때 직원 한 명이 물었다. "회장님은 어떻게 하여 이처럼 큰 성공을 하셨습니까?" 그러자 그는 "나는 세 가지 하늘의 은혜를 입고 태어났다네! 그것은 가난한 것, 허약한 것, 그리고 못 배운 것일세." 그 소리를 듣고 깜짝 놀란 직원이 이렇게 말했다. "이 세상 모든 불행을 갖고 태어났는데도 오히려 하늘의 은혜라고 하시니 이해할 수 없습니다."

이에 마쓰시다 회장은 "나는 가난했기 때문에 부지런히 일하지 않고서는 살 수 없다는 것을 깨달았고, 약하게 태어난 덕분에 건강의 소중함도 일찍이 알고 건강에 힘썼네. 그리고 초등학교 4학년을 중퇴했기 때문에 항상 이 세상 모든 사람들을 나의 스승으로 삼아 배우고 노력하여 많은 지식과 상식을 얻을 수 있었다네!"

마쓰시다 회장은 자신에게 주어진 불행과 시련을 오히려 하늘이 준 은혜로 생각하였다. 그리고 수시로 자신을 돌아보고 성찰하며 누구보다 값지고 훌륭한 삶을 살았다. 현재 일본 사람들은 그를 성공한 기업가 이전에 위대한 인격의 소유자로서 더 존경하고 있다.

미 공군의 아버지 헨리 아놀드 장군은 "지혜로운 자는 자신에게 묻고 어리석은 자는 남에게 묻는다."고 하였다. 마쓰시다처럼 갈등이나 위기 상황이 있더라도 그것을 남의 탓으로 돌리지 않고 오로지 자기를 돌아보며 문제점을 찾고 반성하는 리더가 지혜로운 것이다.

중국의 고사에 '목계지덕木鷄之德'이라는 말이 나온다. 이는 "나무로 만든 닭처럼 감정에 치우치지 않고 평정심을 가져야 한다."는 것을 강조한 말이다. 어려운 상황일수록 평정심을 갖는 것은 대단히 중요하다. 그리고 그런 마음의 여유는 평소 자신을 연마하고 성찰하는 데서 얻어진다.

기원전 8세기경 중국 주나라의 선왕宣王이 통치하던 시절, 그 나라에는 기성자記性子라는 유명한 싸움닭 조련사가 있었다. 어느 날 닭싸움을 좋아하던 왕이 기성자를 궁으로 불러 자신의 닭을 조련해줄 것을 부탁하며 열흘의 빌미를 주었다.

왕은 열흘이 지나자 기성자를 불러 묻는다. "내가 부탁한 닭의 훈련이 잘 되었느냐? 지금 닭싸움에 내보낼 수 있겠지?" 기성자는 고개를 젓는다. "아직 멀었습니다. 지금 닭이 강하기는 하나 교만하여 자기 힘만 믿습니다."

다시 열흘이 지나 왕은 또 기성자를 불러 닭의 훈련 상태를 묻자 이번에도 "아직도 더 조련이 필요합니다. 다른 닭의 소리나 모습만 보면 무작정 덤벼들기만 합니다."

왕은 조급하였지만 다시 열흘을 기다려 닭의 상태를 물었다. 그러자 기성자는 여전히 "아직도 훈련이 필요합니다. 지금 닭은 조급함을 버렸지만 아직도 상대를 보면 노려보고 혈기왕성하여 달려들려고 합니다." 기성자의 이 말에 왕은 화가 났지만 다시 기다려야만 했다.

열흘이 지나 40일째 되는 날, 기성자는 왕을 알현하고 닭 조련이 다 되었다고 아뢴다. "이제 된 것 같습니다. 지금 닭은 상대가 아무리 위협해도 마음의 평정平靜을 찾아 전혀 반응하지 않는 것이 흡사 목계와 같습니다. 닭의 덕德이 완전하여졌기에 이제 그 어떤 닭도 그윽이 바라보기만 하면 감히 달려들지 못하고 달아날 것입니다!"라며 닭을 바쳤다.

이 고사에서 리더는 교만함을 버리고 외부의 자극과 위협에도 성급하게 반응하지 말아야 하며, 평정심을 갖고 덕으로서 상대를 제압해야 한다는 것을 가르치고 있다. 그리고 그것을 위해서는 '자기수양'이 무엇보다 중요하다는 것을 깨우쳐주고 있다. 삼성의 창업자 이병철 회장부터 대대로 내려오는 삼성가 오너들의 가훈이기도 하다.

우리 주변에는 세워진 리더는 많지만, 덕을 갖추고 수양된 리더는 그리 많지 않은 것 같다. 작은 외부의 자극에도 평정심을 잃고 훈련이 덜 된 싸움닭처럼 달려들지는 않는지? 사소한 감정을 통제하지 못하고 부하들에게 늘 버럭버럭 화를 내지는 않는지? 부와 권력에 사로 잡혀 하늘 높은 줄 모르고 어깨를 세우고 있지는 않은지? 리더 스스로는 자신을 성찰할 필요가 있다.

하지만 리더의 자기성찰은 뼈를 깎는 고통과 인내가 뒤따른다. 하늘의 제왕 솔개는 70년을 사는 최장수 새다. 이 새가 장수를 하기 위해서는 40년을 산 후 고통스러운 선택을 해야 한다. 발톱이 노화되고 부리도 길게 자라 사냥이 어려울 뿐 아니라 깃털이 두꺼워져 날기도 힘들기 때문이다. 이대로 죽을 것인가? 고통의 길을 선택할 것인가? 고통의 길을 선택한 솔개는 산 정상 부근에 둥지를 틀고 각고의 수행을 시작한다.

먼저 부리로 바위를 쪼아 빠지게 한다. 그러면 놀랍게도 새부리가 난다. 그 부리로 자신의 발톱을 하나하나 쪼아 뽑아낸다. 다시 새 발톱이 나면 이번에는 날개의 털을 부리로 하나하나 뽑아낸다. 이렇게 반년 동안 고통스러운 과정을 거친 솔개는 완전히 새로운 모습으로 탈바꿈한다. 그리고는 다시 힘차게 날아올라 하늘의 제왕으로서 30년을 더 살게 된다. 솔개나 사람이나 자기를 바꾸는 것은 이처럼 어렵고 힘든 일이다.

춘풍추상春風秋霜이라는 말이 있다. 남을 대할 때는 봄바람처럼 따스하게 하지만, 자신을 돌아볼 때는 찬 서리보다 더 냉혹하게 돌아보아야 한다는 말이다. 훌륭한 리더가 되려면 추상의 의미를 새기면서 자기성찰을 게

울리 해서는 안 된다.

미국의 링컨 대통령은 하루를 기도로 시작하여 기도로 끝냈다고 한다. 정치가 벤자민 프랭클린 역시 매주 고쳐야 할 자신의 단점을 정해 놓고 매일 이를 보완했는지를 확인하였다. 마이크로소프트사의 회장 빌게이츠도 자신이 실수를 하면 이를 적어두었다가 나중에 혼자서 크게 읽어 실수를 반복하지 않으려고 노력하였다. 이런 각고의 노력들이 그들을 더욱 완벽하고 위대하게 만든 것이다.

지금 우리에게 필요한 리더는 단점이 없는 완벽한 리더가 아니다. 자기 성찰을 통하여 자신의 단점을 스스로 잡아가는 리더이다. 아무리 지위가 높더라도 자신을 비춘 거울이 깨끗해야 만인의 허물을 씻어줄 수 있다. 마쓰시다 회장의 삶처럼 스스로를 돌아보며 지혜를 배우고, 훈련된 목계의 덕으로 세상을 대해야 한다. 그것이 솔개처럼 이 세상의 제왕으로서 더 높이, 더 멀리 비상하는 길이다.

자신을 버리면 세상을 구할 수 있다

조직이 위태로우면 리더는 과감히 자신을 버릴 줄 알아야 한다. 리더의 자기희생自己犧牲이야말로 부하들의 자발적인 동조와 헌신을 유도하는 힘이며 위기의 조직을 구하는 가장 확실한 방법이다. 그리고 그런 희생은 순수할 때 진정한 가치가 있으며 더욱 고귀하다.

영국은 19세기 '해가 지지 않는 나라'로서 강한 해군력을 통하여 세계적인 문명과 부를 주도했다. 영국 해군은 전통적으로 신사도 정신을 존중하는 로열 네이비Royal navy로서의 자부심이 높은데 그들이 가장 소중하게 생각하는 것이 '자기희생Self-sacrifice'이다.

1852년 2월 26일 새벽 2시 남아프리카 희망봉 근처를 항해하던 영국 해군 수송선 버큰헤드Birkenhead호가 암초에 부딪치는 사고가 발생하였다. 함장 **시드니 세튼 대령**Sydney Seton이 지휘하는 이 수송선에는 해군과 육군

73보병연대 소속병사 등 군인 472명과 군인가족 162명이 타고 있었다.

배가 처음 암초에 부딪히자 선실에서 잠자고 있던 승객들이 놀라 잠에서 깨어 일대의 큰 소동이 벌어졌다. 그런데 잠시 후 배가 또다시 높은 파도에 의해 암초에 충격되면서 빠른 속도로 침몰하기 시작하였다.

이때 함장인 세튼 대령도 잠에서 깨어 급히 갑판 위로 올라갔다. 갑판 위도 혼란스럽기는 마찬가지였다. 먼저 올라와 있던 군인들과 가족들이 뒤섞여 우왕좌왕하며 갈피를 못 잡고 있었다. 함장은 먼저 군인들에게 지시하였다. "전 승무원들은 침착하라. 그리고 탈출할 수 있는 구명정을 준비하라!"

사고해역은 육지와 3km밖에 떨어져 있지 않았지만 칠흑 같은 어둠에 파도가 거셌고 상어가 많아 구명보트 말고는 다른 탈출방법이 없었다. 그런데 불행히도 수송선에는 승선인원의 절반도 태울 수 없는 60인승 구명보트 3척 외에 다른 구조장비가 구비되지 않았다.

군함이 기울면서 물이 차오르기 시작하였다. 함정은 여자들의 비명소리와 아이들의 우는 소리, 그리고 구명보트를 먼저 타려고 아우성치는 소리로 아수라장이 되어 지옥을 방불케 하였다. 함정에 타고 있던 군인까지도 동요하면서 함정 안은 통제 불능의 상태가 되었다.

세튼 함장은 수병에게 북을 치게 하여 장병들을 모두 갑판 위로 집합시켰다. 그리고 장병들에게 "차렷!" 구령과 함께 비장한 어조로 명령하였다. "장병들은 들어라. 지금까지 가족들이 우리를 위해 희생해 왔다. 이제 우리가 그들을 위해 희생할 때가 되었다. 가족들 특히 여자와 아이들을 먼저 구명정에 태워라. 우리는 대영제국의 남자답게 행동하자!"

함장의 지시가 내려지자 육군을 포함한 모든 장병들은 모두 부동자세를 취하였다. 다만 일부 승무원들만이 횃불을 밝히고 여성과 아이들 먼저 보트에 태우기 시작하였다. 마지막 세 번째 보트에 군인가족들이 모두 타자 누군가 병사들을 향해 소리쳤다. "보트에 여유가 있으니 군인들도 타시오!"

그러나 군인들은 누구도 보트에 타지 않았다. 마지막 구명정이 배를 떠날 때 장병들은 마지막으로 작별의 거수경례를 하였다. 그리고는 가족들이 무사히 빠져나가는 모습을 의연하게 바라만 볼 뿐이었다. 가족들은 함장을 포함한 모든 장병들이 차렷 자세로 꼼짝도 하지 않은 채 바닷물 속으로 빠져들어 가는 모습을 지켜보아야만 했다. 점차 수장되어가는 군인들의 이름을 부르며 울부짖는 가족들의 모습이 지옥과도 같았다. 이것이 사랑하는 남편과 아버지들의 마지막 모습이었다.

구명보트에 탄 가족들은 모두 안전하게 구조되었다. 그렇지만 함장 이하 472명의 전 장병들은 함정과 함께 영원히 바다로 가라앉았다. 물론 구명보트에 18명의 인원이 더 탈 수 있었음에도 말이다.

위기 상황에서 리더의 역할은 새삼 강조할 필요가 없다. 만약 세튼 함장의 자기희생의 리더십이 없었다면 침몰하는 배는 걷잡을 수 없는 혼란 속에 빠져들어 더 큰 피해를 입었을 것이다. 그중에서도 약자인 여자와 어린 아이들의 희생이 컸을 것이다. 아울러 영국해군의 명예도 배와 함께 침몰했을 것이다.

그러나 함장의 살신성인의 리더십이 가족의 생명을 구하고 영국해군의 전통인 신사도 정신을 지킬 수 있었다. 이때부터 영국의 신사도 정신이 시작되었다고 한다. 오늘날에도 영국 사람들은 해양에서 재난상황이 생기면 "버큰헤드호를 기억하자!"라며 위기에 대처한다고 한다.

영국인들의 이러한 정신은 60년이 지난 1912년 4월 15일 발생한 영국 호화여객선 타이타닉호의 침몰사건에도 그대로 계승되었다. 타이타닉호의 선장 에드워드 존 스미스Edward John Smith는 최신 유람선인 타이타닉호에 승객과 승무원등 2,280명을 태우고 뉴욕으로 향하다가 빙산에 배가 충돌하는 사건이 발생하였다.

유람선은 선체에 큰 피해를 입고 급속히 침몰하기 시작하였다. 차가운

흑해의 바닷물이 순식간에 선상으로 들이치자 배안은 큰 혼란으로 아비규환이 되었다. 이때 스미스 선장은 전 승무원들에게 명령하였다. "Be British!(영국인답게 행동하라!)"

승조원들은 영국 해양인들의 전통답게 구명정에 어린아이와 여성들을 먼저 태워 탈출시켰다. 그리고 자신들은 선장과 함께 차디찬 흑해바다로 수장水葬됨으로써 버큰헤드호의 정신을 지켰다. 당시 생존자 중 남성은 단지 7%만 살아남은 데 비해 여성은 74%, 어린이는 54%가 구출되었다. 이것이 바로 세계인들에게 귀감이 된 영국인들의 해양정신이다.

최근 우리나라에서도 비슷한 해양사고가 있었다. 2014년 4월 16일 08시 30분경 국내 여객선 세월호가 전라남도 진도 서남방 3km 해상에서 침몰하였다. 6,500톤급의 이 배에는 총 476명이 타고 있었는데 대부분이 제주도로 수학여행을 떠나는 단원고등학교 학생들이었다.

과연 이런 위기 상황에서 우리의 선장과 승무원들은 어떻게 하였을까? 안타깝게도 우리에게는 버큰헤드호의 함장과 대원들처럼 살신성인 정신을 보인 선장과 승무원들이 단 한 명도 없었다. 가장 먼저 배를 버리고 탈출한 사람들은 바로 배와 함께 운명을 같이 해야 할 선장과 승조원들이었다.

그 결과는 비참했다. 탑승자 중 172명만 구조되고 269명 사망, 나머지 35명은 실종되었다. 그리고 희생자의 대부분은 어린 고등학생이었다.

세계 각국의 언론들의 비판은 냉혹하기만 하였다. 각국 외신들은 타이타닉호와 세월호 사고를 비교하면서 승객을 배에 남겨두고 탈출한 선장을 '선원의 치욕, 세월호의 악마'라고 비난하였다.

같은 해양 사고에서 드러난 영국과 우리나라 리더들의 인식은 너무도 달랐다. 위기에서 자기를 희생할 줄 아는 영국 해군의 신사도와 세월호에서 보여준 우리사회 리더들의 자기애自己愛 정신은 양 사회 리더들의 품격 차이를 그대로 보여주었다.

리더의 자기희생은 그 자체가 가치 있고 숭고한 것이다. 그리고 그것은 위기 상황에서 조직의 사활에도 결정적인 영향을 미친다. 영화 '위 워 솔저스We were Soldiers'의 실제 주인공인 미국의 **무어 중령**Harold G Moore의 무공담은 절체절명의 위기 상황에서 리더의 헌신이 조직의 사활에 얼마나 중요한지를 잘 보여주었다.

1965년 11월 무어 중령이 이끄는 미1기병사단 1대대 장병들은 베트남 중부에 위치한 전략적 요충지 이아드랑 계곡을 확보하라는 명령을 받는다. 이 계곡은 지형특성상 퇴로가 막힌 고립된 지형으로서 많은 미군이 작전 중에 희생된 '죽음의 계곡'이었다. 게다가 북베트남의 정규군 2,000명이 배치되어 있어 이 작전명령은 곧 죽음의 명령과도 같았다.

무어중령은 작전에 출발하기 전, 대대병력 400명과 가족들이 참석한 출정식에서 비장한 연설을 하였다. "우리는 이제 강하고 결연한 적에 맞서 죽음의 계곡으로 들어갈 것이다. 나는 귀관들 모두를 다시 데려오겠다는 약속을 할 수는 없다. 그러나 여러분들과 하나님 앞에 이것만을 약속한다."

그는 잠시 호흡을 가다듬고 난후 연설을 이어갔다. "우리가 전투에 투입되면 나는 가장 먼저 적진을 밟을 것이고 가장 마지막에 적진에서 나올 것이다. 단 한 명도 내 뒤에 남겨두지 않겠다. 우리는 죽어서든 살아서든 다 같이 돌아올 것이다!"

이 연설을 들은 대대원들의 가슴속에는 뜨거운 전우애와 함께 지휘관에 대한 믿음이 샘솟는 듯했다. 사실 대대가 새로 편성되면서 대대원들은 전투경험이 없는 어린 병사가 대부분이었으며, 그로 인해 전투에 대한 두려움이 큰 상태였다.

무어 중령을 포함한 대대병력 400명은 헬기를 이용하여 전쟁터인 죽음의 계곡에 투입되었다. 무어 중령은 출정연설에서 한 자기약속을 지켰다. 그는 헬기에서 내려 총알이 빗발치는 전쟁터에 지휘관으로서 가장 먼저 발을 디뎠다.

전쟁터에서 지휘관은 적의 집중 표적이 되므로 전투에 앞장선다는 것은 그만큼 위험이 따르는 일이다. 그러나 무어 중령은 전투에서 언제나 선두에서 용맹하게 싸웠다. 그러나 다섯 배나 넘는 적의 정예 병력을 상대하는 것은 쉬운 일이 아니었다.

무어 중령의 대대는 정글의 땅굴에서 끊임없이 쏟아지는 적의 인해전술에 포위되어 전멸위기를 맞게 되었다. 지형상 후퇴도 할 수 없고 지원병력 요청도 어려운 진퇴양난의 위기 상황을 맞게 되었다. 연대본부에서는 지휘관인 무어 중령만이라도 살리기 위해 헬기를 보내 본대로 복귀하도록 지시하였다.

그러나 무어 중령은 이 명령을 단호히 거부하고 오히려 적과 아군의 구분 없이 무차별 폭격을 요구하는 '브로큰 에로우Broken Arrow'를 본부에 요청하였다. 이는 전투에서 최후의 수단으로 여차하면 적과 함께 모두 죽겠다는 의미가 있는 것이다. 이 요청에 따라 본부의 공습지원이 이어지고 적의 예봉이 어느 정도 꺾이자 이번에는 부하들에게 모두 착검을 지시하였다.

그리고는 적의 예상치 못한 상황에서 적의 본대를 향해 백병전을 감행하며 돌진하여 기적 같은 승리를 일궈내었다. 적은 전사자 1,800명이라는 거의 궤멸에 가까운 피해를 입었고 미군은 전사자 79명, 부상자 121명의 피해를 입었다.

무어 중령은 전쟁터를 수습하고 부하들이 전장을 이탈한 뒤 마지막으로 헬기에 오름으로써 그의 약속을 지켰다. 이 전투의 승리는 전투경험이 없는 어린 병사들을 특급전사로 만든 지휘관의 자기헌신의 결과였다. 리더가 위기 상황에서 자신을 내어 놓았는데 이를 따르지 않을 부하들이 어디 있겠는가?

무어 중령은 군에서 충성하다가 1977년 중장으로 예편하였으며 최근에 작고하였다. 그러나 그가 보여준 자기헌신의 리더십은 군뿐만 아니라 미국사회에도 큰 영향을 끼쳤다. 현재 뉴욕 소방관들의 구호는 "가장 먼저 들어가서 가장 나중에 나온다."는 것이다. 그리고 화재현장에 가장 먼저 뛰어드는 사람은 말단 소방관이 아니라 그 팀의 리더라는 것이 불문율로 되어 있다.

위대한 리더가 갖는 공통점은 감투정신敢鬪精神이다. 그들은 결코 조직의 위기를 그저 앉아서 방관하지 않는다. 자신의 소중한 생명이 위협받더라도 기꺼이 조직과 부하의 안녕을 위해서 자신을 희생할 줄 안다. 그것이 곧 조직을 움직여 위기에서 탈출하는 가장 강력한 무기가 될 수 있다. 영국의 해양정신이나 월남전에서의 무어 중령의 리더십이 그런 좋은 본보기가 되었다.

그러나 그것이 말처럼 쉽지만은 않다. 위기에서 귀중한 목숨을 던져 조직을 구하는 것은 어려운 일이다. 걸프전의 영웅인 미국의 **노만 슈워츠코프**Norman Schwarzkoph 장군은 평소 부하 지휘관들에게 "당신들은 위기에서 어떻게 행동하는지를 잘 알고 있지만 막상 이를 실천하기는 어려운 일이다."라는 말을 소신처럼 자주 하였다.

장군의 이러한 소신은 말로써 그친 것이 아니었다. 그가 대대장 시절, 월남전에 투입되어 작전하다가 부하인 흑인 병사가 지뢰를 밟아 크게 다치게 되었다. 고통에 신음하는 전우를 두고 아무도 지뢰밭에 들어가려 하지 않았다. 이때 조금의 망설임도 없이 지뢰밭을 뚫고 들어가 병사를 들쳐 매고 나온 사람이 바로 슈워츠코프였다. 그는 절체절명의 위기 상황에서 지휘관이 어떻게 해야 하는지를 직접 몸을 던져 행동으로 보여준 것이다.

이처럼 리더가 위기에서 자기를 희생한다는 것은 부하에 대한 애정과 투철한 사명감 없이는 하지 못하는 일이다. 지휘관으로서 명예와 자긍심 없이도 할 수 없다. 하물며 조직을 자신의 입신영달의 수단으로 생각하는 리더는 감히 생각하지도 못할 일이다. 세월호 선장처럼 자기애만 강한 리더 역시 이런 헌신을 기대하기 어렵다.

일본의 존경받는 기업인 교세라 그룹의 **이나모리 가즈오** 회장은 "리더가 가져야 할 가장 중요한 자질은 자기희생이며, 자기애自己愛가 강한 사람이 리더가 되어서는 안 된다."고 하였다. 그동안 우리사회의 불신과 갈등이 커진 것도 이러한 자기애가 강한 리더가 많았기 때문이다. 조직이 어려울 때 이를 돌아보지 않고 자신의 안위만 챙기면 부하는 리더를 외면하게되고 조직의 운명 또한 비참하게 끝을 맺게 될 것이다.

오늘날 영국의 해양정신과 미군 장군들의 전장 리더십은 그들만의 전통과 역사를 우월하게 만들었다. 조직에 대한 헌신은 리더가 가져야 할 가장 숭고한 가치임을 그들은 위기에서 행동으로 보여주었다. 우리의 역사또한 리더의 헌신 없이는 새롭고 우월하게 쓸 수 없다. 리더의 고귀한 피와 땀만이 힘들었던 과거의 역사를 바로 세우고 갈등의 어두운 장막을 걷어낼 수 있을 것이다.

이제 우리사회도 리더의 헌신과 희생을 당당하게 요구해야 한다. "조직을 위해 자신을 던질 각오와 소신이 있는가?"를 묻고 확신을 갖고 답하는자에게 조직을 맡겨야 한다. 조직의 리더를 단지 감투싸움의 전리품으로생각하는 리더에게 기대할 수 없는 답이기도 하다. 리더의 헌신만이 조직의 잠자던 의기意氣를 깨우고 이 시대의 어려움을 극복하는 최선의 방법이될 것이다.

제2편

조직 갈등관리의 '3公 원칙' : 공정(公正), 공평(公平), 공개(公開)

"조직 갈등은 '공정, 공평, 공개'의 문제로 요약될 수 있다. 아무리 좋은 리더와 팔로워를 갖추었다 하더라도 조직운영에서 이러한 문제가 생기면 갈등은 생겨나게 마련이다. 이 세 가지를 '3公 원칙'이라고 하는데 절묘하게도 과거 삼국지의 제갈공명이 내세운 통치철학과 일치한다.

조직관리는 리더 한 사람의 의도에 따라 움직여서는 안 된다. 위기에 강하고 안정된 조직은 체계를 갖춘 조직이다. 갈등관리를 위한 조직체계는 '공정한 가치가 존중되고 형평성 있는 자원배분은 물론, 모든 시스템이 투명하게 공개적으로 운영되는 것'을 말한다. 이는 수십 세기 전 혼란과 권무술수가 난무했을 당시, 극한 갈등상황을 관리하였던 제갈공명이 증명한 일이기도 하다."

제2장

'공정(公正)'한 조직이 위기에도 강하다

'공정'하면 두려울 것이 없다

공정한 리더는 조직을 안정적이고 평화롭게 이끌어간다. 그리고 리더 스스로가 정의롭고 올바른 가치기준을 가지기 때문에 그 어떤 분란이나 외압도 두려워 할 필요가 없다.

또한 조직관리에 있어서는 원칙과 절차를 준수하고 공과功過에 대한 평가를 명확히 함으로써 부하로 하여금 충성심과 열정을 발휘할 수 있는 여건을 만들어준다. 그런 리더는 갈등과 위기 상황에서 큰 힘을 발휘할 수 있다.

이순신 장군은 임진왜란 당시 일본과의 해전에서 23전 23승의 무패 신화를 남긴 세계적인 명장이다. 그의 이 위대한 전공은 평소 국가를 위해 사욕을 버리고 불의에 타협하지 않는 공정한 리더였기 때문에 가능하였다.

이순신은 1545년 4월 28일 지금의 서울인 한성 건천동에서 네 형제 중 셋째 아들로 태어나 경제적 사정으로 외가인 충남 아산에서 성장하였다. 28세에 처음 무과에 응시하였으나 낙마사고로 낙방하였고, 4년이 지난 32세에 무과시험에 재도전하여 합격자 스물아홉 명 중 열두 번째로 합격하였다.

첫 보직은 1576년 12월 함경도 동구비보라는 변방오지의 권관權管(종9품)이었으나 그의 관직생활 시작은 그리 평탄치 않았다. 정치적 배경이나 경제적 능력이 없고, 성품이 올곧고 강직하여 항상 시기의 대상이었다.

1579년 2월 훈련원 봉사奉事(종8품)로 근무할 당시, 상관인 병조정랑(정5품) 서익徐益이 실무자인 이순신에게 자신의 지인을 진급시킬 것을 지시하였다. 그러나 이순신은 "자격이 없는 사람을 진급시킬 수는 없습니다. 만약 이를 억지로 추진하면 정작 진급되어야 할 사람이 피해를 입는 불공정한 일이 생깁니다."라며 단호하게 거절하였다. 이 일로 인해 이순신은 서익과의 갈등이 생겨 8개월 만에 충청도 절도사의 군관으로 좌천되었다.

한번은 병조판서 김귀영金貴榮이 이순신의 인물됨을 보고 자신의 서녀 庶女(첩에게서 난 딸)를 시집보내기 위해 중매인을 보냈다. 그러자 이순신은 중매인에게 "관직에 이제 막 나온 내가 어찌 권세 있는 집에 발을 들어놓겠는가?" 하고는 돌려보냈다.

그는 자신의 출세를 위해 그 어떤 인연도 거부했다.

비슷한 시기에 이조판서로 있던 율곡 이이가 유성룡을 통해서 이순신이 같은 덕수 이씨라는 사실을 알고는 만나기를 원하였다. 그러나 이순신은 이번에도 "율곡과 내가 같은 성씨라 만나 볼 수도 있지만 그분이 관료들의 인사를 담당하고 있는 이조판서로 있는 동안 만나는 것은 옳지 않다."고 거절하였다.

예나 지금이나 이러한 상황에서 권력 있는 사람과의 인연을 거부할 수 있다는 것은 대단한 소신과 철학이 없이는 불가능한 일이다. 그러나 이순신은 사사로운 인연을 통하여 자신의 출세를 도모하는 것은 정당치 않다고 여겼다.

이순신은 36세가 되던 1580년 7월, 지금의 전라도 고흥인 발포의 만호萬戶(종4품)로 임명되었는데 이는 첫 수군의 보직으로 관직생활 4년 만에 이룬 초고속승진이었다. 그러나 그의 공직에 대한 원칙은 변함이 없었고 공정한 일처리에는 누구와도 타협하지 않았다.

우리에게 잘 알려진 오동나무 사건도 그때 있었던 일이다. 자신의 직속 상관인 '성박'이 발포군영에 있던 오동나무를 베어 거문고를 만들려고 하자 이순신이 "사사로이 국가재산을 함부로 벨 수 없다."고 반대하여 무산시킨 일이다.

이런 이순신의 곧은 성격을 주변에서는 시기하는 사람들이 많았다. 설상가상으로 봉사 시절 인사 청탁을 거절당한 서익이 이순신 군영의 병기 상태를 점검하는 경차관敬差官(일종의 감사관)으로 내려와 트집을 잡고 문제점을 보고하여 2년 전 관직인 봉사로 강등되고 말았다.

반면 모함에도 불구하고 한결같이 이순신을 그의 능력과 바른 성품으로 인정해주는 사람이 있었으니 그는 바로, 동향인 서애 유성룡이었다. 유성룡은 "나는 이순신과 같은 동네에서 자랐기 때문에 그의 인물됨을 잘 안다. 그는 어려서부터 영특했고 장군다운 풍모를 가지고 있었다."며 그를 높이 평가하였다.

이순신은 유성룡 같은 사람들의 도움을 받아 주요 관직에 추천되었다가도 그를 시기하는 사람들의 반대로 취소되는 우여곡절을 겪은 끝에 드디어 1591년 2월 13일 46세의 나이로 전라좌도 수군절도사(정3품)에 오르게 되었다. 이때가 임진왜란이 일어나기 1년 전이었으니 우리로서는 정말로 다행스러운 일이었다.

1592년 4월 13일 일본군은 함선을 타고 대대적으로 조선을 침략함으로써 7년간의 전쟁이 시작되었다. 왜군들은 빠르게 북상하여 보름 만에 서울을 함락시키자 임금인 선조는 서울을 버리고 함경도 의주로 긴급하게 피신하게 되었다.

나라가 이렇게 위태롭게 되자 이순신은 5월 7일 거제 앞바다인 옥포에 출전하여 일본의 도도 다카토라의 함대와 해전을 치러 적선 24척을 격파하였다. 이것이 장군이 최초로 해전에서 승리를 거둔 옥포해전이었다.

이순신은 일본과의 해전에 나름대로 대의명분을 가졌다. 임진왜란은 명백한 침략전쟁이며 이는 정의의 이름으로 물리쳐야 한다는 것이다. "왜적이 군사를 이끌고 침략하여 죄 없는 백성을 죽이고 온갖 흉악한 일을 저질렀다. 나는 이런 왜적과는 같은 하늘 아래서 살지 않기로 맹세하였다. 이 땅에 남아 있는 왜적들은 한명도 돌아가지 못하게 하여 나라의 원수를 갚고자 한다."

이순신의 정의감에 충만한 이런 명분은 군사들로 하여금 "우리 모두 일치단결하여 적을 물리쳐 백성들의 원한을 갚자."는 공감대와 함께 적개심을 갖게 하였다. 수군들의 이런 정신무장은 이후 해전에서 전투력으로 발휘되어 당포, 당항포, 한산도 등지에서 연전연승함으로써 확실하게 해상력을 장악하였다.

이순신의 승리에는 또 하나의 리더십 비결이 숨겨져 있었다. 그것은 부하들의 공적에 대한 보상이다. 그는 부하들의 전과戰果에 대해서는 지위고하를 막론하고 공정하게 평가하여 보상하여 주었다. 1593년 3월 장군 휘하의 여도만호 김인영金仁英의 공적을 조정에서 알아주지 않자 몇 번의 장계를 올려 그의 공적을 챙겨주었다. 김인영은 이후 당항포해전에서 목숨을 바쳐 적함선을 처부수는 데 큰 공을 세웠다.

그해 8월 일본의 조총과 조선의 승자총통을 개량하여 새로운 총통제작을 하는데 공을 세운 군관 정사준을 비롯하여 대장장이와 천민인 종들에게까지도 그 공적을 포상하여 주었다. 그로 인해 장군의 주변에는 늘 사람으로 넘쳐났으며, 승려, 의병, 천민까지도 진심으로 그를 추종하게 되었다.

그러나 정작 자신의 과오는 비록 작은 것이라고 할지라도 용서하지 않았다. 4월초 용천포 해전을 마치고 귀가하던 중 부하들의 실수로 통선統船 1척을 잃은 적이 있었다. 그는 즉시 장계를 올려 "신의 책임에 문제가 있으니 거적자리에 엎드려 죄를 기다리나이다."라며 스스로 책임을 물었다. 이처럼 장군은 공功과 과過를 나눌 때 누구도 예외 없이 공정하게 다루었다.

1597년 1월 전쟁이 한창이던 때에 이순신에게 또다시 시련이 찾아왔다. 일본의 장수 고니시 유키나가小西行長의 심복으로 조선에서 간첩으로 활동 중이던 요시라가 조정에 가짜정보를 흘려 임금으로 하여금 이순신을 서생포로 출정하도록 명한 것이다.

이순신은 이 간계姦計를 간파하고 임금인 선조의 명령에 따르지 않았다. 손자병법에도 임금의 명령이라도 부하들의 안위가 문제가 되면 따르지 않는 경우가 있다. 하지만 왕조시대에 왕의 명을 거역하는 것은 곧 목숨까지도 내어 놓아야 가능한 것이었다. 이순신은 옳음에 대한 소신으로 기꺼이 자신의 목숨을 내어 놓았다.

선조는 심한 모욕감을 느끼고 이순신을 즉시 파직한 다음 옥에 가두었다. 그리고는 "내 비록 이순신이 적장의 목을 베어 온다 해도 용서할 수 없다."며 죽이려 하였다. 그러나 많은 조정신료들의 구명운동과 상소로 이순신은 가까스로 죽음을 면하고 풀려나게 되었다.

이순신은 옥고를 치르면서 심한 고초로 심신이 피폐해진 상태에서 낙향하였다. 거기서 어머니의 부고소식을 듣고는 더욱 심한 정신적 충격을 받았다. 그러나 나라가 위태로운 상태에서 마냥 슬퍼할 수 없었다. 장군은 조정에서 4일의 빌미를 얻어 장례를 마치고 백의종군하게 되었다. 이순신에게는 나라도 임금도 원망스러울 수 있었겠지만 오직 충성스러운 마음으로 신하의 도리를 다하고자 하였다.

　1597년 7월 16일 원균元均이 칠천량漆川梁 해전에서 패하여 전사하자 그해 8월 이순신은 삼도수군통제사로 임명되었다. 그의 손에 우리나라 해상의 모든 운명이 쥐어진 셈이다. 그러나 12일이 지난 후 선조는 육전陸戰 추종론자들에게 설득되어 "수군을 해산하고 육군과 합세하라."는 밀지를 내렸다.

　이순신은 임금에게 다시 상소하여 이를 따를 수 없음을 눈물로 호소한다. "바다로 오는 적은 바다에서 막아야 합니다. 신에게는 아직도 열두 척의 전선이 남아 있습니다. 비록 전선은 적지만 제가 죽지 않는 한 적이 감히 우리를 업신여기지 못할 것입니다!" 장군의 이런 호소가 조정을 움직여 수군폐지론이 백지화되고 겨우 열두 척의 전선으로 백척간두의 나라를 구하고자 나서게 되었다.

　그런데 여기서 이순신에게는 또 다른 어려움이 있었다. 조선을 돕기 위해 명나라에서 파견된 진린陳璘 장군의 심한 횡포가 그것이었다. 그는 성격이 포악하여 조선 고관들을 폭행하는 등 아주 다루기 힘든 장수였다. 조정 대신들은 이순신 장군의 강직한 성품을 알고 있어 필시 진린 장군과의 갈등을 걱정하고 있었다.

　그러나 예상외로 이순신 장군의 태도는 달랐다. 진린이 부임하는 날부터 깍듯이 예를 표하고 극진히 대접하였다. 심지어는 적의 수급목을 전리품으로 바치기도 하였다. 이것은 자신의 출세를 위한 아부가 아니라 "같이 힘을 합쳐 적을 물리치자."는 큰 뜻을 가진 양보였다. 대의를 위해 전략적인 유연성을 가진 것이다.

　1598년 11월 19일 이순신은 내·외적인 수많은 어려움을 이겨내고 노량앞바다에서 철군하는 일본군과 마지막 해전을 치렀다. 진린 장군은 "적의 퇴로를 열어주자."고 하였지만 이순신은 "우리나라를 침범한 원수는 단 한 명도 그대로 보낼 수 없다."며 패주하는 적함선을 끝까지 쫓다가 적의 총탄에 맞게 되었다. 이때 그는 마지막 유언인 "나의 죽음을 적에게 알리지 말라."는 말을 남기고 위대한 죽음을 맞이하게 되었다.

그때가 1598년 12월 16일이었다. 함께 출전한 진린 장군은 이 소식을 듣고 너무 놀라 3번이나 까무러치고 통곡하였다고 하니 장군의 위대함은 오만한 명나라 장수까지 감동시킨 모양이다. 그는 이순신을 가리켜 "천하를 경륜할 재능을 가지고 있고 무너진 하늘을 메울 만큼 공이 크다."며 극찬 하였다.

이순신 장군의 위대함은 후대의 사람들, 특히 적국이었던 일본인들에게도 존경받고 있다. 1905년 러일전쟁을 승리로 이끈 일본의 도고 헤이하치로 제독은 "나는 넬슨제독과 비교할 수는 있어도 이순신 장군과는 비교될 수가 없다."며 장군을 높이 평가하였다.

현대의 일본해군 전략가 가와다 이사오 역시 "이순신에게 정부의 지원이 있었다면 일본은 하루아침에 점령당했을 것이다. 한국인들은 이순신의 위대함을 우리 일본인보다도 모른다."고 평하였다.

이순신 장군의 위대함은 일본 전략가의 말처럼 조정의 지원도 제대로 받지 못하는 어려운 상황에서 열악한 전력으로 강대한 적을 맞아 전승하였다는 데 있다. 그는 관직생활 20년 동안 세 번의 파직과 두 번의 백의종군 처분을 받았다. 주군인 선조는 후궁 출신의 서자라는 피해의식으로 장군의 승리를 시기하고 의심하여 틈만 나면 핍박하였다.

또한 조정관료 중에는 육전을 고집하고 수군을 폐지하자는 다수의 여론으로 늘 조직의 운명은 불안하기만 하였다. 거기에다가 명나라에서 지원 나온 장수 진린은 횡포하기가 범과 같아 다루기가 여간 어려운 것이 아니었다. 그런 어려운 갈등과 위기 상황에서도 불의에 타협하지 않고 정의의 편에 서서 공정하게 조직을 이끌었다는 사실이 그를 더욱 위대하게 하였다.

이순신의 리더십은 평소 자신의 좌우명처럼 마음속에 새기며 살아온 삶의 철학에 잘 담겨져 있다. "장부丈夫가 세상에 태어나서 쓰임을 받으면 죽기로 충성할 것이요. 쓰이지 못하면 들판에서 농사짓는 것으로 만족할 것이다. 권세가 있는 곳에 아첨하여 한때의 영화를 훔치는 것은 내가 제일 부끄럽게 여기는 것이다!"

이순신 장군은 한국이 낳은 세계적인 리더이다. 우리가 장군을 존경하는 것은 무엇보다도 그가 공의公義로운 리더였기 때문이다. 장군은 평소 자신의 올곧은 소신과 정의감으로 조직을 공정하게 이끌었다. 그리고 그런 리더십이 "위기에 얼마나 강한가?"를 역사를 통해 증명하였다. 과연 이 시대의 리더들은 장군의 유지遺旨를 받들어 이 사회를 바르게 이끌어가고 있는지 묻고 싶다.

현재 우리사회의 최대 이슈는 '공정성' 문제다. 사회학자들은 '공정한 사회란 본질적으로 공정함을 추구해야 하지만 누구나 공정하다고 느끼는 것도 중요하다'는 점을 강조하고 있다. 대다수의 사람들은 '우리사회가 공정하지도, 공정함을 느끼지도 못하고 있다.'고 비관적으로 말한다. 공정해야 할 사회체계는 권력 앞에 무기력하고 일부가 누리는 특혜는 아직도 부끄러움을 모르고 활개치고 있다.

이런 시대적 상황을 잘 대변해주는 것이 '돈도 실력', '부모찬스', '금수저와 흙수저' 같은 신조어들이다. 우리 미래를 책임질 젊은이들은 이런 불공정한 사회에 대해 분노를 넘어 허무감을 느끼고 있다. 흙수저에게는 기회조차 주어지지 않고 대신 부모찬스를 쓰는 금수저가 이런 기회를 앗아가는 사회구조를 개탄하는 것이다. 비정상이 정상이 될 수 없듯이 불공정한 특권이 사회의 정의로 둔갑해서는 안 된다.

순천향대 이순신 연구소장인 임원빈 교수는 "대한민국 위기의 본질은 가치의식이 실종되었다는 점이다. 정의라는 가치가 승리한다는 것을 보여준 이순신 장군을 본받아야 한다."고 강조하였다. 불공정으로 인한 이 시대의 갈등과 괴리감을 해소하는 길은 장군이 보여준 '공의로운 리더십'을 계승하는 것이다.

조직의 정의는 리더의 생각과 의지에 달려있다. 리더는 항상 부하에게 '정의라는 가치가 승리한다'는 믿음을 주어야 한다. 리더가 정의를 추구하고 불의에 타협하지 않으면 부하 역시 리더의 뜻에 따라 바르게 행동할 수밖에 없다. 반대로 리더가 정의롭지 못하고 사익을 좇으면 부하 역시 사리사욕을 위해 조직을 저버리게 된다. 이처럼 리더의 올바른 가치관과 처신은 조직을 바르게 움직이는 방향타方向舵가 되는 것이다.

다음은 리더의 '신독愼獨'의 자세다. 리더의 양심은 어두운 곳에 혼자 있더라도 자신을 속이지 않도록 언행을 삼가는 데 있다. 아무리 주변이 혼탁하더라도 리더 자신은 정의라는 가치를 신념화하여 작은 양심이라도 저버리는 일이 없도록 스스로를 통제해야 한다.

조직의 '원칙과 기준'도 바로 세워야 한다. 원칙은 명확하고 기준은 흔들림이 없어야 한다. 장군은 이러한 기조를 조직관리에 엄격하게 적용하였다. 공적이 있는 사람은 천민도 포상하였고 과실에 대해서는 자신도 예외를 두지 않았다. 그리고 원칙이 바로 서도록 힘쓰면서 그 어떤 불공정한 결탁도 허용하지 않았다. 이것이 위기에서 부하들이 잠재력을 최대한 발휘할 수 있게 한 힘이다.

공정한 리더는 다수의 평화를 위해 소수를 다스린다. 그러나 불공정한 리더는 힘 있는 소수의 이익을 위해 다수의 평화를 희생시킨다고 한다. 우리사회가 다수의 평화를 지키기 위해서는 공정한 리더가 이 사회를 바르게 이끌어가야 한다. 사회전반에 정의가 강물처럼 흐를 때 우리가 바라는 참 평화와 행복은 찾아올 것이다.

마이클 샌델Michael J. Sandel은 자신의 저서 『정의란 무엇인가』에서 '공정한 사회는 좋은 삶의 의미를 공유하고 이견까지도 받아들이는 문화를 가꾸어 가는 것이다'라고 하였다. 우리에게 좋은 삶의 의미는 누구나 균등한 삶의 기회를 통해 스스로 가치 있다고 느끼는 것이다. 그리고 다른 사람의 생각까지도 소중히 여기면서 원칙과 기준이 바로 세워지는 공정한 사회를 만드는 것이다. '공정한 조직이 위기에도 강하다'라는 장군의 리더십으로 이 시대의 갈등을 극복하는 지혜를 갖자!

'기강'을 세울 땐 엄정하게 하라

조직이 바로 서려면 먼저 기강이 세워져야 한다. 기강이 해이해지면 조직 내 위계질서가 무너지고 혼란에 빠질 수 있다. 조직의 기강은 '선엄후관先嚴後寬'하는 자세가 필요하다. 먼저 엄정한 기강을 세우고 난 다음에 관대함을 보여주어야 조직은 체계를 갖추어 온전하게 기능을 다할 것이다.

우리는 흔히 엄정한 기강을 세울 때 많이 쓰는 고사가 '읍참마속泣斬馬謖'이다. 이 고사는 중국의 삼국시대에 **제갈공명**諸葛孔明이 전쟁패배의 책임이 있는 측근인 '마속장군을 울면서 목을 베었다'는 데서 유래되었다. 조직관리에 있어 기강을 세우는 일이 무엇보다도 중요하다는 가르침을 주는 고사다.

서기 227년, 중국의 위魏, 촉蜀, 오吳 세 개의 나라가 국운을 걸고 치열하게 패권을 다툴 때의 일이다. 촉나라 승상 제갈공명은 경쟁상대인 위나라를 정벌하기 위해 9만 명의 대군을 이끌고 성도成都를 출발, 기산祁山으로 진출하여 위나라 군사들과 대치하게 되었다.

당시 위나라의 사마의司馬懿도 20만 명의 군사를 이끌고 빠르게 남하하여 기산에서 방어진을 구축하고 공명의 촉군과 일전을 대비하고 있었다. 공명은 군사전략에 뛰어난 사마의의 능력을 잘 알고 있는 터라 그 대응방안을 놓고 고심하였다. 위나라 군대가 반드시 통과해야 하는 전략요충지인 가정街亭을 어느 장수에게 맡기느냐는 것이다.

공명이 고심하던 차에 한 장수가 그 임무를 맡겠다고 자원하였다. 그는 평소 공명의 절친한 친구인 마양馬良의 동생 마속장군이었다. 마속장군은 책략이 뛰어나고 용맹하여 공명이 평소 총애하는 인물이었지만 실전경험이 많지 않은 것이 단점이었다.

공명은 이 점이 걱정이 되어 선뜻 결정을 하지 못하고 있는데 마속이 자신 있게 나서서 이번 일을 맡겨달라고 요청하였다. "승상, 제가 그동안 많은 병법서를 읽어 전략을 잘 알고 있으니 이번 일은 제가 감당할 수 있습니다."

이 말을 들은 공명은 근심어린 표정으로 우려를 표한다. "너의 능력은 내가 익히 안다. 그렇지만 사마의는 병법과 능력이 출중하다. 만약 우리가 가정을 잃으면 이번 출정이 모두 허사가 되는 것이다."

그러자 이번에는 "만약 이번 전투에서 제가 패배하면 참형에 처해지더라도 결코 원망하지 않겠습니다."라고 더욱 결의에 찬 목소리로 간청하였다. 공명은 걱정은 되었지만 마속의 간청에 "네가 그렇게까지 말하니 할 수 없구나. 다만 군율에는 사사로운 정이 통하지 않는다는 것을 명심하거라!"라고 말하며 출정을 허락하였다.

공명은 마속이 미덥지 않아 작전지형에 대한 방어법을 교육하면서 "가정은 다섯 갈래의 길이 모아지는 곳으로 적은 반드시 이 길로 통과할 것이다. 그러므로 너는 길에 바위나 목책으로 방벽을 세워 적이 통과하지 않게 방어를 해야 한다. 그러나 서남쪽 산에 진을 칠만한 산이 있다고 해서 절대로 그곳에 진을 쳐서는 안 된다."며 재차 신신당부하였다.

공명은 마속에게 정예병력 2만 5천 명을 주고 신중한 왕평으로 하여금 그를 보좌하게 하여 가정으로 출진시켰다. 현지에 도착한 마속이 나름대로의 지세를 확인해 본 결과, 공명의 지시가 현실성이 부족하다고 느꼈다. 그는 적의 출입로 방비보다는 오히려 산에 진을 쳐서 적을 유인하여 역공하는 것이 효과적이라고 생각하였다.

마속은 상관인 공명이 그토록 부탁했건만 자기 뜻대로 산에 진을 칠 것을 명령하였다. 왕평이 나서서 "장군, 승상의 지시를 잊으셨습니까? 명을 거두어 주십시오!"라고 만류하였다. 그러나 마속은 주변의 말을 듣지 않았다. 결국 마속은 산에 진을 치고 적이 오기를 기다렸다.

위나라의 사마의는 역시 뛰어난 전략가였다. 적의 의도를 간파하고 결전을 서두르지 않았다. 산기슭을 포위하고 시간만 끄는 것이었다. 그럴수록 마속의 군대는 식수와 식량이 떨어져서 큰 어려움을 겪게 되었다. 마속은 뒤늦게 공명의 지시에 따르지 않은 것에 대해 후회하였으나 때는 이미 늦었다.

사마의는 이 틈을 노렸다. 마속 군대의 사기는 이미 떨어졌고 늦가을의 산은 건조하여 화공火攻하기에 안성맞춤이었다. 사마의 군대가 화공으로 마속의 진지를 공격하자 이내 혼란에 빠지고 군대는 대패하게 되었다. 마속은 대군을 잃고 몇몇 수하들과 몸만 겨우 빠져나오게 되었다.

마속은 부장 왕평과 함께 공명 앞에 불려와 그간의 상황을 보고하게 되고 질책을 받게 되었다. 공명이 머리를 숙이고 있는 마속에게 다그쳤다. "유상(마속의 字)아! 나는 너에게 산에 진을 치지 말라고 몇 번에 거쳐 신신당부를 했거늘 왜 내 말을 듣지 않았느냐?"

마속은 다시 고개를 떨어뜨리며 "승상, 제가 잘못했으니 처벌을 받겠습니다."하고 잘못을 빌었다. 공명은 즉시 수하를 시켜 군령장을 가져오게 하고는 단호하게 말하였다. "유상아! 너의 군령장이 여기 있다. 너는 싸움에 지면 목을 바치겠다고 나와 약속했는데 그 약속을 잊지는 않았겠지?"

마속은 속으로 '설마 같은 고향의 형님이자 자신의 형과 친구지간인데 죽이기야 하겠는가?'라고 생각했다. 그러나 공명의 표정이 너무나도 단호하고 엄숙하자 다시 한 번 잘못을 빌며 용서를 구하였다. "승상! 살려주십시오. 저희 집안에는 모셔야 할 어른이 계시고 어린 자식도 있습니다. 공을 세워 죄를 대신하도록 기회를 주십시오!"

공명은 잠시 눈을 감고 생각에 잠겼다. 만인이 보는 앞에서 살려줄 수도 없고 죽이자니 애처롭고 자신과의 인연도 깊은 처지라 마음속에 갈등이 생겼다. 그러나 이내 마음을 다잡았다. "내가 너를 죽이는 것은 마음을 도려내는 것처럼 아픈 일이다. 그러나 군령장軍令狀이 여기 있으니 내가 너를 죽이는 것이 아니라 군령이 너를 죽이는 것이다. 군령에 사사로운 정을 둘 수는 없지 않겠느냐?"

그는 이어서 "너의 뒷일은 걱정하지 마라. 너의 노모와 처자식은 내가 보살피마. 여봐라, 이자를 끌고 가서 목을 쳐라!"는 명령을 내리고 마속의 목을 베어 죽였다. 공명은 마속을 죽인 후 친히 제사를 지내며 눈물을 흘렸다고 한다. 그리고 그의 남은 가족들도 평생 돌보면서 은혜를 베풀었다.

리더가 조직을 관리하다 보면 제갈공명과 같은 난처한 처지가 되는 경우가 있다. 측근이라고 가볍게 처리하면 기강이 서지 않고 그렇다고 가혹하게 처리하면 인간미가 없는 리더가 되기 때문이다.

공명은 책략가답게 현명하게 처신하였다. 비록 기강을 세우기 위해 군령의 엄정함을 보여주었지만 그것은 법에 의한 것이지 자신의 마음은 아니라는 것을 눈물로서 보여주었기 때문이다. 뛰어난 리더는 부하에게 인간적인 존경을 받으면서도 위엄을 잃지 않는 사람이다. 공명은 그런 리더였다.

제갈공명은 이후 곧바로 상소를 올려 스스로 벼슬을 세 단계 내렸고 주요책임자들도 모두 강등시킴으로써 제도와 법의 위엄을 다시 세웠다.

중국의 주요 병법가들은 예외 없이 조직관리에 기강을 세우는 일이 중요하다는 것을 알고 이를 실천하였다. 손자병법으로 유명한 **손무**孫武도 그중 한 사람이다. 그는 제갈공명보다 훨씬 이전 사람(대략 BC.544~496)으로 춘추전국시대에 제齊나라에서 태어난 병법가이다.

손무가 장성하였을 때 나라에 반란이 생기면서 집안이 휘말리게 되었다. 신변의 위협을 느낀 손무는 전국을 떠돌다가 오吳나라로 망명하게 되었다. 그때 그의 재능을 알아본 오나라 왕의 보좌관인 오자서가 왕인 합려闔閭에게 손무를 천거하였다.

오나라 왕은 이미 손무가 병법과 전략에 뛰어나다는 것을 알고 있었다.

그렇지만 직접 본적이 없어 그의 능력을 시험해 보고자 다음과 같이 제의하였다. "그대가 지은 병서 13편을 읽어보았소. 그러나 그것은 어디까지나 이론이지 실제와는 차이가 있는 법이오. 궁녀 180명을 줄 테니 한번 훈련시켜 보시오." 하고는 궁녀 180명을 궁궐 앞 공터에 집합시켰다.

손무는 왕의 명령을 거역할 수 없었다. 우선 궁녀 180명을 각 90명씩 두 편으로 나눴다. 그리고 각 편에는 오왕이 가장 총애하는 궁녀 두 사람을 대장으로 임명하였다. 이어서 손무는 궁녀들을 교육하였다. "내가 앞으로 하면 앞을 보고, 좌로 하면 좌측, 우로 하면 우측, 뒤로 하면 뒤를 보라." 궁녀들은 모두 "알았습니다."하고 답하였다.

손무는 교육을 마치고 직접 북채를 쥐고 북을 치며 명하였다. "우로!" 하고 호령하니 궁녀들은 웃기만 하고 움직이지 않았다. 그는 다시 한 번 행동요령을 설명하였다. 그리고는 "좌로!"하고 다시 명하니 이번에도 궁녀들은 웃기만 하고 움직이지 않는다. 평소 왕의 총애를 받아온 궁녀들이 군대의 구령을 알아듣고 따라 할 리 만무했다.

그러자 손무는 어수선한 궁녀들을 다시 정렬시켜 놓고 엄히 꾸짖었다. "군령이 불분명하고 지시가 불충분한 것은 장수의 죄이다. 그러나 군령이 분명한데도 지시가 잘 지켜지지 않는 것은 군사를 감독하는 지휘자의 책임이다."

그리고는 두 명의 궁녀대장을 앞으로 나오게 하였다. 손무는 왕이 보는 앞에서 애첩인 궁녀대장 두 명의 "목을 치라."고 명한다.

이때 가장 당황한 것은 오왕인 합려였다. 잘못하다가는 자신의 애첩인 궁녀 두 명의 목이 날아갈 판이었다. 오왕은 손무의 뜻하지 않은 행동을 만류한다. "이제 됐소. 장군의 용병술이 뛰어난 것은 알았으니 이 두 여자의 목은 치지 말아주시오."

그러나 손무는 "한번 병권을 받았으니 병사들의 생사여탈권은 나에게 있소." 하고는 왕의 애첩 두 명의 목을 가차 없이 베어버렸다. 그 다음 다시 궁녀 2명을 대장으로 임명하고 다시 전처럼 설명한 다음 북을 치며 궁녀들을 지휘하였다.

그런데 이번에는 손무가 "좌로 하면 좌측으로, 우로 하면 우측으로." 일사분란하게 움직이는 것이 잘 훈련된 병사와 같았다. 그제야 손무는 왕에게 보고하였다. "이제 훈련이 다 되었습니다. 내려오셔서 시험해 보십시오. 왕이 명령하면 불속이라도 뛰어들 것입니다."

그러나 왕은 불편한 심기를 드러내며 "이제 훈련을 끝내는 것이 좋겠소. 과인은 내려가 보고 싶지 않소!"하고 화를 냈다. 그러자 손무는 "왕께서는 병서의 말만 좋아하고 병법의 실제 적용은 잘하지 못하는군요."라고 하며 자리를 박차고 일어났다.

오나라 왕은 잠시 마음을 가라앉힌 뒤 그의 능력을 인정하고 즉시 오나라 장수로 등용하였다. 그 뒤 손무도 오왕을 도와 서쪽으로는 초나라를 격파하고 북으로는 제나라와 진나라를 쳐서 굴복시켜 왕인 합려로 하여금 패자霸者가 되게 하였다.

손무는 손자병법의 대가답게 병력을 통솔하고 지휘하는 법을 정확하게 알고 있었다. 기강을 세울 때는 왕의 애첩이라도 예외를 두어서는 안 되고 한번 처벌하려고 마음먹으면 단호함을 보여주어야 한다는 것이다. 그것이 병법을 모르는 한낱 궁녀 할지라도 단시간에 잘 훈련된 병사로 만드는 비결이다.

공정한 조직은 기강이 바로 서야 한다. 기강이 바로 서면 리더 중심의 지휘체계가 힘을 얻고 상하 간의 위계질서도 명확해진다. 반면 기강이 헤이해지면 리더의 영令이 서지 않을 뿐만 아니라 조직의 힘은 개인의 목소리에 묻혀 힘을 잃고 방황하게 된다. 조직 내 갈등은 이렇게 기강이 혼란한 틈을 타서 고개를 들기 쉽다.

지금 우리 주변에는 일종의 '떼법'이 존재한다는 비판의 소리가 있다. 목소리 큰 사람들이 일방적으로 떼를 쓰면 그것이 통용되는 것을 말한다.

이는 이 사회에 기강이 제대로 서지 않아 생긴 것이다. 역사와 전통이 깃든 광화문 광장은 어느덧 이들의 놀이터가 되고 있다. 이를 바로 잡아야 할 공권력은 주변의 눈치를 보느라 제 기능을 다하지 못하고 있다는 지적이다. 힘과 권위가 없는 공권력을 누가 따르겠는가?

우리와 멀지 않은 싱가포르는 경우가 다르다. 우리보다 훨씬 잘사는 민주국가지만 여전히 태형笞刑이 존재한다. 원시적인 방법일지 모르지만 공적질서를 해치는 일에는 강력한 공권력으로 응징한다. 그리고 국가의 기강을 흔드는 중대한 범죄는 별도의 기관에서 엄하게 다루는데 고위관료나 정치인들도 예외를 두지 않아 두려움의 대상이 된다고 한다. 세계에서 가장 깨끗하고 질서가 잘 지켜지는 나라는 이렇게 만들어진 것이다.

참된 민주사회란 이렇듯 기강이 제대로 서 있어야 한다. 개인의 인권은 존중되어야 하지만 무질서와 일탈은 엄히 다스려야 한다. 태평성대를 구가하던 세종대왕의 통치시대에도 전국 방방곡곡에 잘못한 관리들의 볼기짝 치는 소리가 끊이질 않았다고 한다. 이 시대의 리더는 불의나 편법을 좌시해서는 안 될 일이며, 기강을 위해 정의의 칼을 드는 데 주저함이 없어야 한다.

조직관리에서 리더가 아랫사람의 죄를 물을 때는 단호해야 한다. 정리에 이끌려 제대로 질책을 하지 않거나 측근이라고 봐 주어서는 안 된다. 아무리 사랑하는 자식이라도 회초리를 아껴서는 제대로 된 가정의 규율을 세울 수 없다. 병법의 대가 손무 역시 군령을 바로 세우기 위해서는 왕의 애첩까지도 사정없이 베어버렸다. 리더가 한번 칼을 뽑았으면 사정을 두지 않고 단죄해야 기강이 제대로 선다.

그렇다고 해서 서슬 퍼런 칼날을 무조건 휘둘러서는 안 된다. 사소한 잘못을 추궁하더라도 명확한 명분이 있어야 한다. 제갈공명의 지혜를 빌리자면 공명은 마속을 처벌할 때 군령장을 제시하고 이를 근거로 책임을 물었다. 처벌의 합당한 이유와 명분으로 스스로의 잘못을 인정하게 한 것이다. 이처럼 명분이 확실하면 반감反感도 줄일 수 있을 뿐만 아니라 주변의 지지를 받아 학습효과도 크다.

또한 리더는 기강은 세우되 인간미를 잃어서는 안 된다. 공명은 마속을 처벌할 때 '읍참泣斬', 즉 눈물을 보이며 참하였다. 공명이 보인 이 눈물에는 리더이기 이전에 한 인간으로서의 고뇌가 담겨져 있다. 기강을 위해 어쩔 수 없었던 자신의 처지를 눈물로 표현한 것이다. 거기에는 자신에게 비춰질 냉혹한 이미지를 불식시키고 인간적인 모습을 보이기 위한 몸부림이 스며져 있는 것이다.

리더는 위엄은 갖추되 사나워서는 안 된다. 리더가 불과 같이 맹렬하면 타 죽는 사람이 많고 그렇다고 물처럼 유약하면 빠져 죽기 십상이다. 때로는 불처럼 강하되 맹렬하지 않도록 하고 때로는 물처럼 부드럽지만 유약하지 않도록 해야 한다. 리더가 이런 경계선에서 스스로를 절제할 수 있다면 최고의 리더가 될 수 있다. 늘 부하를 조직의 품에서 놀게 하더라도 기강의 끈은 단단히 부여잡고 있어야 조직의 일탈과 혼란을 막을 수 있는 것이다.

'공정한 경쟁'은 패배도 아름답게 한다

우리사회는 개인이든 조직이든 경쟁을 하지 않을 수 없다. 공정한 경쟁은 승패에 관계없이 결과에 승복하지만 그렇지 않을 경우 결과를 인정하지 않음은 물론 경쟁상대와의 관계도 단절되기 쉽다.

다양한 분야 중 스포츠계는 단연 경쟁을 통하여 순위를 결정하고 그 능력을 평가받는 치열한 곳이다. 그러나 치열한 경쟁 속에서도 공정한 경쟁은 승패에 관계없이 아름답고 감동이 있다.

프랑스에서는 매년 뚜르 드 프랑스Tour de France라는 세계 최고권위의 사이클 대회가 열린다. 이 대회는 섭씨 35도가 넘는 폭염 속에서 해발 2,000m 이상의 알프스산맥과 피레네산맥을 넘어 장장 3,000km의 코스를 3주 내에 완주하는 지옥의 레이스다.

우리에게 잘 알려진 미국의 사이클 황제 랜스 암스트롱Lance Armstrong은 1999년부터 2005년까지 7년 동안이나 이 대회에서 우승한 스타 중의 스타였다. 그러나 그의 이런 7연패 뒤에는 숙명의 라이벌인 독일 출신 **얀 울리히**Jan Uilrich의 페어플레이 정신이 있었다.

2003년 7월 뚜르 드 프랑스 대회의 막바지인 15구간 결승선 9.5km 지점에서 이상한 일이 벌어졌다. 선두로 달리고 있던 암스트롱의 자전거가 길가에 환영 나온 어린 학생 가방에 걸리면서 뒤따르던 선수와 함께 도로에 넘어지고 말았다. 세 번째로 달리던 울리히에게 만년 2인자의 설움을 씻어낼 절호의 기회가 온 것이다. 그는 1997년 우승 이후 준우승만 3번 한 만년 2인자였다.

얼마 남지 않은 결승선 가까이에서 그냥 달리기만 하면 승리는 울리히의 것이었다. 그런데 이게 웬일인가? 이해할 수 없는 일이 벌어졌다. 울리히는 전력질주를 하지 않고 뒤를 돌아보며 속도를 줄였고, 넘어진 선수들이 일어나기를 기다리는 것이 아닌가?

그리고 암스트롱이 일어나서 다시 페달을 밟고 속도를 내는 것을 보고서야 자신도 페달을 밟기 시작하였다. 두 사람은 마지막 결승점까지 최선을 다해 달리고 달렸다. 결과는 암스트롱이 61초 차이로 우승하였다. 울리히는 또다시 만년 2인자가 되었다.

경기가 끝난 후 그의 표정은 패배에 대한 아쉬움보다도 최선을 다했다는 만족감이 더 큰 듯하였다. 그는 언론과의 인터뷰에서 담담하게 이렇게 말했다. "그런 상황에서 암스트롱을 제치고 우승했다는 것이 무슨 의미가 있겠는가? 나는 행운이 아닌 진정한 우승을 원한다."

국가와 개인의 명예도 중요하지만 넘어진 경쟁자를 두고 앞서가지 않은 울리히의 스포츠 정신은 경쟁 속에 사는 많은 사람들에게 신선한 감동을 안겨 주었다.

사람들은 패배한 울리히를 '뚜르 드 프랑스의 진정한 영웅'이라고 불렀다. 매스컴에서도 이를 두고 '위대한 기다림'이라고 찬양하였고 고국인 독일에서는 "울리히가 스포츠의 진정한 정신을 살려내고 독일의 국격을 높였다."라고 칭송하였다.

누가 진정한 승자인가? 20세기의 가장 인상 깊은 스포츠 사건으로 기록된 이 사건은 만년 2인자 자리를 감수하면서도 진정한 스포츠 정신을 보여준 울리히의 승리로 평가되고 있다.

2017년 7월 4일 같은 대회에서는 또 다른 장면이 연출되어 스포츠계가 시끄러웠다. 마지막 4구간 결승선 100여 미터 지점에서 선두를 다투던 슬로바키아의 피터 사간과 마크 캐번디시가 충돌한 것이다. 캐번디시는 중심을 잃고 안전펜스로 넘어져 어깨가 골절되는 부상을 입었다.

대회 주최 측에서는 이 사고의 원인을 사간이 팔꿈치로 고의로 밀었다고 판단하여 실격처리하였다. 부상으로 남은 대회를 포기한 캐번디시는 친구인 사간의 행동에 대해 "혼란스러움을 금치 못하겠다"는 입장을 보였다.

이 대회에 대해 많은 사람들이 과거 얀 울리히의 페어플레이 정신과 비교하며 아쉬움을 표했다. 경쟁관계였던 두 사람 역시 여러 가지 어려움을 겪었다. 전 세계 190개국 3억 3,000만 명이 시청하는 권위 있는 이 대회는 이 사건 하나로 그 빛을 잃고 말았다. 공정한 경쟁과 그렇지 못한 경우의 결과는 이렇게 달리 평가되었다.

스포츠 세계에서 많이 사용하는 라이벌Rival은 라틴어 '리발리스Rivalis'에서 파생한 말로 '강물을 같이 사용하는 사람들'이란 뜻이다. 이 말에는 '한 사람이 자신만을 위해 강물을 사용해서는 안 되며 상호 배려 속에서 공정한 룰로 공동의 목표를 추구해야 한다'는 의미가 포함되어 있다.

진정한 라이벌은 상대의 약점을 밟고 일어서는 것이 아니라 상대를 보듬고 함께 나아가는 것이다. 최근 우리 주변에서도 이러한 라이벌 정신으로 공정하게 경쟁하며 공동의 목표를 추구하는 사람들이 있다. 바로 한국 양궁선수들의 선발과정이 그렇다.

우리나라 양궁은 지난 2016년 브라질 리우 올림픽에서 남녀 개인 및 단체전 4개 종목을 석권하는 위업을 달성하였다. 한국 양궁은 1988년 이래 30년 동안 남녀 공히 세계 최강으로 올림픽 메달 획득에 효자노릇을 톡톡히 하고 있다.

그런데 무엇이 한국 양궁을 이토록 강하게 하였을까? 그것은 바로 대표 선발 방식에 그 비밀이 숨겨져 있다. 한국 내 대표선발전은 올림픽 메달 경기보다 더 치열하다고 한다. 오로지 실력으로만 평가하며 공정한 경쟁을 보장한다.

예선전은 전국에서 모여든 240여 명의 궁사들이 약 6개월 간 전국을 돌면서 치러진다. 바람이 부는 바닷가뿐만 아니라 비바람이 몰아치는 악천후에서도 그들의 경쟁은 계속된다. 선수 개인당 약 4,000발이 넘는 화살을 쏜다.

이런 테스트 과정에는 학연이나 지연 같은 파벌이나 협회의 추천 등 외압은 일체 허용되지 않는다. 오직 공정한 시합을 통한 실력만이 인정될 따름이다. 이렇게 선발된 선수들은 천하무적이다. 올림픽 개최국의 날씨가 어떻든 게임의 룰이 어떻게 변하든 상관없다. 그들에게는 흔들림 없이 과녁에 집중시킬 수 있는 실력만이 있을 뿐이다.

올림픽에서 금메달을 딴 후 한국팀 감독은 언론과의 인터뷰에서 이렇게 자신감을 표현하였다. "우리보다 더 열심히 훈련한 팀이 있으면 메달을 돌려주겠다."

양궁협회는 다른 종목의 협회보다 원칙과 공정성을 중시한다. 4년 전 런던올림픽 대표로 선발된 한 여자선수가 컨디션의 난조를 보이면서 부진을 보이자 다른 선수로 교체하자는 여론이 돌았다.

그러나 협회의 입장은 단호하였다. "만약 원칙을 깨게 되면 선발전 자체가 흔들리게 된다. 금메달을 포기하는 한이 있더라도 원칙을 지켜야 한다."며 그 선수를 올림픽에 출전시켰다. 결국 그 선수는 컨디션을 회복하여 여자 단체전에서 맹활약하였고, 한국팀에게 소중한 금메달을 안겨주었다.

사실 한국 양궁팀도 88년 올림픽 이전에는 다른 종목처럼 고위층의 청탁과 같은 외압이 심하였다. 하지만 젊은 지도자들은 이런 시스템으로는 올림픽의 경쟁에서 이길 수 없다는 위기의식을 가지고 오늘날과 같은 공정한 선발시스템을 만들어낸 것이다.

올림픽이 열릴 때마다 한국 양궁팀은 세계선수들의 공공의 적이 된다. 수십 년간 철옹성을 이룬 탓이다. 때로는 시합방식을 바꿔 화살수를 줄이거나 세트제 운용방식을 바꾸기도 하지만 산전수전 다 겪은 한국선수들을 추월하지는 못한다.

까다롭기로 유명하지만 단 1%의 '실력 외의 요소'도 허용하지 않는 한국 양궁팀! 그 팀의 선발과정을 탓하는 사람이나 이견을 갖고 있는 사람은 아무도 없다. 공정한 룰로 공정하게 경쟁하기 때문이다. 한국 양궁이 세계 최강이 된 이유다.

미국의 정치학자 로버트 달Robert Dahl은 "민주주의의 핵심적 특징은 경쟁이다."라고 하였다. 그의 말처럼 민주사회는 누구나 공정하게 경쟁할 수 있는 기회를 가져야 하고 그 결과에 대해서는 깨끗하게 승복해야만 한다. 만약 건전한 이러한 경쟁구도가 훼손되고 '변칙과 편법' 같은 불공정한 방법이 실질적인 힘으로 작용하면 민주주의 근간이 흔들리게 된다.

최근 미국 대통령 선거문제로 전 세계가 시끄러웠다. 트럼프 대통령과 지지자들이 가장 민주적인 경쟁방식인 선거에 대해 승복을 하지 않았기 때문이다. 결과가 어떻게 나오든 선거의 공정성 문제는 이처럼 파급효과가 크다.

이 밖에도 변칙과 편법에 의한 '권력에 줄대기, 기회주의가 만연한 공직

풍토, 권력자 자녀의 불법취업과 각종특혜' 등은 우리사회의 공정경쟁을 해치는 장애요인이다. 이러한 문제는 선량하게 자신의 능력을 키우는 사람들의 기회를 앗아가고 조직의 불신과 갈등을 조장하고 있다. 그렇다면 조직의 건전한 경쟁을 위해 리더가 할 수 있는 해법은 어떤 것이 있을까?

조직 내 경쟁에서는 누구나 동등한 기회와 조건을 가져야 한다. 축구선수와 야구선수를 모아놓고 축구의 룰로 경쟁시키면 안 된다. 양측 모두가 공정하다고 인정하는 방식으로 판을 깔아주어 선의의 경쟁을 유도해야 한다. 또한 경쟁 간에는 일체의 반칙이나 편법이 사용되지 않도록 감독을 철저히 하고 외부압력도 사전에 차단해야 한다.

조직 내 파벌조성도 막아야 한다. 학연이나 지연, 근무연에 의한 집단 이기주의는 건전한 경쟁을 깨는 원인이 된다. 능력보다는 친분관계가 우선시 되는 파벌의식을 철저히 배제해야 공정한 경쟁을 보장할 수 있다. 최근 불공정한 채용비리를 막기 위해 '블라인드Blind 채용방식'을 선택하는 것도 그 하나의 방법이다. 공정한 경쟁을 위해서는 공적관계 외에 사적인 파벌이 영향을 주어서는 안 된다.

그렇지만 경쟁이 지나쳐 과열되지 않도록 해야 한다. 선의의 경쟁은 조직발전에 활력을 주는 좋은 수단이 되지만 경쟁이 지나치면 편법을 불러올 수 있어 오히려 조직의 단합에 저해가 된다. 조직 내 경쟁은 하되 상대를 지배하기 위한 것이 아니라 자신을 이기는 데 집중한다는 인식을 갖게 할 필요가 있다. 그것이 경쟁의 의미를 더 크게 하여 갈등을 예방하는 방법이다.

또한 그 경쟁의 결과가 승자를 위한 독식의 장이 되는 것도 바람직하지 않다. 경쟁에서 순위를 정하는 것은 의미 있는 일이다. 그리고 더 노력하고 경쟁에서 이긴 승자가 더 많은 대가를 가지는 것도 문제가 되지 않는다. 하지만 승자만이 모든 것을 누리고 나머지는 보상이 없는 경쟁구도는 서로간의 심각한 위화감을 줄 수 있다. 승자에게 더 많은 혜택은 주더라도 패자도 배려하는 것이 조직화합 차원에서 도움이 된다.

하지만 여기서 주의해야 할 것이 있다. 바로 일부러 경쟁을 부추겨 자신의 이익을 취하는 사람이다. 마치 동물의 세계에서 자칼과 같은 습성을 가진 협잡꾼들을 말한다. 자칼은 사바나 초원에서 먹이를 발견하면 특유의 소리를 내어 경쟁자를 불러 모은 다음, 힘이 센 사자나 하이에나가 먹이다툼을 하는 사이에 자기 몫을 슬쩍 낚아채서 유유히 사라진다. 조직 내 이런 부류의 이간질이 능한 양체족은 철저히 가려내야 평화가 온다.

옛말에 송무백열松茂柏悅이란 표현이 있다. '소나무가 무성하게 자라는 것을 보고 옆에 있는 측백나무가 기뻐한다'는 의미이다. 경쟁자가 잘됨을 기뻐하는 조직이 갈등관리가 잘되고 성공할 수 있다. 어려움에 처한 경쟁자를 위해 울리히처럼 기다릴 줄 알고 도움이 필요할 때 자신의 어깨를 내어주면 조직의 화합은 저절로 이루어진다. 경쟁은 치열하게 하더라도 불공정한 승리보다는 오히려 깨끗한 패배가 존경받는 그런 조직이 아름답다.

'절차'가 공정하면 결과도 바르다

우리나라 속담에 "모로 가도 서울만 가면 된다."는 말이 있다. 결과만 좋으면 과정이나 절차는 문제가 되지 않는다는 뜻이다. 이 속담은 틀린 옛말이 되었다. 과정이나 절차에 문제가 생기면 결과도 문제가 된다. 그동안 많은 사회적 갈등도 이런 인식 때문에 생겼다. 이제는 모로 서울을 가서는 안 되고 정당하게 똑바로 가야 하는 것이다.

2016년 2월 26일 완공된 **제주 민군복합항 건설사업**은 사업 초기부터 절차의 공정성 문제가 시비되어 심각한 사회적 갈등을 겪었던 대표적인 국책사업이다. 이 사업이 처음 논의가 된 것은 1993년 2월 제156차 합동참모회의였다. 이후 국방부 내부검토를 거쳐 2002년 2월 해양수산부 제2차 기본계획안이 발표되면서 언론을 통해 외부에 알려졌다.

최초 예정지인 제주 화순리 지역주민들은 지역 어촌계를 통해 해수부의 개발계획을 공식적으로 확인하고 크게 반발하였다. 그들은 "정부가 지역주민들과의 어떠한 합의절차도 거치지 않고 일방적으로 사업을 추진하였다."며 반대 입장을 공식적으로 표명하였다.

정부는 논란이 점차 확대되자 12월 16일 사업유보를 발표하면서 사업은 잠시 보류되는 듯하였다. 그러다가 4년 후, 노무현 정부 때인 2007년 5월 제주도 자체 여론조사를 근거로 사업을 재추진하면서 최종후보지를 강정마을로 결정하였다.

그러나 강정마을 반대 측에서도 "후보지 선정과정에서 여론조사의 과정과 절차가 공정하지 못하였다."고 주장하면서 또다시 정부와의 갈등이 시작되었다. 정부는 반대 측 주장에도 불구하고 사업에 필요한 사전 환경성 검토와 생태계조사를 완료하고 정식 입찰공고를 통해 2009년 1월 실시계획승인을 고시하였다.

마침내 2010년 6월 21일 강정마을 12만평 부지에 총사업비 1조 310억원을 들여 기지건설공사가 착수되었다. 최초 사업은 해군기지로 시작하였으나 이명박 정부에 들어서면서 민과 군의 복합항으로 사업계획을 변경하였다. 그리고 제주 경제발전을 위해 15만톤급 크루즈선 2척을 동시에 정박시킬 수 있는 대규모 항 건설로 추진되었다.

그러나 이런 정부의 추진의지에도 불구하고 지역주민의 반대가 제주도로 확산되고 전국의 시민단체가 합세하면서 보수와 진보의 이념적 갈등으로 확대되었다. 2012년 이 사업이 정치적인 이슈로 부각되면서 우리나라 전체가 찬반의 갈등으로 심각한 위기를 맞았다.

당시 야당인 민주당과 통합진보당이 야권단합을 추진하여 진보성향의 공약인 기지건설의 백지화를 당론으로 채택하였다. 당연히 정부사업을 지지한 여권과 충돌을 할 수밖에 없었다. 다행히 그해 4월 야당이 총선에 패배하면서 정치적인 동력을 잃고 반대여론도 급속히 수그러들었다.

그리고 7월 5일, 그동안 반대 측에서 제기한 사업취소소송 공판이 대법원에서 진행되었다. 대법원 판단 결과 "적법하다."는 최종판결이 내려짐으로써 기지건설 절차를 둘러싼 모든 법정논쟁은 종지부를 찍게 되었다. 다행히도 법적인 절차의 문제는 없었던 것으로 결론이 난 것이다.

2016년 우여곡절 끝에 이 사업은 완공되었다. 하지만 그동안 우리나라 내부의 보수와 진보는 심각한 갈등을 겪어야 했고 그로 인한 경제적 피해는 상상을 초월할 정도로 컸다. 나름대로 의미도 있었다. 우리나라가 1987년 민주화를 선언한 이후, 1995년 지방자치제도가 시행되는 시점에서 시작된 가장 큰 국책사업에서 생긴 갈등을 우리사회가 어떻게 관리해야 하는지를 교훈으로 얻었다는 것이다.

그동안 우리사회의 국가정책은 DAD Decide-Announce-Defence 방식으로 결정되었다. 정부에서 일방적으로 정책을 결정을 한 다음, 국민에게 알리고 갈등이 생기면 방어한다는 방식이다. 이 방식은 시간과 노력이 요구되는 이해관계자들의 협의절차가 무시되어 갈등가능성이 높은 의사결정방식이다.

제주도 기지사업도 전체 맥락에서는 이와 같은 의사결정방식을 따랐다. 반대 측에서는 이 사업의 정책입안단계부터 정부와 지역주민들과의 소통과 협의절차가 부족하였다고 주장한다. 지역언론에 발표되기까지 지역주민들이 모르고 있었다는 사실이 갈등의 배경이 되었다고 하였다.

또한 사업이 유보되었다가 재추진된 당시에도 제주시민들과의 의견수렴 절차가 공정하지 못하였다고 이의를 제기하였다. 한번 이해당사자인 정부와 지역주민 간의 신뢰가 무너지자 이후 진행되었던 환경영향평가와 각종 협의회 절차의 공정성 문제가 끊임없이 제기되어 갈등을 키웠다.

결국 사업 초기부터 제기된 절차적 공정성 문제는 사업이 종료될 때까지 계속적인 갈등의 이슈로 제기됨에 따라 이 사업의 전체적인 추진에 상당한 어려움을 초래하는 결과를 낳았다.

제주기지 건설과 비슷한 시기에 출발한 국책사업으로 '**평택 미군기지 이전사업**' 역시 비슷한 양상을 보였다. 이 사업도 사업추진 초기단계부터 정부추진단과 지역주민 간의 협의절차 공정성 문제로 갈등을 빚었다.

미군기지 이전사업이 최초로 거론된 것은 1987년 노태우 대통령 후보가 선거공약으로 제시하면서부터이다. 여러 가지 이유로 잠시 흐지부지되다가 2003년 5월 노무현 대통령이 당선되면서 본격적으로 추진되었다.

이 사업은 우리정부가 미국에 제의한 사업으로 한미동맹과 국가안보에 영향을 줄 수 있는 보안사업이었다. 그로 인해 정부는 지방자치단체와 지역주민들과의 충분한 협의 절차를 거치는 데 다소 제한되는 점이 많았다.

정부 측 정책결정자 중에는 "국가안보에 중대한 영향을 미치는 사업이므로 세부내용을 공개할 수 없어 사전 협의절차가 충분하지 못하였다."는 점을 시인하기도 하였다.

그러나 현지주민들은 "아무리 국가안보사업이라 하더라도 사업이 구체화되는 시점에서는 이해당사자인 지역주민들과 사전협의절차를 거쳐야 했다."는 입장을 보였다.

또한 "정부 정책결정자들이 과거의 타성에 젖어 강압적으로 사업을 추진함에 따라 사업결정 절차에 문제가 있다."며 정부를 비난하였다. 그리고 이후 진행된 토지보상 문제에 대한 결정도 "지역주민들과 충분한 협의절차를 거치지 않고 정부가 일방적으로 결정하였다."며 반발하였다.

이러한 절차적 공정성 문제는 미군주둔에 부정적인 입장을 가진 진보성향의 시민단체 등이 합세하면서 갈등은 전국화되었다. 또다시 진보와 보수의 첨예한 이념적 갈등으로 확대되어 국론이 분열되었다.

갈등의 정점은 2006년 5월 5일 국방부에서 이전부지에 대한 행정대집행을 강제로 집행하면서였다. 반대 측 시위대의 물리적 행동으로 경찰과 시위대원 300여 명이 부상당하고 11명이 구속되는 참사가 벌어졌다.

정부는 반대 측 대책위와의 끈질긴 협상과 대화로 문제해결에 노력하였다. 결국 2007년 2월 13일 정부와 대책위 간 12차례 마라톤협상 끝에 24개 조항에 합의함으로써 3년 9개월간의 갈등에 종지부를 찍었다.

10년이 지난 지금은 세계에서 가장 현대화된 미군기지로 한미동맹의 전초기지의 역할을 훌륭히 하고 있다. 하지만 당시를 돌이켜보면 우리사회가 겪었던 갈등의 피해는 역시 컸다. 다만, 현재 국책사업 추진 시 절차적 공정성이 중요하다는 것을 깨닫게 한 소중한 교훈이 그 대가를 보상받게 하지 않았을까 한다.

일반적으로 사람들은 절차가 정당하다고 느끼면 그 결과가 만족스럽지 못하더라도 그대로 용인하거나 불만을 적게 가진다. 사회학에서는 이것을 '공정한 절차효과Fair process effect'라고 한다. 즉, 주사위 게임으로 꼴찌가 밥값을 내더라도 불만을 갖지 않는 것은 사전에 서로 간의 공정한 협의와 절차를 밟았기 때문이다.

조직의 의사결정에서도 절차와 과정은 매우 중요한 문제다. 공정한 절차를 거치지 않은 의사결정은 성공을 담보할 수 없다. 그동안 우리사회가 겪었던 수많은 갈등도 이런 절차를 중요시 하지 않아서 생겼다. 결과만 좋으면 수단과 방법에 다소 문제가 있더라도 용인되는 '성과 우선주의'가 통용된 것이다.

이것은 우리사회가 공정한 경쟁과 절차를 무시하고 불공정하게 사회적 성취도를 높이는 병폐를 가져왔다.

노무현 전 대통령은 이런 우리사회의 문제점을 거론하며 "부패가 없는 공정한 경쟁사회는 무엇보다도 공정한 절차에 따라 이뤄져야 한다."고 강조하였다. 현재 우리사회가 무한 경쟁사회로 발전함에 따라 절차의 공정성은 더욱 중요시되고 있다. 또한 선진화된 국민의식은 일방적인 정책결정이나 성과우선주의를 철저히 배격하고 공정한 절차에 의한 합리적인 정책추진을 기대하고 있다.

앞으로 리더의 의사결정도 이런 사회적 추세를 반영해야 한다. 공정한 절차를 통하여 결과의 정당성을 보장받아야 한다. 이를 위해서는 첫 단추를 잘 꿰어야 하듯이 초기단계부터 순차적으로 잘 관리되어야 한다. 만약 초기단계부터 절차적 문제가 생기면 되돌리지 못하고 엄청난 갈등과 저항에 부딪히게 된다.

중국고사에 해현경장解弦更張이라는 말이 나온다. '거문고 소리에 문제가 생기면 줄을 다시 조여 매야 한다'는 것이다. 이처럼 조직의 정책을 추진하는 과정에서 그 절차적 시비가 있다면 즉시 처음으로 돌아가 절차가 제대로 진행되도록 줄을 다시 조여 매야 한다.

이러한 절차는 '합리적이고 투명'할 때 신뢰도가 높아진다. 우리 인간의 본성은 자신이 잘 모르는 정보에 대해 부정적으로 해석하기 쉽다. 아무리 그 취지와 명분이 좋더라도 소수인원에 의한 밀실담합은 다수의 호응을 얻기 어렵다. 다양한 이해관계자들의 충분한 숙의와 공감대를 형성하는 합리적 과정을 거치고, 정확한 정보를 그들에게 제공하여 투명성을 높이는 것이 상호 간에 신뢰를 높이는 길이다.

그러나 아무리 절차가 투명하더라도 합법적이지 못하면 안 된다. 만약 절차에 법적 하자가 있다면 그 의사결정은 무효로 돌아가기 쉽다. 비록 제주기지 사업 추진과정에서 수많은 갈등과 위기가 있었지만 대법원의 적법판결로 강력한 추진 동력을 얻을 수 있었다. 이처럼 조직의 의사결정이나 정책추진과정에서는 반드시 적법성 여부를 사전에 검토하는 것이 필요하다.

미국의 정치철학자 존 롤스John Rawls와 로버트 노직Robert Nozic은 "공정한 절차로 합의하면 결과도 무조건 공정하다."고 강조하였다. 이것이 절차적 정의이론Procedural justice theory이다. 이제 우리사회도 결과를 지배하는 것이 과정과 절차임을 인식할 필요가 되었다. 특히 정책결정을 하는 리더는 반드시 공정한 절차를 통하여 결과의 당위성을 확보해야 갈등을 예방할 수 있다.

'불합리'한 것은 과감히 버려라

조직 내 불합리한 관행이나 제도는 공정한 조직문화를 해친다. 또한 조직 내 변칙과 불법을 조장하고 구성원간의 단합을 깨트려 갈등과 불화의 원인이 되기도 한다. 리더는 이런 불합리한 요소를 과감히 척결하여 조직원 모두가 합리적인 여건에서 화합을 도모할 수 있도록 관심을 기울여야 한다.

미국의 **아이젠하워**가 1948년 육군참모총장을 끝으로 군문을 떠나 미국 뉴욕시에 있는 명문 사립대인 컬럼비아 대학교 총장으로 근무할 때였다. 1950년 어느 날 총장실로 교무처장이 심각한 표정으로 들어왔다. 얼핏 봐서도 무슨 큰 고민거리가 있는 것처럼 보였다.

아이젠하워가 심각해 보이는 교무처장에게 물었다. "학내에 무슨 큰 문제가 있소?" 그러자 교무처장은 "예, 학교 규정을 위반한 학생들이 있어 이를 보고 드리러 왔습니다."하고는 위반자 명단을 총장에게 보여 주었다. "그래요? 그러면 학생들이 무엇을 위반하였소?"라고 재차 묻자 처장이 상세히 설명하였다.

"본관 건물 앞에 있는 넓은 잔디광장에 분명히 들어가지 말라고 푯말을 써놓았는데도 학생들이 이를 어기고 잔디밭에 들어갔습니다. 경각심 차원에서도 이 학생들을 처벌해야 할 것 같습니다." 이에 아이젠하워는 "그래요. 그러면 학생들이 왜 출입이 금지된 잔디밭을 들어가는 거요?"하고 다시 그 이유를 물었다. 그러자 처장은 "예. 학생들이 본관 건물 맞은편에 있는 강의실로 가기 위해 잔디밭을 곧장 가로질러 가기 때문입니다."라고 보고하였다.

이 보고를 받은 아이젠하워는 "지금 당장 그곳으로 가봅시다. 안내하시오."라고 재촉하며 따라 나섰다. 교무처장의 안내를 받아 잔디광장에 가보니 잔디광장은 처장의 보고처럼 맞은편 강의실 쪽으로 지름길이 나 있었고 여전히 그 길로 학생들 여럿이 다니고 있었다. 잠시 아이젠하워는 그 상황을 물끄러미 바라보았다.

그러더니 교무처장에게 "그 문제는 그리 어려운 것 같지 않소. 지금 당장 출입금지 푯말을 뽑아버리고 잔디밭 중앙으로 길을 내시오."라는 지시를 내렸다. 갑작스러운 총장의 지시를 받은 교무처장은 잠시 어안이 벙벙한 표정이었다.

"잔디 광장 중간에 길을 내면 보기가 흉할 텐데……."라는 생각을 속으로 하였지만 이내 생각을 접었다.

사실 지금까지 학생들에게 학교가 스스로 규정을 위반할 수 있는 환경을 만들어준 셈이 되었다. 이것을 안 신임 총장의 지시가 단순하지만 합리적인 판단이라고 생각했기 때문이다.

총장의 지시를 받은 교무처장은 시설담당자를 시켜 잔디광장 중앙에 길을 만들었다. 학생들은 그 이후 새로운 길을 통하여 본관과 강의실을 자유로이 왕래하였으며 규칙을 어기며 잔디밭을 들어가는 일이 없어졌다. 아이젠하워는 군 출신이었지만 학생들로부터 가장 존경받는 총장이 되었다. 그리고 이후 총장직을 마치고 다시 군으로 복귀하여 북대서양 조약기구 최고사령관이 되었고, 1953년에는 미국의 34대 대통령이 되었다.

우리 주변에서 이런 일은 흔하다. 너른 잔디광장을 가진 정부 관청이나 학교 같은 곳에서 위와 같이 잔디밭 위로 샛길이 나있는 것을 보기는 어렵지 않다. 그런데 대부분의 관계자들은 잔디밭에 들어가지 못하게 통제하려는 대책만 고민하지 직접 그 문제를 아이젠하워처럼 해결하려는 사람들은 거의 없다.

사람들은 대부분 불편한 규율보다는 편리한 불법을 선호한다. 그래서 통제가 소홀하면 감시의 눈을 피해 불법을 저지르고 통제가 강하면 불평과 불만의 소리를 높인다. 이럴 때는 과감히 불합리한 제도를 개선하여 합리적인 규율에 따를 수 있도록 조직을 정비해야 한다.

이런 불합리한 제도 개선에 걸림돌이 되는 것이 있다. 그것은 바로 관행이다. 리더가 지나치게 과거의 관습에 집착하면 새로운 변화의 혁명에 조직을 맡길 수 없다. 1993년 당시 삼성의 이건희 회장은 변화와 혁신을 강조하는 신경영 선언에서 "마누라와 자식만 빼고 다 바꾸라."는 유명한 어록을 남겼다. 조직의 발전은 이렇게 불필요한 것을 바꾸고 없애는 것에서 출발한다.

오늘날 세계적으로 유명한 서커스 공연단으로 캐나다의 '**태양의 서커스**Cirque du Soleil'라는 공연단체가 있다. 이 공연단은 연매출 1조원에, 순이익 25%를 자랑하는 세계 제일의 공연단으로 350만 명이 넘는 회원 수를 가지고 있다.

이 서커스단은 설립 당시 운영의 어려움을 겪고 있던 거리의 작은 공연단체에 불과하였다. 그런 단체가 현재의 세계적인 엔터테인먼트 회사로 우뚝 성장하게 된 배경이 무엇일까? 그것은 바로 '하지 않아야 할 것을 과감히 버리는' 전략적인 결정을 하였기 때문이다.

태양의 서커스는 1984년 캐나다의 퀘벡주에서 거리곡예사인 기 랄리베르Guy Laliberte가 설립하였다. 이 공연단은 당시 캐나다 대륙 발견 450주년을 기념하여 결성함으로써 공연을 시작하게 되었다. 현재는 전 세계를 돌며 인기리에 공연을 하고 있으며, 우리나라에서도 2007년에 공연한 바 있다.

이 서커스단이 세계적으로 이렇게 호황을 누리고 있는 데 반해 우리나라 현대인들에게 서커스는 그다지 익숙하지 않다. 그저 연만한 연배를 가진 사람들의 추억 속에 잠시 기억될 뿐이다. 여기서 잠깐 우리나라 서커스에 대해서 알아보면 현재 우리나라는 동춘서커스단이 겨우 명맥을 이어가고 있지만 사람들의 관심을 크게 끌지 못하고 있다.

그러나 과거 수십 년 전만 해도 지금과 달리, 꽤 인기 있는 오락문화였다. 전국 농어촌을 돌며 순회공연을 하는 서커스는 당시 삶에 찌들었던 사람들의 애환을 달래주는 유일한 수단이기도 하였다. 으레 동네의 너른 공터에 큰 천막과 함께 만국기가 휘날릴 때면 동네는 잔치 분위기처럼 들떴다.

공연이 있는 날 저녁은 동네 사람들은 물론 이웃 동네 사람들까지 삼삼오오 모여 서로의 안부를 물으며 공연을 즐겼다. 가끔은 동네 개구쟁이들이 천막 뒤로 몰래 들어오다가 험상궂은 관리인에게 들켜 혼나기도 한 애틋한 추억도 있었다.

서커스 공연은 주로 곡예사의 아슬아슬한 묘기가 주를 이뤘다. 그리고 호랑이와 곰 같은 맹수가 재주를 넘고 원숭이의 재롱도 흥미를 더했다. 당시 이들 곡예사들은 지금의 유명 연예인에 버금가는 인기를 누리는 스타 중의 스타였다.

그런데 이런 아련한 추억을 가진 서커스 공연이 사양의 길을 걷다가 지금은 아슬아슬하게 명맥만 유지하고 있는 이유는 무엇일까? 물론 TV나 영화산업 등이 비약적으로 발전하면서 오락문화가 바뀐 것도 있다. 하지만 더 큰 요인은 서커스 공연의 오랜 관행으로 여긴 것들에 대한 사람들의 식상함이었다.

서커스 공연단은 사람들의 오락에 대한 기호변화에 제대로 대처하지 못하였다. 오직 지금까지 해온 곡예사들의 묘기와 동물들의 재주가 공연의 주를 이루었고 그 어떤 과감하고 인상적인 변화도 주지 못했다. 이것이 변화에 민감하고 활동적인 젊은 사람들의 기호를 충족시키지 못한 것이다.

그러다 보니 공연단의 경영은 자연스럽게 어려움을 겪게 되었다. 거기에다가 서커스의 주인공인 스타 곡예사들의 엄청난 액수의 공연비를 감당하기가 어려웠다. 동물조련에 드는 비용 역시 컸다. 더욱이 동물학대의 논란은 피하기 어려운 난제였다. 이것이 우리나라의 서커스단이 하나둘씩 문을 닫은 이유다.

캐나다의 태양의 서커스단은 달랐다. 물론 거리 곡예사 출신인 단장 기 랄리베르 역시 기존의 서커스가 가지고 있던 이런 굴레의 삶을 살아왔다. 그러나 그는 이런 굴레에 머물려 하지 않고 어떠한 것을 하지 않을 것인가를 생각하고 그것이 결정되면 과감히 버리는 것을 선택했다.

그는 태양의 서커스단에서 그동안 공연의 주를 이뤘던 곡예사의 묘기를 최소화하고 동물들의 공연은 아예 없애 버렸다. 그리고 공연의 흐름을 끊는 막幕도 없애버렸다. 이것은 대단한 모험이기도 하였다. 대신 서커스에 스토리를 도입하였고 라이브 음악과 무용을 통한 종합적인 예술로 발전시켰다. 관객들은 공연단의 화려하고 정교한 무대장치와 출연자들의 독특한 의상, 조명에 대해서 찬사를 보냈다. 얼마 전에는 영화에서 인기를 끌었던 '아바타'를 무대에 올려 성황을 이뤘다.

이렇듯 기존의 서커스의 통념을 깨고 서커스를 종합예술로 바꾼 기 랄리베르의 사고전환이 빠른 속도로 변화는 세상 사람들의 다양한 예술적 욕구를 충족시켰다. 지금도 이 서커스단은 고민하고 변화를 꾀하고 있다. 관객들의 관심을 끌기 위해 특수한 의상을 개발하고 악기와 음악도 새로운 장르를 접목하려 노력한다. 세계인들은 이런 태양의 서커스단을 오늘도 열광하고 있다.

조직관리에서 기존의 통념과 관행을 깨는 것은 쉬운 일이 아니다. 조직 내에 만연한 타성과 매너리즘을 타파해야 하고 기득권을 놓지 않으려는 세력들의 저항도 뿌리쳐야 한다. 그러나 리더는 성공적인 조직관리를 위해 이런 문제를 과감히 개선할 필요가 있다.

최근 우리사회의 가장 큰 화두 중에 하나는 적폐積幣청산이다. 적폐란 과거 오랫동안 쌓인 불합리한 폐단을 말한다. 이런 적폐는 비효율적인 조직운영과 불공정한 조직문화의 원인이 되어 갈등을 야기하게 된다. 그런 점에서 적폐청산의 노력은 사회의 공정성을 세우는 데 의미가 있다. 다만, 이러한 노력이 정치적인 이해관계가 아닌 우리사회의 정의를 바로 세우는 데 사용되어야 한다.

조직의 적폐를 없애는 일에는 리더의 역할이 중요하다. 조직 내 구태를 버리고 새로운 개혁의 바람을 불어 넣는 것은 리더가 중심이 되어야 한다.

부하에게 올바른 개혁의 취지를 알리고 모두가 동조하도록 공감대를 형성할 필요가 있다. 그 다음 조직 내 청산해야 할 구체적 폐단을 찾아 이를 시정해주어야 한다.

그러려면 먼저 자신의 주변부터 살펴보아야 한다. 리더의 주변에는 의외로 바꾸어야 할 것들이 많다. 하지만 리더의 심기를 살피어 그대로 두는 경우가 적지 않다. 불합리한 의전이나 형식들은 리더의 개선의지가 없으면 엄두를 내기 힘들다. 아직까지도 일부 관료조직은 조직의 장에 대한 예우가 지나치게 권위적이라는 비난이 있는데, 이를 테면 출퇴근 시 과도한 도열, 도어맨 배치와 같은 것은 바람직한 모습이 아니다.

다음은 불공정한 관행이나 제도의 개선이다. 조직은 움직이는 생물처럼 끊임없이 변화를 추구한다. 그동안 문제의식 없이 행해오던 관행들이 사람들의 인식 변화에 따라 큰 문제를 야기할 수 있다. 현재 사회적으로 논란이 되고 있는 '성차별, 인권, 사생활 보호' 등과 같은 문제가 대표적인 예다. 과거의 불합리한 제도나 관행이 현재의 상황에 맞지 않는다면 과감히 개선하여 공정성을 높이는 것이 관리자의 올바른 책무다.

복잡한 행정체계도 편리하게 바꿔주어야 한다. 일본의 다이소 회장 야노 히로다케는 그 복잡한 생필품을 단돈 100엔으로 단순하게 통일시켜 어마어마한 성공을 거두었다. 조직은 복잡하면 할수록 분란이 많다. 최초 보고가 최종 결정까지 한 달 이상 걸리고 그 단계도 복잡하다면 그 조직은 위기에 신축적으로 대응하지 못한다. 또한 지나치게 형식을 추구하여 구두로 보고해도 될 사안도 복잡한 문서 보고서를 요구하는 것 역시 조직의 효율성을 저해한다.

불필요한 회의도 줄여야 한다. 회의시간은 가급적 짧은 것이 좋다. 일본의 도요타회사는 회의시간이 1시간이 넘는 경우가 거의 없다고 한다. 관행적 회의는 최소화하고 참석인원도 줄여주어 효율적인 회의가 운용되도록 해야 한다. 그리고 회의 주관자라고 해서 늦거나 쓸데없는 주제로 다수 참석자들의 시간을 뺏는 것도 옳지 않다.

이와 같이 조직이 공정하려면 불합리한 요소를 제거해야 한다. 고리타분한 관행과 불편함을 주는 제도나 규정은 조직의 발전과 효율성을 저해할 뿐이다. 이것이 쌓이면 적폐가 되고 심각한 내부의 갈등을 초래한다. 조직의 리더라면 새로운 무언가를 만들어 자신의 치적을 드러내기보다는 먼저 기존의 불합리한 것을 없애주는 것이 조직으로부터 더욱 크게 환영받는 일이 될 것이다.

몽골제국의 칭기즈칸 시대에 명재상 야율초재는 "한 가지 이로운 일을 시작하는 것은 한 가지 해로운 일을 없애는 것만 못하고, 한 가지 일을 만들어내는 것은 한 가지 일을 줄이는 것만 못하다."는 말을 하였다. 현대의 리더가 귀 기울여야 할 말이다!

제3장

'공평(公平)'한 저울을 누가 탓하랴!

'공평'한 저울은 이견이 없다

공평함이란 원래 저울로 무게를 달다는 뜻에서 유래된 말로, 어느 쪽으로도 치우치지 않고 고른 상태를 말한다. 공평함은 법치국가의 분쟁과 갈등의 해결방식인 법의 기본정신과 일치한다. 그래서 동서고금을 막론하고 공평함이 가장 잘 표현된 저울을 법의 상징물로 사용하고 있는 것이다.

한 동물학자가 원숭이를 대상으로 실험을 하였다. 원숭이 두 마리를 실험대상으로 하여 각자에게 작은 돌을 하나씩 손에 쥐어주었다. 그러고는 원숭이가 좋아하는 오이를 작은 돌과 교환하도록 교육시켰다. 눈치 빠른 원숭이들은 작은 돌을 주고 맛있는 오이를 받아 맛있게 먹었다. 몇 번 그렇게 하자 원숭이는 자연스럽게 작은 돌을 주고 오이를 받아먹는 것이 학습되었다.

이런 실험에 성공하자 이번에는 연구팀이 상황을 약간 바꿨다. 원숭이들에게 작은 돌을 주는 것은 같은 상황이지만 이번에는 한 원숭이에게는 오이를 주고 다른 원숭이에게는 원숭이가 더 좋아하는 포도를 주는 상황으로 바꾼 것이다.

실험결과 예상치 않은 일이 발생하였다. 포도를 교환한 원숭이는 아무 문제없이 포도를 맛있게 받아먹었다. 그러나 오이를 받은 원숭이는 펄쩍펄쩍 뛰며 화를 내고 받아든 오이와 작은 돌을 내던지는 것이다. 왜냐하면 옆의 원숭이가 자기보다 훨씬 맛있는 포도를 받아먹었기 때문이다.

이런 불평등에 대한 반감은 지능 있는 원숭이뿐만 아니라 우리 인간에게는 더욱 심하게 일어난다. 자신이 이유 없이 부당한 대우를 받으면 자신에게 손해가 오더라도 응징을 가한다.

어느 수해지역에서 피해주민들을 위해 구제물품이 보급되었다. 한 사람이 약삭빨라서 구제본부의 아는 사람으로부터 10개의 구제물품을 별도로 타왔다. 물론 자기노력에 의해 가져온 것이어서 본인이 다 가져도 문제가 되지 않는다. 양심이 바른 이 사람은 이웃사람에게 몇 개 나눠주기로 하였다.

그는 자신의 노력에 의해서 별도로 타온 것이라서 본인이 일곱 개를 갖고 세 개를 이웃주민에게 주더라도 문제가 되지 않겠다고 생각했다. 이웃집 주민 입장에서도 추가로 물품 세 개를 받는 입장이었기에 별 갈등이 없는 듯했다.

그러나 막상 이웃집 주민은 추가 물품을 받기를 거절하였다. 그러고는 구제본부에 항의하여 물품을 구해온 사람까지도 못 받게 하였다. 불공평하다고 느낀 이웃주민은 자신의 이익까지도 내팽개치면서 상대방을 응징해 버렸다. 이러한 심리적 현상은 일반적으로 일어나는 현상이다. 상대의 불공평한 대우에 대한 응징을 통하여 공평함을 살리려는 본능적인 행동 때문이다.

우리 일상에서 이런 불공평한 일로 억울한 일을 당하는 경우는 부지기

수다. 그런 일은 인간들의 욕심과 이기심 때문에 생길 수도 있다. 보통 같은 목적을 가지고 경쟁하는 구도에서 형평성에 문제가 생기면 큰 갈등으로 이어진다. 그렇기 때문에 조직 내에서 인사와 관련된 보직이나 승진문제는 항상 시끄럽고 분란이 될 소지도 크다.

1950년대 미국 해군참모총장을 3번이나 역임한 **알레이 버크** 제독Arleigh Burke(1901~1996)은 자신의 후임자 결정과정에서 상부의 압력에도 불구하고 공평한 기준으로 추천하여 오늘날까지 좋은 선례를 남겼다.

버크 제독은 총장이 되기 이전인 1949년 국방부의 항공모함 건조계획을 폐지시키려는 결정에 항거한 '제독들의 반란Revolt of Admirals'을 주도한 적이 있었다. 이로 인해 그는 국방부 지휘부와의 갈등으로 전역의 기로에 서는 어려움을 겪기도 하였다. 그러나 그는 매사 공평하게 주변을 관리하여 신망이 두터웠다. 그의 이런 능력을 인정받아 선배 제독 92명을 제치고 소장에서 두 단계 뛰어넘어 참모총장이 되었다.

그는 총장 재임 시 초대형 항공모함 열한 척을 건조하고 원자력 잠수함 건조사업을 추진하는 등 해군발전에 전력을 다하였다. 그런 노력의 결과가 오늘날 미국 해군을 세계 최강의 군대로 만드는 기반이 되었다.

1961년 1월 미국의 35대 대통령으로 존 F.케네디가 당선되자 버크 제독은 3번이나 역임한 참모총장 직책을 후배에게 물려주고 자신은 군문을 떠나려고 하였다. 그러나 버크 제독의 능력을 잘 알고 있는 케네디 대통령은 이를 만류하고 재임용하려는 의도를 가졌다. 버크 제독은 "제가 군에서 할 수 있는 일은 다하였습니다. 능력 있는 후배들에게 공평한 기회를 주어야 합니다."라며 제의를 간곡히 사양하였다.

대통령은 하는 수 없이 게이츠 국방장관을 통해서 버크 제독에게 후임자를 추천해줄 것을 요청하였다. 버크 제독은 자신의 후임자 문제로 고심을 하지 않을 수 없었다.

사람이란 어떤 기준으로 보느냐에 따라서 평가가 다를 수 있고, 또 어떤 일을 시키느냐에 따라 적합한 사람이 달라질 수 있기 때문이다. 그런데 더욱 어려웠던 것은 백악관에서 요구한 것은 "가장 적절한 후임자 한 사람을 추천해 달라."는 것이었다. 콕 집어서 한 명을 추천한다는 것은 인사의 형평성에 어긋나는 일이었다.

몇 주간의 고심 끝에 버크 제독은 자신의 생각에 가장 적절하다고 판단되는 후보자 40명을 선발하여 백악관에 보고하였다. 그러자 백악관에서는 예상대로 "이렇게 여러 명을 추천하지 마시고 이 중에서 가장 뛰어난 한 사람만 추천해주십시오."라고 다시 요구하였다.

백악관의 이런 요구에 버크 제독은 반발하면서 "제가 한 사람을 추천하는 것은 공평하지 않습니다. 그리고 그 사람이 총장이 되면 저의 후광을 입은 사람으로 알려지게 되어 명예에 손상을 입을 수 있습니다."라고 거절하였다.

버크 제독의 이런 거절에도 불구하고 백악관에서는 계속적으로 후임자 추천을 요청해오자 그는 가장 공평한 기준으로 후보자 여섯 명을 다시 압축하여 명단을 제출하였다. 그리고는 더 이상 인사에 개입하지 않았다. 물론 그중에 한명이 후임 참모총장으로 선발되었다.

훗날 버크 제독은 "나는 당시 가장 객관적이고 공평하게 추천하려 노력하였다. 내가 추천한 여섯 사람은 누구도 참모총장이 될 자격이 충분한 사람이었다. 이후 나는 추천한 사람 누구의 명단도 적어놓거나 기억하려 하지 않았다."고 회고했다. 즉, 자신의 사심이 개입되지 않고 누가 되든지 문제가 없다는 마음으로 공평하게 후보를 추천하였다는 말이다.

버크 제독은 1996년 95세의 나이로 사망하였지만 우리나라의 해군발전에도 많은 도움을 준 은인이다. 군에서 퇴역한 후인 1967년 한국해군 전력의 필요성을 미 의회에 사비까지 털어 로비를 벌여 미 군함 32척을 한국해군에 공여하는 데 결정적인 역할을 하였다. 이런 공로로 2012년 해군사관학교에 외국군장성으로는 유일하게 버크 제독의 흉상이 세워지게 되었다.

동서고금을 떠나서 조직의 인사문제는 가장 민감한 문제임에 틀림이 없다. 역사를 거슬러 중국의 춘추시대로 가보자. 당시 진晉나라 대신이었던 **기황양**祁黃羊은 주변의 여러 가지 상황에도 불구하고 공평하고 소신 있는 인사 추천으로 후대에 모범을 보였다.

진나라의 평공平公이 통치하던 시절, 왕인 평공이 기황양을 불러 인사를 논의하게 되었다. "남양에 현령자리가 비어 있는데 누구를 임명하면 좋겠소?"

기황양은 잠시의 머뭇거림도 없이 "해호解狐가 좋겠습니다. 남양의 실정을 잘 알고 있고 능력도 뛰어나지요."

왕은 깜짝 놀랐다. 기황양과 해호는 견원지간이라는 사실을 온 세상이 다 알고 있는 일이기 때문이다. 왕이 의아해하며 "해호는 그대와 원수지간이 아니오? 그런데도 추천한단 말이오?"라고 묻자 기황양이 답하길 "왕께서는 저에게 남양의 현령 적임자를 물으신 것이지 저의 원수를 물으신 것은 아니지 않습니까?"라고 하였다.

왕은 기황양의 말이 옳다고 생각하고 해호를 남양의 현령으로 임명하였다. 해호는 기황양의 말처럼 백성들을 잘 보살피고 선정을 베풀어 남양 땅을 살기 좋은 고장으로 만들었다.

얼마간의 세월이 흐른 후 왕은 또 다시 기황양을 불러 인사자문을 구하였다. "조정에 태위太尉 자리가 비었는데 이번에도 적당한 사람이 없겠소?" 그러자 기황양이 즉시 대답하기를 "기오祁午가 적당할 듯합니다."

왕은 황당한 표정으로 다시 묻는다. "기오는 그대의 아들이 아니오? 아비가 아들을 추천했다고 하면 세상의 웃음거리가 되지 않겠소?"이에 답하길 "폐하께서는 조정의 태위 자리에 대한 적임자를 물으셨지 저와의 관계를 물으신 것은 아닙니다."

왕은 기황양의 말에 감복하며 아들 기오를 태위에 임명하였다. 주변 모든 사람들은 모두 참 잘된 인사라고 입을 모았다. 그리고 기오 역시 공평하게 직책을 수행하고 나라의 기강을 세우는 데 공을 세웠다.

훗날 공자가 이 말을 듣고 이렇게 말했다. "기황양의 천거는 원수를 피하지 않았고 자기 아들도 꺼리지 않았다. 인재를 등용하는 데 공평무사함의 본보기가 아니겠는가?"

기황양은 인재를 평가하여 천거함에 있어 공자의 말처럼 개인의 원한 관계나 자신에게 돌아올 비난도 모두 무시하고 오직 능력과 재능만 보고 적임자를 공평하게 추천한 것이다.

사람을 주요한 자리에 추천한다는 것은 그 조직을 위해서는 매우 중요한 일이다. 개인의 사적 관계로 적임자가 아닌 사람을 추천하였다가는 조직발전에도 걸림돌이 될 뿐 아니라 추천한 사람에게도 두고두고 원망을 들을 수 있다.

우리사회는 정권이 바뀔 때마다 인사문제로 늘 시끄럽다. 고위공직자나 정부 산하단체장들의 후임인선은 말도 많고 탈도 많다. 그 이유는 간단하다. 인사에 능력과 전문성보다는 친정부 인사, 즉 자기 사람들을 심어 놓으려고 하기 때문이다.

중국 고사에 보면 진시황제가 이방인들을 배척하는 인사정책을 쓰려고 하자 공신인 이사李斯는 상소를 올려 유명한 말을 하였다. "태산은 한줌의 흙이라도 사양하지 않아서 큰 산이 될 수 있었습니다. 황하와 바다는 작은 시냇물도 가리지 않아 깊은 물이 될 수 있는 것입니다. 군왕도 백성을 차별하지 않아야 군왕의 덕을 천하에 밝힐 수 있습니다."

인사가 만사라고 한다. 인사는 편가르기 식이 되어서는 안 된다. 설사 반대노선을 가진 사람일지라도 능력이 있다면 등용하여 협력할 수 있도록 하는 것이 바람직하다. 그리고 특정지역을 우선시하거나 배척하는 지역주의 또한 타파하여 탕평인사가 되어야 조직의 공평성은 높아진다.

흔히 우리는 공정과 공평의 개념을 혼동하여 함께 사용한다. 그러나 조직관리 측면에서 이 두 개념은 명확한 차이가 있어 엄격히 구분하여야 한다. 공정Justice이 옳고 그름을 판단하는 가치적 개념이라면, 공평Equality은 많고 적음을 나타내는 분배적 개념이다. 현명한 리더라면 두 개념을 구분은 하더라도 추구하는 것은 같은 방향으로 해야 한다. 공정한 가치를 존중하되 조직운영은 공평하게 해야 하는 것이다.

그렇다면 공평한 조직운영은 어떻게 해야 하는가? 리더는 조직을 한쪽으로 치우치치 않고 균형 있게 이끌어가야 한다. 이를 위한 리더의 처신은 신중해야 하는데 항상 경계할 것과 바로 세워야 할 것이 있다.

먼저 조직 내 '무임승차자Free Rider'를 경계해야 한다. 동료들이 열심히 해서 얻은 성과를 그저 숟가락 하나만 얹어 거저먹는 '뺀질이'는 가려내야 한다. 조직 내 이런 사람들이 많다면 선량한 사람들의 의욕은 급감되기 때문이다.

독일의 심리학자 링겔만Ringelmann은 이런 심리를 줄다리기 실험을 통해서 증명하였다. 한 명이 내는 힘이 100이라면 참가자가 늘수록 그 힘이 두 명은 93, 세 명은 85, 여덟 명은 49로 현저히 줄어든다고 한다. 즉, 사람이 많으면 많을수록 무임승차하려는 사람들의 심리는 더 커진다는 것이다.

이런 경우 조직 내 형평성은 무너져서 불만과 갈등의 원인이 된다. 따라서 리더는 이를 막기 위해 조직원 각자에게 임무를 명확히 주고 그 성과를 공평하게 평가하는 시스템을 구축해야 한다.

경계해야 할 또 하나는 '맏며느리 신드롬'이다. 집안의 대소사를 책임지는 덕망 있는 맏며느리가 어쩌다 한번 실수하면 크게 혼이 난다. 그러나 명절에만 나타나는 막내며느리는 어쩌다가 한번 효도하면 크게 칭찬받는다. 우리나라 맏며느리들이 억울해하는 이유가 여기 있다. 리더는 어두운 데서 최선을 다하는 맏며느리의 공적을 더 알아줄 때 조직의 공평성은 높아진다.

그렇다면 바로 세워야 할 것은 무엇일까? 성과에 대한 분배가 공평해야 한다. 아리스토텔레스는 "공평한 분배가 곧 정의다."라고 하였다. 여기서 강조하는 공평함은 획일적 평등을 뜻하지 않는다. 조직의 기여도나 가치를 높인 사람은 반드시 그 공적에 맞게 보상해 주어야 하는 것이다.

중세기 유럽의 대표적인 해적집단인 리켄델러Likendeeler는 '공평하게 나누자'는 의미를 가졌다고 한다. 그들은 승리의 건배를 늘 "리켄델러!", 즉 "공평하게 나누자!"라고 했다고 한다. 비록 노략질한 물건이지만 공과에 맞게 공평하게 나눔으로써 거칠기로 유명한 조직의 불만을 잠재웠다.

또한 조직 간에 '견제와 균형'이 적절하게 이루어져야 한다. 조직은 선의의 경쟁을 통하여 균형을 유지하고 상호 조화를 이루면서 탄력성을 가진다. 어느 한쪽에 지나치게 힘이 실리면 그 조직은 부패하고 군림하게 되어 있다. 다수의 국민들이 국정원 권한 축소나 검찰 개혁에 호응하는 것도 이런 인식 때문이다. 권한은 적절하게 통제하고 견제되어야 조직의 형평성이 유지되는 것이다.

공평한 조직은 만족감이 높고 불만이 적다. 그러나 불공평한 조직은 심각한 심리적 불만감을 가져온다. 신경과학자들의 연구에 의하면 "사람은 불공평한 대우를 받게 되면 뇌섬엽, 일명 혐오중추가 활성화된다."고 한다. 그래서 뇌는 그것을 고통으로 여기고 상대를 혐오의 대상으로 삼는다.

리더가 아랫사람을 불공평하게 다루면 그들은 리더를 단순히 기분 나쁜 느낌으로 대하는 것이 아니라 혐오의 대상으로 삼는다. 그리고 리더의 약점을 잡아 공격한다. 수재민이 자신의 이익을 거부하면서까지 상대의 불공평함을 추궁하는 심리와 같다. 불공평함은 인간이 인내하기 가장 어려운 심리적 갈등이기도 하다.

조선시대의 성군 세종대왕은 "임금이 정사를 고르게 하지 못하면 하늘이 재앙을 주어 잘 다스리지 못하게 한다."라고 하였다. 리더는 매사 고르게 하여 조직이 주는 재앙인 위기와 갈등을 막아야 한다. 공평한 리더는 저울처럼 좌우에 치우침이 없어 누구나 수긍하고 이견 없이 따를 것이다.

'公과 私'는 엄격히 구분하라

리더는 때에 따라서는 두 개의 얼굴을 가져야 한다. 공적인 업무를 할 때는 엄격하기가 이를 데 없는 호랑이 얼굴을 가져야 하지만 사적인 자리에서는 양처럼 온화하고 따스한 모습을 보여야 한다. 적절한 시기에 강함과 부드러움을 달리할 줄 아는 리더가 지혜롭다.

1930년대 미국의 뉴욕시 명시장名市長으로 유명했던 **피오렐로 라구아디아**Fiorello Laguardia는 아직까지도 전 세계 지방자치단체장의 롤 모델이 되고 있다. 그의 명성은, 공적인 일에는 엄격한 호랑이 모습을 하였지만 그의 내면에는 따스한 인간미가 흐르는 인격자의 모습을 갖추었기에 더 높이 평가된다.

라구아디아는 1933년 뉴욕시 지방법원 판사로 근무하다가 시장으로 당선되어 1945년까지 3차례나 연임한 입지전적 인물이다. 그가 시장으로 취임 당시 뉴욕시는 미국 전역의 경제공황의 영향을 받아 시민들의 생활은 매우 궁핍하였다. 그리고 시정市政은 문란하여 공직자는 범죄집단과 결탁하여 부정부패를 일삼았다.

이런 어려운 상황에서 시장으로 부임한 그는 대대적인 개혁을 시작하였다. 먼저 부패한 경찰조직을 쇄신시켜 범죄조직인 도시 마피아와의 연결고리를 끊어 버리는 데 전력을 다하였다. 그리고 그들의 힘을 빌려 마피아와 전쟁을 선포하고 조직 소탕작전에 들어갔다.

부패한 조직과의 싸움은 힘들었다. 생명을 위협하는 협박과 주변의 외압은 기본이었다. 그러나 그의 부패 척결의지는 변함이 없었고 다른 어떤 불손세력과의 타협도 허락하지 않았다.

1934년 10월 마피아의 영업장을 급습하여 그들의 주 수입원인 슬롯머신을 압수하였다. 그리고 모든 시민들이 보는 앞에서 기계를 부수는 등 강력한 조치를 취하였다. 또한 그와 연관된 공직자나 범죄자는 한 사람도 예외 없이 강력하게 처벌하였다.

그의 이런 노력은 곧 결실을 보게 되었다. 뉴욕시내의 범죄율이 급격히 저하되었음은 물론 공직기강도 서서히 자리 잡히게 되었다. 얼마의 시간이 지나자 뉴욕은 예전의 궁핍한 범죄도시가 아니라 살기 좋은 마피아 청정지역으로 바뀌게 되었다.

그의 이러한 리더십이 시민들에게 좋은 호응을 얻고 점점 인기가 높아지자 공화당에서는 그를 지도자로 추대하려 하였다. 그러나 그는 한사코 그 제의를 받아들이지 않았다. 오히려 반대당인 민주당의 경제회복 정책인 뉴딜정책을 적극적으로 지지하고 옹호하였다. 그에게 정파적 이념은 큰 의미가 없었다. 그는 오직 시민들의 복지와 안녕만을 최우선 임무로 생각하였다.

라구아디아 시장은 비록 라틴계의 첫 시장이었지만 청렴하면서도 과감한 시정을 통하여 그동안 그 누구도 하지 못한 일을 하였다. 뉴욕시 내부에 나눔과 기부문화를 확산시켰음은 물론, 이민자의 수용정책을 추진하여 오늘날 뉴욕시가 세계적인 국제도시로 발전하는 데 그 기반을 마련하였다.

그런 라구아디아 시장이 엄격한 사람만은 아니었다. 그의 본성은 그 누구보다도 따스하고 인간적이었다. 그가 시장이 되기 전에 뉴욕지방법원 판사로 근무할 당시, '라구아디아 판결'은 그의 이런 내면적인 인간됨이 잘 녹아 있다. 그리고 이 판결은 지금까지도 법조계에 회자되고 있는 명판결이기도 하다.

라구아디아가 즉결심판 판사로 일할 때였다. 어느 추운 겨울날 경찰이 추위에 떨고 있는 한 할머니를 데리고 와서 법정에 세웠다. 남루한 옷차림에 며칠을 굶은 듯한 창백한 모습이었다. 이 노파는 고개를 숙이고 불안한 듯 주변을 두리번거리며 서 있었다.

라구아디아 판사가 심문하기 시작하였다. "빵을 훔친 것이 죄가 된다는 사실은 알고 있습니까?" 노파는 고개를 끄덕이며 작은 소리로 "예"라고 대답했다. "그런데 왜 빵을 훔쳤습니까?"하고 다시 묻자, 할머니는 "아이들을 굶어 죽게 할 수는 없었습니다."하고 눈물을 글썽이며 자초지종을 설명하였다.

"저는 선량한 시민으로 살았습니다. 그러나 나이가 많다는 이유로 일자리를 얻을 수 없었습니다. 딸은 남편과 이혼한 뒤 병들어 누워 있고 손자들은 배가 고파 울고 있습니다. 저도 사흘을 굶었습니다. 그래서 빵을 훔쳤습니다."

순간 법정은 숙연해졌다. 여자 방청객 중에는 눈물을 보이는 사람도 있었다. 판사 또한 마음속에 뜨거운 동정심이 솟구쳐 올랐다. 그러나 잠시 후 판사의 판결은 엄정하였다. "아무리 사정이 딱해도 남의 것을 훔치는 것은 죄입니다. 그리고 법은 만인에게 평등하고 예외가 없습니다. 당신에게 벌금 10달러를 선고합니다."

노인의 사정이 너무도 딱해 선처를 기대했던 방청객 사이에서는 실망의 한숨이 터져 나왔다. 그때 판사의 논고는 계속되었다. "그러나 벌금을 낼 사람은 할머니만은 아닙니다. 빵을 훔칠 수밖에 없는 어려운 상황임에도 아무런 도움을 주지 않은 우리 모두의 책임도 있습니다. 그 책임으로 저도 10달러를 낼 테니 방청객 여러분도 50센트씩 내십시오!"

그리고는 먼저 10달러를 주머니에서 꺼내어 자신의 모자를 벗어 담았다. 법정경위가 방청석을 돌면서 모금한 돈은 모두 57달러 50센트였다. 이 놀라운 판사의 선고에 이의를 제기하는 사람은 없었다. 판사는 이 돈에서 벌금 10달러를 제하고 나머지 돈을 할머니의 손에 꼭 쥐어 주었다. 판결한 판사의 눈에도 방청객의 눈에도 옅은 동정의 눈물이 맺혔다.

할머니는 감동의 눈물을 흘리며 판사와 방청객들에게 약속했다. "이제부터 작은 일이라도 시작하겠습니다. 다시는 남의 물건을 훔치는 일은 하지 않겠습니다."하고는 법정을 떠났다. 이 판결은 이 세상에서 가장 공평하면서도 가장 인간적인 판결이었다.

그리스 신화에 나오는 정의의 여신인 유스티치아Justitia는 눈가리개를 하고 한손에는 칼을 들고 한손에는 저울을 들어 법의 평등함과 엄격함을 강조하였다. 하지만 가여운 이 할머니의 판결은 정의의 여신도 눈가리개를 벗고 할머니의 사정을 들어주었을 것이다. 인간미가 없는 정의로움은 그 의미가 없기 때문이다.

1947년 라구아디아는 아쉽게도 비행기 사고로 사망하게 된다. 그러자 미국정부는 라구아디아의 공로를 인정하고 뉴욕의 국제공항과 예술학교를 그의 이름을 붙여 기렸다. 라구아디아 공항과 예술학교가 그래서 탄생하였다.

길지 않은 라구아디아의 삶은 우리에게 작은 울림을 주었다. 공과 사는 명확하게 구분하되 따스한 인간애를 잊어서는 안 된다는 것이다. 리더는 공적인 일에 사심이 들어가게 하면 안 되고, 사적인 일에 공적요소를 포함해서는 조직을 공평하게 이끌 수 없다.

중국 남북조시대의 양나라에는 **여승진**呂僧珍이라는 대신이 있었다. 그는 관직에 있는 동안 공과 사를 명확히 하여 털끝만큼의 사심도 허락하지 않았다. 하지만 평소 이웃들에게는 늘 겸손하고 온화하여 그와 이웃이 되고자 하는 사람이 줄을 이었다.

당시 황제인 무제는 여승진의 인물됨을 높게 보고 지방장관격인 연주자사로 임명하여 그의 고향으로 부임하게 하였다. 여승진은 황제의 기대대로 고향에서 선정을 베풀어 주변 사람들에게 존경과 칭송을 받았다.

하지만 그가 관리로서 공직을 수행하는 동안은 다른 모습을 보였다. 주변을 엄격하게 관리하여 일체의 부정이나 비리도 용납하지 않았다. 비록 자신의 고향사람이지만 사적인 부탁은 들어주지 않았고 친형제조차 관아의 출입을 금지시켰다.

어느 날 여승진의 여러 형제 중 채소장소를 하며 어렵게 사는 동생이 찾아와서 일자리를 하나 부탁하였다. 여승진이 사소한 일자리 하나 챙겨

주는 것은 그리 어려운 일이 아니었다. 그러나 여승진은 모처럼의 동생부탁을 매몰차게 거절하였다. "내 비록 관직에 있으나 황제의 은혜를 다 갚지 못하고 있다. 그런데 어떻게 내가 먼저 사리를 앞세울 수 있겠느냐?"라고 호되게 꾸짖으며 돌려보냈다.

여승진은 이렇듯 매사 공과 사의 구분을 명확히 하여 공무를 밝게 처리하였다. 그리하여 가장 부패가 심한 군역과 조세행정을 바로잡아 백성들의 어려움을 잘 처리해주어 주민들의 신망은 더욱 두터워졌다.

그러던 그에게도 한 가지 애로사항이 있었다. 그것은 바로 자신의 낡고 작은집 가까이에 관아에서 운영하는 마구간이 하나 있었다. 그런데 그곳은 항상 악취가 심하게 나고 말의 울음소리가 시끄러워 살기가 매우 불편하였다.

하루는 하인 한 명이 여승진에게 이런 불편함을 토로하며 마구간을 다른 곳으로 옮길 것을 권유하였다. 그러자 양승진은 "어떻게 내 개인의 편의를 위해 관아에서 운영하는 마구간을 함부로 옮길 수 있겠는가? 다시는 그런 말을 꺼내지 마라."고 면박을 주었다.

지방장관의 위치에서 자신의 관할 시설물 하나 옮기는 일은 한마디 지시만으로도 해결될 수 있는 문제였다. 하지만 그는 공익과 사익은 엄밀히 구분하는 공직자였다.

여승진의 인물됨이 고을을 넘어 전국으로 널리 알려지게 되자 그를 마음속으로 존경하는 사람들이 그와 가까이 살고자 하였다. 그중에서도 송계아宋季雅라는 사람이 남강군수의 임기를 마치고 여승진 집 근처로 이사를 왔다.

송계아가 인사차 여승진의 집을 방문하여 차를 한잔하게 되었다. 이야기 중에 집값이 화두가 되었다. 여승진이 송계아에게 집값을 물어보자 "집값으로 1,100만금을 주고 샀습니다."라고 답했다. 그런데 그 집값은 주변시세에 비해 턱없이 비싼 금액이었다.

여승진이 의아해 하며 "그 집값은 100만금이면 충분한 것 같은데 너무 비싸게 사지 않았습니까?"라고 문자 송계아는 "100만금은 집값으로 지불하고 1,000만금은 선생과 같은 이웃이 되기 위해 지불하였습니다."라고 답했다.

여승진은 송계아의 말에 놀라움을 금치 못하면서 진심으로 그를 이웃으로 맞이하였다. 훗날 여승진의 추천으로 송계아는 형주자사에 오르게 되었으며, 이로 인해 천만매린千萬買隣이란 말까지 생겨났다. 즉 '천만금으로 좋은 이웃을 사다'라는 뜻이다.

당대의 여승진은 주변 사람들에게 좋은 이웃사람이었지만 공직자로서 가져야 할 올바른 자세와 처신은 오늘날 현재의 공직자들에게 좋은 본보기가 되기에 충분하다. 공직자로서의 처신도 이렇게 밝아야 하는데 하물며 한나라를 통치하는 왕의 위치에서 공과 사의 문제는 더더욱 분명해야 한다.

삼국지에서 유비는 아랫사람들의 말을 헤아려 듣고 늘 신중하게 처신하는 사람이었다. 그러나 그가 제왕이 되고 전황이 불리해지자 점차 신중함을 잃게 되었다. 마침내 의형제였던 관우가 오나라 손권의 공격을 받고 죽임을 당하자 그는 이성을 잃고 복수를 결행하고자 하였다.

유비의 충신이자 용맹하기로 둘째가라면 서러워 할 조자룡조차 나서서 주군의 무모한 출정을 만류하였다. "한 나라의 원수를 갚는다는 것은 공적인 일이지만 형제의 원수를 갚는다는 것은 사적인 것입니다. 그러니 천하를 먼저 생각하시지요." 유비는 이 말을 일언지하에 거절하면서 "짐이 아우의 원수를 갚지 못하고 천하를 얻은들 무슨 소용이 있겠는가!" 하고는 전투를 강행하였다.

결국 유비는 이릉전투에서 오나라 육손장군의 화공으로 패하게 되었다. 그리고 자신은 이로 인하여 속병을 얻어 사망하게 되었다. 한 나라의 제왕으로서 의형제에 대한 의리를 지키는 것도 필요하지만 조자룡의 권고처럼 천하의 안위를 위해 사사로움은 버릴 수 있는 통 큰 리더십이 더 중요한 것이다. 리더가 이처럼 공적인 일을 위해 사적인 문제를 버리지 못하면 조직은 큰 위기를 맞을 수 있다.

우리나라는 정情의 문화다. 서양처럼 계약이나 체계를 중시하기보다는 서로 더불어 사는 정서적 문화와 전통을 가진 나라다. 그러나 그것이 오히려 우리사회의 공적체계를 제대로 세우는 데 걸림돌이 된다. 서로 맺고 끊는 것이 분명치 않아 공과 사를 구분하지 못하여 낭패를 보는 것이다.

얼마 전 있었던 대통령 탄핵사건도 이런 인식이 원인이라는 지적이 있었다. 공적인 일에 사인을 끌어들여 국정을 농락하게 하였다는 비판이었다. 공복公僕의 최정점에 있는 대통령의 인식도 이러할 때가 있는데 사회지도층 인식 또한 별반 다르지 않다. 국민의 세금으로 운영되는 공적자금을 개인의 신변을 위해 사용하는 일은 드문 일이 아니다. 공적지위를 이용하여 자식의 병역이나 취업문제에 관여하는 것 역시 우리 주변에서 심심찮게 일어나고 있다.

특히 공적 지도자와 배우자관계에서 이런 문제는 더 쉽게 일어날 수 있다. '베갯잇 송사'라는 말이 있듯이 배우자의 공적영역에 대한 관여는 쉽게 이루어질 수 있다. 한때 공직사회를 시끄럽게 하였던 '치맛바람'이 대표적인 예다. 남편의 지위를 이용하여 공적자산을 마음대로 사용하고 아랫사람 부인들을 부하처럼 부리는 일이 지금 우리사회에 없다고는 할 수 없다.

중국의 고사인 관포지교管鮑之交는 단순히 관중管仲과 포숙아鮑叔牙의 우정만 보이는 것이 아니다. 두 사람의 우정 이면에는 포숙아의 공과 사를 구분할 줄 아는 넓은 이해심과 배려가 있었다는 사실을 알아야 한다. 관중은 포숙아의 추천으로 벼슬길을 올라 무려 40년 동안 재상의 자리에 있었던 사람이다. 그런데도 관중은 병이 들어 죽을 때까지도 절친인 포숙아를 벼슬길에 추천하지 않았다. 주변 사람들은 "관중은 의리 없는 사람이다."

라고 욕을 하고 이간질하였다.

그러나 정작 당사자인 포숙아는 관중을 원망하기는커녕 "내가 친구 하나는 잘 두었다. 나는 그가 공과 사를 분명히 하는 사람이라고 믿고 관직에 추천하였는데 그 생각이 맞았다."라며 오히려 주변 사람들을 이해시켰다. 관중은 이런 포숙아를 보고 "나를 낳아준 이는 부모지만 나를 진정으로 알아준 사람은 포숙이다."라고 하였다. 관중과 포숙아는 목숨을 주고도 바꾸지 않을 우정을 가진 친구 사이지만 공과 사는 분명히 할 줄 아는 사람들이었다.

대공무사大公無私란 말이 있다. '매우 공평하여 사사로움이 없다'는 뜻이다. 비록 우리 국민성이 정의 문화를 가졌지만 공과 사는 엄격히 구분해야 사회의 공평성을 높일 수 있다. 그렇다고 해서 매사 너무 사무적이면 리더 주변에는 경직된 로봇 부하만이 넘쳐날 뿐이다. 공과 사는 밝게 하되 가슴에는 늘 따뜻한 온기가 흘러넘쳐야 만인의 지지를 받는다. '공무를 볼 때는 호랑이 얼굴을 하더라도 사적으로는 양의 모습으로 보듬어주는 리더'가 존경받을 수 있다.

'過失'은 작게 보고 '功'은 드러나게 하라

우리 인간은 누구나 장점과 단점을 고루 가지고 있다. 다만 보는 시각에 따라 장점과 단점이 달리 보일 뿐이다. 흠으로 보자면 작은 티끌도 들보처럼 크게 보이지만 곱게 보자면 곰보도 미인으로 보인다.

리더는 남의 단점과 과실은 티끌처럼 작게 보고 가볍게 다룰 줄 알아야 한다. 그러나 그 장점은 크게 보고 널리 칭찬하면 조직은 고래도 춤추게 될 것이다.

조선시대 황희黃喜정승은 우리나라 역사상 3대 명재상으로 덕망이 있고 청백리로 잘 알려진 인물이다. 그는 1383년 약관 20세의 나이에 과거에 급제하여 관직을 시작하였다. 총 4대에 걸쳐 왕을 모시면서 18년 동안 영의정으로 명성을 떨쳤다.

그는 소신과 원칙을 지키면서도 관대하고 신중하여 후대까지도 존경을 받는 인물이다. 하지만 젊은 시절 한때는 자신의 재능만 믿고 교만하여 남의 단점을 지적하기를 좋아하고 험담도 자주 하였다.

황희가 관직에 나간 지 얼마 안 됐을 때의 일이다. 어느 날 궁궐을 빠져나와 한적한 시골길을 걷다가 검은소와 누렁소를 부리며 논을 갈고 있는 농부를 만났다. 그리고 그와 대화하다가 인생의 큰 깨달음을 얻게 되는데 그것이 바로 우리에게도 잘 알려진 '검은소와 누렁소' 일화다.

황희가 심심하던 차에 일하던 농부에게 다가가 "검은소와 누렁소 중 어느 소가 일을 잘합니까?"하고 물었다. 이에 농부는 당황한 듯 황희의 소매를 이끌고 한적한 곳으로 가서 귀엣말로 "누렁소가 일을 잘하오. 검은소는 가끔 꾀를 부린다오."라고 작은 말로 속삭였다.

황희는 크게 웃으며 "아니 그만한 일로 나를 여기까지 데려와서 귓속말로 속삭인단 말이오?" 하고 비아냥대자, 농부는 "보아하니 글을 읽은 선비 같은데 세상의 이치는 모르는 것 같소. 아무리 하찮은 동물이라도 자신에게 나쁜 말을 하면 싫어한다 말이오. 그래서 작게 말하였소. 아시겠소?"

황희는 그 말을 듣고 자신의 경솔함을 깨닫고 농부에게 큰 절을 하고 헤어졌다. 그리고 그 이후에는 일체 남의 단점을 이야기하거나 헐뜯는 일을 하지 않았다고 한다.

말이라는 것은 돌고 도는 것이다. 좋은 말로 상대를 칭찬하면 나에게도 좋은 말이 돌아온다. 그러나 내가 상대를 험담하면 그 말은 돌고 돌아서 나에게도 좋지 많은 말로 되돌아온다. 무식한 농부를 통한 황희의 깨우침을 우리도 가슴에 담아 둘 필요가 있다.

로마의 철학자 키케로는 '어리석은 자의 특징은 자신의 약점은 잊어버리고 다른 사람의 단점만을 드러내려 한다.'고 하였다. 지혜로웠던 황희는 자신의 부족한 점을 잊지 않기 위해 항상 스스로의 처신을 돌아보고 상대에게는 너그러운 삶을 살고자 노력하였다.

황희의 이런 삶에도 불구하고 말 못할 고민이 하나 있었다. 그것은 다름 아닌 자식문제였다. 그에게는 4명의 아들이 있었는데 모두 아버지의 가르침을 받아 훌륭하게 성장하였다. 하지만 유독 한 아들만이 학문에는 관심이 없고 늘 늦은 시간까지 술독에 빠져 살았다. 아무리 타일러도 그 아들은 말을 듣지 않았다.

황희는 이런 아들을 언젠가 단단히 교육시키겠다는 마음을 먹고 벼르고 있었다. 그러던 차에 그날도 어김없이 밤늦도록 집에 들어오지 않았다. 황희는 새벽이슬을 맞으며 마당에서 아들을 하염없이 기다리고 있었다. 황희의 옷자락이 새벽이슬에 흠뻑 젖었으나 아들은 그때도 돌아오지 않았다.

아침 동이 틀 무렵 한 젊은이가 술에 취해 비틀거리며 집으로 들어오고 있었다. 자세히 보니 아들이었다. 황희는 이런 아들을 보자마자 마당에 넙죽 엎드려 큰절을 하면서 맞이하였다.

술에 취한 아들이 절을 받고 보니 아버지였다. 아들은 순간적으로 정신이 번쩍 들면서 술이 확 깨는 기분이었다. 아들은 겸연쩍게 물었다. "아버님, 이 시간까지 주무시지 않고 어인 일이십니까?"

황희는 이런 아들을 정중히 맞아들이며 "이 세상에 자식이 아버지의 말을 듣지 않으면 한 집안 식구라고 할 수 있겠습니까? 그런 사람은 자식이 아니라 내 집을 찾아온 손님이나 다름없지요. 내 집에 방문한 손님은 정중히 모시는 것이 예의가 아니겠습니까? 저는 지금 손님을 맞이할 따름입니다."라고 대답하였다.

아버지의 의외의 행동을 보고 황희의 아들은 부끄러워 어찌할 줄 몰랐다. 그 뒤로 아들은 술버릇을 고치고 학문에 전념하여 다른 아들보다 더 훌륭한 일을 하였다고 한다.

우리는 아랫사람의 단점이나 잘못된 점을 지적할 때 단도직입적으로 화를 내며 말하는 상관을 자주 본다. 그러면 받아들이는 사람은 자신의 잘못을 뉘우치기보다는 감정적으로 말하는 윗사람의 말에 상처를 입는다. 그것은 오히려 반감을 사서 역효과를 내는 경우가 많다.

황희처럼 상대의 잘못을 우회적으로 가르치되 진심을 담아 이성적으로 깨우침을 주면 상대도 진심으로 잘못을 뉘우치게 된다. 그러나 그것이 잘 안 될 때는 한번쯤은 단호하고 따끔하게 상대를 질책해야 한다.

황희도 항상 너그럽고 관용을 베푸는 사람이 아니었다. 자신의 잘못을 스스로 해결할 수 있는 위치에 있는데도 이를 무시하고 거만하게 행동하는 사람에게는 모질고 엄하게 대했다.

김종서 장군은 세종 때 무관으로서 북방의 여진족을 물리치고 6진을 개척한 용장으로 우리에게 잘 알려진 인물이다. 하지만 그도 한때는 거만하고 거칠어서 다루기가 매우 힘든 장군이었다고 한다.

어느 날 영의정 황희의 주관으로 정승과 판서들이 모여 국정을 논의하는 회의를 하게 되었다. 당연히 그런 회의에는 주관하는 황희정승보다는 다른 참석자들이 먼저 오는 게 예의였다.

그러나 황희를 포함한 모든 사람들이 참석했음에도 불구하고 유독 한 사람만이 도착하지 않았다. 김종서 장군이었다. 몇 분 늦게 회의장에 나타난 김종서는 미안하다는 사과도 없이 거드름을 피우며 삐딱하게 의자에 않는 게 아닌가? 아무도 김종서의 이런 행동에 대해서 나무라거나 제지하는 사람이 없었다. 그만큼 김종서는 나라에 공도 많이 세우고 임금의 신뢰도 돈독하였다.

그때 한없이 인자하기만 하였던 황희가 노기를 띠며 밖에다 대고 소리쳤다. "여봐라. 병조판서께서 앉으신 의자의 한쪽 다리가 짧은 모양이다. 빨리 한쪽 다리를 손질해 드려라!"

이 말을 들은 김종서는 무안하기도 하고 창피하기도 하였다. 그러나 김종서는 대인이었다. 이내 자신의 평소 행동에 잘못됨을 알고 그 자리에서

"대감. 제 생각이 짧았습니다. 용서해 주십시오."라고 말하며 용서를 구했다.

하지만 황희는 단호하였다. "앞으로 의자다리가 짧거든 반드시 수리하시오!"라고 화를 내며 나가 버렸다. 김종서는 다시 한 번 자신의 잘못을 뉘우치고 다른 사람 앞에서 절대로 거드름을 피우지 않았다고 한다.

이런 일이 있은 후 주변에서는 "사나운 호랑이와 여진족이 공격하는데도 눈도 깜짝하지 않는 호랑이 장군이 황희의 한마디에 용서를 빌었다."라는 말이 전해졌다.

진정으로 강한 사람은 강한 자에게 강한 사람이다. 황희처럼 인품이 어질고 인자한 사람이 불의를 보고 이를 지적할 수 있었던 것은 진정한 리더만이 가질 수 있는 용기이다. 그것은 옳은 일에 소신을 다하고 불의에 과감해질 수 있었던 황희의 인품을 담는 그릇이 그만큼 크고 깊었다는 것을 의미한다.

황희정승은 한때 세자 책봉문제로 태종과 불화가 생겨 파직된 적이 있었다. 자신의 소신과 원칙을 내세워 왕의 세자 폐위를 반대하였기 때문이다. 황희는 파직 9개월 동안 경기도 파주에 머물면서 임진강이 보이는 곳에 앙지대仰止臺라는 정자를 세우고 늘 '그칠 지止라는 한자를 우러러 보며 마음을 되새겼다'고 한다.

그는 자신의 지나친 욕심을 경계하고 다른 사람의 단점만 보고 험담하거나 욕되게 하는 일이 없도록 철저한 자기반성과 절제를 늘 마음속에 다졌다. 그렇기 때문에 그의 처신들은 한쪽으로 치우침 없이 공평하였으며 상대방의 입장을 배려하면서 자신의 마음의 중심을 잡아 갈등을 관리할 줄 알았다.

그의 이러한 소신과 철학이 묻어 있는 일화가 하나 더 있다. 어느 날 황희정승이 공무를 마치고 집에서 쉬고 있는데 바깥이 소란스러웠다. 바깥을 나가보니 여종 두 명이 서로 언성을 높이며 싸우는 것이었다. 목소리를 높이는 여종을 불러 자초지종을 물어보았다. 그리고는 이내 "그래. 네 말이 옳구나." 하고는 집안으로 들어가려 하였다.

그러자 다른 여종이 "아닙니다. 저 여종이 먼저 시비를 걸었습니다. 저 여종이 더 나쁩니다."하고 자기가 옳다고 주장하였다. "그래? 네 말도 역시 일리가 있구나."라고 말하였다.

옆에서 이를 지켜보고 있던 황희의 부인이 "대감. 어찌 두 사람이 서로 반대의 이야기를 하고 있는데 둘 다 옳다고 하십니까?"라고 하자, 황희는 "그래요? 그렇게 말하니 당신의 말도 역시 옳은 것 같소."라고 말했다고 한다.

얼핏 보아서는 주관 없이 말한 것처럼 보이지만 거기에는 황희정승의 내면적 철학과 교훈이 있다. 즉, 한 가지 사안을 놓고 보아도 보는 상황에 따라서는 서로 입장이 다를 수가 있어 이를 인정해주어야 한다는 것이다.

사람들은 각자 자신이 옳고 바르다고 생각하여 최선의 방법으로 행동한다고 믿는다. 상대방도 마찬가지다. 그러나 갈등은 서로 상대방의 방법이 바르지 않다고 생각하는 데서 온다.

옳고 그름이 명확하지 않은 상황에서 상대방의 잘못으로만 크게 부각시키는 것은 큰 갈등을 가져오기 쉽다. 황희처럼 서로가 옳을 수 있다는 것을 인정하면서 상대방의 잘못을 감싸주면 조직은 평화의 노래를 부를 수 있다.

조직관리에 있어 벌罰보다는 상賞을 활용하는 게 더 유용하다. 벌은 부하의 행동을 절제시키는 힘이 되지만 상은 부하의 마음을 스스로 움직이게 하는 힘이다. 조직의 발전은 부하의 마음을 스스로 움직일 수 있는 칭찬과 보상에서 비롯됨을 알 필요가 있다. 칭찬하기에 인색한 리더는 부하들을 스스로 춤추게 할 수 없다.

가장 힘들었던 시대를 이끌었던 링컨 대통령이 어려움을 겪을 때마다 다시 일어설 수 있었던 것은 한 마디 칭찬이었다. 그가 암살되었을 때 그의 낡은 양복주머니에서 발견되었던 것은 "링컨은 이 시대의 가장 위대한 정치인이다."라고 쓰인 꼬깃꼬깃한 신문사설이었다. 위대한 링컨마저도 칭찬에 굶주린 것이다.

부하의 칭찬은 잘 해야 한다. 가급적 잘못한 점은 조용히 불러 지적하고 잘한 점은 만인이 보는 앞에서 크게 하는 것이 효과적이다. 시기도 중요하다. 공적이 있으면 즉시 칭찬과 함께 포상해야 한다. 그냥 말로만 하는 칭찬은 듣기 좋은 말장난이나 다름없다.

앞에서 언급한 바 있지만 임진왜란 당시 이순신 장군이 해전을 전승全勝으로 이끌었던 비결도 바로 포상에 있었다. 장군은 전쟁 중에 시시각각으로 바뀔 수 있는 군심軍心을 질책보다는 포상으로 휘어잡았다. 그는 전공이 있는 장병들은 반드시 거기에 맞는 보상을 공평하게 해주었다.

난중일기에 보면 이순신은 적의 작전상황에 대한 정보를 받으면 반드시 그에게 포상을 해주었다. 그래서 늘 이순신의 주변에는 적의 상황을 알려주려는 사람으로 북적였다. 일본군의 상황에 밝고 늘 앞서 판단하여 전쟁에 이길 수 있었던 것도 이런 연유 때문이었다.

이순신은 전장에서 빼앗은 전리품도 사소한 것은 병사들에게 직접 나눠줌으로써 병사들이 사기가 올라 전투를 더 잘하게 하였다. 전투 중에 적의 목을 베어온 자들을 포상하자 병사들은 위급한 전장상황에서도 적의 머리를 베는 데 시간을 보내어 전투에 역효과가 발생하기도 하였다.

이에 이순신은 "비록 목을 베지 못하더라도 힘껏 싸운 자는 그 공로에 맞게 포상하겠다."라고 말하고는 포상기준을 바꿔 다시 공표하였다. 그러자 장병들은 너도 나도 전장에서 공을 세우기 위해 용감히 싸웠다. 장군은 포상이 조직을 스스로 움직이게 하는 데 얼마나 중요한 것인지를 잘 아는 리더였다.

그리고 부하들이 공을 세웠지만 조정으로부터 평가를 제대로 받지 못하면 다시 상소하여 공적을 바로 세워주었다. 장군의 이런 조치는 부하들로 하여금 목숨 바쳐 충성할 수 있는 충분한 동기를 부여했다. 이것이 장군이 이룬 백전백승의 비결이다.

부하의 공적은 늘 공평해야 환란이 없다. 조직 내 논공행상論功行賞에 문제가 있으면 오히려 포상을 하지 않느니만 못하다. 그래서 개국공신을 논할 때 신중하지 못하면 문제가 많이 생기는 것이다. 삼국지에서도 논공행상문제는 언제나 큰 논란거리였다. 그러나 유비는 이 문제에 있어서는 언제나 사심을 버리고 형평성을 유지하려고 노력하였다.

유비가 꿈에도 그리던 전략의 요충지 서천을 점령한 후 그 공적에 따라 장수들을 포상하게 되었다. 대상자 40명 중 26명이 상대진영의 점령지 사람들이었고, 그중 3명은 유비와 끝까지 싸우기를 주장한 주전파 장수였다. 이와 같이 상을 줄 때는 반대편에 있었던 사람까지도 성과에 따라 공평하게 챙겼다.

유비의 유지를 받은 제갈공명도 포상에 대해 같은 생각을 가졌다. 공명이 삼국통일을 위해 출정하면서 황제 유선에게 쓴 출사표出師表에도 잘 나타나있다. '황제께서 상을 주거나 벌을 줄 때는 공평하게 해야 합니다. 만약 충성스럽고 착한 자가 있으면 마땅히 상을 내리도록 하셔야 합니다. 폐하께서 공평하고 밝게 다스리셔야지, 사사로움에 치우쳐 안팎의 법도를 달리하시면 안 됩니다.'하고 신신당부하였다고 한다.

한비자는 "누군가 공을 세우면 사이가 나빠도 반드시 상을 주어야 하고, 잘못을 하면 아무리 사이가 좋아도 처벌해야 한다."고 하였다. 논공행상의 공평성은 조직의 활력을 가져오지만 자칫 형평의 문제가 생기면 치명적인 갈등의 원인이 된다는 사실을 잊어서는 안 된다.

현대의 조직관리에서도 공적功績과 과실過失을 다루는 일은 매우 중요하다. 그런데 조직 내 일상에서 생기는 과실에 대해서는 조금 더 인간적인 이해와 접근이 필요하다. 보통의 경우 조직관계에서 잘하는 일보다 오히려 시행착오를 겪으면서 더 많이 발전해 나간다. 때로는 의도하지 않은 실수를 하기도 하고 누명을 써서 억울한 일을 당하는 경우도 있다. 누구나 할 수 있는 이런 실수에 대해 조금 더 관대해야만 삶이 팍팍해지지 않는다.

그런데 실상은 그렇지 못하다. 우리는 남의 사소한 잘못이나 약점이 있으면 야멸치게 정죄한다. 반면 자신의 허물은 지나치게 관대하다. 이러한 시대적 풍조가 '내로남불'의 유행어를 만들었다. 내가 하면 로맨스이고 남이 하면 불륜이다. 이런 인식은 우리사회의 관계성을 해치는 데 심각한 원인이 된다.

하지만 최근 이와 대비되는 '은악양선隱惡揚善'이라는 말이 종종 사용된다. '허물은 덮어주고 좋은 점은 널리 알린다'는 의미다. 현대의 리더가 조직의 갈등관리를 위해서 꼭 필요한 말이다. 리더는 부하가 치명적인 잘못을 하거나 반복적인 실수를 한 것이 아니라면 한 번쯤은 모르는 척 눈감아 주는 아량이 필요하다.

오케스트라 연주는 하모니가 생명이다. 얼핏 보기에는 모두들 일사분란하게 호흡을 맞추는 것 같지만 그들도 사람이라 자주 실수를 한다고 한다. 그러나 지휘자는 절대로 잘못을 한 연주자를 쳐다보지 않는다. 만약 지휘자가 실수한 연주자를 보고 인상을 쓰게 되면 그 연주자는 주눅이 들고 긴장하여 더 큰 잘못을 저지르게 되기 때문이다.

조직관리도 이와 같이 해야 한다. 부하의 잘못을 감싸주지 않고 윽박지르면 부하는 더 큰 실수를 하게 된다. 그리고 자신의 잘못에 대한 반성보다는 반감을 갖게 된다. 이럴수록 부하의 잘못을 눈감아주면 거부감 없이 자신의 실수를 인정하고 잘못된 행동을 시정하게 될 것이다.

만약 부득이 잘못을 지적할 때는 직설적인 것보다는 황희가 술 먹은 아들을 훈계하는 것처럼 간접적으로 돌려서 하는 것이 좋다. 상대의 감정을 상하게 하지 않으면서 스스로 잘못을 느끼게 하는 고차원적인 방법이다.

그래도 행동의 변화가 없다면 따끔하게 혼을 내야 한다. 그때는 무엇이 잘못되었는지를 정확하게 지적하고 그것이 개인이나 조직에 어떠한 문제를 야기하는지를 알려주어야 한다. 일상의 부부처럼 하나의 잘못과 연계하여 과거의 역사를 들추어내면 핵심을 흐트러지게 하여 올바른 훈계가 아니다.

조직관리는 구성원의 마음을 움직이는 기술이다. 상과 벌, 즉 당근과 채찍의 적절한 운용은 이를 위한 핵심적 수단이 된다. 현명한 리더는 당근을 자주 사용한다. 채찍은 일시적으로 사람의 행동을 붙잡아 둘 수는 있지만 마음을 근본적으로 움직이지는 못한다. 하지만 당근은, 채찍이 주는 준엄함보다는 덜하지만 유연하고 스스로 움직이게 하는 마력을 가지고 있다.

미국의 심리학자 스키너B. F Skinner는 "체벌보다는 보상이 훨씬 더 사람의 마음을 움직이고 행동변화를 시킨다."고 주장한다. 리더가 부하의 공功과 실失을 볼 때는 살짝 균형의 원칙을 비켜갈 필요도 있다. 즉, 공은 크게 보고 실은 작게 볼 수 있어야 한다. 사소한 잘못을 크게 질책하면 부하는 크게 낙담하지만 모처럼 잘한 것을 크게 칭찬하면 부하의 몸에 날개를 달아주는 것이다.

누군가 말하길 리더십은 연을 날리는 것과 같다고 했다. 적당히 줄을 당기다가도 풀어줄 줄 알아야 한다. 그런데 연을 높고 멀리 날게 하기 위해서는 줄을 당기기보다는 잘 풀어주는 것이 더 중요하다.

리더가 부하를 다루는 일도 마찬가지다. 고삐를 당겨 질책을 즐겨하면 조직의 협력은 붕괴되기 쉽다. 부하를 조금 더 멀리, 높게 날게 하는 방법은 칭찬과 격려를 자주 하여 활력을 주는 것이다. '부하의 공은 큰 바위에 새겨 널리 알리고 그 잘못은 새털처럼 여겨 모래톱에 새길 줄 안다'면 자연스레 조직에 활력이 생기고 협력이 이루어질 것이다.

'비선(秘線)'은 억제하고 '시스템'으로 관리한다

공평한 리더는 공적조직을 신뢰하고 선호한다. 그런 조직은 정상적인 계선체계를 갖춘 시스템이 활성화되어 있어 비선秘線체계가 가동될 수 없다.

그러나 리더가 비선조직을 선호하게 되면 그 조직은 리더의 비호 아래 은밀하게 성장하여 정상적인 공적조직의 역할을 위협한다. 그리고 그로 인해 내부의 혼란과 갈등이 생겨 리더와 조직 모두 불행한 결과를 초래할 수 있다.

최근 최모의 국정농단 사건으로 인하여 우리사회에 떠오른 최대 이슈는 비선실세 문제였다. 비선조직이란 개념이 처음 사용된 시기는 19세기 나폴레옹시대부터라고 한다. 당시 나폴레옹은 유럽 전역의 전쟁을 치루면서 지휘계통의 보고에 대한 정확성을 기하고 전장의 현장상황을 바로 보고받기 위해 비선조직을 운영하였다.

나폴레옹은 20대 젊은 군인 중에서 엘리트에 속하는 사람들을 선발하여 직접 전방군단에 투입하였다. 이 비선의 충복들은 군단의 전장상황을 파악하여 그 결과를 나폴레옹에게 직접 보고하였다. 나폴레옹은 그들을 '방향성 있는 망원경'이라고 지칭하고 그들의 보고를 신뢰하였다.

나폴레옹이 이용한 이런 비선조직이 리더의 판단에 다소 도움을 줄 수는 있다. 하지만 리더가 이를 과도하게 운영하거나 비선 조직 자체가 오염된다면 조직은 큰 갈등과 위기에 빠질 수 있다.

최모의 사태로 우리사회에 또다시 역사적으로 재조명받고 있는 인물이 제정 러시아의 요승 **그리고리 라스푸틴**Grigorii Rasuputin이었다. 그는 보잘것 없는 신분이었지만 황제의 총애를 받아 비선실세가 되면서 러시아를 통째로 말아먹었다.

라스푸틴의 본명은 그리고리 예피모비치로 19세기 중반 시베리아의 작은 마을에서 가난한 농부의 아들로 태어났다. 그는 어린 시절 가난하여 학교를 다닌 적이 없는 문맹자였다. 젊은 시절 방탕한 생활을 즐기며 여자들을 탐하여 마을 사람들은 그를 '방탕한 사람'이란 뜻의 라스푸틴이라고 불렀다.

그는 이런 생활을 하다가 돌연 출가하여 5년 동안 수도승을 자처하며 러시아 전역을 떠돌아 다녔다. 1887년 결혼을 하여 3명의 자식을 두게 되었지만 그의 천성인 방랑벽이 도져 정상적인 결혼생활을 하지 못하고 그리스 수도원을 포함한 세계 유적지를 여행하며 떠돌이 생활을 하였다. 그러던 중에 그는 귀족들에게 인기가 있었던 정교회의 사이비 일파 교리를 접하게 되었다. 그 후 1903년 그는 러시아 제국의 수도였던 상트페테르부르크에 도착하여 본격적인 사이비 수도승 생활을 하게 되었다.

당시 러시아의 황제(차르, Tsar)는 니콜라이 2세였는데 슬하에 딸만 4명 두었다가 어렵사리 아들을 하나 얻었다. 그러나 불행히도 아들 알렉세이는 태어날 때부터 유전적 결함에 의한 혈우병, 즉 작은 상처에도 피가 멎지 않는 병을 가지고 있었다. 차기 황제자리를 물려받게 될 황태자가 가진 병은 황제 부부에게 큰 고민거리가 아닐 수 없었다. 황제부부는 온갖 방법을 다 써봤지만 별반 효과가 없었다.

1907년 라스푸틴이 수도승으로서 점차 명성이 높아질 즈음, 황가에서도 그의 명성을 듣고 황제의 행사에 초청하게 되었다. 첫 만남에서 라스푸틴은 특유의 언변으로 황제 부부의 마음을 사로잡았다. 그때부터 황제 부부와 인연을 맺게 되어 친분을 쌓았다. 그러던 어느 날 신기하게도 라스푸틴의 기도로 황태자의 병이 호전되자 황제 부부는 라스푸틴을 더욱 총애하기 시작하였다.

황제 부부의 절대적 신임 속에 라스푸틴은 점차 러시아의 모든 권력을 손에 넣기 시작하였다. 러시아의 종교계는 물론 외교, 심지어는 내정까지 간섭하게 되었다. 황제인 니콜라이 2세는 스스로는 청렴하였지만 무능하고 심약하여 대가 센 독일 공주 출신의 황비에게 휘둘렸다. 그런 왕비의 마음을 라스푸틴이 사로잡았으니 그의 권세는 하늘을 찌르는 듯하였다.

　이 당시 러시아는 제1차 세계대전의 소용돌이에 휩싸여 독일과 한창 전쟁을 치르게 되었다. 여러 가지 사정으로 러시아가 독일에 계속 패하자 황제는 1915년 8월 그 책임을 물어 니콜라이 니콜라예비치 총사령관을 해임하였다. 전쟁 중에 장군을 바꾸는 것은 쉬운 일이 아니었지만 그 뒤에는 라스푸틴의 검은 손이 작용하였다.

　니콜라이 사령관은 라스푸틴의 국정농락을 누구보다도 잘 알고 있어 항상 그를 견제하며 반대편에 서 있었던 사람이다. 라스푸틴은 자신의 정적과도 같은 사령관을 무능한 황제를 꼬드겨 제거한 것이다. 그리고 각료들의 극구반대에도 불구하고 황제가 총사령관이 되어 직접 전장을 지휘하게 되었다.

　이 또한 라스푸틴의 작품이었다. 황궁이 빈 사이 라스푸틴은 마음대로 국정을 농락하였다. 내무장관과 전쟁장관 등 주요 각료들이 라스푸틴의 사람들로 채워졌으며 내각도 사흘이 멀다 하고 해산하고 개각되었다. 또한 국민들에게는 생계조차 힘들만큼 가혹한 세금을 거두어 사리사욕을 채우는 데 사용하였다. 러시아 국정은 완전히 라스푸틴의 손아귀에 놀아나게 되었다.

　심지어 라스푸틴은 자신이 직접 신의 계시를 받았다며 "남부전선에서 공세를 펼치면 승리할 것이다."라고 황제에게 작전지시까지 할 정도였다. 물론 많은 참모들이 전황과는 다른 이 계시를 반대하였지만 황제는 충실이 따랐다. 그 결과 우크라이나 곡창지대를 적에게 빼앗기고 전선이 붕괴되어 국가안위가 위태롭게 되었다.

　라스푸틴의 실정이 계속되자 국민들의 민심은 점차 황제에게서 멀어졌고 귀족마저 황제에게 등을 돌렸다. 거기에다가 라스푸틴이 황후와 귀족 부인들, 그리고 공주들과 끊임없는 성추문을 일으키자 황궁의 권위는 나락으로 떨어졌다.

러시아는 더 이상 황제가 다스리는 것이 아니었다. 무능한 차르 뒤에 기가 센 황후가 있었고, 황후 뒤에는 그녀가 신처럼 떠받드는 요승 라스푸틴이 있었던 것이다. 실제로 러시아의 지배자는 라스푸틴이나 다름없었다.

1916년 가을이 되자 국민들의 불만이 커지면서 시위가 격해지고 군대의 동요조짐도 보이기 시작하였다. 귀족들 사이에는 라스푸틴을 몰아내고 황제를 폐위시키자는 움직임이 구체적으로 보였다. 그 중심에는 황제의 조카이자 이리나 공주의 남편인 펠릭스 유스포프 공작이 있었다.

유스포프는 라스푸틴이 자신의 부인인 이리나 공주의 미모에 흑심을 품고 있는 것을 알고 이를 이용하였다. 공주의 초대장을 보내 라스푸틴을 자신의 저택으로 불러들인 것이다. 그리고는 살해하기 위해 미리 준비해둔 독약이 든 포도주를 먹였다. 보통사람은 5분 이내에 죽는 치사량이었지만 어쩐 일인지 라스푸틴은 2시간이 지나도록 죽지 않고 기타에 맞추어 춤을 추었다.

그러자 견디다 못한 유스포프는 권총을 뽑아들어 그를 향해 몇 발을 쏘았다. 그래도 죽지 않고 달려들자 주변 일행들이 둔기로 마구 폭행하여 혼절한 라스푸틴을 양탄자로 싸서 얼어붙은 네바강 물에 빠트려 버렸다.

사흘 뒤, 황후의 사람들이 라스푸틴의 시신을 네바강에서 건져 올릴 당시 얼어붙은 얼음에서 라스푸틴의 손톱자국이 발견되어 세상 사람들을 놀라게 하였다. 놀랍게도 그의 몸에는 실탄이 4발이나 박혀있고 무참히 폭행당하였는데도 그때까지 살아있었다. 확실히 그는 요물이었다.

라스푸틴의 죽음은 곧 제정 러시아의 몰락과도 궤를 같이 하였다. 러시아 제국은 결국 1917년 2월 혁명으로 멸망하고 차르 니콜라이 2세와 그 가족도 살해되었다. 그리고 그해 10월 볼셰비키 혁명이 일어나면서 세계 최초의 공산국가인 소련이 탄생되었다.

리더가 주변관리를 느슨하게 하면 비선이라는 독버섯이 자란다. 그리고 그 독버섯은 리더의 가장 취약한 곳을 파고들어 기생한다. 라스푸틴이 황제가 가장 힘들어 했던 자식의 건강문제를 교묘하게 이용하게 비선실세가 된 것도 그런 맥락이다.

우리나라는 해방 이후 지금까지 군부정권이나 민간 정부까지 여러 번 정권이 바뀌었지만 최고 권력자 주변의 비선실세 문제는 끊이질 않았다. 정권 초기에는 정권창출의 공신들 위주의 권력이 집중되다가 정권말기로 가면서 권력자 주변의 친인척 중심으로 비선조직의 힘이 집중되는 현상이 벌어졌다. 그리고 그들의 말로末路는 법적 처벌과 함께 권력자의 도덕성에 심각한 타격을 입히고 역사의 손가락질을 받으며 쓸쓸히 퇴장하였다.

리더의 직무는 조직의 대표성을 가진 공적영역이다. 리더의 권한이 크더라도 그것이 공적체계 위에 군림해서는 안 된다. 올바른 권한은 공적체계가 잘 가동될 수 있도록 보장해주는 것이다. 설사 의사결정이 자신의 의도와 다르더라도 정당한 절차를 거쳤다면 리더는 따라야 한다.

리더가 공적체계를 무시하고 비선조직의 은밀하고 달콤한 귓속말에 현혹되면 그 조직의 기반은 위태로워진다. 마치 벌꿀이 달콤한 꿀을 너무 탐닉하다가 꿀단지에 빠져 죽는 것과 같은 이치다.

중국의 한漢나라를 세운 유방劉邦(BC. 247~195)은 미천한 가문 출신에다가 그다지 능력도 뛰어나지 못하였다. 그러나 그는 공적체계가 제대로 가동될 수 있도록 항상 참모들을 믿고 맡겼다. 그 결과 당대 최고의 영웅호걸인 항우와 여러 제후를 물리치고 대륙을 통일할 수 있었다.

세심한 소하에게는 군수를 담당하게 하고 통찰력이 뛰어난 장량은 전략을 세우게 하였다. 비록 한신이 자신에게 반기를 들었지만 그 용맹함을 높이 사서 전쟁터에 장수로 중용하여 조직에 공헌하게 하였다.

유방은 참모들이 철저하게 능력위주로 임무를 분업하는 동시에 상호 유기적으로 협업하는 체계를 만들었다. 이런 조직체계는 일사불란한 질서를 유지하면서도 위기에 뛰어난 복원력을 갖추었다. 경쟁자인 항우와의 소소한 전투에서 패배하더라도 바로 다음 전력이 보강되도록 조직이 체계화된 것이다.

그러나 항우의 조직운영은 달랐다. 항우는 명문가 출신으로 역발산의 기개를 가진 8척 장신의 호걸이었다. 그리고 그동안 70여 차례의 크고 작은 전투에서 단 한 번의 패배도 하지 않은 영웅 중에 영웅이었다.

하지만 그의 조직은 항우 한 사람에 의해서 모든 전략이 결정되었을 뿐 체계화된 시스템에 의해 움직이지 못했다. 그리고 공적인 참모조직보다는 일부 자신과 가까운 사람들의 말만 들었다. 그 결과 단 한 번의 해하垓下전투에서 패배하여 모든 것을 잃고 서른한 살이라는 젊은 나이에 자살하게 되었다. 체계화되지 못한 조직은 위기에서 이처럼 취약하다.

승자인 유방은 이를 두고 "나는 소하처럼 행정을 잘 살피지도 못하고 장량처럼 교묘한 책략을 쓸 줄도 모른다. 병사들을 이끌고 싸움에서 이기는 일은 한신을 따를 수 없다. 하지만 나는 이 세 사람을 제대로 쓸 안다. 반면 항우는 범증 한 사람도 제대로 쓰지 못했다. 이것이 내가 천하를 얻고, 항우는 얻지 못한 이유다."고 회고했다.

위기에 강한 조직은 리더 한사람에 의해서 움직이지 않는다. 공적 체계가 정교하게 구축되어 있고 그것이 항상 정상적으로 가동된다. 리더 역시 공적체계를 통해서만 리더십을 발휘하고 비선조직이 똬리를 틀수 없도록 그 여지를 제거한다. 그러면서도 수시로 자신의 주변을 돌아보며 점검을 게을리 하지 않는다.

만약 이를 소홀이 하면 측근에 의한 비선조직의 영향은 커질 수 있다. 특히 리더의 측근은 리더와 동일시되는 경향이 있어 주의해야 한다. 즉, 측근의 언행은 곧 리더의 의도라고 생각하여 비판 없이 받아들이거나 오히려 부화뇌동할 개연성이 커진다. 그러므로 리더는 항상 자신과 가까운 친인척이나 동료, 심지어 비서나 운전사까지 호랑이 등에 타고 천하를 호령하지는 않는지 유심히 살필 필요가 있다.

지금까지 수많은 조직들이 성공과 실패의 길을 걷고 있다. 나름대로의 이유가 있겠지만 분명한 것은 비선조직이 득세하는 조직은 오래갈 수 없다. 조직의 성공은 리더가 공적체계를 신뢰하고 힘을 실어주어야 가능하다. 리더가 정상적인 공적체계로 투명성을 높이고 공평하게 조직을 관리하면 조직 상하 간의 신뢰도 높아지고 위기가 오더라도 유방의 조직처럼 흔들림이 없을 것이다.

'중심'을 먼저 보고 주변을 판단한다

리더는 사안의 핵심을 명확히 보고 주변을 판단할 줄 알아야 한다. 특히 리더의 지위가 높을수록 주변의 인의장막에 갇혀 문제의 중심을 잘못 보는 경우가 많다.

당장 듣기 좋은 아첨의 말에 익숙해지면 리더의 귀는 어두워지고 눈은 현명함을 잃을 수 있다. 지혜로운 리더라면 거짓과 아첨에 가려진 진실을 바로 볼 줄 알아야 하며, 성급히 사리를 판단하여 갈등과 오해를 만드는 일을 해서는 안 된다.

중국 최고의 사상가이자 철학자인 공자孔子에게는 **안회**顔回라는 제자가 있었다. 안회는 배움을 좋아하고 성품도 고와 공자가 특별히 좋아하는 제자였지만 한때는 이들 사이에 오해로 인한 갈등의 골이 깊은 적이 있었다.

안회가 스승인 공자의 문하에 들어가 학문을 연마할 때였다. 하루는 스승인 공자의 심부름으로 시장에 갔다가 한 포목점 앞에서 다투는 소리를 들었다. 안회는 호기심에 발걸음을 멈추고 그 사연을 들어보니 가관이었다.

손님으로 보이는 무식한 사내가 주인에게 물건 값을 계산하며 거칠게 항의하였다. "한 폭에 8전錢이라고 하였는데 세 폭이면 23전이 아니오. 그런데 당신은 왜 나에게 24전을 달라고 하시오?"하고 따지는 것이었다.

이 사정을 옆에서 듣고 있던 안회는 참견하지 않을 수 없었다. 그는 점잖게 손님에게 다가가 정중히 인사를 한 후 "당신의 계산이 잘못되었습니다."하고 귀띔하였다. 그러자 무식한 손님은 "누가 당신더러 참견하라고 했소?"라며 대뜸 화를 내었다.

이 말에 머쓱해 하자 그 사내는 안회에게 "당신의 말에 자신이 있으면 공자님께 가서 물어봅시다. 그분은 학식이 높으시니 옳고 그름을 판단하실 수 있을 것이오!" 하고 제의하였다.

안회도 이참에 무식한 사내를 깨우치고자 "좋습니다. 그런데 만약 당신이 졌다고 하면 어떻게 하시겠습니까?"라고 물었다. 그 사내는 "내가 지면 내 목을 내놓겠소!"하고 자신 있게 말했다. 안회도 "내가 틀리면 관冠(관복 등을 입을 때 머리에 쓰는 물건)을 내놓겠소!"라고 약속하였다.

안회는 사내와 함께 스승인 공자를 찾아가서 자초지종을 이야기 하고 누가 맞는지 스승의 판단을 기다렸다. 공자는 한참을 생각한 다음 제자인 안회에게 웃으면서 "네가 졌으니 관을 벗어 주거라!" 하고 말하는 것이었다.

안회는 스승의 지시라 어쩔 수 없이 관을 사내에게 내어 주었고 그 사내는 의기양양하게 관을 받아 집으로 돌아갔다. 그러나 안회는 스승인 공자의 이러한 행동을 이해할 수가 없었다. "항상 학문을 통해 바름을 가르치셨던 스승님이 아니던가? 필시 스승님이 노회하시어 현명함이 떨어진 것이다."라고 속으로 생각했다.

그러고는 중대한 결심을 하였다. 스승에게는 더 이상 배울 것이 없으니 더 나은 학문을 위해서 스승의 곁을 떠나기로 한 것이다. 며칠이 지난 후 이런 낌새를 알아챈 공자가 안회를 불렀다. "안회야. 얼마 전에 네가 내기에 졌으니 관을 사내에게 주라고 하여 실망하였지. 그래서 나를 떠나려고 한다는데, 맞느냐? 하고 묻는다.

안회는 꼭 집어 말하는 스승의 말에 대답을 하지 못하였다. 그러자 공자는 그때의 상황을 설명하기 시작하였다. "한번 잘 생각해 보거라. 지난번 너의 계산법은 당연히 맞는 것이었다. 하지만 네 말이 맞는다고 하면 그 사내는 목숨을 내어 놓을 판이다. 그렇지만 네 말이 틀리다고 하면 너는 기껏 관 하나밖에 더 잃지 않겠느냐?" 그리고는 인자한 모습으로 다시 훈계하였다. "말해 보거라! 관이 더 중요하냐? 사람의 목숨이 더 중요하냐?"

안회는 비로소 스승인 공자의 높고 깊은 뜻을 이해하였다. 그리고는 자신의 잘못을 진심으로 뉘우치며 용서를 구하였다. "부끄럽기 짝이 없습니다. 스승님께서 대의大義를 중요시하고 보잘것없는 시비是非를 무시하는 그 지혜에 탄복할 따름입니다."

그 후로 안회는 스승인 공자의 가르침에 더욱 정진하고 마음으로 따랐다고 한다. 높은 사람의 큰 뜻을 아랫사람이 잘 이해하지 못하고 오해하는 일은 그리 큰 허물이 되지 않는다. 그만큼 학식이나 덕이 부족하여 생기는 일이니 말이다. 그러나 높은 사람이 섣불리 사물을 잘못 판단하여 아랫사람을 오해할 경우는 큰 문제가 생길 수가 있다.

도덕적으로 내공이 깊은 공자와 같은 성인도 때에 따라서는 아랫사람에 대해 섣불리 판단하고 오해하는 일이 있으니 세상일은 알 수 없는 일이다. 그것은 바로 위와는 반대로 제자 안회에 대한 오해이다.

공자가 노나라왕의 노여움을 받고 쫓거나 제자들과 함께 제나라로 가던 중의 일이다. 일주일 동안 먹을 것을 구하지 못해 아무것도 먹지 못하고 피곤은 누적돼 어느 민가에 들러 잠깐 잠을 자고 있었다. 그 사이 제자인 안회가 어디선가 쌀을 조금 구해와 급히 밥을 짓고 있었다. 그런데 공자가 잠에서 깨여 얼핏 부엌 쪽을 보니 안회가 밥솥의 뚜껑을 열고 밥을 한 움큼 집어 입에 넣는 것이 아닌가?

공자는 안회의 이런 행동을 보고 괘씸하여 기가 막힐 정도였다. 평소 가장 믿고 사랑하는 제자였는데 믿는 도끼에 발등을 찍힌 것 같아 공자는 속으로 이렇게 말했다. '평소에는 나를 위해 그렇게도 공경하는 척 하더니

배가 고프니까 너도 어쩔 수 없구나.'

잠시 후 안회가 밥이 다 되었다고 하자 공자는 모른 체하며 가르침을 줄 생각으로 안회에게 이렇게 말했다. "안회야, 내가 방금 꿈에서 조상님을 뵈었는데 밥이 다되거든 먼저 조상에게 제사를 지내라고 하시더구나. 제사에는 아무도 손대지 않은 깨끗한 밥을 올려야 하는 법이니 어서 준비하거라."

이 말에 안회는 예상대로 무릎을 꿇고 손을 저으며 안 된다고 말했다. "스승님, 이 밥으로는 제사를 지낼 수 없습니다. 제가 밥이 다 되었는지를 알아보기 위해 솥뚜껑을 여는 순간 천장에 있던 까만 재가 밥에 떨어졌습니다. 스승님께 드리자니 너무 더럽고 버리자니 아까워서 제가 그 부분을 먹었습니다. 그러니 제사로 올리기엔 맞지 않습니다."

공자는 잠시나마 제자인 안회를 의심한 자신이 너무나도 부끄럽고 창피했다. 그는 따르는 제자들을 불러 모아 놓고 참회하면서 이렇게 말하였다. "이제까지 나는 나의 눈을 믿었다. 그러나 나의 눈도 완전히 믿을 것이 못 된다. 나의 머리 역시 믿을 것이 못 된다. 너희는 보고 들은 것이 꼭 진실이 아닐 수 있음을 명심하거라!"

이후 공자의 안회에 대한 사랑과 신뢰는 더 깊어졌다. 그러나 애석하게도 안회는 31세의 젊은 나이에 요절하게 된다. 공자는 몹시 애통해 하였고 안회만이 자신의 가르침을 온전히 후세에 전할 수 있는 사람이라고 생각했다.

우리 삶에서 오해와 편견으로 생기는 갈등은 흔한 일이다. 공자처럼 직접 눈으로 보고도 오해할 수 있고 안회처럼 직접 들었지만 자신의 편견으로 숨은 뜻을 잘못 이해할 수도 있다. 이런 오해와 편견은 서로간의 불신을 가져오고 그것이 쌓이면 갈등과 위기를 불러온다.

얼마 전 미국 미주리주의 한 야산에 큰 산불이 났었다. 이때 미국정부의 산불에 대한 대처에서도 그런 일이 있었다고 한다. 미국 산림당국은 화재로 폐허가 된 야산에 참나무 숲을 조성하기로 하였다. 참나무는 재질이 단단하여 나중에 숯을 만들어 요긴하게 쓰려고 한 것이다. 어렵사리 사람들을 고용하여 어린 묘목을 심기 시작하였다.

그런데 얼마 되지 않아 힘들게 심은 참나무 묘목에 새들이 날아와서 나무를 쪼아대는 것이었다. 사람들은 어린 나무를 보호하기 위해 묘책을 강구하였다. 작은 나무에 그물을 씌워 새들이 나무를 쪼아대는 것을 막고자 한 것이다.

며칠이 지난 후 희한한 일이 벌어졌다. 사람들이 그물을 씌워 보호하고자 하였던 나무는 주민들의 바람대로 잘 자라지 않고 말라죽고 있었다. 하지만 예산이 없어 그물을 씌우지 않은 나무는 잎이 번성하여 잘 자라고 있는 것이 아닌가? 사람들은 모두 의아하게 생각했다.

이를 알게 된 산림당국이 나서서 그 원인을 조사하게 되었다. 조사결과 참나무를 못살게 구는 것은 새가 아니라 딱정벌레 같은 곤충들이었다. 새는 곤충을 열심히 잡아먹고 있어 나무에게는 이로운 존재였으나 이를 자세히 보지 못한 사람들에게는 오히려 나무를 괴롭히는 존재로 누명을 쓴 것이다.

우리 주변에도 이와 같을 때가 많다. 우리가 겪는 수많은 문제와 갈등도 외부적 현상만 보고 직관적으로 판단하기 때문에 생긴다. 마치 참나무를 못살게 구는 것을 새로 잘못 보는 것과 같은 경우다. 보통 주변에 감춰진 중심을 바로 보는 것은 쉽지 않다. 그러나 올바른 판단을 내리려면 사안의 본질과 핵심을 정확히 보는 노력이 필요하다.

그리고 그런 본질적 상황 이면에 또 다른 문제의 2차적 핵심이 무엇인지를 역으로 따져볼 필요도 있다. 옛날 중국의 현명한 왕은 자신의 욕조에 돌을 넣은 자를 색출할 때 욕조담당자를 다그치지 않고 그가 파면되면 후임자가 될 사람을 붙잡아 자백 받았다고 한다. 어떤 일이 꾸며질 때는 그로 인해 가장 이익을 보는 사람이 범인이 될 가능성이 크다.

옛말에 부저추신釜底抽薪이란 표현이 있다. 가마솥 안에 펄펄 끓는 물을 식히고자 할 때는 솥 밑에 타고 있는 장작불을 빼면 된다는 말이다. 우리 주변에 불만과 갈등이 있다면 먼저 그 근본적인 원인이 무엇인지를 정확히 따져보아야 한다. 그리고 난후 마치 솥 밑에 장작불을 빼듯이 그것을 잠재울 수 있는 본질적인 조치를 해주는 것이 현명한 해결방법이다.

현재 우리는 혼탁한 세상에서 미래를 걱정하며 살아간다. 거짓이 진실을 호도하고 있고 주변이 중심이 되기도 한다. 달콤한 아부는 성심誠心을 가리어 누가 진심인지 알 길이 없을 때도 많다. 이럴수록 리더가 세상을 보는 눈은 밝아야 한다. 거짓에 현혹되지 말고 주변에 가려진 본질을 바로 보고 사리를 판단해야 한다. 리더 스스로가 중심에 바로 서서 핵심을 정확하게 꿰뚫어보는 혜안을 가진다면 조직은 조금 더 공평해지며, 오해로 생기는 갈등도 막을 수 있다.

제4장

'공개(公開)'할수록 논란은 잦아든다

마음을 열면 세상이 '동조'한다

한줌의 물이 모여 대양을 이루는 것은 이를 거부하지 않고 받아들이기
때문이다. 인간사도 마찬가지다. 자신이 마음을 열고 상대방을 받아들이
면 상대도 마음을 열고 다가오는 것이 인지상정이다.

하물며 조직을 이끌어가는 리더는 더더욱 마음의 문을 크게 열어야 한
다. 부하의 하찮은 배려에도 감사하고 허물은 품고 갈 수 있는 넓은 마음
을 가지고 마음의 문을 활짝 열어젖힐 때 세상은 동조하게 되고 대양과
같은 큰 뜻을 이룰 수 있다.

세계 근대사에서 독일의 **아돌프 히틀러**Adolf Hitler만큼 비극적인 족적을
남긴 사람은 찾기 힘들다. 그가 초심을 잃지 않고 마음을 활짝 열어 주변
을 받아들였다면 세계의 역사를 다시 쓰는 주인공이 되었을 것이다. 그러
나 그가 세상을 얻지 못한 것은 스스로 교만에 빠져 자신의 독선과 아집

으로 조직을 폐쇄적으로 이끌었기 때문이다.

히틀러는 1889년 4월 20일 독일과 오스트리아 국경지대의 작은 도시에서 세관공무원인 아버지와 그의 세 번째 부인 사이에서 태어났다. 엄격한 아버지와 헌신적인 어머니 밑에서 어린 시절을 보낸 히틀러는 20살이 되던 해에 독일 노동자당에 입당하면서 정치에 입문하였다.

1933년 1월 수상이 된 히틀러는 그 이듬해 8월 힌덴부르크 대통령이 사망하자 국민투표로 대통령에 당선되어 대통령과 총리직위를 겸하게 되었다. 이 직위를 약칭으로 '총통'으로 불리게 되면서 그는 독일의 명실상부한 최고의 권력자 자리에 오르게 되었다.

1937년 가을, 히틀러는 제1차 세계대전으로 피폐해진 독일의 경제발전과 독일 게르만 민족의 단합된 힘을 과시하고자 세계정복을 꿈꾸기 시작하였다. 히틀러는 먼저 인근 오스트리아를 병합하고 체코슬로바키아를 무력으로 점령하였다.

1939년 9월 1일 히틀러가 폴란드를 침공하자 연합국인 영국과 프랑스는 위협을 느끼고 선전포고를 하였다. 그로 인해 세계는 또다시 제2차 세계대전의 소용돌이 속으로 휘말리게 되었다. 벨기에와 네덜란드, 룩셈부르크를 차례로 점령한 히틀러는 프랑스를 침공할 계획을 세웠다.

이때까지만 해도 히틀러는 상황판단에 능숙하였다. 그리고 열린 마음으로 그의 우수한 참모들의 조언을 적극적으로 받아들였다. 전쟁도 계획대로 순탄하게 이루어지고 있었다. 그런데 문제는 인접 강국인 프랑스를 공격하는 것이었다.

히틀러의 최초 계획은 지형적으로 공격이 어려운 독일과 프랑스의 국경지대를 피해서 벨기에로 우회하여 공격하는 것이었다. 그러나 이 전략은 이미 프랑스도 예견하여 최고의 방어선인 마지노선을 마련해 놓았기 때문에 승리를 장담하기 어려운 상황이었다. 히틀러는 고심하지 않을 수 없었다.

그런데 당시 적국인 영국 전략가들도 인정한 최고의 명장 에리히 폰 만슈타인Erich von Manstein 중장은 이를 해결할 획기적인 전략을 가지고 있었다. 그의 계획은 적의 방어가 취약한 벨기에와 프랑스 마지노선 사이의 아르덴느숲을 전차로 통과하여 적의 주력을 우회하면서 후방 깊숙이 타격하는 것이었다. 이곳은 산림이 울창하여 기갑부대의 통과가 어려워 적의 방어도 상대적으로 취약하다는 점을 주목한 것이다.

그러나 이 전략은 번번이 상급부대에서 묵살되는 바람에 히틀러에게까지 보고되지 않았다. 당시 독일 육군은 보병출신이 전권을 잡고 있었기 때문에 만슈타인의 탱크에 의한 집중 돌파 전격전電擊戰은 환영받지 못하였다. 오히려 만슈타인은 이 일로 견제를 받고 변방으로 좌천되기까지 했다.

만슈타인이 낙심하고 있을 때 기회가 찾아왔다. 자신의 부관과 근무연이 있던 히틀러의 보좌관을 통해 이 계획이 히틀러에게 보고된 것이다. 만슈타인은 이 기회에 히틀러를 직접 만나서 보고하기로 하고 총통부를 찾아갔다.

막상 히틀러의 사무실 앞에 서니 선뜻 용기가 나지 않았다. 문이 살짝 열려 있는 틈으로 안을 엿보다가 그만 히틀러에게 들키고 말았다. "자네 뭐하는 건가?" 하는 화난 목소리가 안에서 들렸다. 만슈타인은 잠시 머뭇거리다가 "보고할 사항이 있어 왔습니다."하고 용기를 내어 답변하였다.

히틀러가 들어오라고 하자 만슈타인은 히틀러의 책상으로 다가가 "총통각하, 제가 방금 문틈으로 살며시 안을 엿보는 것을 보고 놀라셨지요?"라며 말을 건네자 "당연하지!"라고 답하였다.

그러자 잠시 마음을 가라앉히고는 "제가 보고 드리는 이 작전을 시행하면 프랑스 놈들도 똑같은 기분을 맞보게 될 것입니다. 아마도 프랑스군은 우리군의 기습작전에 놀라 대응하지도 못하고 달아날 것입니다."

이 말을 들은 히틀러는 하던 일을 멈추고 "그래? 어디 그 작전이 어떤 것인지 상세히 설명해 보게." 하고 관심을 표명하였다. 이 말에 만슈타인은 잠시 안도하였다가 가져간 지도를 펼쳐놓고 자신의 계획을 설명하였다.

히틀러는 만슈타인의 기발한 작전에 감동을 받았다. 그의 계획에는 히틀러의 고민을 해결하는 내용이 들어 있었다. 그는 즉시 자신의 최초 계획을 바꿔 만슈타인의 작전계획대로 시행하고자 마음먹었다. 먼저 참모들에게 이 작전을 보여주고 토의를 통해 일부를 보완토록 지시하였다.

드디어 1940년 5월, 프랑스를 우회하여 낫으로 곡식을 베듯이 공격한다는 의미의 '낫질 작전'이 시행되었다. 예상대로 프랑스 군은 자신들의 주력을 우회하여 후방 깊숙이 공격하는 독일군을 적절하게 대항하지 못하고 지리멸렬하고 말았다. 독일군은 공격 이틀 만에 프랑스 국경을 돌파하여 보름 만에 프랑스 전역을 차지하였고, 이내 프랑스의 항복을 받아냈다.

독일이 지난 제1차 세계대전 시 천만 명에 달하는 희생자를 내고도 성공하지 못한 이 작전을 프랑스군의 절반 병력으로 성공한 것이다. 물론 만슈타인의 이 작전은 기발하기도 하였지만 히틀러가 받아들이지 않았다면 사장될 뻔하였다는 점에서 히틀러의 공도 컸다.

이를 계기로 히틀러는 점차 유럽전역에서 승기를 잡기 시작하였다. 그는 유능한 장군들의 조언을 마음을 열어 받아들이고 그들을 적절하게 활용함으로써 전쟁터를 휩쓸었다. 그의 곁에는 만슈타인을 비롯하여 기갑군단의 창시자인 구데리안, 사막의 여우 롬멜장군, 잠수함전의 대가 칼 되니츠와 같은 명장들이 넘쳐났다.

이들은 각 전역에서 눈부신 전과를 거두며 활약했다. 조만간 히틀러의 야망은 이루어지는 것처럼 보였다. 마침내 유고슬라비아와 그리스의 항복을 받아내면서 유럽은 거의 히틀러의 손아귀에 들어갔다.

히틀러는 이때부터 서서히 승리에 도취되어 그동안 숨겨두었던 오만한 모습을 드러내기 시작하였다. 그는 자신의 능력을 과신하여 참모들의 의견을 받아들이지 않고 독단적으로 의사결정을 하였다. 이로써 조직은 점차 경직되어 갈등이 생기기 시작하였다. 히틀러의 오만함은 소련의 공격

작전에서 더욱 명백하게 드러났다.

1941년 2월 히틀러는 소련과의 전쟁을 계획하였다. 19개의 기계화 사단을 포함한 총 148개 사단, 전차 3,350대, 포 7,148문, 항공기 2,500대를 포함한 300만 명의 병력을 동원하여 10주 내 모스크바를 점령한다는 계획이었다. 주변의 많은 참모들은 이 무모한 계획을 반대하였다. 광활한 소련을 정복하기 어려울 뿐 아니라 추운 날씨도 고려해야 했기 때문이다.

그러나 히틀러에게는 승리의 나팔소리 외에는 주변의 그 어느 조언도 들리지 않았다. 중세시대 게르만 민족의 황제의 이름을 딴 '바바로사 Barbarossa계획'은 히틀러의 야망과 독선에 의해 강행되었다. 만슈타인을 기갑부대 사령관으로 임명하여 6월 22일 전격적으로 공격하면서 전쟁은 시작되었다.

독일군은 크게 세 방향으로 공격하였다. 북부군은 레닌그라드 방면으로, 중부집단군은 민스크와 스몰렌스크를 거쳐 모스크바로, 남부집단군은 키에프로 진격하였다. 다행히도 초기 전투에는 독일군이 소련군 100만 명을 사살하고 수십만 명을 포로로 잡는 등 승기를 잡았다.

그런데 여기서 또 한 번 전쟁지휘부의 갈등을 겪었다. 많은 장군들과 참모들은 북부와 중부를 주 공격목표로 하여 소련의 철도운송 보급로를 차단하면서 소련군의 주력을 일시에 궤멸시키자고 주장하였다. 히틀러는 이 의견을 받아들이지 않았다. 그리고 엉뚱하게도 남부집단군을 주력으로 공격하는 전혀 다른 결정을 하였다.

독일군은 이 전투에서 부분적으로는 승리하였지만 전투에 참가한 주공격 병력들을 재편성하여 모스크바로 방향을 돌리는 데 귀중한 6주간의 시간을 허비하고 말았다. 이 시간은 소련군이 모스크바 방어선을 강화하기에 충분한 시간이었다.

소련과의 전쟁 중에 또 하나의 중요한 변수는 바로 추위였다. 과거 나폴레옹이 소련을 정복하지 못한 것도 추위를 동반한 동장군 때문이었다.

이를 잘 알고 있는 독일의 기상장교들은 히틀러에게 추위에 대한 대비책을 권고하였다. 오만한 히틀러는 "지난 2년 동안 추웠으므로 금년에 추위는 없을 것이다."며 이 권고를 무시하였다.

9월 말, 당시 세계에서 가장 뛰어나다는 독일의 기상전대에서 소련의 상층대기를 관측하던 중 심각한 기상상황을 접하게 되었다. 차가운 상층대기가 정체되고 있어 지난 겨울처럼 혹독한 추위가 예상되었다.

이 예보를 지휘부에 보고하자 히틀러의 심복인 공군참모총장 괴링장군은 불같이 화를 내었다. "올해 소련의 날씨는 영하 15도 밑으로 내려가지 않아! 우리는 이 전쟁을 계속해야만 해!"하고 책상을 치며 화를 냈다. 주군인 히틀러의 심기를 건드리고 싶지 않았기 때문이다.

겨울이 되자 기상전대의 예보대로 모스크바의 날씨는 무려 영하 30도까지 떨어졌다. 추위에 대비하지 않은 독일군 병사들은 싸우기도 전에 동상으로 죽어가기 시작하였고 사기도 저하되었다. 히틀러는 이에 대한 대책회의를 주관하면서 "기상전대의 예보에 따라 대비책을 마련해야 했는데……"라며 때늦은 후회를 하였다.

그러나 그것은 그때뿐이었다. 점차 독일군은 히틀러를 위한 전쟁을 치러야만 했다. 주변 참모들은 오로지 히틀러의 지시에만 따랐고 설사 잘못된 지시가 있더라도 이견을 달지 않았다. 만약 히틀러의 지시에 불복종하면 좌천되거나 악명 높은 친위대에게 감시당하고 심지어는 목숨까지 위태로웠다.

1943년 초 히틀러는 동부전선의 주도권을 잡기 위해 소련의 쿠르스크 지역을 남쪽과 북쪽으로 나누어 공격하였다. 남부군 사령관 만슈타인은 소련군이 대비하기 전인 5월을 공격시점으로 판단하고 보고하였다. 그러나 히틀러는 기갑부대의 보충과 재편성이 완료되는 6월까지 한 달간 공격을 연기하였다.

작전이 연기되는 사이에 소련군은 막강한 예비 병력을 준비시켰고, 결국 7월 5일이 돼서야 작전을 실행할 수 있었다. 전쟁에서 시간의 중요성을 독일군은 또다시 패배로 깨달아야 했다. 독일군의 때늦은 공격은 막대한 피해만 자초하였다. 만슈타인 같은 뛰어난 전략가도 마음이 닫힌 히틀러에게는 무용지물이었다.

1944년 7월 3일 연전연승하던 아프리카 전선에도 문제가 생겼다. 롬멜의 기갑부대가 연합군의 폭격으로 작전에 사용되는 연료를 잃게 되어 작전에 차질이 생겼다. 이를 보고받은 히틀러는 연료보충을 해줄 생각은 하지 않고 롬멜을 질책하며 경위를 보고하도록 지시하였다.

사막의 여우로 불릴 만큼 전략이 뛰어난 롬멜이었지만 히틀러의 이런 행태에 실망하기 시작하였다. 더욱이 친위대를 통하여 자신을 감시하는 히틀러에게 반감을 가졌다. 군 내부에서도 히틀러의 독단적인 리더십에 불만을 가진 사람들이 많았다.

그 즈음 베를린에 있는 히틀러의 지하벙커에서 강력한 폭탄 폭발사고가 있었다. 이 사고는 히틀러가 벙커에 도착하기 6분 전에 발생하여 생명을 부지할 수 있었지만 많은 고급 장성이 목숨을 잃었다. 히틀러의 지시로 수사에 착수한 친위대는 폭탄이 터지기 전 급히 벙커를 빠져나간 사람이 롬멜의 정보참모라는 사실을 알아내고 배후로 롬멜을 지목하여 체포하였다.

그러나 국가적 영웅인 롬멜을 죽이기에는 부담이 컸다. 히틀러는 자기 수하를 시켜 롬멜이 스스로 자결할 것을 강요하자 자괴감에 빠져있던 롬멜은 독약을 먹고 비참하게 최후를 맞았다. 히틀러는 언론에 롬멜의 사망 원인을 전쟁 중에 입은 상처 때문인 것으로 위장하여 발표하고 성대히 장례식까지 치러주었다.

이후에도 히틀러의 독선과 아집은 계속되어 부하들의 마음은 더욱 멀어져만 갔다. 억압과 통제에 불만을 가진 측근들에 의한 암살시도는 계속되어 히틀러는 누구도 믿지 못하는 상황이 되었다. 그럴수록 히틀러는 더욱 자신의 마음을 굳게 닫고 주변을 공포로 통제하려 하였다.

1945년 4월 29일 연합군의 대반격이 시작되자 전세는 악화되었다. 베를린의 지하벙커에서 전쟁을 지휘하던 히틀러도 최후가 오고 있음을 직감하자 후계자를 해군 사령관 되니츠 제독으로 임명하고 죽음을 준비하였다. 운명의 날인 4월 30일 오후 망상적인 꿈을 가진 추악한 영웅은 자신의 꿈을 접고는 그의 응접실에서 애인과 함께 자결하였다. 또다시 독일은 패전국의 멍에를 쓰게 되었다.

히틀러의 리더십은 집권 초기와 그 이후가 극명하게 갈린다. 전쟁 초기만 해도 히틀러는 독일의 전통적인 참모조직을 적극 활용하였고 그들의 의견을 열린 마음으로 받아들였다. 그 결과 전사에서도 손꼽을 정도의 유능한 장군들이 그의 곁에서 그를 도와 승리를 거머쥐는 듯하였다.

그러나 잇단 승리에 도취되면서 자신의 내면에 감춰진 오만과 독선이 고개를 들자 그의 리더십도 변하였다. 자신의 능력을 과신하면서 유능한 장군들의 의견을 무시하고 오직 자신의 아집으로 마음의 문을 굳게 닫아버렸다. 그것이 부하들에게 외면당하고 그들로부터 배신의 칼을 들게 하여 자신을 몰락의 길로 이끄는 결과를 가져왔다.

리더의 조직 운영방식은 이와 같이 조직의 운명을 결정한다. 열린 리더십은 조직 내 의견개진이 원활하고 소통이 잘 되어 위기에서도 든든한 우군의 지원을 받을 수 있다. 하지만 교만에서 오는 독선적인 리더십은 스스로의 눈과 귀를 가려 자신을 고립시키고 위기에서도 주변의 도움을 받지 못해 몰락을 재촉할 수 있다. 즉 리더의 이러한 리더십 차이가 조직관리에 승패를 좌우하는 것이다.

지금 우리사회는 개방화된 세계화를 지향하고 있다. 혁신적인 첨단 산업기술은 세계를 하나의 네트워크로 묶어 조직 간의 울타리를 허물고 있다. 세상은 이처럼 열린 상태로 소통하며 발전해가고 있는데 아직도 우리사회 리더들의 인식은 이러한 시류에 미치지 못하는 것 같다.

우리가 추진해야 할 첨단 기술발전은 중앙행정조직이나 지방자치단체의 복잡한 규제에 묶여 경쟁력을 갖지 못하고 있다는 각계의 소리가 높다. 일부 관료조직의 문턱 역시 여전히 높고 폐쇄적이다. 이러한 조직문화를 일신하기 위해서는 리더의 눈높이를 열린 세상에 맞추어야 한다. 그렇지 않으면 국민들의 준엄한 심판을 받아 개혁의 칼날을 피할 수 없다.

중국의 노자는 리더의 높은 경지를 상덕곡심上德谷心으로 표현하였다. '가장 뛰어난 덕을 가진 사람은 골짜기와 같다'는 것이다. 즉 '리더가 높은 덕을 가지려면 계곡의 물처럼 마음을 열어 세상을 거부감 없이 받아들여야 한다'는 것을 강조한 것이다.

리더가 높은 덕을 가지려면 더 크게 마음을 열어야 한다. 그리고 그 큰 가슴으로 세상의 모든 것을 온전히 담아야 한다. 비록 어제 나에게 등을 돌렸거나 지금 나를 공격하려는 상대라 할지라도 내 마음의 문을 열고 다가서면 그들을 끌어안을 수 있다. 이것이야말로 갈등을 평화로 푸는 현명한 방법이다.

리더가 마음을 열면 조직의 친밀도도 높아진다. 공적이고 사무적인 관계를 뛰어넘어 인간적인 교감과 소통이 가능하다. 상하 간의 의견개진이 활발하여 객관적이고 합리적인 조직의 소리를 들을 수 있다. 혹여 리더가 어려울 때 운명을 같이 하며 기꺼이 리더의 눈과 귀가 되어주기도 한다.

흔히 우리는 잘나갈 때 조심하라는 말을 자주 듣는다. 리더의 지위가 높아질수록 꼭 필요한 말인 것 같다. 리더가 잘 나가면 그때부터 교만해져서 눈과 귀를 닫아버린다. 잘 나가던 히틀러의 조직이 실패한 이유이기도 하다. 리더의 독선은 이런 오만함에서 시작한다는 사실을 알아야 한다.

열린사회를 꿈꾸던 영국의 철학자 칼 포퍼karl popper는 "우리가 옳다고 생각하는 만큼 우리는 언제나 틀릴 수 있다."고 하였다. 리더는 항상 내 자신도 틀릴 수 있다는 겸허하고 열린 마음으로 세상을 대해야 한다. 그것만이 스스로의 오만과 편견에서 오는 독선과 아집을 막는 유일한 길이다.

지금 우리가 꿈꾸는 사회는 서로의 마음을 열어 함께 가는 것이다. 폐쇄적이고 배타적인 조직은 이 세상 누구와도 함께 할 수 없다. 각자의 닫힌 마음을 활짝 열어젖히고 서로를 이해하고 포용하면 더불어 가는 좋은 세상이 열릴 것이다. 그런 아름다운 세상을 위해 리더의 가슴은 언제나 활짝 열려 있어야 한다.

내가 '아는 것'은 남도 알게 한다

사람들은 누구나 자기만의 비밀은 간직하려 하지만 남의 비밀은 알고 싶어 하는 상반적인 성향을 가지고 있다. 그런 모순적인 인식이 오늘날 정보의 원활한 흐름을 방해하고 있다.

개방화된 현대사회에서 정보의 일방통행은 바람직하지 않다. 주고받으면서 더 좋은 정보를 얻어내는 것이 현대적 정보관에 부합된다. 주요한 의사결정일수록 과감하게 정보를 공유하여 주변의 동조를 이끌어내는 것이 갈등을 줄이는 방법이다.

캐나다 토론토에는 세계 굴지의 3대 금광회사인 골드콥Gold corp이 위치해 있다. 이 회사가 심각한 부도위기에 처하자 사장인 **롭 맥이웬**Rob MacEwen은 회사의 금기사항까지 공개하는 초강수를 두었다. 그 결과 회사는 위기를 타개하고 엄청난 수익을 거두는 성과를 이뤘다.

1999년 골드콥 회사는 지난 반세기 동안 채굴해온 캐나다 온타리주의 레드호 광산에 금이 고갈되면서 어려움을 겪기 시작하였다. 금을 생산하는 원가가 치솟으면서 시장의 경쟁력이 약화되었고 회사 내부에서는 종업원들이 밀린 봉급을 받기 위해 파업을 하였다. 이로 인해 회사의 재정상태는 점차 악화되어 심각한 부도위기를 맞았다.

맥이웬 사장은 아무리 이 난국을 타개하려고 해도 뾰족한 방법이 떠오르지 않아 낙담하던 중 우연히 외부 강연회에 참석하였다. 거기서 한 컴퓨터 업체가 "컴퓨터의 기본소스를 세상에 공개한 후 수천 명의 프로그래머의 도움을 받아 세계적인 컴퓨터 운영체계를 개발하였다."는 성공담을 듣고는 무릎을 쳤다. 이 업체의 성공방식에서 아이디어를 얻은 것이다.

맥이웬 사장은 회사에 돌아와 골똘히 생각하였다. "우리 회사 직원들이 더 이상 금을 찾을 수 없다면 누군가 다른 사람의 힘을 빌리는 것은 어떨까? 그리고 그 방법을 위해서는 컴퓨터 업체처럼 우리도 우리의 탐사과정을 세상에 공개하여 도움을 받는 것이 최선의 방법일지도 모른다."

그러나 맥이웬 사장의 그런 생각은 금광업계에서는 상상도 할 수 없는, 대단히 모험적이고 위험한 발상이었다. 광산업은 매우 은밀하게 이루어지는 폐쇄적인 사업이다. 광물자체뿐만 아니라 지질 데이터와 관련된 자료는 회사의 생존과도 직결되는 비밀이 요구되는 자료로 이를 공개한다는 것은 그동안의 금기를 깨는 일이기도 하였다.

맥이웬 사장은 고민 끝에 이 문제를 회사중역회의에 안건으로 제시하고자 결심했다. 그는 회사중역과 내부 지질학자를 소집하여 긴급 현안회의를 개최하는 자리에서 자신의 생각을 조심스럽게 내비쳤다. 그러자 많은 사람들은 예상대로 "회사의 자료공개는 곧 회사를 망하게 하는 일이다."라며 심하게 반발하였다.

맥이웬 사장은 난감하였지만 "지금 최악의 회사를 살릴 수 있는 방법은 보이지 않습니다. 나도 자료공개가 어렵다는 것을 알고 있지만 이 방법이라도 해보면 문제를 해결할 수 있지 않을까요? 만약 문제가 생기면 그 책임은 모두 제가 지겠습니다!"라고 말하며 물러서지 않았다.

중역들 중에 많은 사람들은 고개를 끄덕였다. 맥이웬 사장은 몇 번의 토의를 거친 끝에 가까스로 이 계획을 실행할 수 있었다. 우여곡절 끝에 2002년 3월 회사이름을 딴 '도전 골드콥Challenge Gold corp'이라는 콘테스트가 개최되었다.

사장은 이 콘테스트에서 금 매장 후보지나 효율적인 탐사방법을 제안하는 사람들에게 순위를 매겨 총 57만 5,000달러의 상금을 주겠다고 약속했다. 그리고 회사 웹사이트에 지난 1948년부터 축척해온 약 220km에 달하는 광산의 상세한 정보를 공개하였다.

이 소식은 전 세계의 인터넷을 통하여 빠르게 전파되었다. 전 세계의 지질학자를 포함한 다양한 사람들이 골드콥의 자료제공에 환호했다. 그리고 자신의 실력을 자랑하려는 50개국의 전문가 등 천여 명이 몰려들었다. 참가자들은 지질학자는 물론 대학원생, 경영컨설턴트, 수학자, 군장교 등 다양한 분야의 사람들이었다. 심지어 골드콥의 경쟁회사 직원들도 참여하였다.

그들은 자신들의 전문지식을 동원하여 레드호 광산의 금맥을 찾는 데 적극적이었다. 그리고 전문가들조차 자원고갈이라고 진단한 광산에서 무려 110곳의 금광후보지를 경쟁적으로 찾아냈다. 채굴 결과 그 가운데에 약 80%에 달하는 곳에서 엄청난 양의 금이 쏟아졌다. 정확히 220톤이 넘는 금이 발견되었는데 돈으로 환산하면 30억 불이 훨씬 넘었다.

이는 투자한 상금 57만 달러에 비해 어마어마한 수익이었을 뿐 아니라 탐사기간도 2~3년이나 단축시켰다. 그리고 그동안 회사매출이 1억 달러 규모에 불과하였던 것을 순식간에 90억 달러에 달하는 매출을 가진 거대 기업으로 탈바꿈하게 하였다.

맥이웬 사장은 엄청난 성공을 거둔 것을 두고 이렇게 회고했다. "우리는 지질학뿐만 아니라 수학, 고급물리학, 인공지능시스템, 컴퓨터 그래픽 등 채굴에 관련된 모든 방법을 제공받았습니다. 기업 내부에서 찾을 수 없었던 갖가지 놀라운 능력이 발휘된 것입니다."

그의 말대로 그동안 금기시하였던 회사의 정보를 공개하여 다양한 사람들과 이를 공유하였고, 다함께 해결책을 찾는 과정에서 최첨단 기술과 효율적인 탐사방법을 접할 수 있었다. 현실적으로 타개하기 어려운 부도의 위기 상황을 현명한 사장의 판단하나로 극복하고 오히려 회사를 대기업으로 바꾼 것이다.

지금까지 조직 내의 정보는 특정 수요자인 리더 한사람을 중심으로 폐쇄적으로 활용되는 것이 일반적이었다. 그리고 그런 정보를 외부에 공개하는데 소극적이었다. 그러나 현대는 정보의 개방을 통하여 더 높은 고가치의 정보를 확보한다는 개념으로 트렌드가 변하고 있다. 그런 점에서 맥이웬 사장이 보여준 개방적 정보관情報觀은 현대의 우리에게 의미 있는 시사점을 던져주었다.

정보는 양날의 칼이다. 잘 활용하면 조직을 관리하는 강력한 무기가 되지만 잘못 사용하면 조직을 헤칠 수 있는 비수가 되기도 한다. 리더는 이러한 정보의 양면성을 이해하고 그것을 잘 활용할 필요가 있다. 특히 음해성의 잘못된 정보를 통하여 사안을 그르치는 일이 없도록 진위여부를 잘 헤아려야 한다.

중국의 춘추전국시대에 위魏나라의 문왕文王은 총명하여 아랫사람의 재능을 잘 활용하고 국정을 잘 살피는 지혜로운 왕이었다. 어느 날 왕은 수하의 용감한 장수인 **악양**樂羊에게 이웃나라인 중산국을 정벌할 것을 명하였다.

명을 받은 악양 장군은 대군을 이끌고 중산국으로 가서 적과의 일전을 치르게 되었다. 그런데 적은 예상 외로 강하여 쉽게 전쟁에서 이길 수가 없었다. 오히려 중산국의 왕은 악양에 대한 적개심으로 자신의 나라에 있던 악양의 아들을 죽여 버렸다.

악양은 자신의 아들을 잃은 슬픔에 눈물을 삼키며 절치부심하였다. 출병 3년 만에 수많은 희생을 치르고서야 겨우 적을 정복할 수 있었다. 악양은 의기양양하게 개선하여 승전소식을 문왕에게 전하면서 자신의 공로를 주변에 자랑하기에 바빴다.

이런 소문을 들은 왕은 조용히 악양을 궁으로 불렀다. 그리고 시중드는 내관으로 하여금 자신이 보관하던 큰 상자 둘을 가져오라고 시켰다. 악양에게 상자 안을 확인케 하자 상자 안은 수많은 상소문으로 가득 차 있었다.

　왕은 악양에게 그 상소문을 하나씩 읽어보게 하였다. 상소문을 읽던 악
양은 등줄기에 식은땀이 흘렀다. 상소문 내용 중에는 "악양이 무능하여
전쟁을 쉽게 끝내지 못한다. 악양이 적과 내통하고 있다."는 등의 별의별
좋지 않은 참소내용으로 가득했다.

　그제야 악양은 왕이 상자 속에 있는 상소문을 읽어보도록 한 의도를 알
아차리게 되었다. 자신이 중산국과의 싸움에서 이긴 것은 자신의 능력이
뛰어나서가 아니라 이토록 엄청난 험담과 비난에서도 꿋꿋하게 자신을 믿
고 끝까지 자신을 지켜준 왕이 있었다는 것을 알게 되었다.

　그는 왕의 앞에 엎드려 자신이 부족했음을 사죄하며 이렇게 말했다.
"제가 중산국과의 싸움에서 승리할 수 있었던 것은 소신의 공로가 아니라
바로 대왕의 공로이십니다."

　사실 왕은 악양이 출병하여 전쟁하는 동안 악양에 대한 악의적인 상소
문을 무수하게 보고 받았다. 그러나 그때마다 그 정보의 진위를 바로 보고
바로 판단하려고 노력하였다. 잘못된 정보만 믿고 적지에 있는 장수를 문
책하는 것은 죄 없는 장수를 잃게 되고 전쟁에서도 패한다는 것을 알고
있었기 때문이다.

　조직관리에서 왜곡된 정보는 내부의 큰 혼란을 가져올 수 있다. 이를
막기 위해 정보 수보受報의 최정점에 있는 리더가 주변의 잘못된 정보를
차단하는 체계를 갖추는 것은 매우 바람직한 일이다.

　제2차 세계대전 시 영국의 처칠수상은 공식적인 참모조직 외에 자신에
게 직보할 수 있는 독립부서인 통계부Statistical office를 두어 정보의 왜곡을 막
았다. 그 배경은 처칠 스스로가 자신의 성격이 직선적이고 괴팍하여 부하
들이 정확한 정보를 제대로 보고하지 않을 것을 우려해서였다.

　통계부의 가장 중요한 기능은 처칠에게 불리하거나 가혹하더라도 있는
그대로 정확한 정보를 보고하는 것이었다. 통계부는 처칠의 바람대로 전

장 상황을 있는 그대로 보고하였고 처칠은 그런 정확한 정보를 바탕으로 전쟁을 지휘하여 결국 승리하게 되었다.

만약 처칠이 이런 조치를 하지 않았다면 그는 정확한 정보보고를 받지 못하였을 것이다. 부하들은 괴팍하고 불같은 상관에게 불편한 보고를 자연스럽게 하기는 어렵다. 처칠은 이런 조직의 생리를 알고 정보의 왜곡을 막을 수 있는 나름대로의 장치를 한 것이다.

우리는 지금 정보의 홍수 속에 살고 있다. 수많은 정보의 바다에서 올바른 정보를 선택하는 것은 매우 힘들고 어려운 일이다. 현대인에게 정보는 소통의 유익한 수단이 되지만 오염된 정보나 너무 과한 정보인 'TMIToo Much Information'는 오히려 갈등을 불러올 수 있는 해악의 수단이 되기도 한다. 정보화시대를 선도해야 할 리더로서는 이런 문명의 이기利器를 잘 활용하는 것이 매우 중요하다.

현대 사회의 정보패러다임은 새롭게 바뀌고 있다. 과거 정보활용이 소수 수요자에 집중되어 제한적이고 폐쇄적이었다면 지금은 정보수요가 사회 전반으로 확대 되었다. 특히 정보통신 기술의 발전으로 SNS 등의 수단을 통하여 '누구나, 실시간, 새로운 정보'를 접할 수 있는 기회를 가질 수 있게 되었다. 이제 정보는 독점하는 것이 아니라 공유하는 것으로 인식해야 할 것이다.

리더는 이러한 사회적 트렌드를 빨리 읽어내야 한다. 정보사회에 맞게 개방적인 리더십으로 조직을 이끌어가야 한다. 내가 아는 것을 남이 알게 하는 것은 결코 나의 정보가치를 떨어뜨리는 것이 아니다. 자신이 갖고 있는 정보를 과감히 공개하여 더 가치 있는 정보를 얻었던 맥이웬 사장의 결단이 현 정보화시대의 흐름에 맞는 리더십이다.

리더가 정보를 공개할 때는 시기보다 '정확성'이 더 중요하다. 아무리 언론이나 상급기관에서 신속한 정보보고를 요구받더라도 확인되지 않은 정보를 섣불리 공개해서는 안 된다. 지난 천안함 폭침사건 시 군 수뇌부는 언론의 압력에 못 이겨 사건 발생시간을 잘못 발표하였다가 여러 차례 번복하는 바람에 엄청난 후폭풍을 감내해야 했다. 비록 주변의 압력이 있더라도 확인된 정보만 정확하게 공개하는 것이 더 큰 혼란을 막는 길이다.

그러기 위해서는 항상 조직 내 정보가 왜곡되지 않도록 주의해야 한다. 독선적인 리더의 조직은 정보의 왜곡이 일어나기 쉽다. 왜냐하면 리더의 취향에 맞는 가공된 정보를 만들어 내기 때문이다. 과거 소련의 독재자 스탈린 정권에서는 소련의 농작물 수확량 수치가 항상 부풀려져 보고되었다고 한다. 그 수치가 정확하게 바로 잡힌 것은 러시아로 개방화되면서부터였다.

그만큼 정확한 정보는 리더의 평소 리더십과 관련성이 크다. 리더로서 조직을 조금 더 유연하고 투명하게 관리해야만 정보의 왜곡을 막을 수 있다. 문왕처럼 자신에게 보고되는 잘못된 정보로 선량한 부하가 다치지 않도록 그 신뢰성을 돌아보아야 한다. 그리고 필요 시 처칠처럼 정확한 정보를 보고할 수 있는 체계를 갖추는 것도 좋은 방법이 될 수 있다.

우리 속담에 '낮말은 새가 듣고 밤말은 쥐가 듣는다'는 말이 있다. 즉, 비밀은 언젠가는 새어나가게 되어 있다는 말이다. 어차피 지켜지지 않을 비밀을 혼자만 끙끙 앓고 지키다가 쥐와 새만 모르고 천하가 다 아는 비밀을 만들 수 있다. 이것은 마치 오래 전 부도난 수표를 가지고 있는 것과 같은 미련한 짓이다.

새로운 정보화시대를 이끌어가야 할 리더는 첨단 정보의 활용에 대한 감각이 뛰어나야 한다. 다양한 정보를 공유하면서 새로운 정보가치를 창출할 줄 알아야 하고, 정보가 왜곡되지 않도록 열린 마음으로 조직을 관리해야 한다. 그것만이 넓은 정보의 바다에서 난파되지 않고 조직을 목적지까지 올바로 이끌 수 있는 길이다.

다양하게 '참여'할수록 분란도 적다

사람은 심리적으로 자신이 직접 관여한 일에는 강한 책임감을 갖고 동조하려 한다. 반면 본인이 비주류로 소외당한다는 느낌을 가지면 불만감과 함께 큰 심적 상실감을 가진다. 의사결정에서도 이런 심리를 이용하여 다양한 이해관계자의 참여를 보장하면 의외로 어려운 문제도 쉽게 해결할 수 있다.

2010년 우리나라와 지구 반대쪽에 위치한 칠레의 광산에서 수백 미터의 지하갱도가 무너지는 사고가 발생하였다. 암흑 속에 갇힌 광부들은 극한의 절망 속에서 본능적인 투쟁과 갈등을 경험해야 했다. 하지만 작업반장 루이스 우르스아의 탁월한 리더십으로 이를 극복하고 '생존'이라는 위대한 기적을 이루었는데 그것이 바로 '참여의 리더십'이다.

2010년 8월 5일 오후 8시 세계의 모든 이목은 남미의 칠레로 집중되었다. 칠레 북부에 위치한 산호세 광산이 갑자기 붕괴되어 광부 33명이 지하 662m에 매몰된 것이다. 광부들이 갇힌 지하갱도는 습도 90%에 내부 온도가 32도나 되는 습하고 무더운 환경이었다. 칠흑 같은 어두움이 가득한 밀폐된 공간에서 언제 구출될지 모르는 상황에 처해 제한된 물과 식량으로 버틴다는 것은 신이 주는 최악의 가혹한 형벌과도 같았다.

신이 이들에게 허락한 생명의 공간은 넓이가 고작 50평방미터밖에 안 되는 작은 임시대피소였다. 주변에는 광부 10명이 48시간 버틸 수 있는 비상식량만이 남아 있었다. 물 20리터, 우유 10리터, 주스 18리터, 그리고 약간의 통조림과 크래커가 그들의 생명을 유지시킬 유일한 희망이었다.

사람은 누구나 극도의 위기감을 느끼면 배려와 인내심이 극도로 약해진다. 산호세 광부들도 같은 상황이었다. 19세부터 63세까지의 연령대와 다양한 경력의 광부들로 구성되어 서로의 마음이 맞을 리가 없었다. 시간이 지나자 모두들 신경이 예민해져 사소한 말에도 주먹다짐이 오고가는 험악한 갈등상황이 자주 벌어졌다.

일부 광부들은 1972년 안데스산맥에서 우루과이의 전직 럭비선수들이 탄 비행기가 추락했을 때의 극한 상황을 상기하였다. 생존자들이 동료들의 인육을 먹었다는 사실을 떠올리고는 자신들도 그렇게 되지 않을까 불안해하며 절망하기도 하였다.

　진정한 리더는 위기 상황에서 빛을 발한다. 광부들이 절망에 빠져있을 때 그들에게 용기를 주고 한 줄기 희망을 갖게 한 사람이 있었다. 작업반장 루이스 우르스아다. 그는 탄광일을 한 달밖에 하지 않았지만 위기를 극복할 수 있는 리더십을 갖춘 사람이었다.

　루이스 반장은 먼저 극도로 예민해진 광부들의 마음을 진정시키고 서로 간의 갈등을 보듬기 위해 파격적인 제안을 하였다. 원래 광부들은 생명을 담보로 하여 일을 하기 때문에 위계질서가 강한 사람들이다. 그러나 그는 모든 위계질서를 무시하고 누구나 동등한 입장에서, 동등한 발언권으로 참여하는 모임을 갖자는 것이었다. 그리고 그 결과에는 무조건 따라야 한다는 규정을 정하였다.

　이 상황에서 가장 중요한 문제는 먹는 문제였다. 루이스 반장은 부족한 식량을 직접 통제하여 같은 시간과 장소에서 똑같은 양으로 허기를 때우도록 하여 불만을 없앴다. 그리고 광부 각자의 개성을 살려 그들에게 맞는 역할을 부여하여 위기탈출에 다 같이 참여할 수 있도록 분위기를 조성하였다.

　먼저 대피소 벽에 조직도를 그려놓고 간호사, 기록자, 정신적 지주, 오락반장 등 다양한 역할을 명시하였다. 50세인 바리오스에게는 15년 전에 6개월간 받은 간호교육의 경험을 살려 광부들의 건강을 책임지게 하였다. 수시로 체온과 세균감염 여부를 확인하게 하는 등 위생관리에 힘쓰도록 하였다. 최고령인 63세 고메즈에게는 광부들의 피폐해진 정신을 치유할 수 있는 기도시간을 배정해 주었다.

　그 밖에도 문학을 좋아하는 사람은 시를 읊도록 하여 정서적인 안정을 주도록 하였고, 오락에 경험이 있는 사람은 동료에게 즐거움을 주도록 하는 등 모든 광부들에게 자신들의 재능에 따라 각자의 역할을 할 수 있도록 참여의 기회를 주었다.

루이스 반장의 이러한 노력은 절망적이던 어두운 갱도에서 희망의 빛으로 서서히 타올랐다. 초기에 그룹별로 주먹질을 하고 왕따와 상호비방, 그리고 절망감으로 인한 불안정한 증세를 호소하는 사람들이 점차 안정을 찾고 자기 역할에 충실하기 시작하였다.

그리고 루이스 반장의 통제에도 별다른 불만 없이 잘 따랐다. 광부 전 인원을 두 개 팀으로 나누어 한 개 팀은 휴식과 잠을 통해 체력을 비축하는 동안 다른 팀은 생존에 필요한 노동과 여가활동으로 삶의 활력을 갖게 하였다. 또한 지하갱도를 작업실, 침실, 화장실로 구분하여 위생적으로 사용하게 하고 안전등도 방전에 대비하여 철저히 사용을 제한하였다.

갱도 내의 광부들이 이렇게 처절하게 사투를 벌이는 동안 갱도 밖 역시 절박하기는 마찬가지였다. 칠레의 세바스티안 피녜라 대통령을 비롯한 전 공무원, 이 소식을 듣고 달려온 전 세계의 자원봉사자들 모두 한마음 한뜻으로 구조에 최선을 다하고 있었다.

피녜라 대통령은 사고 당일 국가비상사태를 발령하고 전 국력을 구조에 집중하도록 관계부처에 명령하였다. 그는 '특별히 정해진 방법은 없다'는 점을 자인하며 지위고하와 국적을 막론하고 구조에 도움이 되는 모든 사람들의 참여를 독려하였다.

구조작전에는 전 세계 광산 기술자와 구조 전문가, 의료요원 등 다양한 사람들이 참여하였다. 그중에서도 미국의 탐사 기술자들의 노하우가 결정적인 역할을 하였다. 미국의 덴버사가 제작한 슈람 T130이라는 드릴 장비는 기존 장비와는 달리 날카로운 드릴을 회전하여 구멍을 뚫는 동시에 압축된 공기를 쏘아 암석을 부수는 두 가지 기능을 동시에 할 수 있는 첨단 장비였다.

구조작전은 정치적 이념과 이해관계를 넘어선 통합적인 참여의 장이었다. 33명의 매몰된 광부 중에는 볼리비아인도 1명 있었는데, 이웃나라이면서도 과거 칠레와의 전쟁으로 사이가 좋지 않은 볼리비아 대통령까지도 직접 참여하여 지원하였다. 이를 계기로 양국은 화해의 물꼬를 텄으니 생명을 구하는 일은 그만큼 숭고하고 가치 있는 일이었다.

드디어 세계인들의 염원을 신께서 들어주셨다. 매몰된 지 17일이 되는 8월 23일 미국 나사의 최첨단 기술까지 동원된 구조작업의 성과가 나타났다. 드릴로 판 지하 700m, 직경 12cm의 관을 통하여 광부들의 생사가 확인된 것이다. 탐사관을 통해 "우리 33명은 안전한 공간에 살아 있다."라는 메모가 지상의 구조팀에 전달되었다.

이 감격적인 기적을 전달받은 대통령을 포함한 전 구조대와 세계인들은 부둥켜안고 눈물을 흘리며 만세를 불렀다. 전 세계의 매스컴은 온통 이곳에 집중되어 구조소식이 연일 전 세계에 전달되었다.

칠레 정부는 구조에 한층 박차를 가하였다. 탐사관을 통해 화상카메라를 내려 보내어 가족들의 소식을 전하였고, 미국 나사에서 제작한 특수 음식을 갱도 안으로 투입하기 시작하였다.

지하 갱도에 갇힌 광부들은 가족들의 소식을 듣고 용기백배하여 희망의 끈을 잡고 인고의 갱도생활을 해 나갔다. 지상에서 제공된 음식도 33명의 음식이 다 제공될 때까지 기다렸다가 식사를 하는 등 자신들이 만들어 놓은 규율과 역할을 철저하게 지켜 나갔다.

그런데 막상 지상에서는 구조와 관련하여 큰 문제에 봉착하였다. 비록 작은 관을 통해 갱도와 연락은 되었지만 '사람을 어떻게 구조하느냐?' 하는 것이 문제였다. 그 문제의 실마리는 역시 미국의 기술진이 풀었다. 아프가니스탄에서 우물을 파던 미국 기술진에 의해 드릴로 판 구멍을 확대하여 페닉스Fenix 캡슐이라는 구조장비를 투입, 한 명씩 태워 지상으로 탈출시키는 방법이었다.

전 세계의 모든 기술진이 같이 참여한 구조기간은 칠레당국이 최초 예상했던 시간보다 훨씬 빠르게 진척되었다. 구조기간 중인 9월 14일 매몰 광부 중 한 명의 아내가 출산하는 장면이 공개되면서 광부들은 물론 전 세계인들에게 다시 한 번 생명의 소중함을 느끼게 하였다.

드디어 매몰된 지 68일이 되는 2010년 10월 12일 구조준비가 완료되었다는 소식이 갱도 안에 전달되었다. 루이스 반장의 리더십은 구조 마지막까지도 변함이 없었다. 그는 구조시간이 1시간에 한명 꼴로 가능하다는 구조대의 연락을 받고 전 광부를 참여시켜 구조순번을 토의했다.

루이스 반장은 건강이 안 좋은 사람 순으로 먼저 지상으로 내보내고 자신은 가장 마지막 순번에 이름을 올려 두었다. 광부들은 극한 상황에서 살아남은 사람들답지 않게 건강하고 활기찼으며 질서정연하였다. 심지어는 가족과의 만남을 위해 외모를 단장하고자 샴푸와 비누를 요구하는 여유까지 보였다.

2010년 10월 13일 0시 10분에 시작된 역사적인 갱도탈출은 31세의 플로렌시오 아발로스부터 시작되었다. 페닉스에 실려 16분 만에 지상에 도달한 것으로 시작하여 마지막 구조자인 루이스 반장이 지상에 모습을 보인 것은 21시 55분이었다.

전 세계인들이 보는 가운데 여유 있는 모습을 보인 루이스 반장은 자신을 맞는 피녜라 대통령을 "위대한 캡틴"이라고 부르면서 부둥켜안았다. 이어서 "우리는 가족을 위해 이겨냈습니다. 우리에겐 힘이 있었고 정신이 있었습니다. 그리고 그것은 위대한 것이었습니다!"라는 감격에 찬 말을 하였다. 이에 피녜라 대통령도 "당신들이 칠레를 더욱 단결시켰고 가치 있게 바꾸어 놓았습니다!"라고 화답했다.

세계에서 유례없는 이 사건은 전 세계인들에게 인간이 가진 불굴의 의지와 생명의 소중함을 다시 한 번 일깨워준 감명 깊은 일로 기억되고 있다. 당시는 지하 700m의 무너진 갱도에서 전문가들조차도 생존율을 2%

이내로 예상한 절망적인 상황이었다. 거기서 썩은 물과 비상식량으로 69일을 버틴다는 것은 기적에 가까운 일이었다.

그런 절망적인 위기 상황에서 기적을 만든 가장 큰 힘은 루이스 반장의 리더십이다. 즉, 갈등의 극한 상황을 참여의 힘으로 해결하도록 리더십을 발휘한 것이다. 사람은 누구나 자신이 문제의 중심에 서면 그 문제를 같이 해결하고자 하는 책임감을 갖는다. 루이스 반장은 이런 심리를 이용하여 광부들에게 동등한 참여의 기회를 주어 문제를 같이 해결하도록 하였다.

물론 지상에서 전 가용인원과 기술, 그리고 장비를 참여시켜 구조작전을 지휘한 피녜라 대통령의 리더십 또한 높이 평가할 만하다. 특히 적대국 대통령의 동조까지 이뤄낸 이 위대한 기적은 생명의 소중한 가치를 전 세계인들이 다시 한 번 공감하게 하는 계기를 만들어 주었다.

갈등이나 위기 상황에서의 '참여'는 위대한 힘을 발휘한다. 미국의 행동과학자들의 연구에 의하면 "아무리 훌륭한 문제해결의 능력을 가진 사람이라도 혼자보다는 많은 사람이 참여하는 것이 문제해결에 훨씬 효과적이다."라는 결과가 있었다. 복잡하고 난해한 문제일수록 혼자의 힘으로 해결하지 말고 주변의 많은 사람들을 참여시켜 그들의 힘을 빌리는 것이 현명하다.

조직의 갈등관리를 위한 참여는 '자율성, 적절성, 다양성'이 보장되는 것이 좋다. '자율적'인 참여는 태산도 움직인다고 한다. 스스로가 좋아서 하는 일에는 비록 벌을 받는 일이라도 더할 나위 없이 재미가 있다. 이것이 일명 '톰소여의 효과'라고도 한다.

동화책에 보면 톰소여가 말썽을 피워 벽에 페인트칠하는 벌을 받고는 꾀를 내었다. 동네 아이들에게 이 일이 무척 재미있다고 하니 너도 나도 끼워달라고 난리쳤다. 결국 톰소여는 힘들이지 않고 일을 잘 마쳤다. 이렇듯 리더는 톰소여처럼 부하들이 흥미를 갖고 자율적으로 조직에 참여할 수 있는 분위기를 만들어 주어야 한다.

'적절'한 시기도 중요하다. 가급적 초기단계부터 이해당사자를 참여시키는 것이 갈등확대를 막을 수 있다. 과거 천안함과 세월호의 해상사고에 대한 조치에서도 이런 효과가 선명하게 비교되었다. 천안함의 경우 사건 발생 직후 유가족을 현장에 참여시켜 상황을 공유함으로써 비교적 빨리 장례절차 등을 타협할 수 있었다. 반면 세월호의 경우 유가족 참여가 초기단계부터 제대로 되지 않아 정부와의 갈등이 더욱 심화되는 결과를 초래하였다. 갈등이 심화된 이후의 참여는 그 효과가 크지 않다.

마지막으로 이해관계자는 '다양'하게 참여시켜야 한다. 현대의 조직은 분업화되고 절차가 복잡해짐에 따라 이해관계도 훨씬 다양해졌다. 과거처럼 일부 소수가 참여한 의사결정은 큰 갈등을 초래할 가능성이 있다. 다양한 이해관계가 걸린 사안일수록 이해관계자를 최대한 참여시켜 적극적으로 문제를 이해시켜야만 분란을 최소화할 수 있는 것이다.

지혜로운 리더는 어려운 일을 혼자 하려 하지 않는다. 루이스 반장이 극단의 위기를 극복한 기적의 힘은 참여를 통한 동조에 있었다. 참여는 동조를 유도할 수 있고 동조는 곧 공동책임의식을 갖게 한다. 갈등으로 고민하는 리더는 반드시 조직원들의 이런 심리를 이용해야 한다. 불만이 있는 부하일수록 문제해결에 동참하도록 하면 그가 선봉에 서서 리더를 도울 것이다.

'솔직'하면 뒤끝도 없다

리더의 참모습은 솔직하고 정직함에 있다. 리더가 솔직하지 못하고 자기합리화에 능하면 조직으로부터 신뢰를 얻지 못하고 스스로 갈등을 자초할 수 있다. 그리고 위기 상황에서도 조직에 외면당하여 더 큰 화를 초래한다.

하지만 솔직한 성품을 가진 리더는 조직을 투명하게 이끌어간다. 그렇기에 부하로부터 신뢰가 두텁고 위기에서도 함께 할 수 있다는 공감대를 만들어낸다. 갈등과 위기를 돌파하는 힘은 솔직한 자세로 인정하는 것이다.

미국 역사상 현재까지도 가장 존경받는 장군 중 한 명은 **조지 마샬**George Marshall 장군이다. 그가 육군참모총장을 거쳐 국무부 장관을 역임하고 군인으로서는 최초로 노벨평화상을 받는 성공적인 삶을 산 것은 솔직한 그의 성품이 한몫하였다.

마샬은 1880년 12월 31일 미국 펜실베이니아주 유니온 타운에서 사업가의 막내아들로 태어났다. 어릴 적 아버지의 파산으로 어려운 생활을 하였지만 현명한 어머니의 가르침을 받아 바르게 성장하였다. 평소 소심한 아들에게 "남아는 모름지기 정직하고 야망과 열정을 가져야 한다."고 가르쳤고, 마샬도 이를 평생 인생지침으로 삼았다.

1901년 마샬은 미 육군사관학교를 졸업하고 장교로 임관하였다. 그러나 마샬이 걷고자 했던 군인의 길은 그다지 평탄하지 않았다. 특별한 문제는 없었지만 임관한 지 14년 만에 겨우 대위로 진급할 정도로 더디기만 하였다. 그럼에도 불구하고 마샬은 늘 신중하고 침착하였으며 다른 사람을 속이거나 남의 탓을 하는 사람을 경멸하였다.

1917년 마샬 대위가 유럽원정군 1사단장의 참모로 근무할 때였다. 갑자기 프랑스 대통령이 미군부대를 방문한다는 계획이 시달되었다. 그러자 상급부대인 유럽원정군 사령부에서는 방문계획 하루도 되기 전에 프랑스 대통령 앞에서 군사행진인 사열을 준비하라는 지시를 내렸다.

사단장을 포함한 전 간부는 난감해 하였다. 왜냐하면 당시 사단의 미군 병사 3분의 2 이상이 군사훈련을 받은 지 한 달밖에 되지 않은 초년병이었기 때문이다. 짧은 시간에 초년 병사를 데리고 대통령 사열을 준비하는 것은 거의 불가능한 일이었다.

상급부대에서는 이런 사정을 봐줄리 만무하였다. 갑자기 원정군 사령관인 존 조셉 퍼싱Pershing(1860~1948) 장군이 사열을 사전 점검하기 위해 부대를 방문하였다. 그러나 갑작스러운 사열이 잘될 리가 없었다. 퍼싱 장군은 불쾌한 표정을 지으며 "다시 공격시범을 참관하겠다. 준비를 잘하라."는 말을 남기고 자리를 떠났다.

부대 간부들은 기본적인 행진도 잘하지 못하는 병사들에게 공격시범을 보이라고 지시한 사령관에 대해 어이없다는 반응이었다. 그러나 호랑이 같은 사령관의 지시에 누구하나 이의를 제기하는 사람은 없었다.

며칠 후 퍼싱 장군이 다시 부대를 방문하여 병사들의 급조된 공격시범을 참관하였다. 시범을 마치자 장군은 "사단의 훈련상태가 형편없다."며 또다시 혹독하게 질타하였다. 참관한 간부들은 모두 긴장하여 숨소리조차 내지 못하는 상황이었다.

이때 말석에 앉아 있던 마샬이 벌떡 일어나더니 퍼싱 장군에게 따지듯이 이 상황을 설명하였다. "사령관님! 우리부대 병사들은 대부분 군사훈련을 받은 지 한 달 밖에 되지 않은 초년병입니다. 이런 병사들에게 사령관님의 수준에 맞는 사열과 공격시범을 보이는 것은 무리입니다."

이 말을 들은 퍼싱 장군은 한참동안 잠자코 있다가 사령부로 돌아갔다. 마샬의 사단 간부들은 걱정이 태산 같았다. 특히 사단장은 자신이 하고픈 말을 일개 대위가 해준 것에 대해 내심 고마웠지만 자칫 사단에 미치는 영향과 마샬의 미래가 매우 걱정되었다.

그러나 이런 걱정과는 다른 결과가 나왔다. 퍼싱 장군은 마샬 대위의 생각이 옳다고 인정하였고, 그의 솔직하고 소신 있는 태도에 대해 매우 만족해하였다. 그러고는 마샬을 소령으로 진급시켜 자신의 보좌관으로 임명하여 직접 조언을 들었다.

마샬 소령의 진급은 이후에도 늦기만 하였다. 충직하고 뛰어난 능력을 가졌지만 사관학교 동기생인 맥아더가 육군참모총장이 되었을 때 겨우 중령에 불과하였다. 하지만 마샬이 장군으로 진급하던 1936년 이후부터는 승승장구하여 2년 후 참모차장으로 발탁되는 초고속승진을 하게 되었다.

마샬은 참모차장이던 1938년 11월 14일 당시 대통령인 루스벨트가 주관하는 백악관 군사자문회의에 참석하라는 지시를 받았다. 루스벨트 대통령은 회의석상에서 "전쟁에서 고전하는 영국과 프랑스를 돕기 위해서는 지상군보다 공군력이 더 필요하다. 그러니 앞으로 전투기 1만 대를 만드는 것이 좋겠다."고 제안하였다.

참석한 군 수뇌부와 각료들은 대통령의 뜻에 동의하였다. 대통령은 재무장관, 국방차관에게 견해를 물었고 모두 "훌륭한 생각이십니다."라고 답변하였다. 이어서 마샬에게도 견해를 물었다. "그렇지 않은가? 마샬 장군." 그러자 마샬은 전혀 의외의 반응을 보였다. "죄송합니다. 각하! 저는 그 계획에 동의하지 않습니다."라고 반대의견을 냈는데, 당시 그렇게 많은 전투기를 생산하는 것이 현실적이지 못하다고 판단했기 때문이다.

갑자기 회의장의 분위기는 싸늘해졌다. 대통령은 화가 나서 곧장 회의장을 나가 버렸고 회의도 흐지부지 끝났다. 주변 사람들은 모두 마샬이 무사하지 못할 것이라고 생각하였다. 그러나 이번에도 전혀 의외의 결과가 나왔다. 루스벨트는 자신의 생각을 두 번 다시 언급하지 않았고 오히려 마샬의 솔직함에 관심을 갖기 시작하였다. 미국의 리더들은 확실히 높고 크게 사람을 보는 것 같다.

1939년 9월 1일 제2차 세계대전이 일어나는 날 루스벨트는 33명의 선임 장군을 제치고 마샬 장군을 새로운 육군참모총장으로 임명하였다. 당시 백악관에는 마샬과 휴 드럼 장군이 최종후보에 올랐다. 마샬은 드럼장군과는 달리 일체 주변에 로비하지 않았으나 대통령은 최종적으로 마샬을 선택하였다.

마샬은 참모총장으로 취임하는 날 대통령에게 이렇게 말했다. "각하. 앞으로도 종종 각하의 심기를 건드리는 보고를 드릴 텐데 그래도 괜찮겠습니까?"라고 하자, 대통령은 미소를 지으며 답했다. "물론이지요. 앞으로도 더욱 솔직하게 말해주기를 기대합니다."

마샬은 총장이 된 이후에도 더욱 투명하고 열린 마음으로 군을 이끌었다. 전쟁터에 있는 일선 사단장들과 수시로 소통하면서 "비록 상급 지휘관의 귀에 거슬리더라도 소신을 갖고 진실을 보고할 줄 아는 용기를 가진 장교가 되어야 한다."고 강조하였다.

전쟁기간 중 마샬은 자신에게 보고되는 전쟁 상황이 부풀려지거나 전과가 확대되는 것을 용납하지 않았다. 그리고 전쟁과 관련된 모든 수치나 통계는 언론이나 국민들에게 솔직하게 털어놓았다. 마샬의 이런 성품을 잘 아는 기자들은 군의 발표를 무조건 신뢰하였고, 국익에 반대되는 어떠한 보도도 자제하는 등 적극적으로 협조하였다.

마샬의 이런 리더십으로 재임 초기에 고작 20만 명에 달하던 미군을 연합군 병력을 포함한 830만 명으로 육성하여 제2차 세계대전을 승리로 이끌었다. 이런 마샬에 대해 영국의 처칠 수상은 "제2차 세계대전 중 가장 영향력 있는 지휘관이었다."고 평가하였다.

전쟁이 끝난 후 마샬은 그 능력을 인정받아 트루먼 정부의 국무장관으로 임명되었다. 이때 그 유명한 유럽 부흥계획인 마샬플랜을 추진하여 1953년 노벨평화상을 받았다. 트루먼 대통령의 주변 사람들은 이 계획을 트루먼 플랜으로 명명하도록 대통령에게 권고하였으나, 대통령은 원안대로 마샬플랜으로 고수하면서 마샬을 격려하였다.

1959년 10월 16일 마샬은 79세의 나이로 세상을 떠났다. 그는 생전에 "조국을 섬긴 다른 평범한 장교들과 다름없이 간소하게 매장해 달라."는 유언을 남겼다. 그리고 그의 유언대로 국장을 거행하지 않고 가장 간소하게 장례식을 치렀다.

트루먼 대통령은 그의 죽음을 애도하며 "내가 죽으면 마샬이 나를 부관으로 임명하여 그가 나를 위해 했던 일들을 내가 그를 위해 할 수 있도록 했으면 좋겠다. 그의 우정과 지원을 누렸던 나는 확실히 행운아였다."라고 회고하였다.

미국의 관료사회는 확실히 우리와 다른 것이 있다. 마샬처럼 자신의 의견을 상관에게 솔직하게 말할 수 있는 분위기는 개방적인 조직이 아니면 있을 수 없다. 부하가 권력을 가진 상관의 의견에 과감히 반대의사를 표현하고 상관은 부하의 솔직한 태도에 오히려 긍정적인 평가를 할 수 있는 것은 일반적인 조직문화에서는 어려운 일이다.

러시아의 망명 소설가 보리스 파스테르나크(1890~1960)는 "본 것을 본 그대로, 들은 것은 들은 그대로, 생각한 것은 생각한 그대로 말하는 바보를 나는 사랑한다."고 고백하였다.

확실히 솔직한 사람에게는 인간적인 매력이 있다. 그래서 그에게는 잘못에 대한 동정과 관용이라는 선물이 뒤따른다. 위기 상황일수록 리더의 솔직한 고백은 난국을 타개하는 좋은 방법이다. 하지만 반대의 경우 조직은 심각한 위기를 맞고 파국에 이를 수도 있다.

일본 굴지의 유업乳業회사인 유키지루시雪印社의 **요시다** 회장은 회사의 관리소홀로 생긴 '식중독 사건과 소고기 생산지 위조사건'에 대해 변명과 모르쇠로 일관하다가 소비자로부터 외면당하고 결국 회사는 문을 닫고 말았다.

이 사건은 2000년 6월 25일 일본의 오사카와 와카야마 지방에서 어린이들이 집단 구토와 설사증세를 보이면서 시작되었다. 역학조사 결과 유키지루시 회사의 오사카 공장에서 생산한 저지방 우유를 먹은 두 지역의 어린이들에게 그 증세가 광범위하게 나타났고, 피해자가 약 14,780명으로 확인되었다.

일본 당국에서는 즉시 그 원인을 조사하였다. 그 결과 식중독 발생 세 달 전인 3월 31일 오사카 공장의 생산설비에 문제가 생겨 세 시간 동안 정전이 되었다는 사실을 알아냈다. 그로 인해 공장 내의 탈지분유가 20도 이상의 고온으로 4시간 이상 방치되어 탈지분유가 상하였고, 그것이 유통되어 식중독이 발생한 것이다.

당국의 이런 발표가 있자 요시다 회장은 모르쇠로 일관했다. 회사의 잘못을 솔직하게 인정하기보다는 변명과 함께 사건을 덮기에 급급했다. 소비자들은 요시다 회장의 이런 태도에 분노하며 순식간에 등을 돌리기 시작하였다. 성난 소비자들의 불매운동으로 회사의 브랜드 가치는 추락했고 최고가를 달리던 주식도 바닥을 쳤다.

그러던 중 2002년 또다시 유키지루시의 자회사에서 햄, 소시지 등 육류제품의 생산지를 수입산에서 일본 국내산으로 속여 팔다가 적발되었다. 이때도 요시다 회장의 태도는 이전과 같았다. 그는 기자회견을 통해 "위조포장은 본사와는 상관이 없고 지점에서 독단으로 사용하였다."며 발뺌하였다.

그러나 그것이 거짓임이 금방 드러났다. 관계당국의 조사에서 위조포장은 지점뿐만 아니라 본사에서도 사용되었던 것으로 확인되었다. 그렇게 되자 이 문제는 본사와 지점 간의 책임공방으로 이어지면서 회사 내부의 갈등이 고조되었다.

이때 요시다 회장은 회사경영이 어렵다는 이유로 임시직원들을 해고하는 악수를 두었다. 이것은 불난 데 기름을 붓는 것과 같았다. 회장의 이런 행태에 대해 회사책임을 약자에게 돌린다는 소비자들의 비난이 쏟아졌고, 회사의 이미지는 다시 한 번 큰 타격을 입었다.

결국 이 회사는 모든 사업을 중단하게 되었고 본사와 주력 제조사업장들은 100억 엔 규모의 영업손실과 주가 폭락으로 폐쇄하게 되었다. 요시다 회장은 마지막이 돼서야 자신의 잘못을 시인하고 "다시 신뢰를 쌓아오겠다."는 말을 남긴 채 처음 사업을 시작했던 북해도로 돌아갔다.

사람은 누구나 실수나 잘못을 할 수 있다. 그것은 리더도 예외가 아니다. 리더 자신의 실수이든 조직의 잘못이든 모두 리더의 몫이다. 이럴 때 리더는 의연하게 상황을 정리할 필요가 있다. 이때 필요한 것이 바로 솔직함이다.

미국 GE사의 회장이었던 잭 웰치는 "리더십의 제1덕목은 무조건적인 솔직함이다."라고 강조하였다. 리더가 솔직하게 자신을 드러내는 것은 인간적인 순수함을 느끼게 하여 사람들의 마음을 사로잡는 매력을 가진다.

19대 대통령 후보 토론회에서 보여준 모 당대표의 솔직함이 사람들의 호감을 끌었다. 그는 토론회에서 밤샘토론 이야기가 나오자 "나는 집에 가렵니다. 잠이 와서 안 되겠어요."라고 말하였고, 재벌개혁에 대한 필요성에 대해서 이야기하면서도 "나는 솔직히 재벌이 부러워요."라며 자신의 감정을 숨기지 않고 드러냈다. 토론회 이후 그의 지지율은 급격히 오르는 결과를 가져왔다고 한다. 물론 일시적인 효과였지만 리더의 솔직함은 그만큼 긍정적인 것이다.

그리고 이런 솔직함에는 스스로의 삶에 대한 올바른 가치관과 용기가 필요하다. 보통 사람들은 솔직함이 상대방에게 상처를 줄 수 있기 때문에 하얀 거짓말을 한다고 한다. 그러나 사실은 자신의 입장과 처지 때문에 마음을 숨기는 경우가 더 많다. 요시다 회장이 좀 더 솔직하게 난국을 타개하려 하였다면 회사가 파산되는 일은 없었을 것이다. 잘못에 대해 솔직히 시인하고 사과하는 자신감이 리더의 참 용기다.

그렇다고 솔직함이 너무 직설적이어서는 안 된다. 앞뒤의 정황도 없이 무조건 직설적으로 표현하여 상대방의 마음에 상처를 주는 행위는 서로 간의 관계성을 해칠 수 있다. 솔직하지만 상대의 감정을 배려하여 상황에 맞게 행동하는 것이 현명한 처사다.

사람들은 이슬방울처럼 투명한 사람을 좋아한다. 마샬처럼 아닌 것은 아니라고 당당하게 말할 수 있고, 자신의 잘못이나 약점까지도 솔직하게 인정할 줄 아는 용기가 필요하다. 그리고 이런 솔직한 사람들이 존경받고 성공할 수 있도록 더 많은 기회를 열어주는 것이 투명한 사회일 것이다. 거짓과 위선의 혼탁한 세상에서, 최소한 솔직하고 순수한 사람이 손가락질 당하는 일은 없어야 한다.

어려운 문제일수록 '공론화'시켜라

의사결정이 어려울수록 공론화해야 한다. 밀실에서 소수가 내린 결정은 그 결과에 관계없이 불신을 받아 갈등의 빌미를 준다. 다수의 이해관계가 걸려있거나 풀기 어려운 난해한 문제는 공적인 의견을 들어서 문제를 풀어나가야 갈등을 줄일 수 있다.

현재 국내외를 막론하고 혐오시설에 대한 유치문제는 많은 갈등을 수반한다. 지방자치단체가 발달한 나라일수록 이런 혐오시설의 유치문제는 정책결정한 중앙부처와 해당 지역 간의 갈등이 더 첨예하게 나타난다. 우리나라에서도 최근 들어서 이 문제가 큰 사회문제로 대두되고 있다. 특히 지역주민들의 안전이나 위생에 관련된 국책사업들은 더욱 난항이 예고된다.

그렇다면 대표적인 님비현상(NIMBY, Not In My Back Yard)에 의한 이런 갈등을 외국에서는 어떻게 해결할까? 최근 영국에서는 이 문제를 정부의 일방적인 결정이 아닌 다수의 이해관계자와 전문가들에게 공론화시켜 함께 해결할 수 있도록 하였다.

영국은 산업혁명의 발원국가답게 일찌감치 원자력 발전소가 발달하였다. 1956년 세계 최초로 상업용 원자력 발전을 시작한 이래 최근까지 16개의 원전을 운영하고 있다. 그런데 문제는 원전에서 나오는 핵폐기물에 대한 처리문제였다. 과거 대부분 국가는 핵폐기물을 바닷속 깊은 곳에 투기하거나 외딴섬 땅속에 묻는 것이 고작이었다. 영국도 예외는 아니었다.

그러다가 1970년도에 들어오면서 핵폐기물에 대한 안전문제가 세계적인 관심으로 조명되기 시작하였다. 방사능 유출에 의한 심각한 해양 환경오염이 인류에 큰 재앙이 될 것이라는 인식이 대두된 것이다. 그러자 1972년 미국을 비롯한 세계 주요 국가들은 영국 런던에 모여 핵폐기물의 해양투기를 규제하는 국제협약인 '런던협약'을 맺었다.

이에 따라 원자력 운영국가는 자국 내에서 핵폐기물을 처리할 수밖에 없었다. 그러나 안전이 최대의 현안문제였다. 원전이 상용화되자 세계 곳곳에서 크고 작은 사고가 끊이질 않았다. 우크라이나 체르노빌에서 발생한 원전사고로 7,000여 명이 사망하고, 70여만 명이 방사능 피해를 입자 세계인들의 생각이 바뀌었다.

영국에서도 원전에 대한 국민들의 생각은 같았다. 그동안 원전 핵폐기물 처리에는 그다지 사회적 관심을 가지지 않았는데, 1990년 후반기에 들어서자 초미의 사회적 관심사가 되어버린 것이다. 이런 사회적 분위기 속에서 정부의 핵 관리정책도 지금까지 주먹구구식으로 관리하던 방식에서 벗어나지 않을 수 없었다.

1997년 영국정부는 핵폐기장 건설을 추진하게 되었다. 이를 위해 국내 후보 대상지역 500여 곳을 전수조사한 후 원자력 단지가 있는 셀라필드 Sellafield 지역을 핵폐기장 건설지로 선정하였다. 원래 이 지역은 후보지역에서 제외되었지만 핵처리 시설을 하는 공장들과 원자력 발전소가 이 지역에 위치해 있어 지역주민들의 반발이 심하지 않을 것으로 정부의 정책결정자들은 예상하였다.

그러나 이런 판단은 빗나갔다. 사전에 지역의 충분한 여론을 들어보지 않고 내린 이 성급한 결정은 심한 반대에 부딪치게 되었다. 지역주민은 물론, 환경단체, 주 의회, 그리고 지역 언론까지 나서서 정부의 일방적인 결정에 반기를 들었다.

당시 영국 총리는 노동당 출신의 토니 블레어였다. 그는 이 문제를 심각하게 받아들이고 각료들과 논의 끝에 중대한 결심을 하였다. 셀라필드에서의 핵폐기장 건설계획을 전면 백지화하고 처음부터 다시 논의하겠다는 입장을 발표하였다. 그리고 이를 담당할 권위 있는 독립적 기구를 만들겠다고 국민들에게 약속했다.

2001년 9월 블레어 총리는 이 약속을 이행하기 위해 다양한 이해관계자들의 의견을 듣고 공론화 추진 로드맵을 국민들에게 제시하였다. 그리고 2년 후인 2003년 11월 '방사성 폐기물 관리위원회(CoRWM,

Committee on Radioactive Waste Management)'라는 공론화기구를 정식으로 출범시켰다.

이 기구는 공개모집된 총13명의 위원으로 구성되었다. 원자력 전문가뿐만 아니라 환경단체 인사와 사회과학분야의 전문가 등이 포함되어 다양한 시각에서 의견을 제시하도록 배려하였다. 정부로부터 예산은 지원받지만 그 외에 위원회의 운영은 철저하게 독립성을 보장받았다.

이 위원회의 활동은 최대한 공개적이며 투명하게 진행되었고 모든 추진사항은 일반시민에게 투명하게 공개되었다. 의사결정을 위한 토론에서는 주민, 지역 정치인, 그리고 다양한 이해관계자들을 참여시켜 그들의 의견을 들었다. 이와 병행하여 권위 있는 학자들의 포럼, 지역이해관계자 원탁회의, 시민패널, 홈페이지를 통한 정보공개 및 의견수렴 등 투명하고 다양한 방법으로 활동을 진행하였다.

이 공론화기구는 2006년 5월 종료되었다. 위원회에서는 약 2년 7개월간의 활동결과를 종합하여 최종 도출된 결과를 영국 정부와 의회에 권고하였다. 블레어 총리는 이 권고안을 즉각 수용하여 핵폐기물 처리정책에 적용하였다. 이로 인해 그동안 영국 중앙정부와 지역 간의 핵폐기와 관련된 갈등은 종지부를 찍었다.

우리나라 역시 비슷한 시기에 원전 핵폐기물 처리장 설치와 관련하여 심각한 갈등을 겪었다. 최초 우리나라의 핵폐기장 건설이 사회적으로 이슈화된 것은 1989년 영덕, 안면도, 굴업도 등이 후보지로 검토되면서부터이다. 그러나 지역주민들의 반대로 추진되지 못하였다. 그러다가 덕적도 등 후보지가 재검토되었으나 역시 주민들의 반대로 백지화되었다. 그만큼 핵폐기장은 지역주민들에게는 혐오시설로 인식되었다.

2003년 6월 정부는 부안, 영덕 등 7개 지역을 대상으로 후보지 타당성을 검토하면서 주민들의 의견을 물었다. 대부분의 후보지역들은 유치를 반대하는 입장을 표명하였다. 그러나 7월 17일 부안군수는 군의회의 반대에도 불구하고 일부 지역의견에 따라 단독으로 유치신청을 정부에 제출하였다.

그러자 지역주민들은 주민들의 전반적인 동의 없이 유치신청을 한 군수의 비민주적 행태를 비판하고 핵폐기시설의 안전성을 제기하면서 극렬하게 반대하기 시작하였다. 핵폐기장 백지화를 위한 '범 부안군민 대책위원회'를 구성하여 조직적으로 시위를 주도하였다. 반대 시위가 거세지면서 군수는 시위대에 폭행당하였고 부상자와 구속자가 속출하였다.

2003년 10월 3일 갈등이 심화되자 고건 국무총리가 직접 대책위와 접촉하여 협상을 시도하였으나 실질적인 효과는 없었다. 이후 부안 핵폐기장 주민투표중재단이 구성되어 정부와 지역주민을 중재하여 2004년 초 주민투표를 실시하는 방안이 협의됨에 따라 사태는 일시적으로 진정되었다.

2004년 2월 14일 부안 지역주민을 대상으로 한 시설 유치 찬반투표가 실시되었다. 그 결과 반대표가 91%로 압도적으로 많아 핵폐기장 건설은 다시 원점으로 돌아갔다. 다행히도 2005년 경주에서 정부의 예산지원과 한국 수력원자력공사 본사 경주이전 등의 공약에 따라 유치결정을 하면서 갈등은 일단락되었다.

국가적으로 원전에서 나오는 핵폐기물 처리는 골치 아픈 사회적 난제이다. 잘못 관리하면 심각한 환경오염을 초래하여 주민들의 생명을 위협하기 때문이다. 이런 위험한 혐오시설을 자국 내에 건설해야 하는 정부입장에서는 여간 고민되는 일이 아닐 수 없다.

그렇다고 해서 정부에서 일방적으로 추진하면 앞의 부안사태처럼 이해당사자들과의 엄청난 갈등을 감수해야 한다. 이런 문제일수록 정책을 결정하는 리더라면 충분한 사회적 합의를 이끌어내도록 공론화시켜야 한다. 비록 그것으로 인해 시간과 예산이 드는 힘든 과정이 수반되더라도 말이다.

영국 블레어 정부가 시도한 공론화기구를 통한 갈등관리는 이제 많은 국가들의 롤 모델이 되고 있다. 우리나라에서도 최근 신고리 원전 5, 6기건설문제를 놓고 찬반의 갈등이 심하였다. 문재인 대통령은 이 문제를 공론화기구를 통하여 조사하도록 하였다.

그리고 위원회의 권고안을 보고 받으면서 "이번 공론화과정을 통하여 우리사회의 민주주의를 한층 성숙시키고, 사회적 갈등해결의 새로운 모델을 제시하는 계기가 되었다."며 높이 평가하였다. 이어서 이날 국무회의에서 "국가적 갈등과제를 소수의 전문가들이 결정하여 추진하기보다는 공론화를 통해 도출된 사회적 합의를 토대로 정책을 추진하는 것이 가치 있는 일이다."라고 강조하였다.

보통의 리더들은 시끄럽고 어려운 난제일수록 공개하기를 꺼린다. 자신과 뜻을 같이 하는 일부사람들과 조용히 밀실에서 처리하고자 한다. 당장은 의사결정도 쉽고 시간도 절약되지만 그것이 드러날 때 거센 저항과 갈등의 후폭풍을 맞는다. 그럴수록 주변에 널리 공론화시켜 호응과 지혜를 한꺼번에 얻을 필요가 있다.

G/E의 잭 월치 회장은 회사에 문제가 생길 경우 가장 먼저 하는 것이 있다. 그것은 '무엇이 문제인지를 드러내놓고 이것을 어떻게 해결할 것인가?'를 다 같이 논의하여 결정하는 것이다. 이렇게 모든 사람에게 공론화시키면 모두는 주인이 되어 문제를 해결하는 중심에 서게 된다.

중국고사에 집사광익集思廣益이란 말이 있다. '여러 사람의 생각을 모으고 유익한 의견을 널리 듣는다'는 뜻이다. 이는 과거 중국의 제갈공명이 국가의 중대한 대사를 논할 때 많은 사람들의 지혜와 의견을 모으고 여러 방면의 유익한 건의를 광범위하게 듣고자 한 데서 유래되었다.

제갈공명은 현자답게 자신의 의견에 반대하는 사람들이 있거나 관리들 간에 이견이 있어 갈등이 있을 때 이와 같이 여러 사람의 지혜와 의견을 폭넓게 수렴하여 일을 정당하게 처리하고자 하였다.

최근 우리사회의 지도자들도 집사광익의 자세를 강조하고 있다. 갈등의 문제가 있으면 이를 공론화하고, 많은 사람들의 생각을 수용하여 해결하겠다는 의지를 말하는 것이다. 하지만 이를 실천하는 것이 그리 쉬운 일이 아니다. 시간과 비용, 그리고 인내의 험난한 과정이 수반되기 때문이다.

그렇지만 갈등관리를 위해서라면, 리더는 밀실행정이나 소수의 야합에 대한 유혹을 뿌리쳐야 한다. 번거롭지만 투명한 공론화과정을 통해 조직적인 합의를 이끌어내야 한다. 그것은 단순히 다수의 의견을 듣는 것이 아니라 다수의 능동적 토의와 논쟁을 거쳐 공적인 관점으로 승화된 합의점을 찾아내는 것이다. 다수의 의견을 묻고 거기서 답을 얻는 것이 가장 민주적이면서도 지혜로운 해결방법이다.

제3편

갈등의 벽을 허무는
'소통과 배려, 그리고 공감'

"조직은 구성원 각자의 이해관계가 다르고 개인과 조직의 목표가 충돌하기 쉬운 곳이다. 그래서 늘 갈등은 조직 내에 잠재화되어 있거나 현재화되어 곳곳이 시끄러운 것이다. 조직 내 갈등은 보통 배타적이며 대립적인 구조를 가지고 있다. 이러한 두터운 갈등의 벽을 허물기 위해서는 이성과 논리보다는 따뜻한 감성의 문을 두드려야 한다.

두꺼운 옷을 벗기는 것은 세찬 겨울바람이 아니라 따뜻한 봄바람이다. 리더가 조직원들의 감성적인 변화를 이끌어내기 위해서는 스스로 감성적인 리더십을 발휘해야 한다. 리더 자신이 마음을 열어 소통하고 항상 상대를 배려함으로써 조직원들의 협력과 지지를 유도해야 한다. 이는 누구나 알지만 아무나 하지 못하는 리더십이다."

제5장 갈등의 벽은 '소통疏通'으로 허문다
제6장 '배려配慮'의 손길에 돌을 던지랴!
제7장 '공감共感'하면 협업은 이루어진다

제5장

갈등의 벽은 '소통(疏通)'으로 허문다

소통은 '소(牛)'가 통하게 하라

우리는 흔히 말이 안 통하는 경우에 '소귀에 경 읽기'라는 옛 속담을 사용한다.

이는 소통의 부재가 조직문화에 얼마나 체념적諦念的 영향을 미치는지를 단적으로 나타난 말이다.

소통은 조직 내의 순환기능을 한다. 소통이 잘되는 조직은 의사순환이 활발하여 건강한 조직문화를 만들어낼 수 있고 갈등과 불화도 쉽게 해결할 수 있는 자정능력을 가진다. 그러므로 리더십의 시작은 소통에서 출발해야 한다.

오늘날 세계에서 가장 사회복지가 잘 갖추어진 나라로 "요람에서 무덤까지"복지혜택을 누릴 수 있는 국가는 스웨덴이다. 이러한 행복을 누리게 된 것은 '스웨덴의 아버지'라고 불리는 위대한 정치가인 **타게 에를란데르**

Tage Erlander 총리의 '소통의 리더십' 덕분이다.

에를란데르 총리는 1901년 6월 13일 스웨덴의 교육자 집안에서 태어나 룬트Lund대학교에 재학하던 중, 사회문제에 관심을 가지면서 '정치인'이라는 꿈을 키웠다. 29살에 시의원으로 정계에 진출하여 국회의원을 거쳐 무임소 장관으로 발탁되었다가 1946년 페르 알빈 한손 총리의 서거로 예상치 않게 총리가 되었다.

에를란데르가 총리가 될 당시 스웨덴은 지금과는 너무나도 다른 낙후된 사회적 환경을 가진 나라였다. 지리적으로는 북유럽에 위치하여 길고 추운 겨울날씨를 가졌다. 땅은 돌투성이로 척박하여 농사짓기에 적합하지 않았다. 또한 제2차 세계대전이 끝난 지 얼마 되지 않아 사람들의 삶은 궁핍하였고, 사회적 불만과 반목이 심하여 계층 간의 갈등이 끊이질 않았다.

이런 어려운 상황에서 45세의 젊은 나이에 총리가 된 에를란데르는 스스로에게 "너는 정치인으로서 국민을 위해 희생할 각오가 되어 있는가?"를 묻고 '국민들이 모두 잘사는 나라로 만들겠다.'고 다짐하였다.

젊은 총리가 가장 먼저 한 일은 사회 각계각층의 사람을 만나 그들의 애로사항을 듣고 대화를 통해 이를 해결해주는 소통의 시간을 갖는 것이었다. 당시 스웨덴은 열악한 노동환경으로 노사갈등과 귀족노동자와 하층 노동자 간의 노·노갈등이 심하여 파업이 일상화되고 있었다. 그는 먼저 노조대표와 기업대표에게 제안하였다. "목요일이 좀 한가한데 일단 만나서 이야기 좀 합시다!"

처음에는 만남이 어색하였지만 시간이 지날수록 자연스러운 소통을 통하여 서로를 이해하고 알아가기 시작하였다. 기업가가 몰랐던 노동자의 고충과 노동자가 몰랐던 기업가의 사정을 이해하기 시작하였다. 노동문제뿐만 아니라 사회 각층의 갈등들이 총리와의 소통을 통해서 다루어졌다.

그러자 총리는 아예 목요일 저녁시간을 소통의 시간으로 정하고 각계각층의 사람을 초청하여 그들과 저녁식사를 하면서 국정방향을 바로 잡았다. 주변 사람들은 이를 두고 '목요클럽'이라고 불렀다. 초청받은 사람은 기업대표나 노조대표는 물론이고 학자, 언론인, 법률가, 환경운동가 등 다양하였다.

그는 사회전반에 걸쳐 소통이 필요한 사람은 언제나 목요클럽에 초청하여 격의 없는 토의를 즐겼다. 이러한 노력이 빛을 발하면서 사회분위기는 달라지기 시작하였다. 노동자들의 파업이 사라지고 사회가 안정되기 시작하면서 국민들의 삶의 질도 차츰 향상되었다.

1950년대에 들어서면서 스웨덴의 노동계에 일대 혁신이 일어났다. 그동안 해결되지 않았던 귀족노동자와 하층노동자 간의 임금격차가 타협에 의해 해결되었다. 귀족노동자의 임금은 동결하고 상대적으로 저임금에 시달리는 중소기업 노동자들의 임금은 끌어올려 그 격차를 해소하였다. 물론 이런 대타협은 총리의 목요만남을 통한 소통의 결과였다.

에를란데르 총리의 소통정치는 그의 별장에서도 이어졌다. 스톡홀름 서쪽에 있는 하루스푼드의 총리별장에서 국가의 현안문제부터 사회갈등까지 다양한 문제를 가지고 다양한 사람과 의견을 나누었다. 정가에서는 이를 '하루스푼드 민주정치Harpsund democracy'라고 불렀다.

주요한 의사결정이 총리의 별장에서 이루어졌다. 총리는 잘 풀리지 않는 현안문제가 있으면 별장 호수의 조그만 보트에 당사자를 태우고 자연을 보고 노를 저으며 대화를 이어갔다. 그리고 가장 민주적인 타협을 이 조그마한 보트 위에서 조용히 이뤄냈다.

그의 이러한 소통의 리더십은 사회의 고질적인 갈등을 해결하는 동시에 국민들을 타협과 상생의 길로 인도하였다. 국민들 스스로도 어두운 밀실에서 은밀하게 이뤄지는 밀담을 철저하게 배격하였다. 대부분의 관공서와 공공건물, 학교는 투명유리창으로 만들어 누구나 볼 수 있고 누구나 참여하여 소통할 수 있게 만들었다.

총리의 이런 소통의 노력은 그와 반대노선을 가진 사람에게도 한결같았다. 1959년 모교인 스웨덴 룬트대학교에서 자신을 위한 환영의 행사가 열렸다. 그때 학생회장인 한 청년이 자신을 향해 공개적인 비판을 하였다. "당신은 국가를 위해 노력한 것이 없는 절망적인 총리다."

순간 주변 사람들은 황당하여 아무 말도 하지 못하고 총리의 얼굴만 바라보았다. 그러나 총리의 온화한 표정은 변함이 없었고, 행사는 예정대로 마무리되었다. 그로부터 얼마의 세월이 흐른 후 총리는 자신을 비난했던 그 청년을 비서로 채용하였다. 그 이유는 자신에게 반대의견을 내는 사람들과도 겸허하게 소통하겠다는 의도에서다.

그의 통큰 소통의 리더십은 정치적인 대통합은 물론 스웨덴을 가장 살기 좋은 복지국가로 만드는 데 부족함이 없었다. 그는 국민들에게 "만약 무상교육 등 복지가 실현된다면 여러분의 연봉 70%를 낼 수 있겠습니까?"라고 그 의견을 묻고 긍정적인 답을 할 때까지 오랜 시간 대화와 토론을 통해 설득하였다. 그리고는 결국 "예"라는 답변을 받아냈다.

스웨덴 국민들은 총리를 절대적으로 신임하였다. 1968년 총리선거에서 압도적인 성원을 보내어 연임이 확정되었다. 그러나 그 다음 해에 그는 "새로운 정치가 필요하다."며 스스로 사임하였다. 그 후임은 그를 비판하였던 학생회장 출신이 이어갔다. 그가 바로 잘 알려진 울로프 팔매Olof palme 총리다.

에를란데르 총리는 민주주의 국가 역사상 유례없는 11번의 선거에 승리하고 23년간 총리직을 수행하였다. 물론 독재에 의해서 정권을 유지한 것이 아니라 국민들의 신임을 통해 장기집권을 할 수 있었다. 그가 퇴임할 당시 그토록 국민들의 주거환경에 신경 썼지만 정작 본인은 집도 한 채 없어 국민들이 마련해준 집에서 여생을 보내야만 했다.

1985년 6월 21일 84세의 일기로 사망하여 그의 고향인 란세테르에 묻혔지만 그가 보여준 소통의 리더십은 위대하였다. 사후 그의 부인은 그가 쓰던 볼펜 한 자루도 국가재산이라고 반납하였다고 하니 평소 그가 가정이나 국가에 얼마나 철저한 공인으로서의 처신을 하였는지 잘 알 수 있다.

소통은 갈등을 관리하기 위한 위대한 도구다. 사회적 갈등으로 위기에 처한 스웨덴을 구하고 단결시킨 위대한 힘은 에를란데르 총리의 '소통의 리더십'이었다. 지금 우리사회도 에를란데르 총리처럼 "우리 만나서 이야기합시다."라며 소통의 장으로 이끄는 리더십이 그 어느 때보다 필요하다.

2014년 우리나라의 교수들이 뽑은 사자성어로 '**지록위마**指鹿爲馬'를 꼽았다. 이 말은 '사슴을 가리켜 말이라고 한다'는 것으로서 우리사회 리더들의 소통부재에 대한 현실을 꼬집은 말이다.

기원전 210년 9월 10일 진시황이 천하를 통일한 후 얼마 되지 않아 병으로 죽자 그 틈을 타 환관 조고趙高가 권력을 잡았다. 그는 진시황이 후사로 지명한 맏아들 부소를 죽인 다음 그의 어린 동생인 호해胡亥를 황제로 내세우고는 반대하는 대신을 색출하기 위해 모함을 꾸몄다.

조고는 황궁으로 사슴 한 마리를 끌어다 놓고 꼭두각시인 황제에게 이렇게 말하였다. "폐하, 제가 황제에게 바치는 말입니다." 황제는 이 말을 듣고 황당해하면서 "아니 승상은 농담도 심하시오. 사슴을 두고 말이라고 하니 무슨 그런 경우가 있소? 대신들 내 말이 틀리오?"라고 물었다.

그러자 대부분 신하들은 조고가 두려워 "말입니다."라고 답하였고 "사슴이다."라고 사실대로 이야기한 대신들은 모두 죽여 버렸다. 이후 누구도 조고의 말에 감히 반대하는 자가 없게 되었다. 그렇게 '지록위마'라는 말이 유래하였으며 소통이 되지 않을 때 자주 인용되곤 한다.

리더의 소통은 조직의 성패에 중요한 변수가 된다. 2008년 전 세계의 금융위기를 몰고 온 미국발發 '**리먼 브라더스**Lehman Brothers **사태**'는 리더의 소통부재가 결국 조직을 파멸로 몰고 갈 수 있는 중대한 문제임을 보여주었다.

리먼 브라더스 회사는 1850년 미국 앨라배마주에서 설립되어 뉴욕을 본사를 둔 국제 금융회사인 동시에 투자은행이었다. 그러나 1993년 F가

회장으로 취임하면서 직원 26,200명의 세계 4위권이던 회사는 쇠락의 길을 걷기 시작하였다. 그 이유는 회장의 독선적인 제왕적 리더십으로 인한 내부의 소통장애 때문이었다.

2000년도 중반에 들어서면서 세계 금융시장이 위기조짐을 보이기 시작하자 많은 금융권 회사들은 대비책을 마련하느라 전전긍긍하였다. 그러나 F회장은 이를 가벼이 여기면서 "내가 이 회사를 키웠다. 이 회사는 시장이 생각하는 것보다 훨씬 안정돼 있다."며 자만하였다. 오직 자신의 경험만 믿고 시장이 보내는 경고를 무시하고 주변 참모들과도 소통하지 않았다.

그의 이런 오만은 평소 회사 내에서도 그대로 드러났다. 각종회의에서 자신의 의견에 반대하거나 기분 나쁜 보고를 하면 면전에서 "바보 같은 생각이다."라며 인신공격을 서슴지 않았다. 그의 이런 호통소리에 직원들은 오직 "회장님의 말씀이 옳습니다."라는 말만 할 수 있었다.

부하직원들은 서서히 입을 닫기 시작하였다. 회장과의 대화는 의례적인 것 외에는 하지 않았고 직원들 간의 활기 있는 대화도 사라졌다. 직장 내에서는 공식적인 보고와 일방지시만 있을 따름이었다.

본래 금융시장은 사회 전 분야에 민감하게 반응하고 미래 환경에도 잘 대응해야 하는 특성을 가졌다. 그러나 리먼 브라더스는 F회장의 독선으로 인하여 유기적인 내부소통이 단절되면서 시장에 융통성 있게 대처하지 못하였다.

2008년 F회장은 미국정부의 저금리 부동산 정책을 믿고 과도하게 부동산에 투자하였다. 회사 내 대부분 사람들은 시장의 추이를 보면서 단계적으로 투자하는 것이 안정적이라고 생각하였다. 그렇지만 F회장의 저돌적이면서도 공격적인 투자에 대한 위험성에 대해 경고하는 사람은 아무도 없었다.

불통의 리먼 브라더스는 위기에 취약했다. 회사는 미국정부가 금리를 올리자 곧바로 위기의 빨간불이 켜졌다. 부동산 시장의 거품이 꺼지면서 가격이 하락하였고 신용등급이 낮은 사람들은 은행 대출이자를 감당하지 못하게 되었다. 리먼 브라더스 같은 투자은행은 직격탄을 맞고 원금도 건지지 못한 채 막대한 부채를 안게 되었다.

이런 위기 상황에서도 F회장의 오만과 아집은 회사를 더욱 위기로 몰고 갔다. 회사의 전문적 리스크 관리자들의 무수한 조언을 무시한 채 오직 잘못에 대한 책임전가에만 몰두하였다. 오히려 자신을 도와줄 핵심참모들에게 책임을 물어 해고하면서 위기는 더욱 심화되었다. 회장의 눈과 귀는 완전히 닫혔고, 내부 소통의 채널은 완전히 먹통이 되었다.

결국 리먼 브라더스는 6천억 달러라는 어마어마한 부채를 감당하지 못하고 파산하였다. 그 여파로 전 세계는 금융위기를 겪어야만 하였고 우리나라도 그 영향으로 5,800억 원의 자산손실을 입었다. 그것이 바로 한때 유행했던 '서브프라임 모기지론Subprime mortgage loan', 즉 신용등급이 낮은 사람들의 주택담보 대출이다.

이 회사의 파산이 진행되는 동안 미국 하원에서는 이 회사를 대상으로 청문회를 열었다. 이때 F회장의 처신은 예상대로 가관이었다. 그는 청문회에서 자신의 책임은 인정하지 않고 파산을 결정한 미 재무부와 언론에 책임을 돌렸다. 그러면서도 자신의 퇴직금조로 회사의 돈 수천만 달러를 챙겼다고 한다.

리먼 브라더스 사태는 F회장의 지나친 자만감에 의한 무모한 투자가 그 원인이었지만 그보다 근본적인 원인은 주변의 의견을 무시하고 독불장군 식으로 회사를 운영한 '불통의 리더십'의 결과였다. 한 리더의 불통의 리더십이 세계 굴지의 투자은행을 한순간에 역사 속으로 사라지게 하였다.

미국의 루스벨트 대통령은 세계적 대공황의 위기를 이겨내면서 "리더가 소통하지 않고서는 세상을 변화시킬 수 없다."고 말하였다. F회장이 이 경고를 조금만 더 새겨들었더라면 리먼 브라더스 사태는 일어나지 않았을 것이고 오늘날 세계적인 금융시장을 주름잡는 투자은행이 되었을 것이다.

조직관리에서 소통은 매우 중요한 실천적 과제이다. 누구나 그 중요성은 인식하고 있지만 이를 현실에 적용하기는 쉽지 않다. 조직의 리더 역시 처음에는 의욕을 갖고 소통하려 하지만 점차 조직의 매너리즘에 빠져 초심을 잃는 경우가 많다. 조직의 빨간 경고등은 이때부터 켜진다. 리더의 이러한 소통부재는 곧 조직의 심각한 갈등과 위기를 불러올 수 있다. 그렇다면 현대의 지도자들의 리더십을 의심케 하는 소통의 벽은 왜 생기는가?

세계적인 석학 영국의 토인비는 "과거 성공한 경험이 있는 사람은 자기의 능력과 과거의 방법론이 무조건 옳다고 믿는 경우가 많다."고 하였다. 이런 현상을 그리스어로 '휴브리스Hubris'라고 하는데 이는 신의 영역까지 침범할 정도로 오만함을 일컫는 말이다.

오늘날 우리 주변의 많은 리더들이 F회장처럼 휴브리스의 오만함에 빠져 소통장애라는 병을 갖고 있다. "내가 경험해봐서 아는데……."라고 시작하여 주변의 건전한 판단과 의견을 받아들이지 않고 자기주장만 내세우는 경우다. 이러한 리더의 휴브리스가 소통의 제1의 벽이다.

또 다른 소통의 벽은 듣고 싶은 말만 들으려는 '확증편향Confirmation bias'의 심리현상이다. 이 현상은 자신의 신념과 일치하는 정보만 받아들이고 그 반대되는 정보는 무시하는 것으로 고위직으로 갈수록 이 딜레마에 빠지기 쉽다. 특히 자신의 임기기간에 무언가 가시적인 목표를 이루려고 다그치는 리더일수록 목표를 가로막는 위험요인에 대해 눈과 귀를 막으려는 확증편향 현상이 심하다.

이런 성향의 리더는, 부하를 겉으로만 아부하는 거짓충성자로 만든다. 리더의 주변에는 가식과 허위만이 넘쳐나고 진실은 뒷전으로 물러나 진정한 소통은 이루어지지 않는다. 과거 봉건시대의 절대군주나 독재자들 다수가 이런 확증편향의 심리적 포로가 되어 측근들의 가림막을 걷어내지 못하고 나라를 패망으로 이끌었다.

그런데 이런 소통의 벽은 리더 자신이 만드는 경우가 대부분이다. 스스로가 오만함에 빠져 귀와 눈을 막으면 조직은 위태로워진다. 지금이라도 자신이 소통에 적합한 리더십을 발휘하는지 돌아보고, 장애가 되는 것이 있다면 이를 제거해야 한다. 그리고 마음을 열어 부하에게 다가가 소통하고자 노력해야 한다.

소통은 서로의 마음과 마음을 여는 통로다. 소통은 영어로 커뮤니케이션Communication, 즉 '통한다'는 의미를 가지고 있으며, 그 어원은 '공유하고 함께 나눈다'라고 한다. 조직 내 올바른 소통은 서로 간의 벽을 허물어 교통하고 가치와 비전을 공유하는 데 있다.

그러한 의미에서 진정한 소통은 일방통행이 되어서는 안 된다. 윗사람일수록 부하와 상호 소통이 되도록 더 많이 배려하고 인내해야 한다. 이를 방심하면 부하와의 소통은 일방적인 지시가 되기 쉽다. 그리고 자신은 휴브리스의 오만함과 확증편향의 심리에 포로가 되어 스스로를 고립시킨다.

원활한 쌍방향 소통을 위해서는 입보다는 귀를 더 활용해야 한다. 비록 문제의 답을 알고 있으면서도 먼저 결론을 내지 않고 부하의 의견을 들어준다면 그 결론은 리더의 독단이 아닌 모두의 합의가 될 것이다.

그리고 평소 조직 내 소통의 분위기도 중요하다. 어느 날 권위적인 리더가 판을 깔고 "소통합시다!"라고 인위적으로 다가가거나 위압적인 리더의 사무실에서 하는 의례적인 소통은 형식일 뿐이다. 평소 시간과 장소에 무관하게 부하들에 대한 관심을 표현하거나 마음을 열어 격의 없는 대화 분위기를 만들어주면 어려운 상황에서도 쉽게 소통을 할 수 있다.

조직 내 소통은 우리 몸에 피와 같다. 원활하게 소통이 잘되면 조직은 건강하게 그 기능을 다한다. 그러나 어느 한 곳이라도 소통이 되지 않으면 조직은 심각한 갈등의 병에 걸리고 만다. 리더는 조직 내에 건강하고 깨끗한 피가 잘 흐를 수 있도록 스스로가 심장 역할을 하여야 한다.

어려운 일이 있을 때는 에를란데르 총리처럼 "만나서 함께 문제를 풀어봅시다."라는 자세로 스스로 소통의 장을 먼저 만들어야 한다. 그리고 리먼 브라더스의 F회장이 보였던 휴브리스의 오만함을 버리고 "나도 틀릴 수 있다."는 겸허한 자세로 자신의 주변에 존재하고 있을지도 모르는 가식과 위선의 벽을 과감히 걷어내야 한다. 그러면 소통의 위대한 서막은 활짝 열릴 것이다.

진정한 소통은 '역린'을 허용한다

역린逆鱗은 '용의 목에 거꾸로 난 비늘'을 뜻한다. 용은 왕을 상징하며 그 비늘을 건드린다는 것은 곧 왕의 심기를 건드려 죽음을 면치 못한다는 의미가 있다. 하지만 진정한 소통을 하기 위해서는 과감히 이런 금기를 깨야 할 필요가 있다. 리더는 부하가 역린을 건드릴 수 있도록 포용력을 가져야 하고 부하는 이를 위해 진심어린 용기를 가져야 한다.

당태종 이세민(599~649)은 중국 역사상 가장 위대한 황제로 모든 제왕들의 치세에 모범이 되어 '정관貞觀의 치治'라고 불렸다. 그의 정치철학을 기록한 『정관정요貞觀政要』에는 '신하로 하여금 역린을 건드리도록 해야 한다'고 되어 있다. 비록 그가 형제를 죽이고 정권을 찬탈했지만 후대가 그를 성군聖君으로 칭송한 것은 바로 이런 철학으로 세상을 다스린 데 있다.

당태종의 이런 훌륭한 리더십 이면에는 황제가 마음을 다 잡을 수 있도록 목숨을 걸고 역린을 건드린 충신 위징魏徵(580~643)의 역할이 컸다. 이런 그들이지만 첫 만남은 그리 좋지 않았다. 위징은 당태종의 형이면서 황태자였던 이건성의 측근으로 동생 이세민(당태종)과 권력다툼을 할 때 "이세민을 선제공격하여 없애버려야 합니다."라고 간언諫言한 사람이다.

그런데 세상이 바뀌어 당태종이 형을 참살하고 역변에 성공하자 위징은 가장 큰 위기를 맞게 되었다. 당태종은 가장 먼저 반대편에 섰던 위징을 불러 "너는 무엇 때문에 우리 형제의 일에 끼어들었느냐?"라고 문책하였다.

이에 위중은 한 치의 망설임도 없이 "신하로서 주군에게 충성을 다한 것이 무엇이 잘못되었습니까? 만약 이전 태자께서 저의 말을 들었다면 오늘 같은 화는 없었을 것입니다."라고 당당하게 말하였다. 그야말로 역린을 제대로 건드린 것이다. 당태종은 위징의 당당하고 충성스런 태도에 감복하여 그를 사면하고 간의대부諫議大夫(오늘날 감사원장)라는 높은 벼슬을 내렸다.

서기 626년, 당태종은 혼란스러운 세상을 평정하고 27살의 젊은 나이에 황제로 즉위하게 되었다. 그는 용맹하고 강직한 성격이었지만 황제가 된 이후에는 현자의 모습으로 세상을 통치하고자 하였다. 즉위하자마자 신료들에게 "경들의 바르고 솔직한 간언을 바라노라. 비록 그것이 나의 뜻에 거스른다고 해도 벌주거나 질책하지 않겠다."고 약속하였다.

그리고 대신들에게 종이를 각각 200장씩 나눠주면서 수시로 간언할 내용을 쓰게 하였다. 그중 잘한 사람에게는 후히 상을 내렸는데 이 간언에 가장 충실했던 신하는 위징이었다. 이런 충성스런 신하를 눈여겨 본 황제가 위징에게 소원을 말해보라고 하였다. 그러자 위징은 "신으로 하여금 충신忠臣이 아닌 양신良臣이 되도록 해주십시오."라고 말하였다.

황제가 충신과 양신의 차이점을 묻자 위징은 "충신은 일편단심 한 주군만을 위해 최선을 다해 주군이 현실에 안주하게 만드는 반면, 양신은 주군보다 국가와 백성의 안녕을 위해 직언을 서슴지 않아 성군을 만드는 것입니다!"라고 대답하였다. 이 말은 역린을 서슴지 않겠다는 무언의 압박과도 같았다.

황제는 이 말에 감동하며 위징에게 양신이 되어줄 것을 거듭 부탁하였다. 그러면서 그들은 황제의 침소에서조차 정사를 논할 정도로 가까워졌다. 황제는 국사를 돌보면서 각종 갈등과 시비로 골머리가 아플 때마다 언제나 위징을 불러 "어떻게 하면 황제로서 시비를 잘 가릴 수 있겠는가?"라며 조언을 구하였다.

그런 황제에게 위징은 "양쪽의 말을 골고루 잘 들으면 밝을 것兼聽則明이고 한쪽의 말만 들으면 어두울 것偏聽則暗입니다."라고 답변하였다. 이는 다양한 의견을 들어야 현명하게 소통할 수 있음을 알려준 것이다.

정관 8년 황보덕참이라는 사람이 올린 상서가 황제의 뜻을 거스른 일이 있었다. 황제는 자신을 비방하는 것이라 여기고 분노하여 그를 죽이려 하였다. 위징은 이를 만류하며 "상서란 본디 격렬하고 절박하기 마련입니다. 그렇지 않으면 임금의 마음을 일으켜 세울 수 없기 때문입니다. 허나 그 절박한 말이 헐뜯고 비방하는 것처럼 보이신다면 폐하께서는 그 사실 여부를 상세히 살피셔야 합니다."라고 간언하였다. 황제는 그 말이 옳다고 생각하여 그 상서를 받아들이고 오히려 상소한 황보덕참에게 비단 20단을 상으로 주었다.

당태종은 위징을 정치의 좋은 조력자로서 받아들이고 설사 자신의 역린을 건드린다 해도 그 말이 맞으면 마음을 바꾸어 먹었다. 하지만 황제도 때에 따라서는 인간적인 정에 이끌려 실수를 하기도 하고 성질이 급하여 설부른 판단을 하는 일도 많았다. 그럴 때마다 위징의 조언은 따끔하기만 하였다.

황제가 노조상이라는 사람에게 교주자사라는 벼슬을 내리는데 그가 이를 거부하자 화가 치밀어 사형에 처하였다. 그러자 위징은 황제에게 다가가 "공적인 업무를 처리할 때는 절대로 감정을 보여서는 안 됩니다. 법과 규정에 따라 처리해야만 문제가 없습니다."라는 말로 황제를 나무랐다. 황제는 후회하며 "다시는 그러지 않겠다."고 말하며 속으로도 다짐했다.

그리고 얼마가 지난 후, 황제는 반대로 오랜 충신인 복주자사 방상수가 부패행위를 저질러 관직을 박탈당할 위기에 처하자 옛정을 생각하여 봐주려고 하였다. 그러자 다시 위징은 황제에게 "방상수는 죄인인데 사사로운 감정을 내세워서는 안 됩니다. 상을 내릴 때는 눈에 보이지 않는 사람을 잊지 말아야 하며 처벌할 때는 측근에게도 가차 없어야 모든 사람이 납득할 것입니다."라는 말로 강하게 자신의 뜻을 표현하며 조언하였다. 결국 황제는 위징의 말을 듣고 방상수의 관직을 박탈하였다.

봉건시대의 황제 자리는 그야말로 '천상천하 유아독존'이었다. 그러나 호방하기 그지없는 무장출신의 백전노장도 역린을 거리낌 없이 건드리는 위징에 대해서는 내심 경계하고 겁을 냈다.

황제가 어느 날 사냥을 하러 가기 위해 준비하고 있을 때였다. 위징이 황궁으로 들어오자 황제는 황급히 하던 일을 멈추고 딴청을 부렸다. 이를 보고 위증이 "듣자하니 황제께서 사냥을 나가신다는데 사실입니까?" 하고 언짢게 물었다. 황제는 "원래는 가려고 했으나 그대가 화를 낼까 두려워 가지 않기로 했소!"라고 궁색하게 답하고 자리를 피했다.

이 일이 있은 지 몇 달 후, 사냥을 좋아하던 황제가 사냥매 한 마리를 진상받고 기뻐하며 애지중지하였다. 팔 위에 매를 올려놓고 즐기고 있는데 갑자기 위징이 알현하려 하는 소리가 들렸다. 당황하여 황급히 매를 품속에 넣고 시치미를 떼고 있었다. 황제가 늘 매 한 마리에 시간을 빼앗기는 것을 못마땅하게 여겼던 위징은 일부로 황제 주변에서 시간을 끌었다. 그러자 애지중지하던 매는 황제의 품속에서 질식해 죽었다. 황제로서는 분한 마음이 있었지만 속으로 삭힐 수밖에 없었다. 이렇듯 황제는 신하인 위징을 어려워했다.

당태종이 즉위하여 국사가 점차 안정되어 가자 황제의 마음도 변하기 시작하였다. 자신의 치적에 대해서 자랑하고 싶고 교만한 마음이 생겨 신하들의 간언을 소홀하게 대했다. 위징은 이러한 황제에게 진심으로 고언하였다. "예로부터 군주가 정치를 시작할 때는 요순과 같이 하리라 다짐합니다. 하지만 천하가 태평해지면 그 훌륭한 마음을 잊어버리고 맙니다. 황제께서 언제까지나 초심을 잃지 않으신다면 천하는 만대까지 태평할 것입니다."

그러나 황제도 인간인지라 위징의 말을 언제나 좋게 받아들이기는 어려웠다. 성질이 급한 황제는 위징의 간언에 잠시 수긍하다가도 불같이 화내는 일이 많았다. 하루는 국사를 논하다가 위징의 거듭되는 쓴소리에 분노가 치밀었다. 그는 씩씩거리며 황궁으로 돌아오면서 "오늘은 반드시 이 촌 노인네를 죽이고 말 테다."라는 말을 내뱉었다.

이 말을 엿들은 장손황후長孫皇后가 자초지종을 묻고는 이내 내실로 들어가 옷매무새를 다시 하고 나와 황제에게 큰 절을 하였다. 황제가 의아해하자 황후는 "임금이 밝으면 신하도 곧다고 했는데 오늘 밝은 임금을 뵈었으니 어찌 예를 올리지 않을 수 있겠습니까?"라고 공손히 대하였다. 이에 황제는 이내 마음을 풀고 초심으로 돌아가 신하들의 간언을 잘 받아들였다.

황제가 밝으면 신하뿐만 아니라 부인의 행실도 밝은 모양이다. 장손황후는 현명하고 어질어서 황실에서 생기는 후궁끼리의 암투를 덕으로 포용하고 감싸 안아 궁내부의 갈등이 없도록 황제를 내조하였다.

어느 날 황제가 신하들의 논공행상에 대해서 황후에게 의견을 묻자 "그것은 안사람이 나서서는 안 되는 일입니다."라고 하며 끝내 자신의 의견을 얘기하지 않았다. 다만 자신의 오라버니인 장손무기長孫無忌를 재상으로 삼으려 하자 "그렇게 하시면 안 됩니다."라고 말하면서 끝까지 말렸다. 황후는 자신의 오빠가 태종의 개국공신으로 재상자격이 충분한데도 외척에 대한 부담을 황제에게 주기 싫어서 반대한 것이다.

황후는 황제의 급한 성격에도 언제나 담담히 대하여 바르게 정사에 힘쓰도록 도왔다. 황제가 한번은 하루에 천리를 달린다는 자신의 애마가 죽었다는 보고를 받았다. 말을 위해 마구간을 따로 지어줄 정도로 아끼던 터라 황제의 상심은 컸다. 그는 책임을 물어 자신의 말을 돌보던 관리를 죽이려 하자 황후가 고사를 얘기하며 이를 만류하였다.

"옛날 제나라 경공景公이 애마가 죽자 화가 나서 담당자를 죽이려 하였습니다. 이때 재상인 안영晏嬰이 나서서 세 가지 죄를 물어 그 관리를 꾸짖었는데 첫 번째는 주군께서 아끼는 말을 죽게 했고, 두 번째는 주군께서 고작 말 한 마리에 사람을 죽이는 부덕한 사람이 되게 하였고, 세 번째는 이런 소문이 돌면 제후들이 조정을 보고 비웃을 것이라고 꾸짖었습니다. 경공은 안영의 의도를 알고 그 관리를 용서하였습니다. 폐하도 그 고사를 잘 아시지 않습니까?"라고 하니, 황제는 황후의 말의 뜻을 이해하고 그 관리를 용서하였다.

그야말로 현처였던 황후는 서른여섯 젊은 나이에 병을 얻어 세상을 떠나면서도 황제에게 마지막 부탁을 하였다. "우리 집안 사람들은 제 덕분에 높은 지위와 부를 쌓았으니 더 이상 그들에게 높은 벼슬을 내리지 마십시오. 그리고 저의 장례식은 간소하게 치러 주시되 부디 군자들의 충언을 들으시고 소인들의 아첨은 멀리하십시오."

황제는 황후가 죽자 "황후는 나에게 아주 편안하고 좋은 의논 상대였으며 누구보다도 어진 보좌관이었다."라고 하며 비통해 하였다. 과거 우리 주변의 고관대작 부인들이 남편의 직위를 이용하여 세상을 쥐락펴락 흔들어 대는 안타까운 현실과는 대조되는 일이다.

태종에게 황후의 죽음은 너무나 슬픈 일이었다. 하지만 그의 주변에 있는 위징과 같은 현명한 신하들이 그의 공허한 마음을 채워 주어 나라는 안정되고 태평세월은 계속되었다. 황제는 자신이 치적이 높아지자 다른 곳으로 눈을 돌리기 시작했다. 그 하나는 주변 국가 중에 고분고분하지 않는 고구려를 정벌하는 것이 바로 그것이다. 또 하나는 방탕하게 세월을 보내는 맏아들 이승건에 대한 태자폐위 문제였다.

그러나 이 두 가지 문제는 나라의 존망이 걸린 매우 중요한 문제로 위징은 황제에게 신중하게 처리할 것을 간언하였다. "먼저 강대한 고구려를 정벌하는 것은 큰 국력이 소진될 뿐만 아니라 이겨도 실익이 크지 않습니다. 그리고 황태자의 폐위문제는 궁궐 내의 권력다툼으로 이어져 피비린내 나는 싸움이 일어날 것입니다."라고 말하자 황제는 곧바로 마음을 접었다.

정관 12년 태종은 이런 위징에 대해 공식석상에서 칭찬하였다. "나라를 세우기 전에는 생사고락을 같이 한 방현령의 공이 컸소. 그러나 황제가 된 이후 나에게 충심을 다하고 직언을 아끼지 않은 사람은 위징뿐이오."라고 말하며 그동안의 고마움을 표현했다. 이에 위징은 "신이 감히 의견을 펼칠 수 있었던 것은 폐하께서 저의 말을 들어주셨기 때문입니다. 만약 그렇지 않았다면 저는 감히 용의 비늘을 건드리지 못했을 것입니다."라는 말로 그 공을 황제에게 돌렸다.

정관 18년, 위징이 63세의 나이로 갑자기 사망하였다. 황제는 천하를 잃은 것만 같은 슬픔을 느꼈다. 사흘 밤낮을 통곡한 황제는 모든 관리들에게 조문토록 하고 자신이 직접 비문을 써서 비석을 세워주었다. 그리고는 신하들에게 "나에게는 세 개의 거울이 있었다. 구리거울은 의관을 바르게 하였고, 역사의 거울은 흥망의 이치를 배웠으며, 사람의 거울로는 나의 잘못을 깨달았다. 위징의 죽음으로 짐은 거울 하나를 잃고 말았다."고 말하며 애통한 마음을 표현했다.

그러나 이 말도 잠시 위징이 죽고 난 후 당태종은 기다렸다는 듯 위징이 반대해온 고구려 정벌과 태자의 폐위문제를 실행에 옮겼다. 신하 중에는 위징처럼 대의를 위해 목숨을 걸고 역린을 건드리는 사람이 한 명도 없었다.

당태종은 자신의 마음에 들지 않는 맏아들을 폐위시키고 아홉째 아들을 황태자로 임명하였다. 그리고 고구려 원정을 강행하지만 전쟁에서 실패하고 퇴각하였다. 이때 황제는 자신의 행동을 후회하며 "만약 위징이 살아있었다면 짐이 이런 행동을 하도록 내버려두지 않았을 것이다."라고 한탄하였다고 한다. 결국 당태종은 이로 인해 얻은 병으로 시달리다가 649년 7월 10일 51세의 나이로 사망하였다.

훗날 원나라 영종(1304~1323)이 신하인 배주拜住에게 "지금 이 시대에는 왜 위징과 같이 말할 수 있는 신하가 없단 말인가?"라고 한탄하며 물었다.

배주는 "그 임금에 그 신하입니다. 위징이 그렇게 말할 수 있었던 것은 당시 황제가 그의 말을 받아들일 수 있는 도량을 갖추었기 때문에 가능하였던 것입니다."라고 답하였고 영종은 그 말을 수긍하였다고 한다.

목숨을 걸고 황제의 역린을 건드린 위징도 훌륭한 신하였지만, 그 이전에 그런 역린을 허용한 당태종의 넓고 큰 포용력이 후대의 모든 제왕들에게 귀감이 되었다.

현대 우리사회는 소통의 시대이다. 이 시대를 밝게 열기 위해서는 당태종과 같이 역린을 허용할 줄 아는 리더와 대의를 위해 과감하게 역린을 건드리는 위징과 같은 참모가 동시에 필요하다. 물론 역린은 허용하는 것보다 이를 거스르는 것이 더 절박하고 위태하므로 이때는 각별한 지혜가 필요하다.

부하가 역린을 건드려 직언을 할 때는 리더의 성향을 파악하고 거기에 맞는 방법을 선택해야 한다. 간결하고 정확한 직언을 좋아하는지, 아니면 우회적으로 부드럽게 의견을 제시하는 것이 좋을지를 판단해야 한다. 위징도 초기에는 직선적으로 간언하였지만 황제의 급한 성격을 파악한 후에는 역사의 고사와 일화를 통해 우회적으로 자신의 뜻을 전했다.

시간과 장소도 중요하다. 적절한 상황을 고려하지 않고 오직 우국충정만 믿고 돌진하다가는 전사하기 십상이다. 중국의 역사를 보면 환관들은 황제의 심기가 좋을 때는 평소 사이가 좋은 대신들이 보고하도록 하고, 심기가 좋지 않을 때는 미워하는 대신들이 보고하도록 연락하였다는 기록이 있다. 그만큼 리더가 기분 좋은 적절한 시간에 직언하는 것이 효과적이다.

장소도 집무실 같은 권위적인 공간보다는 리더의 동선에 따라 목욕탕, 휴게실 등과 같은 비공식적인 장소가 좋을 때가 있다. 무거운 보고일수록 가볍게 운을 떼워 리더의 심기를 살피고 그에 따라 중대한 다음 보고를 준비하는 것이 현명하다.

특히 리더가 듣기 거북한 조언일수록 더욱 요령이 필요하다. 단도직입적으로 직언을 하면 리더는 거부감을 나타낼 수 있다. 그럴 때는 리더에게 자존감을 세워주는 덕담을 먼저 하고 진심어린 충언을 하는 것이 좋다. "회장님 덕분에 사내 분위기가 너무 좋습니다."라든지 고집 센 리더에게는 "부장님이 온화하셔서 말씀드리는데……."라는 말이 좋다.

그리고 자신의 진심을 담아서 "저의 좁은 소견으로는 이렇습니다."라고 말하면 대부분 그 조언을 잘 받아들일 것이다. 여하튼 참모로서의 직언은 어렵지만 조직을 위하고 리더를 존경하는 마음으로 해야 리더가 그 진정성을 알고 수용한다. 그렇지 않으면 호랑이 꼬리를 밟는 것과 다름이 없다.

이와는 반대로 리더로서 충직한 부하의 고언을 이끌어내려면 어떻게 처신해야 할까? 현대경영학의 창시자로 불리는 미국의 피터 드러커Peter Drucker(1909~2005)는 "리더는 좋은 말만 들어서는 올바른 결정을 내리지 못한다. 오히려 상반된 의견을 듣고 여러 대안을 고려해야 제대로 된 결정을 내릴 수 있다."고 하였다.

충직한 신하를 안으려면 리더의 품은 넓고, 생각은 깊어야 한다. 리더가 부하의 역린을 참아내는 것은 대단히 어려운 일이다. 당태종도 위징의 충언에 불쾌감을 넘어 분노를 느끼고 "위징의 목을 당장 베라."는 명을 여러 번 내렸다가 철회한 적이 있었다. 리더는 부하의 직언이 충심어린 용기 없이는 할 수 없는 일임을 먼저 이해해야 한다. 그리고 설사 생각이 다르더라도 이를 이성적으로 받아들이는 포용력을 가져야 한다.

그리고 평소 부하가 성심껏 조언할 수 있도록 부드럽고 온화하게 대해야 한다. 당태종이 즉위 초에 문무백관들에게 "지금 내 자신의 허물을 들으려 하니 거리낌 없이 말해보시오!"라고 명하니 아무도 말하는 사람이 없었다. 잠시 후 이 말을 들은 유계劉泊라는 사람이 머뭇거리더니 "폐하의 평소 모습은 지금과 다릅니다. 저희들이 옳고 그름을 말씀드릴 때 폐하의 뜻과 다르면 면전에서 엄한 표정으로 저희들을 나무라셨습니다. 솔직히 지금 드린 말씀도 폐하의 반응이 두렵습니다."라고 간하였다.

황제는 이 말을 듣고 평소 자신의 처신에 더욱 각별히 신경을 썼다. 얼굴 표정을 부드럽게 하고 귀에 거슬리는 진언에 대해 도리어 칭찬을 아끼지 않았다. 그리고는 "나는 지금부터 가슴을 활짝 열고 경들의 간언을 받아들일 테니 생각한 데로 말하라."고 하며 대신들의 충언을 듣고자 했다.

이처럼 리더가 부하에게 좋은 직언을 듣고자 하면 그만큼의 배려가 필요하다. 지나치게 엄격하면 부하들이 가까이 갈 수가 없다. 그렇다고 너무 가벼이 보여서도 안 된다. 기품이 있으면서도 온화한 표정으로 부하들을 보듬으면 부하는 비록 자신에게 불이익이 생길지라도 올바른 의견을 개진할 수 있다.

리더가 역린을 허용하는 것은 지혜와 인내가 필요하다. 옛말에 "달콤한 말이거든 이치에 벗어나는지를 돌아보고 거슬리는 말이거든 이치에 맞는지를 생각해 보라."고 하였다. 현명한 리더라면 달콤한 말속에 가시가 있는지를 살펴보고 비록 쓴소리라고 할지라도 부하의 고언을 잘 헤아릴 줄 알아야 한다. 그리고 자신의 주변에 위징 같은 부하가 없다는 것을 탓하기 전에 스스로가 당태종처럼 역린을 허용하는 통큰 리더십을 갖추었는지 다시 한 번 돌아보아야 한다.

'현장'에서 묻고 '현장'에서 답하라

현장을 모르는 리더는 소통을 말할 수 없다. 현장이란 항상 치열하고 새로운 변화가 역동적으로 이루어지는 곳이다. 이에 반해 우리의 인식구조는 기존의 방식에 놀라울 정도로 익숙해 있어 현장의 새로운 변화에 적응하지 못하는 경우가 많다.

그러므로 리더는 고정관념이 강화되어 있는 구중심처九重深處에서 벗어나 현장에서 직접보고 느껴야 한다. 그래야만 새롭고 창의적인 사고로 올바른 판단을 내릴 수 있다. 현장은 리더에게 가장 진솔한 소통의 의미가 응축된 장소이다.

샘 월튼 Sam Walton은 세계적인 소매 유통업체인 월마트Wal-Mart의 창업자다. 그가 회사를 창업한 지 50년 만에 글로벌 기업으로 급성장시킬 수 있었던 근본적인 힘은, 말단 현장 속에서 땀을 통해 얻어지는 '현장의 목소리'를 중요시한 사업철학에 있었다.

월마트는 1962년 미국 아칸소주 로저스Rogers에서 부부창업자인 샘 월튼과 버드 월튼에 의해 설립되어 출발하였다. 사업 초기부터 샘 월튼 회장은 월마트가 유통회사라는 점에서 사람과의 관계가 무엇보다도 중요하다는 점을 강조하였다. 그래서 만든 것이 '오픈 도어Open Door정책'이다. 회사 내 중역이나 말단에 관계없이 사무실 문을 활짝 열어젖히고 현장을 찾아다니며 고객들의 목소리를 들어야 한다는 것이다.

이 정책을 실행하기 위해 가장 먼저 회장이 사무실을 박차고 나왔다. 수시로 비행기를 타고 현장을 누비면서 말단 직원들을 만나 고객의 소리를 들었고 그것을 회사정책에 반영하였다. 회장의 이런 경영방식이 회사의 문화로 정착되면서 월마트는 꾸준히 성장가도를 달렸고 세계적인 유통시장을 주도하기 시작하였다.

그러나 어느 조직이든 한번쯤은 어려움을 겪듯이 월마트도 성장에 제동이 걸리는 일이 발생하였다. 회사의 저임금정책에 대한 각국 지사의 노조들이 불만을 제기하면서 심각한 노사갈등이 발생한 것이다. 월튼 회장은 고민스러웠지만 이 위기를 특유의 내부결속과 현장소통을 통하여 해결하려 하였다.

그는 먼저 자신을 포함한 임원들의 특혜를 과감히 없앴다. 최고 경영자라 하더라도 출장 시 비행기 1등석에 탈 수 없도록 하고 직원들과 같은 방을 사용하도록 규정화하였다. 그리고 직원 간에는 국적이나 지위에 관계없이 서로를 '동반자'로 부르며 존중해주도록 배려하였다.

또한 현장소통 체계를 강화하여 고위급 임원들이 현장에 있는 말단 직원들과 고객들의 애로사항을 직접 들을 수 있도록 하였다. 이를 위해 회사 전용비행기를 구입하고 현지와 화상통화를 할 수 있도록 전용 인공위성까지 보유하는 등 예산투자를 아끼지 않았다. 결국 회사는 안정을 되찾았으며, 계속적인 성장을 할 수 있었다.

사실 이러한 조치는 구두쇠로 소문난 회장에게 있어 파격적이었다. 그의 이런 행보가 얼마나 파격적인가는 그의 검소한 사생활을 돌아보면 알 수 있다. 개인자산이 20조원이 넘는 엄청난 갑부였지만 항상 허름한 옷차림에 픽업트럭을 타고 직접 물건을 사러 다녔다. 자녀들도 수업이 끝나면 가게에서 일하게 하고 신문배달까지 시켰다. 그는 자녀들이 '게으른 부자'로 불리는 것을 싫어했다.

한번은 기자들이 회장의 이런 모습을 시험하기로 했다. 회장이 자주 지나가는 길에 1센트짜리 동전을 던져놓고 줍는지를 보기로 했다. 회장은 망설임 없이 동전을 줍기 위해 허리를 굽혔다. 사적으로는 이렇게 구두쇠였지만 회사를 위한 투자에는 아낌이 없었다. 최신의 시설이나 장비를 구비해 주었고, 회사에 공헌한 직원에게는 통큰 서비스를 챙겨주는 인심 좋은 아저씨였다. 직원들은 그런 회장을 '미스터 샘'이라고 부르며 친근함을 표시했다.

오늘날까지 월마트의 고위급 임원들의 모든 업무 일정은 현장소통에 맞추어져 있다. 매주 월요일이면 임원들은 본사인 아칸소주의 작은 도시 벤토빌Bentonville에서 전용비행기 5~6대에 나눠 타고 전 세계의 점포를 향해 날아간다. 때에 따라서는 고객으로 위장하여 은밀히 매장을 돌아다니면서 직원들과 고객들을 만나 현장의 목소리를 직접 듣고 시장조사를 세밀하게 한다.

사흘간 현장에서 보낸 임원들은 수요일 오후에 다시 본사로 돌아와서 목요일까지 근무한다. 금요일에는 회장을 포함한 전 임원들이 출장에서 보고 들은 현장의 문제를 논의한다. 그리고 토요일에는 자신이 방문했던 매장책임자와 위성통화를 통하여 회사의 토의 결과를 통보해준다. 본사와 현장 간의 소통에 대한 피드백은 이렇게 신속하게 이루어진다.

일요일은 가족과 함께 보내고 월요일에는 다시 전용비행기를 타고 월마트의 현장으로 날아간다. 이런 방식으로 임원들은 전체 근무시간의 70%를 현장에서 보낸다. 그러나 누구도 이러한 기업방식에 대해서 불만을 갖지 않는다. 회사 창립 때부터 현장을 강조한 회장의 경영철학이 정착되었기 때문이다.

1992년 4월 5일 월튼 회장은 74세의 나이에 골수암으로 세상을 떠났다. 하지만 후대의 경영자들은 회장의 기업정신을 그대로 이어갔다. 그 정신은 회장이 죽은 지 10년이 지난 2005년, 뉴올리언스를 강타한 허리케인 '카트리나Katrina'의 조치과정에서도 잘 나타났다.

카트리나는 2005년 8월 29일 미국 남부지역인 뉴올리언스를 강타하여 수천 명의 사망자를 내고 도시 80%를 침수시킨 미국 역사상 가장 큰 자연재해였다. 그러나 월마트는 사전 현장관리를 철저히 하여 자사의 피해를 최소화할 수 있었고 오히려 기업브랜드의 가치를 높이는 결과를 가져왔다.

월마트 경영진의 재해에 대한 대비는 미 당국보다 더 신속하고 철저하였다. 허리케인 상륙 6일 전에 비상대응을 시작하여 본사에 비상운영센터를 마련하고 현장 직원들과의 소통을 위해 핫라인을 설치하였다. 그리고 당국 기상청의 경보 12시간 전에는 비상대비를 위한 모든 준비를 끝냈다. 초기 대응물품인 생수, 손전등, 발전기와 같은 필수품을 인근 물류센터에 배치하고 이후의 복구 장비인 전기톱과 걸레까지도 준비했다.

이와 같은 일사불란한 대응 덕분에 재해지역 내 월마트의 피해는 미미했다. 카트리나 상륙 보름 후인 9월 16일 재해지역의 126개 점포 중 113개가 정상적으로 운영되었다. 그리고 월마트만이 모든 것을 잃은 재해지역 사람들에게 소중한 필수품을 정상가격에 공급하였다. 이것은 정부의 구호물품보다 빠른 조치였다. 일부 악덕 업체에서 생필품 가격을 100배 이상으로 받아 폭리를 취하는 것과는 대조적이었다.

그동안 월마트는 소비자들에게 "대규모 저가 유통으로 영세 소매업체들의 상권을 침해한다."는 부정적인 인식을 주었었다. 그러나 카트리나 이후 월마트를 보는 소비자들의 인식은 바뀌었다. "서민들을 위해 값싼 물품을 제공한다."는 긍정적인 인식이 더 부각된 것이다.

월마트의 임원진들은 오늘도 회사의 전용기를 타고 전 세계 매장을 돌아다닌다. 현지 말단 직원들과 고객들의 작은 불만사항을 듣고 소통하기 위해서다. 그들에게는 편안한 안락의자에 앉아 아랫사람의 보고만 받는 탁상행정이 허용되지 않는다. 이것이 오늘날 월마트가 전 세계적으로 4천 9백 개의 매장과 350만 명이 넘는 종업원을 거느리면서 매주 1억 명이 넘는 고객이 이용하는 세계 최대의 유통기업으로 성장한 비결이다.

미국의 또 다른 기업인 IBM은 월마트와 다른 길을 걸었다. 이 회사는 세계적인 컴퓨터 회사로 잘 알려져 있다. 그러나 변화무쌍한 컴퓨터 시장에서 현장을 제대로 관리하지 못하여 기업이 도산위기까지 몰리는 뼈아픈 경험을 한 바 있다.

IBM은 1911년 미국의 찰스 플린트Charles Flint에 의해 설립되었다. 회사가 성장하기 시작한 것은 전자타자기를 만들기 시작하면서부터였다. 이후 컴퓨터 시장에 뛰어들어 사업기반을 잡았고, 1950년 이후에는 전 세계 컴퓨터 시장의 약 70%를 석권하였다. 그 후에도 꾸준히 성장하여 명실공히 기업가치가 미국 내 1위를 차지할 정도로 건실한 세계적 기업이 되었다.

그런데 이러한 기업이 1980년 중반에 들어서자 순이익이 점차 감소하기 시작하였다. 급기야 1992년에는 160억 달러라는 천문학적 규모의 적자를 기록하였고, 그 다음 해에는 회사의 생산설비 40%가량을 감축해야 하는 대위기에 직면하였다.

IBM의 위기는 1980년 중반 이후 반도체 기술의 급속한 발달로 컴퓨터

산업의 구조가 대형 컴퓨터 하드웨어 중심에서 소형 개인 컴퓨터인 소프트웨어 중심으로 변화하면서 시작되었다. IBM의 기술력이나 자본력으로 볼 때 이런 시장의 변화에 발맞추어 기업구조를 재빠르게 바꾸었다면 시장의 주도권을 다시 잡을 수 있었다.

그러나 불행히도 IBM은 현장의 변화에 신축적으로 대응하는 기업구조를 갖지 못하였다. 결재라인은 무려 11단계나 되어 현장의 목소리가 제대로 반영되지 못하였고 고객의 불만사항에 대한 신속한 피드백도 이루어지지 않았다. 그렇다고 해서 월마트처럼 회장이나 임원들이 직접 현장을 볼 수 있는 체계도 갖추지 못하다 보니 현장의 소리는 묻히거나 왜곡될 수밖에 없었다.

또한 주요 신제품 개발과 같은 중요한 의사결정은 오직 중역회의에서 결정할 뿐 현장상황을 잘 아는 하부 직원의 참여가 제한되었다. 그들의 회의는 시간만 길고 요점이 없는 탁상공론이 많았다. 그렇다 보니 시장의 유동성에 맞는 적절한 투자를 하지 못하고 과거의 시장흐름만 고집하게 되었다.

임원들의 인식도 문제였다. 세계 모든 직장인들의 로망인 이 회사의 임원들은 시장의 변화에 따라 회사의 방침을 바꾸기보다는 자신들의 독보적인 권위를 인정받고 싶어 했다. 결국 이들의 이런 오만함이 컴퓨터 시장에서 일어나는 대규모의 현장 변화를 인지하지 못하고 회사를 위기에 빠뜨린 것이다.

다행히도 IBM의 위기를 타개하기 위해 새로 영입한 루이스 구스너 회장은 현장의 중요성을 아는 리더였다. 그는 구조조정을 통하여 11만 명의 인력을 감축하고 비대하고 복잡한 구조를 단순화시켰다. 그리고 현장과 소통하기 위해 이메일로 현장의 말단 직원들과 대화하고 자신의 별장에 고객을 초청하여 직접 제품에 대한 의견을 들었다.

그의 이러한 노력으로 IBM의 파산은 막았으나 컴퓨터 업계에서의 과거 명성을 되찾지는 못하였다. 현재 이 회사는 기존의 컴퓨터 제조기반 사업을 버리고 새로운 컴퓨터 서비스 중심의 사업으로 바꾸어 그 맥을 이어가고 있다.

오스트리아 출신 경제학자인 하이에크Hayek는 "최고의 의사결정은 현장 지식에서 나온다."고 하였다. 현장을 무시하고 탁상행정을 해서는 올바른 의사결정을 할 수 없다는 말이다. 세계적인 다국적기업으로서 엄청난 자본력을 가진 월마트와 IBM의 기업운영방식상 차이가 이 사실을 말해주었다. 회장을 포함한 고위임원의 업무 70%를 현장에서 보내는 월마트와 일반직원들이 고객과의 갖는 시간에 고작 30%만 할애하는 IBM의 조직운영 결과는 분명하게 다른 것이었다.

현장은 리더에게 매우 의미 있는 곳이다. 조직의 성장과 변화를 이끌어가는 힘이 모인 곳이기도 하지만 다른 한편으로는 조직의 말단인, 땀과 눈물의 애환이 가득한 곳이기도 하다. 그렇기에 현장은 항상 시끄럽고 갈등이 존재하는 불편한 장소가 될 수도 있다. 그러므로 리더가 현장을 소홀히 해서는 성장의 기회도 없을 뿐 아니라 조직의 갈등과 위기에 대처하기 힘들다.

일본의 교세라 그룹 회장인 이나모리 가즈오는 선배기업인으로부터 "현장을 중요시하라."는 따끔한 충고를 듣고 평생 마음속에 새겼다. 그가 젊은 시절, 기업이 한창 잘 나갈 때 임원들과 함께 온천에서 세미나를 하게 되었다. 휴식 겸 세미나를 하면서 성공한 선배 기업인인 혼다 회장을 초청하여 그의 성공담을 듣는 자리를 마련하였다.

그런데 초청된 혼다 회장이 가즈오 회장과 임원들에게 한 일성은 "지금 당장 현장으로 돌아가 정열을 쏟으라."는 호통이었다. 교세라 그룹보다 몇 배나 큰 혼다그룹 회장의 당시 복장은 기름이 얼룩진 작업복 차림이었다. 가즈오 회장은 선배 혼다 회장의 호통을 평생 마음속에 새기고 항상 현장을 누비며 말단 직원들의 애환을 듣는 경영인이 되고자 노력하였다.

리더가 진정한 소통을 하려면 현장으로 달려가야 한다. 하루 종일 편안한 소파에 앉아 결재판에 끼워진 보고서만으로는 현장의 땀과 눈물을 읽어낼 수 없다. 혼다 회장의 호통처럼 지금 당장 사무실을 박차고 나와 현장으로 달려가야 한다. 그렇다고 해서 떠들썩한 의례적인 방문은 오히려 현장을 불편하게 할 따름이다. 리더 스스로가 기름진 작업복을 입고 같이 땀을 흘리고자 하는 의지가 있을 때 진정한 현장과의 소통이 이루어진다.

이러한 현장과의 소통은 조직이 큰 재난이나 위기 상황일 때 더 필요하다. 흔히 사건현장은 '증거의 보고寶庫'라는 말이 있다. 조직 내 불미스러운 사고가 발생했을 때는 지체 없이 현장에 달려가 상황을 보고 판단하는 것이 매우 중요하다. 현장에는 문제의 원인도 있지만 그 답도 있기 때문이다. 그것이 위기를 해결하는 골든타임을 확보하는 길이기도 하다.

더불어 현장소통의 장애가 되는 구조는 과감히 개선해야 한다. IBM의 위기는 비대한 관료주의적 기업구조가 문제가 되었다. 말단 현장에서 최고 회장까지 11단계의 결재선을 거쳐야만 하였다. 이런 구조로 현장의 목소리를 최고 결정자에게까지 전달한다는 것은 불가능하다. 결재선은 최소화시키고 때에 따라서는 리더가 직접 현장 실무자의 목소리를 듣고 정책에 반영시킬 수 있는 소통체계를 만들 필요가 있다.

우문현답愚問賢答이란 말이 있다. 본래의 뜻은 '어리석은 질문에 현명하게 답한다'이다. 그러나 종종 현장의 중요성을 말하면서 패러디로 사용되기도 한다. 즉 '우리의 문제는 현장에 답이 있다'는 말이다. 리더가 현장을 알기 위해서는 우문현답을 자주해야 한다.

독일의 명장 롬멜 장군은 "나는 탁상 위의 전략은 믿지 않는다."고 말했다. 말단 현장의 애환과 눈물은 리더가 발품을 팔지 않으면 알 수 없다. 지금이라도 소통을 위해서는 왜곡과 편견이 판치는 탁상에서 벗어나 운동화 끈을 질끈 매고 소란스럽고 불편한 현장으로 가야 한다. 그래야만 조직의 거친 숨결을 생생하게 느낄 수 있다. 현장을 모르고는 진정한 소통이 완성

될 수 없다!

'높이 서서' 보아야 '크게' 볼 수 있다

높이 나는 새가 멀리 볼 수 있고 넓은 호수에 많은 물이 담긴다. 리더가 올바른 소통을 위해서는 높이 서서 크게 볼 줄 알아야 한다. 리더의 시야가 발밑에 머물고 과거의 편협한 인식의 틀에 갇혀 원대하게 미래를 보지 못하면 그 조직은 소통이 되지 않아 갈등의 화살을 비켜가기 어렵다.

19세기 세계에서 가장 위대한 정치가이자 군인이었던 **나폴레옹**은 "나의 사전에는 불가능은 없다."라는 말로 우리에게 잘 알려진 인물이다. 그러나 그도 한때 자신의 편협한 사고로 인해 스스로가 불가능한 일을 만든 적이 있었다.

18세기 말 나폴레옹은 대유럽 제국을 정복하기 위해 나름대로의 계획을 세우고 있었다. 그러나 늘 걱정되는 것이 영국이었다. 영국은 일찍이 산업혁명을 성공시키면서 그 국력이 세계를 지배하는 수준에 있었다. 그런 영국이 자신의 뒤통수를 늘 노려보고 있으니 이를 두고서 유럽을 정복하기란 어려워 보였다.

야심에 찬 나폴레옹이 1804년 황제에 등극하자마자 가장 먼저 영국을 침공하기로 하였다. 그런데 문제는 해군력이었다. 프랑스는 전통적으로 해군보다는 육군이 강한 대륙국가다. 반면 섬의 나라 영국은 해양국가로 막강한 해군력을 보유하고 있어 고민거리가 아닐 수 없었다. 나폴레옹이 고민하고 있을 때 어쩌면 이를 해결해 줄 수도 있는 반가운 손님 한 명이 베르사유 궁전을 찾아왔다.

그는 프랑스에 체류 중인 미국 펜실베이니아주 출신의 발명가로 **로버트 풀턴**Robert Fulton(1765~1815)이라는 사람이었다. 풀턴은 황제를 만나는 자리에서 증기선 군함을 건조할 것을 제안하였다. "폐하, 제 계획에 따라 현재의 목재 전함을 증기기관 전함으로 바꾸면 프랑스는 지금보다 훨씬 더 강한 해군력을 가질 수 있습니다."

황제는 내심 뛸 듯이 기뻤다. 자신이 영국에 맞설 생각을 할 때 가장 걱정했던 해군력을 키울 수 있는 절호의 기회라고 생각하였다. 황제는 당돌한 이방인에게 다가가 "어서 그 계획을 상세하게 말해 보시오."라며 조급하게 다그쳤다. 그러자 풀턴은 의기양양하게 자신의 증기선 건조계획을 설명하기 시작하였다.

그런데 황제의 얼굴빛이 처음 기대감과는 달리 점차 실망하는 모습으로 변하였다. 풀턴의 계획은 너무 파격적이어서 나폴레옹에게는 다소 황당무계한 소리로 들렸다. 당시 전함은 대부분 목재로 만들어진 범선帆船으로 돛을 달아 바람을 이용하면서 노를 저어 항해하는 것이 일반적이었다. 그런데 풀턴은 배의 갑판을 철갑으로 두르고 배에 석탄을 연소시켜 증기로 배를 움직인다는 발상을 한 것이다.

나폴레옹은 이러한 풀턴의 생각을 이해하지 못하였다. 기대가 컸던 나폴레옹은 실망도 크게 하였다. 그는 큰소리로 비웃으며 "뭐요? 갑판 밑에 모닥불을 피워 그 힘으로 바람과 조류를 거슬러 갈 수 있다고요? 미안하지만 나는 그런 바보 같은 말을 들을 정도로 한가하지 않소!"라고 화를 내며 풀턴을 내쫓아버렸다. 그리고는 자신의 생각대로 대단위의 범선을 건조하여 영국과의 대해전을 치르게 되었다.

1805년 10월 21일 나폴레옹이 이끄는 대함대는 영국의 해군영웅 넬슨 제독이 이끄는 영국함대와 트라팔가에서 일전을 벌였다. 이것이 그 유명한 '트라팔가 해전'이다. 그 결과는 예상대로였다. 나폴레옹의 프랑스 해군은 막강한 영국 해군을 이겨낼 수 없었다. 대패한 나폴레옹은 결국 스스로 몰락의 시간을 앞당기는 어리석음을 범했다.

그 후 2년이 지난 1807년 8월 17일 미국 뉴욕의 허드슨강에는 역사적인 광경이 펼쳐졌다. 증기선의 시험항해를 보기 위해 사람들이 모여 들었다. 불과 얼마 전 나폴레옹에게 바보 취급받던 풀턴이 미국으로 돌아와 증기선을 제작하여 시험 항해하기로 한 것이다.

사람들의 시선은 검은 연기를 내뿜으며 시속 8km로 항해하는 길이 40m, 폭 5m의 괴물선박에 쏠렸다. 이 괴물선박의 이름은 세계역사상 최초의 증기선인 노스 리버North River호로 나폴레옹에게 퇴짜맞은 '바보선박'이었다. 이 배는 승객을 태우고 뱃고동 소리를 힘차게 내며 출발하였다. 그리고 허드슨강을 따라 이틀간 약 240km를 바람을 가르며 항해하였다. 울버니 항구에 도착하기까지 32시간을 무사히 항해하는 기염을 토했다.

이로써 드디어 증기선의 시대가 막을 올렸다. 동시에 그동안 역사를 지배했던 범선의 시대는 수평선 너머로 저물고, 기관의 힘으로 움직이는 새로운 함정의 역사가 시작된 것이다.

독일의 유명한 시인 하인리히 하이네Heinrich Heine(1797~1856)는 나폴레옹을 한번 만나고 난 후 "그는 한 번의 눈길로 모든 사람들을 다 꿰뚫고 있다."고 극찬한 적이 있었다. 그런 통찰력이 이번에는 통하지 않았다. 나폴레옹이 풀턴의 역사적인 제의를 통찰하지 못한 것은 역사의 아이러니가 아닐 수 없다. 그는 다른 사람을 다루는 데는 천재적인 능력을 가진 사람이었지만 정작 자신의 작은 집착력을 다루는 데는 완벽하지 못했던 것이다.

이후 130여 년이 지난 1939년 10월 11일 나폴레옹과 풀턴의 이 일화가 역사적인 사건에 인용되는 기묘한 인연을 갖게 되었다. 당시 미국 대통령이었던 루스벨트의 개인 고문인 **알렉산더 삭스**가 대통령을 만나기 위해 백악관을 방문하게 되었다. 그가 대통령을 만나는 목적은 '원자 에너지를 연구하여 독일보다도 먼저 원자탄을 만들자'는 제의를 하기 위해서였다.

삭스는 먼저 대통령에게 아이슈타인을 비롯한 몇몇 과학자들의 친필편지를 전달하였다. 편지의 내용에는 주로 '나치 독일이 핵분열 이론을 이용하여 군사적 목적에 응용할 조짐이 보이니 미국이 하루빨리 원자력 무기를 개발해서 독일의 기선을 제압해야 한다'는 내용이었다.

그러나 대통령은 따분하고 어려운 과학논문에 크게 흥미를 보이지 않았다. 삭스의 추가설명에도 심드렁한 표정으로 일관하며 부정적인 반응을 보이기만 하였다. 삭스는 할 수 없이 백악관을 나와야만 하였다. 대통령과의 소통은 이것으로 끝나는 듯했다.

이튿날 삭스는 루스벨트 대통령의 주관하는 조찬모임에 초청되었다. 삭스는 이 기회를 이용해서 다시 한 번 대통령을 설득하기로 하였다. 그러나 대통령은 삭스가 입을 떼는 순간 "오늘 우리는 밥만 먹읍시다. 아인슈타인의 편지 이야기는 한마디도 하지 않는 것이 좋겠소!"라며 그의 말문을 막았다.

삭스는 웃음 띤 대통령의 얼굴을 바라보면서 이렇게 말하였다. "알겠습니다. 그러면 대신 역사 이야기를 조금 하겠습니다."

삭스는 대통령이 물리학은 잘 모르지만 역사에 대해서는 깊은 관심을 갖고 있다는 사실을 알고 있었다. "천하의 나폴레옹이 유럽을 제패하던 시절 상대적으로 약한 해군력 때문에 고심하고 있었습니다. 그때 미국의 젊은 발명가인 풀턴이 나폴레옹을 찾아가 프랑스 전함 위에 있는 돛대를 끊어버리고 증기기관을 설치한 다음 나무판자를 강판으로 바꾸자고 제안하였습니다. 이렇게 하면 숙적인 영국해군을 물리칠 수 있다고 장담하였습니다."

삭스의 말에 대통령은 "그래서 어떻게 되었소?"라고 물으며 관심을 보였다. 그러자 삭스는 말을 이어갔다. "하지만 나폴레옹은 자신의 편협한 생각으로 이 제의를 받아들이지 않고 오히려 풀턴을 바보 취급하며 내쫓아 버렸습니다. 그는 배에 돛이 없으면 항해할 수 없고 목선을 철선으로 바꾸면 침몰할 것이라고 생각한 것이지요. 하지만 역사학자들은 나폴레옹이 풀턴을 제의를 받아들였다면 19세기의 역사는 다시 써졌을 거라고 말합니다."

삭스는 말을 마치고 루스벨트를 조용히 바라보았다. 루스벨트는 잠시 자신의 편협한 생각을 반성하는 듯하였다. 둘 사이에 무거운 침묵이 흘렀다. 잠시 후 대통령은 무엇인가를 결심하는 듯 무릎을 탁 치면서 일어났다. 그리고는 결의에 찬 목소리로 외쳤다. "좋소! 당신이 이겼습니다. 제의한 안에 대해서 적극 검토해 봅시다!"

이렇게 하여 대통령이 결심한 원자탄 개발계획은 시행되었다. 1943년 초부터 로버트 하이머가 이끄는 유수의 물리학자들의 연구가 시작되었다. 연구팀은 2년 동안 각고의 노력 끝에 드디어 1945년 7월 16일 원자탄을 완성할 수 있었다. 그리고 이 원자탄은 그 다음 달인 8월 6일 히로시마와 나가사키에 투하되었다. 이로써 일본은 무조건 항복하게 되었고, 제2차 세계대전도 종결되었다.

군주론의 창시자인 마키아벨리는 "지도자가 가져야 할 가장 중요한 덕목중 하나가 탁월한 통찰력이다."라고 하였다. 지도자로서 시대의 역사적 맥락을 짚어내고 조직의 공동체가 나아갈 방향을 명확하게 제시하는 것이 지도자가 가져야 할 필수조건이라는 것이다.

그런 면에서 루스벨트는 나폴레옹에 비해 탁월한 통찰력을 가지고 크게 소통할 줄 아는 지도자였다. 물론 삭스의 적절한 조언도 중요하였지만 그런 조언 속에서 조직의 운명과 미래를 예측하고 통큰 결심을 한 루스벨트의 결단력이 무엇보다도 빛났다. 만약 루스벨트가 골치 아픈 물리학에 더 이상 관심을 가지지 않고 삭스의 제의를 무시하였더라면 이전의 나폴레옹이 그랬던 것처럼, 성공의 기회는 놓치고 말았을 것이다.

초보운전자의 시야는 전방에 고정되어 있다. 그들에게는 백미러나 사이드 미러를 미처 볼 겨를이 없다. 오직 운전대만 잡고 목적지로 전진할 따름이다. 그러나 점차 운전이 숙달되면 백미러와 사이드 미러를 통해 옆과 뒤의 차량소통을 이해하고 방어운전까지 할 수 있게 된다.

노련한 리더는 자신뿐만 아니라 앞과 옆, 뒤를 두루 돌아보고 주변을 폭넓게 이해해야 한다. 또한 현상에 대한 본질을 정확하게 통찰하여 불확실한 미래의 변화까지도 미리 대비할 수 있도록 넓고 크게 소통해야 한다. 이를 위해 리더는 지나치게 세세한 부분에 집착하지 않고 사고의 틀도 더 크고 유연하게 가질 필요가 있다.

미국의 유명잡지인 하버드 비즈니스 리뷰Harvard Business Review에서는 '신임 리더가 빠지기 쉬운 함정 중 하나가 지나친 섬세함이다'라고 지적한 바 있다. 작고 세세한 부분은 실무자의 몫이다. 리더가 지나치게 사소한 것까지 일일이 간섭하면 조직은 타성에 젖게 되어 시키는 일만 하게 된다. 소통은 자연스레 일방적인 통행이 되고 어려운 일이 생기면 리더의 입만 쳐다보다가 비참한 파국을 맞는다.

지나치게 과거의 경험적 사고의 틀에 얽매이는 것도 문제다. 중국의 철학자 장자莊子는 이것을 '이룬 마음成心'이라 하고 각자가 살아가면서 만들어내는 이런 마음의 틀이 불통의 원인이라고 하였다. 고정적 사고의 틀은 자신의 시야를 좁게 만들어 나폴레옹처럼 배는 돛이 달린 목재로 만들어져야 한다는 경직된 생각만 하게 한다.

최근 호주의 동물원에 캥거루가 탈출하는 일이 생겼다. 사육사들은 캥거루의 탈출을 막기 위해 울타리의 높이를 60cm, 1m로 계속 높였으나 캥거루의 탈출을 막을 수 없었다. 사육사들은 밤샘하며 캥거루의 탈출원인을 알아본 결과, 어이없게도 캥거루는 느슨해진 출입문 사이로 탈출하였다. 사람들은 캥거루는 당연히 뛰는 동물이니까 울타리를 뛰어넘었다고만 생각한다. 이것이 바로 경험적인 고정적 사고에서 오는 오류이다.

장자는 소통의 해법으로 '대붕大鵬(크기가 수천 리에 달하여 한 번에 구만리를 난다는 상상속의 새)의 비상飛上처럼 한 단계 높은 곳에서, 더 먼 곳으로 세상을 바라보는 것'이라고 하였다. 그러면 세상은 물론이고 사람들 사이에 이견이나 생각의 차이도 좁힐 수 있어 소통을 원활하게 할 수 있다.

리더는 소통을 위해서 세상을 넓고 크게 보아야 한다. 골프에서 정확하고 섬세한 골퍼는 장타를 치기 힘들다. 리더는 섬세함보다는 큰 틀로 조감하고 그 이면적인 면도 볼 수 있는 통찰의 지혜가 필요하다.

과거 현대그룹 정주영 회장은 우리나라에 소양강댐을 건설한다는 소문이 돌자 대다수 기업들이 공사입찰에 관심을 가진 데 반해 상습침수구역이었던 강남지역에 땅을 샀다. 누가 돈을 많이 벌었겠는가? 이처럼 멀리 보면 또 다른 지혜가 보인다.

도도히 흐르는 물결은 작은 파도의 소용돌이에 얽매이지 않는다. 리더의 사고는 유연하면서도 대범해야 올바른 소통을 할 수 있다. 편협하고 경직된 사고를 버리고 장자의 가르침처럼 대붕의 비상으로 높이 서서 세상과 크게 소통해야 한다. 그것이야말로 갈등의 시대에 세세한 이해관계에 집착하지 않고 세상과 원활하게 소통하는 또 하나의 비결이다.

'다양하게 소통'하면 치우침이 없다

리더의 소통 안테나는 전방위로 작동되어야 한다. 리더의 소통창구가 단순하면 올바른 의사결정을 할 수 없다. 그것은 마치 판사가 피고인 한쪽 이야기만 듣고 판결하는 것과 다름없다. 판사가 올바른 판결을 위해서는 피고인은 물론 피해자와 목격자 등 다양한 사람들의 진술을 듣고 판결해야 한다. 마찬가지로 합리적인 리더라면 다양한 사람들과의 소통채널을 통하여 자신의 편견과 오해를 줄여나가야 한다.

1960년대 초 미국이 개입된 쿠바의 '피그스만 침공Bay of pigs invasion 계획'은 미국에 커다란 치욕을 안겨준 사건이다. 이 계획은 다양한 소통채널에 의한 검증 없이 소수 엘리트에 의해 비밀리에 진행되는 바람에 현실성이 떨어져 실패하였다.

1961년 4월 미국의 케네디 대통령은 취임한 지 고작 석 달도 되지 않은 상황에서 중대한 정치적 결심을 두고 고민해야만 했다. 그것은 다름 아닌 전임 대통령인 아이젠하워가 임기 중에 계획한 쿠바의 피그스만 침공 계획을 승인하는 일이었다.

전 정부가 이 계획을 강행하고자 한 배경에는 쿠바와의 여러 가지 국가적 이해관계가 걸려 있었다. 당시 쿠바는 카스트로가 혁명을 일으켜 친공산주의 성향의 정부가 수립되자, 국가전반에 걸쳐 국유화를 단행하였다. 그 과정에서 미국 소유의 석유회사 재산까지 몰수하여 미국에게 경제적 타격을 주었다.

미국 입장에서는 친공산주의 카스트로 정부가 가뜩이나 거슬렸는데 쿠바의 이러한 경제적 조치는 참기 힘든, 직접적인 불만으로 작용하였다. 미국은 즉각 쿠바에 대한 경제제재를 가하여 사탕수수와 같은 주요 수출품에 대한 수입금지조치를 내렸다. 이로 인해 양국 간의 갈등은 최고조에 달하였고 결국 국교가 단절되는 사태에까지 이르게 되었다.

미국정부는 더 이상 이 상황을 관망할 수 없게 되었다. 이 난국을 타개할 임무는 미국 중앙정보국인 CIA에 맡겨졌다. 극비리에, 극히 제한된 인원에게 맡겨진 이 임무는 카스트로 정부를 제거하고 친미정부를 세우는 일이었다. 그러나 이 작전이 잘못되면 미국의 조치가 쿠바에 대해 심각한 내정간섭으로 비춰질 수 있어 국제적 비난을 감수해야만 하기에 매우 민감한 문제였다.

이를 피하기 위해 CIA는 미국의 직접적인 개입은 가급적 피하고 쿠바의 난민으로 구성된 혁명군 1,500명을 투입하여 작전하기로 계획하였다. 이를 위해 인근 국가인 과테말라에 훈련소를 세우고 극비리에 이들을 훈련시켰다. 그러나 이 계획은 미국의 바람과는 달리 쿠바 망명국 사이에 공공연한 비밀이 될 정도로 노출되었다.

급기야 1961년 1월 미국의 뉴욕타임스에 '미국이 과테말라 군사기지에서 반카스트로 세력의 훈련을 돕고 있다'는 내용이 자세히 보도되었다. 막 당선된 케네디는 이 언론보도를 보고 경악하였다. 이에 대해 케네디는 "카스트로는 미국에 스파이를 보낼 필요가 없다. 그에게 필요한 정보는 이 신문에 다 있다."며 개탄하였다.

이런 상황에서도 이 무모한 계획은 변경되거나 취소되지 않고 예정대로 진행되었다. 디데이D-Day 며칠 전 CIA 국장 엘렌 델러스와 부국장이 백악관에 가서 케네디 대통령에게 직접 보고하였다. 핵심 내용은 '훈련된 쿠바 망명자를 쿠바에 투입시켜 공격하면 자체 반정부세력이 동조하여 카스트로를 제거할 수 있다'는 것이었다.

젊고 명석한 케네디였지만 세계에서 가장 정보력이 뛰어난 엘리트들에 의해 계획된 이 작전을 합리적 의심으로 바라보기에는 너무나도 성과에 대한 기대감이 컸다. 사전노출 등 여러 가지 문제로 작전 실패에 대한 고민이 없었던 것은 아니지만 '카스트로를 제거해야 한다'는 일념에 케네디는 역사상 가장 치욕적인 이 작전을 승인하였다.

드디어 1961년 4월 15일 쿠바 난민으로 구성된 공군 비행기가 쿠바의 핵심 군사지역을 선제공격함으로써 '몽구스Mongoose 작전'이라고 명명된 이 계획이 시행되었다. 이틀 후에는 그동안 훈련된 상륙병력 1,500여 명이 쿠바의 피그스만에 상륙하여 본격적인 군사작전을 감행하였다.

그러나 이 작전은 미국의 예상과는 전혀 다르게 진행되었다. 쿠바군은 이미 미국의 계획을 알고 이에 대비하고 있었다. 상륙예상지역에 병력을 배치하여 미국 측 상륙전력에 충분히 대처하였다. 쿠바 내부의 반정부 봉기도 계획처럼 이루어지지 않았다. 일부 세력이 동조하는 듯하였지만 그 세력은 미미했다. 미국정부는 당황하였다. 미국 지휘부는 자신들의 개입이 드러날 것을 두려워 즉시 손을 뺐다. 이로써 이 작전은 허망하게 실패로 끝이 났다.

6일 만에 종료된 이 작전에서 그 피해는 모두 미국이 감당해야만 했다. 작전에 참여한 미국 측 피해자는 전사자 118명, 부상자 360명, 포로 1,202명이나 되었다. 그리고 포로 송환조건으로 5,300만 달러를 카스트로에게 별도로 지불해야 했다. 정치·외교적 피해는 더 컸다. 미국은 쿠바의 주권침해라는 국제적 비난을 받아야 했다. 쿠바와의 관계는 더욱 악화되어 이듬해인 1962년 쿠바 미사일 위기를 가져오는 원인이 되기도 하였다.

더욱이 이 작전을 계기로 쿠바의 카스트로 사회주의 체제는 더욱 공고해졌다. 쿠바의 체 게바라Ernesto Che Guevara는 그해 8월 우루과이의 경제회의에 참석하여 미국 측 대표에게 '미국의 침공에 감사드립니다. 그 전에는 혁명의 힘이 약했지만 이젠 그 어느 때보다 강해졌습니다'라는 내용의 쪽지를 건네며 조롱하였다.

이 군사작전은 외형적으로 미국의 정치적·경제적 실리가 잘 맞아 떨어진 훌륭한 계획처럼 보였다. 그러나 치밀하고 우발적 대비상황이 요구되는 군사작전치고는 너무도 엉성하고 정교하지 못하였다. 사전정보가 너무 많이 노출된 것도 문제지만 쿠바의 현지상황을 세밀하게 파악하지 못하고 과거의 군사자료에 의존하는, 그야말로 탁상에서 작전을 계획한 결과였다.

그렇다면 그렇게 엉성하고 무모한 작전이 어떻게 시스템이 잘 갖추어진 CIA에서 계획될 수 있었을까? 그것도 CIA에서 가장 엘리트라고 꼽히는 명문대 출신 인재들의 머리에서 말이다.

그 원인은 바로 다양한 채널에 의한 소통이 문제였다. 이 계획은 극도의 비밀을 요구한다는 이유로 극히 일부 인원에 의해서 계획되었다. 최종 의사결정 과정에서도 대통령에게만 직접 보고되어 다양한 검증절차를 거치지 못하였다. 특히 이들은 집단사고Group think에 매몰되어 새로운 정보나 반대의견을 철저하게 배제함으로써 작전환경의 상황변화에 유연하게 대처하지 못하였다. CIA 엘리트들의 소통부재로 인한 집단오류가 이 계획을 실패로 이끌게 되었다.

미국의 심리학자 어빙 제니스Irving Janis는 이러한 집단사고에 대해 "집단은 그 응집성을 유지하려고 새로운 정보를 받아들이지 않는다. 그렇기 때문에 집단의 오류가 생긴다."며 소통의 문제를 제기한 바 있다.

케네디 대통령은 공식석상에서 그 실패에 대한 사과를 하지 않을 수 없었다. 그리고 자신의 이 어처구니없는 계획 승인에 대해 "바보 같은 결정이었다."며 두고두고 후회하였다. 물론 그의 젊고 개혁적인 정치인으로서의 이미지에 큰 치명타를 입은 것은 당연한 일이다.

이후 케네디는 작심하고 자신의 임기 내에 근무 분위기를 일신하고자 노력하였다. 백악관 주요 참모들의 논의구조를 개방적으로 바꾸어 다양한 소통의 채널을 유지하도록 하였다. 그 결과는 1년 후 쿠바 미사일 위기국면에 대한 대처에서 증명되었다.

1962년 9월 쿠바는 미국의 피그스만 침공 사건 이후 자국의 안보를 강화한다는 이유로 소련과 무기협정을 체결하여 미사일 기지 4곳을 비밀리에 건설하기 시작하였다. 미국 CIA는 관련 첩보를 입수하고 정보기인 U-2기를 쿠바 상공에 띄워 이 사실을 확인하였다.

10월 14일 아침 케네디는 안보보좌관 맥조지 번디로부터 쿠바 관련 상세 보고를 받고 긴급 국가안보회의를 개최하였다. 맥나마라 국방장관을 비롯한 주요 안보관계자들이 소집되어 대책을 논의하였다. 쿠바를 직접 공습해야 한다는 강성의견부터 협상으로 풀어야 한다는 다양한 의견들이 나왔다.

이때 케네디는 실패한 피그스만의 작전을 떠올렸다. 앞선 집단사고에 매몰되지 않도록 다양한 계층에서 다양한 의견이 개진되도록 분위기를 유도하였다. 다만 우발상황에 대비해서는 폭넓은 토의가 되도록 방향만 제시해 주었을 뿐이다. 하위 실무자 간에도 별도로 토의시간을 마련해주고 그들의 의견도 들었다. 이런 모든 회의에서 자신은 최대한 관여를 자제하였고, 심지어는 회의장에서 먼저 퇴장하기도 하였다.

이렇게 각 분야, 다양한 계층의 의견을 수렴한 다음 최종적으로는 맥나라마 국방장관의 융통성 있는 대책방안을 수용하였다. 먼저 쿠바에 대한 무제한 공중감시와 해상봉쇄를 하고 무력도발 시 미사일 기지를 공습한 다음 지상군을 통해 쿠바를 점령한다는 것이다. 이와 병행하여 소련 공산당 서기장 후르시쵸프와 평화적 협상을 시도하는 정치적 카드도 군사적 카드와 함께 융통성 있게 사용한다는 방안을 가졌다.

10월 22일 케네디는 TV를 통해 소련에 강력하게 경고하였다. "소련의 무기운반 선박에 대해 해상봉쇄를 단행한다. 그리고 소련은 14일 이내에 쿠바에 설치된 미사일을 철거하라."며 압력을 가하였다. 소련은 이에 강력히 반발하면서 핵무기를 탑재한 B-59 잠수함 등 해상선단 16척을 쿠바로 출발시켰다.

양국 간의 군사적 위기는 점점 고조되었다. 이때 쿠바 상공에서는 미군 U-2 정보기가 공격을 받아 격추되었고, 쿠바로 이동 중인 소련 잠수함이 미군 구축함으로부터 공격을 받는 일이 벌어졌다. 그러는 동안에도 핵무기를 탑재한 것으로 의심되는 소련 선단은 쿠바에 점점 가까워지고 있었다.

미국은 전군에 비상사태를 선포하였다. 그야말로 세기의 핵전쟁이 일어나기 일촉즉발의 상황이었다. 케네디는 이런 위기 상황에서도 여러 개의 소통채널을 가동하여 대처하였다. 군사적으로는 최고도의 압박을 가하면서도 정치·외교적인 채널에서는 또 다른 협상의 여지를 두고 다양하게 접촉하였다.

10월 26일 팽팽했던 양국 간의 긴장상태가 소련이 한발 물러섬으로써 해결될 기미를 보였다. 소련 측에서 '미국이 쿠바를 침공하지 않으면 미사일을 철거하겠다'는 소련 서기장의 공식전보를 미국에 전달하였다. 케네디도 즉각 환영의 메시지를 전달하였다. 이틀이 지난 후 쿠바로 향하던 소련선단 16척의 뱃머리는 소련으로 돌려지면서 일촉즉발의 쿠바 미사일 위기는 가까스로 해결되었다.

이 사건은 케네디에게 엄청난 정치적 이득을 가져다주었다. 피그스만 작전으로 구겼던 체면을 다시 세우는 계기가 되었으며, 서투른 지도자가 아닌 젊고 강인한 세계적 지도자로서의 이미지로 세상 사람들을 열광시켰다. 이를 계기로 소련과의 관계도 좋아졌다. 핵 위기를 막기 위해 백악관과 크렘린궁 사이에 직통전화가 개설되었다.

케네디는 이 두 사건으로 확실하게 자신의 리더십을 재조명받았다. 피그스만 작전에서는 일부 엘리트들의 집단사고에 같이 매몰되면서 올바른 판단을 하지 못하였다. 그러나 쿠바 미사일 위기에 대한 대응에서는 달랐다. 초기단계부터 다양한 계층과 소통하면서 최적의 대응방안을 모색하였다. 소련과의 갈등이 고조되었을 때에도 여러 개의 소통채널을 통해 압박과 협상을 융통성 있게 구사하였다. 결국 이런 소통의 리더십이 소련을 굴복시키고 전 세계를 핵전쟁의 위기에서 구하게 되었다.

리더는 조직이 어려울수록 눈과 귀를 밝게 해야 한다. 조직 내 많은 현안들 중에는 복잡하고 다양한 이해관계가 얽혀 있어 단순하게 풀리지 않는 경우가 많다. 이런 문제를 리더 혼자 고민하거나, 단순하게 접근하면 그르치기 쉽다. 이럴 때일수록 리더는 폭넓게 소통하여 많은 사람들의 눈과 귀를 빌리는 것이 현명하다.

성군 세종대왕은 일찍이 세상과 두루 소통하여 자신의 눈과 귀를 밝게 한 다음 백성들을 위해 선정을 베풀었다. 세종의 일과는 온통 다양한 계층의 사람들과 소통하는 데 보냈다.

오전에는 '윤대輪對'라 하여 영의정이나 정승과 같은 고위층만 독대하는 것이 아니라 하급실무자들과도 독대를 통하여 그들의 의견을 들었다. 점심을 먹고 오후에는 '경연經筵'이라 하여 젊은 학자들과 소통하면서 그들의 정치관을 묻고 들었다. 그리고 저녁에는 12시까지 '구언求言'이라 하여 백성들의 의견을 폭넓게 들고자 하였다.

세종의 소통방법도 현명하고 지혜로웠다. 의사결정 시 찬반자들에게 격렬한 토의 분위기를 만들어주는가 하면, 중립적인 의견 또한 반드시 청취하였다. 만약 상호 간의 이견이 있을 때는 이 문제를 다양한 사람들에게 다시 묻고 가장 최적의 답을 찾아 최종 결론을 내렸다.

세종은 자신과 반대생각을 가진 사람의 의견도 존중해 주었다. 비록 자신의 의견과 다르더라도 절대 배척하지 않았다. 오히려 그들에게 다가가 "네 의견에 일리가 있으니 다시 의논해 보자."라며 소신껏 의견을 피력할 수 있도록 분위기를 만들어 주었다.

　세종이 성군이 된 것은 국정운영방법을 이렇게 여러 부류의 신하들과 다양하게 소통하면서 생각하고 결정하였기 때문이다. 세종은 항상 "널리 묻고 익히 생각하여 두루 통한다."는 나름대로의 국정운영의 철학을 가지고 있었다. 그리고 이를 몸소 실천하는 리더십을 보여주었다.

　소중한 보물일수록 여러 겹에 싸여 있는 법이다. 문제를 풀 수 있는 지혜역시 다양한 사람들의 의견 속에 겹겹이 숨겨져 있다는 사실을 알아야 한다. 다양한 의견을 듣고 소통할 줄 아는 리더만이 그런 지혜를 찾아낼 수 있다. 주변에 산적한 어려운 문제를 리더 혼자서 해결하려고 고민해서는 안 된다. 세종처럼 널리 묻고 두루 소통하면 훨씬 현명하게 해결할 수 있을 것이다.

제6장

'배려(配慮)'의 손길에 돌을 던지랴!

'베풀 때'는 계산에 두지 마라

리더의 따뜻한 배려는 부하들의 마음을 녹이는 봄바람과도 같다. 리더가 스스로의 권위를 낮추고 부하들에게 진심으로 다가가 따뜻한 배려의 바람을 불어넣어 주면 조직은 사랑의 싹을 틔워 신뢰의 꽃을 피울 수 있다.

근대의 리더 중에는 배려의 리더십을 가장 모범적으로 보여준 인물이 있다. 미국 해군의 상징적인 영웅으로 추앙받고 있는 해군원수 **니미츠** Chester William Nimitz(1885~1966) 제독이다. 그가 이런 리더십을 갖게 된 계기는 해군 사관학교 시절 좋지 않은 추억에서 시작되었다.

1901년 니미츠가 해군사관학교에 입학하여 엄격한 사관생도생활을 시작하던 어느 일요일이었다. 니미츠는 일요일에는 맥주를 마실 수 없다는 사관학교 규정을 어기고 사복을 입고 학교 매점에서 맥주 한 병을 샀다. 연병장 구석에서 막 마시려고 하는 순간 사복을 입은 장교에게 걸리고 말왔다.

니미츠는 당시 그 장교가 누구인지 몰랐다. 그런데 월요일 아침 수업시간에 군복을 입고 나타난 장교를 보고는 그가 일요일 운동장에서 만난 버톨레트 소령이라는 것을 알게 되었다. 니미츠는 이 일이 상부에 보고되면 자신의 해군생활은 끝이 난다고 생각하며 노심초사하였다. 그러나 그에게는 아무 일도 일어나지 않았다. 소령이 눈감아준 것이다.

니미츠는 자신의 행동에 대해 후회하면서 "저는 이 탈선으로 앞으로의 사관생도 생활을 어떻게 해야 할지를 교훈으로 얻었습니다. 그리고 처음 규정을 어긴 사람에게는 자비롭게 배려해야 한다는 것도 배웠습니다."라고 술회하였다. 그는 이때부터 다른 사람에 대한 동정과 배려의 중요성을 깊이 인식하게 되었다.

그의 이런 생각은 군생활을 하는 동안 행동으로 옮겨졌다. 그는 초급지휘관부터 제독이 되기까지 항상 부하를 배려하고 덕으로 이끌었다. 그의 부대는 언제나 사기가 충천하였고 다른 부대와의 경쟁에서 항상 1등을 놓치지 않았다. 보통 지휘관들은 경쟁에서 이기기 위해 무자비하게 부하들을 밀어 붙이는데 비해 니미츠는 스스로 잘 할 수 있는 분위기를 만들어 주었다.

그리고 부하들의 사소한 것부터 챙기며 배려했다. 부하의 이름은 항상 기억하였다가 만날 때 이름을 불러주었으며, 생일 등 주요 기념일에는 작은 선물이나 편지를 보내주는 것도 잊지 않았다. 그를 모셨던 포터 제독은 이것에 대해 "그는 지인들의 이름과 얼굴을 한 번도 잊은 적이 없고 생일, 기념일에는 반드시 카드나 편지를 보내주었습니다. 아마도 이를 기억하기 위해 별도의 파일을 관리했던 것처럼 보입니다."라고 회상했다.

니미츠의 이러한 배려의 리더십으로 그의 주변에는 항상 그를 진심으로 존경하며 따르는 사람들이 많았다. 당시 대통령이었던 루스벨트는 이런 그의 인물됨을 높이 평가하여 제2차 세계대전이 한창이던 1941년 12

월 7일 그를 미태평양 사령관으로 임명하였다.

그러나 그가 부임 당시 미군에는 여러 가지 난제들이 놓여 있었다. 일본의 진주만 공습으로 인해 엄청난 피해를 입고 장병들의 사기가 떨어져 있어 이를 수습해야만 했다. 더욱이 태평양 전역戰域에는 육해공군 모든 전력들이 모두 포진되어 이들의 지휘권이 복잡하게 얽혀 있었다. 이것이 임무수행의 걸림돌이 되었고 갈등의 요인이 되었다.

특히 육군과의 갈등이 많았는데 니미츠와의 동시대 영웅인 맥아더의 독선적인 리더십은 타협보다는 불화를 가져왔다. 미 합참에서는 이 두 지휘관의 지휘권을 보장하기 위해 동경 156도를 기준으로 태평양의 서남쪽은 맥아더, 나머지는 니미츠가 지휘하도록 하였다.

맥아더는 육군전력을 해군지휘관이 지휘하는 것을 극도로 꺼려했으나 니미츠는 맥아더가 해군함정을 지휘하는 데 문제가 되지 않도록 적극적으로 배려해주었다. 지금도 우리군 내에 육군과 해군, 공군 간의 갈등은 다소 남아있지만 당시 미군 내 각 군 간의 갈등은 더욱 심하였다.

전투에 대한 전공싸움은 더 치열하였다. 전투에서는 적과 싸우지만 전공은 아군과 싸우는 것이 현실이었다. 그러나 니미츠는 전공에 대해서도 별 관심을 두지 않았다. 자신이 전쟁을 주관하면서도 인근 지휘관인 맥아더의 전공을 기꺼이 인정하여 주었고 좋은 일은 주변 사람들이나 부하들에게 양보했다.

1943년 니미츠는 일본군 야마모토 제독이 지휘하는 태평양 함대의 본진에 대한 이동경로를 결정적으로 포착하였다. 자신이 직접 작전을 지휘하여 공적을 세울 수 있었음에도 부하인 헬시 제독을 통하여 공격하게 하여 그의 전공을 세워주었다.

훗날 맥아더는 회고록에서 이 전투의 전공을 자신에게 돌렸다. 한 측근이 니미츠에게 이런 맥아더의 인물평을 요구하자 딱 한마디 하였다. "그는 매우 기억력이 좋은 사람이네……." 그는 절대로 남에 대해 나쁘게 말하지 않는 배려심 깊은 사람이었다.

　니미츠가 태평양 함대 사령관 시절, 그의 이러한 인격이 잘 묻어나는 일이 또 있었다. 어느 날 사령관 사무실에 수병 한 명이 찾아와서 부관에게 사령관을 뵐 수 있는지를 요청해 왔다. 일개 병사가 별 4개의 사령관을 만난다는 것은 여간 어려운 일이 아니었다. 부관은 당돌한 수병의 요청을 묵살할 수 없어 니미츠에게 보고하였다.

　그러자 니미츠는 예상대로 수병을 기꺼이 만나겠다고 하였다. 부관을 통하여 수병을 집무실로 부르자 수병은 너무나 감격하여 울음을 터뜨렸다. 그리고는 자신이 용건을 울먹이며 말했다. "사령관님 죄송합니다. 제가 사령관님을 찾아온 이유는 저의 수병들끼리 존경하는 사령관님을 만날 수 있을지 여부에 대해 내기를 걸었습니다. 만일 제가 진다면 7백 달러를 내야 했는데 이렇게 만나게 되어 너무 기쁩니다."

　이 말을 들은 니미츠 사령관은 인자한 미소를 지으며 그의 어깨를 두드려 주며 이렇게 말했다. "자 그럼 자네가 이겼다는 증거를 가져가야지!"라고 하면서 자신의 전속 사진사를 불렀다. 자신의 집무실 앞에서 수병과 함께 사진을 찍어 내기의 증거로 주었을 뿐 아니라 기념품까지 챙겨주었다. 이런 사실이 함대 전체에 알려지면서 그에 대한 부하들의 존경심은 더욱 커졌다.

　니미츠는 부하들에게 이러한 존경을 받았지만 정작 주변 장군들은 너무도 개성이 강하여 애를 먹었다. 고집불통인 동료지휘관 맥아더와 '울부짖는 미치광이'란 별명을 가질 정도로 괴팍한 스미스 해병장군, 그리고 '황소'라는 별명의 헬시 제독 등 독특한 개성을 가진 장군들이 많았다. 그렇지만 니미츠는 양보와 배려를 통하여 그들을 조율하여 태평양 전쟁을 승리로 이끌었다. 사람들은 이런 니미츠를 '장군들의 장군'이라고 불렀다.

　1945년 9월 2일 일본 도쿄만에 정박한 미국의 전함 미주리함에서 역사적인 항복문서 조인식이 거행되었다. 번쩍이는 장군복으로 언론의 집중관심을 받으며 조인식에 사인하는 맥아더는 돋보였다. 하지만 자신을 드러내지 않고 조용하게 맥아더와 공동 사인란에 서명하는 니미츠의 모습은 대조적이었다. 전공으로 따지자면 맥아더만큼 큰 공적을 세운 그였지만 드러내는 명예보다 더 소중한 것이 있다는 것을 알고 있는 참된 군인이었다.

전쟁이 끝난 후 참전했던 장군들은 앞다투어 회고록을 내고자 하였다. 그러나 니미츠는 주변의 권유에 한사코 거절하였다. 그 이유는 "전쟁의 승리는 모두의 영광인데 회고록을 통한 공과문제로 다른 사람들에게 상처를 주기 싫다."는 것이었다. 그만큼 그는 다른 사람들에 대한 배려가 깊은 인격자였다.

니미츠는 말년에 자신의 명성에 따르는 여러 가지 권력과 돈의 유혹이 있었다. 그러나 그는 군인으로서의 명예를 소중하게 생각하며 이를 뿌리쳤다. 그리고 국가가 자신에게 부여한 해군원수의 계급을 평생 자랑스럽게 여기며 소박하게 삶을 정리하였다.

리더의 배려에 대한 이야기는 중국 사마천司馬遷의 사기史記에도 기록되어 있다. 사기에는 **맹상군**孟嘗君이라는 사람의 일화가 나오는데 사마천은 이를 통해 배려의 힘이 인간관계에 있어서 얼마나 소중한가를 잘 보여주고 있다. 특히 배려는 갈등과 위기 상황에서 더 큰 힘을 발휘한다는 점도 강조하고 있다.

맹상군은 기원전 3세기 중국 전국시대의 제齊나라 사람으로 호방한 성격에 인정이 많아 전국에서 그를 찾아오는 사람들이 많았다. 그는 찾아오는 사람들의 귀천貴賤을 가리지 않고 먹여주고 재워주었는데 그 숫자만도 수천 명이었다. 그중에는 글을 많이 읽은 선비도 있었지만 개 짖는 소리와 닭 우는 소리를 내는 하찮은 재주꾼들도 있었다.

맹상군이 인품이 높아 많은 사람들이 그를 추종한다는 소문이 서쪽 강국인 진秦나라에도 알려졌다. 진나라 소왕昭王은 이웃나라에 인재가 있으면 자신의 나라가 위험할 수도 있다는 생각에 맹상군을 볼모로 잡고자 힘이 약한 제나라 민왕滅王에게 맹상군을 보내라는 압력을 넣었다.

민왕은 할 수 없이 맹상군을 진나라로 보낼 수밖에 없었다. 이때 자신이 아끼던 여우 겨드랑이의 흰털로 만든 귀한 선물까지 같이 보냈다. 이웃나라로 볼모로 가게 된 맹상군은 혼자 가지 않고 일부 식객들을 데리고 갔다.

진나라 소왕은 맹상군을 처음 보자마자 그의 영민함에 매료되어 그를 재상으로 삼으려 하였다. 그러자 진나라 신하들은 이를 극구 반대하면서 "적국인 제나라 왕족을 재상으로 삼으면 진나라가 위험하니 오히려 그를 죽여야 합니다."라고 주장하였다. 소왕은 신하들의 말이 맞는다는 생각에 맹상군을 옥에 가두고 죽이려고 하였다.

이를 알게 된 맹상군은 소왕의 애첩에게 사람을 보내서 자신을 풀어줄 것을 부탁하였다. 소왕의 애첩은 "맹상군이 가지고 있다는 여우 겨드랑이 털로 만든 옷을 주면 생각해보겠다."고 하였다. 그러나 그것은 이미 소왕에게 선물로 준 뒤라 난감한 상황이 되었다.

그때 식객 중에 개 짖는 소리를 잘 내는 사람이 "제가 궁궐로 들어가서 그 보물을 훔쳐오겠습니다." 하고 나섰다. 그날 밤 그는 개의 흉내를 내면서 궁궐로 침입하여 창고에 있던 그 보물을 훔쳐왔다. 맹상군은 소왕의 애첩에게 보물을 주고 무사히 풀려나서 제나라로 도망치게 되었다.

그러나 한밤중에 도망치던 맹상군의 일행이 성문 앞에 다다랐을 때 성문이 굳게 닫혀 있어서 성 밖으로 빠져 나올 수 없었다. 설상가상으로 일이 잘못된 것을 알게 된 진나라 소왕의 군사들이 그의 뒤를 바짝 추적하게 되어 진퇴양난에 빠졌다. 당시 성문이 열리려면 첫닭이 울어야만 했다.

이때 닭 우는 소리를 내는 식객이 앞에 나서서 닭 우는 소리를 내자 주변의 닭들이 모두 따라 울었다. 이에 성지기 군사들은 새벽이 온 것으로 잘못 알고 성문을 열게 되었고, 맹상군 일행은 모두 성을 빠져 나와 고국인 제나라로 무사히 돌아가게 되었다.

맹상군이 수년 전 이 두 사람을 빈객으로 맞았을 때 다른 빈객들은 모두 부끄럽게 생각하며 맹상군에게 불만을 가졌었다. 그러나 위기 상황에서 이 두 사람이 일행들을 구하자 맹상군의 처신에 대해 모두 존경하는 마음을 갖게 되었다.

아무리 미천한 사람이라도 그들에게 편견 없이 베풀어 주었을 때 그들은 반드시 그것에 대한 보답을 하는 것이 인지상정이라 할 수 있다. 이 일화에서 나온 사자성어가 바로 '계명구도鷄鳴狗盜'로 '천한 재주를 가진 사람도 때로는 요긴하게 쓸 때가 있다'는 의미이다.

맹상군이 제나라로 돌아와 다시 민왕을 보좌하며 지낼 때도 그를 찾아오는 사람들은 끊이질 않았다. 어느 날 풍환馮驩이라는 사람이 남루한 복장에 긴 칼을 옆에 차고 맹상군을 찾아왔다. 맹상군은 아무 재주가 없는 풍환을 받아들였으나 주변 사람들은 그를 얕잡아보며 채소만 주면서 음식 대접을 소홀히 하였다.

그러던 어느 날 풍환은 대청마루에 앉아 자신의 처지를 한탄하는 노래를 부르기 시작했다. 자신의 칼을 기둥에 두드리며 "장검아! 이제는 집으로 돌아가자. 무슨 밥상머리에 생선하나 없구나!" 지나가다가 이 노래를 들은 맹상군은 아랫사람에게 "그에게도 생선을 대접하고 다른 식객들처럼 잘 대해주게!"라고 지시하였다.

얼마 후 풍환은 또 기둥에 기대어 자신의 신세를 한탄하면서 "장검아 돌아가자! 밖에 나가는데 수레가 없으니 돌아가지 않고 뭐하겠느냐?" 하고 노래를 불렀다. 이를 들은 맹상군은 "풍환도 다른 식객들처럼 밖에 나갈 때 수레를 내어주라."고 하며 다시 한 번 배려해주었다.

그런데 얼마 지나지 않아 풍환은 또 노래를 불렀다. "장검아 돌아가자! 여기서는 고향에 계시는 노인을 봉양할 수 없으니 돌아가지 않고 뭐하겠느냐?" 이번에도 맹상군은 그의 노모에게 음식을 보내 봉양하게 하였다.

그 다음부터는 풍환의 노랫소리가 들리지 않았다.

맹상군은 이렇게 많은 식솔들을 보살피다 보니 돈이 필요하여 자신의 영지인 설읍薛邑에 가서 세금을 걷어올 사람을 찾게 되었다. 쉬운 일이 아니라 아무도 나서는 사람이 없었다. 이런 어려운 소식을 듣게 된 풍환이 자진해서 나섰다. 맹상군은 흔쾌히 이를 허락하며 그에게 세금을 걷는 권한을 가진 표식인 조월을 주었다.

풍환은 출발하기 전에 맹상군에게 "세금을 다 받으면 무엇을 사올까요?"하고 묻자 맹상군은 "집에 필요한 것이 있으면 사오게!"라고 하였다.

그런데 막상 풍환이 설읍에 도착하자 남루한 옷차림을 하고 농사를 짓는 가난한 사람들에게 세금을 걷는 것이 가혹해 보였다. 그는 즉시 세금이 밀린 사람들을 불러놓고 이렇게 말했다 "지금부터 맹상군의 지시로 밀린 모든 세금은 내지 않아도 됩니다. 그동안 밀린 세금증서는 불태워 버리겠습니다." 하고는 즉시 실행에 옮겼다. 주민들은 모두 맹상군의 처사에 고마워하며 눈물을 흘렸다.

그 이튿날 도성으로 돌아온 풍환을 보고 맹상군이 "그 사이에 세금을 다 받아왔는가?"하고 묻자 풍환은 "예, 다 받아왔습니다. 그리고 분부대로 댁에 없는 것을 사왔습니다."라 고했다. "그래, 그것이 뭔가?" 하고 묻자 "소인이 보건대 주군의 댁에 다른 것은 다 있는데 '의義'가 부족한 것 같아서 그것을 사왔습니다."라고 천연덕스럽게 답하였다.

맹상군이 어이없는 표정을 짓자 풍환이 다시 설명하였다. "현지의 백성들은 가난해서 돈을 갚을 능력이 되질 않았습니다. 어차피 받지도 못할 돈을 독촉해보아야 의미가 없을 것 같았습니다. 그래서 주공께서 평소 하신 대로 은혜를 베풀어서 덕德을 알린 것입니다." 맹상군은 속으로는 언짢았지만 풍환의 말에 수긍하였다.

그 후 1년이 지나자 또다시 민왕이 맹상군을 시기하여 직위를 파면하는 일이 발생하였다. 맹상군은 어쩔 수 없이 봉읍지인 설읍으로 내려가야 했는데 그를 따르는 사람은 오직 풍환 한 사람뿐이었다.

맹상군은 실망한 채 설읍 땅에 다다르자 이상한 상황이 눈에 펼쳐졌다. 주민들 모두가 남녀노소 가릴 것 없이 백리 앞까지 나와서 자신을 환대해 주는 것이었다. 감동을 받은 맹상군은 풍환에게 "오늘에야 비로소 자네가 살았다는 의를 눈으로 보게 되었네!"라며 진심으로 감동했다.

그러자 풍환은 "꾀 있는 토끼는 세 개의 굴을 파놓는다고 합니다. 그래야 생명을 보존할 수 있지요. 지금 이 설읍은 굴 하나에 불과합니다. 이 굴 하나로는 안심할 수 없으니 소인이 굴 두 개를 더 파놓겠습니다." 하고는 이웃나라인 양梁나라로 향하였다.

풍환은 양나라의 왕인 혜왕慧王을 만나 "지금 제나라 대신 맹상군이 왕에게 버림받고 쫓겨나 도성 밖에 있습니다. 맹상군은 재능 있고 덕이 높은 분입니다. 그를 등용하는 나라는 반드시 강성해질 것입니다."라고 간곡히 간언하였다.

혜왕은 풍환의 말이 옳다고 생각하고 맹상군을 재상으로 삼기로 하였다. 사신을 보내서 맹상군을 잘 모셔오라고 하였다. 이 말을 들은 제나라 민왕은 그제서야 자신의 경솔함을 후회하며 맹상군을 다시 고국으로 데려오고자 서둘러 사람을 보냈다. 이것이 풍환의 두 번째 굴이었다.

충성스런 맹상군은 왕의 명을 받들어 또다시 왕궁으로 돌아가려 하였다. 이때 풍환은 "주군께서 왕궁으로 돌아가시기 전에 왕께 주군의 영지인 설읍에 제나라의 종묘를 세워달라고 하십시오!"라고 조언을 하였다. 왜냐하면 선대의 종묘가 설읍에 있으면 임금도 함부로 맹상군을 해치지 못하기 때문이다. 이것이 풍환의 세 번째 굴이었다. 그래서 교토삼굴狡兔三窟, 즉 '꾀 있는 토끼는 굴을 세 개 파놓는다'는 사자성어가 생겨났다.

맹상군은 풍환의 조언대로 임금에게 고언하여 설읍에 제나라의 종묘를 세우고 안전하게 국정에 힘쓰게 되었다. 맹상군이 왕에게 신뢰를 얻고 재상으로서 다시 명성을 얻자 흩어졌던 사람들이 다시 찾아오게 되었다. 맹상군은 이런 세태를 보고 탄식하며 풍환에게 이렇게 말하였다. "나는 일생동안 손님대접에 소홀한 적이 없었소. 그런데 내가 힘을 잃자 곧바로 나를 배신하고 누구하나 나에게 관심을 가져주지 않다가 다행히 선생의 도움으로 재상자리를 회복한 지금 이자들은 무슨 염치로 나를 찾아온단 말이오?"

그러자 풍환은 "천하의 모든 사물에도 이치가 있듯이 인간사에도 나름대로의 이치가 있습니다. 부귀할 때는 사람들이 몰려들다가 빈천할 때는 사람이 흩어지는 것은 인간사의 이치입니다. 그러니 속으로 원망하더라도 제 발로 찾아오는 빈객들을 거절하진 마십시오."라고 조언하였다.

맹상군은 풍환의 의견을 받아들여 빈객들을 전과 같이 극진히 대접하였다. 그러자 그의 인품과 명성은 더욱 더 높아져서 그를 따르는 사람들이 구름같이 몰려들었다. 맹상군은 이들에게 더욱 베풀면서 일생동안 부귀영화를 함께 누렸다고 한다.

이렇듯 평소 남을 배려하면 자신이 어려울 때 도움을 받는다. 맹상군이 위기 때마다 도움을 받을 수 있었던 것은 그동안 베푸는 삶을 살았기 때문이다. 만약 맹상군에게 배려심이 없었다면 위기 상황에서 주변으로부터 외면당했을 것이다. 아랫사람을 진정으로 베풀면 그들은 반드시 그에 대한 보답으로 몸 바쳐 충성한다.

21세기 리더십 중 '서번트Servant 리더십', 즉 '섬김의 리더십'이 최근 각광을 받고 있다. 각박한 조직세계에서 리더가 아랫사람을 섬긴다는 것은 아름답고 가치 있는 일이다. 그리고 그 자체가 리더의 훌륭한 인격을 나타내는 또 다른 표현이다. 인격을 갖추지 않은 리더는 진심으로 아랫사람을 배려하고 섬길 수 없다. 설령 배려를 한다 하더라도 그것은 목적이 있는 가식에 불과할 것이다. 그러므로 진정성이 묻어있는 리더의 배려는 그만큼 의미가 크다.

영국의 철의 여인 마거릿 대처 수상Margaret Thatcher(1925~2013)은 냉철한 정치인의 이미지를 가졌지만 실제로는 어머니와도 같은 따뜻한 배려심을 가진 정치인이었다. 대처수상은 1982년 아르헨티나와 포클랜드 전쟁에서 승리한 후 전사자 250명의 가족에게 밤을 새워가며 눈물로 편지를 썼다.

그녀는 주변 참모들이 인쇄한 편지에 서명만 해도 된다는 권고를 뿌리치고 친필로써 유가족의 슬픈 마음을 달랬다. 이런 진정성 있는 배려는 유가족의 마음을 감동시키기에 충분하였다. 수상의 사려 깊은 편지를 받은 유가족은 이후 국가에 그 어떤 불만이나 민원을 제기하지 않았다.

우리 주변에서 들을 수 있는 가장 평범하면서도 지혜로운 말이 '삶에는 공짜가 없다'는 말이다. 선이든 악이든 주는 만큼 받는다는 말이다. 우리 사회가 각박한 것은 이처럼 좋지 않은 것을 뿌리는 사람이 많기 때문이다. 기왕이면 선함을 베풀어 갈등이 적은 살기 좋은 사회를 만들 수는 없을까?

이스라엘에는 요르단 강물을 받아들이는 두 개의 호수가 있다. 하나는 갈릴리 호수, 다른 하나는 사해死海다. 갈릴리 호수는 물고기도 많이 살고 주변에는 나무도 무성하여 아름답기로 유명하다. 그러나 사해는 염분이 많아 물고기는커녕 주변에 나무와 풀도 자라지 못한다.

무엇이 그런 차이를 만드는 걸까? 그 이유는 갈릴리 호수는 강에서 받은 만큼의 물을 바다로 흘려보내는 대신 사해는 강에서 흘러 들어온 물이 빠져나가지 못하여 죽은 바다가 된 것이다. 자연의 이치나 사람의 이치는 매 한 가지다.

남에게 베풀 줄 모르고 자기 욕심만 챙기는 사람의 운명은 사해와 같다. 그러나 니미츠나 맹상군처럼 항상 남들을 배려하고 베푸는 삶을 사는 사람은 갈릴리 호수처럼 인생이 풍요로워진다. '남에게 이로움을 주면 그 이로움이 결국 나에게 온다'는 말처럼 리더가 부하에게 베풀면 그 이로움이 곧 리더 자신에게 온다는 사실을 명심해야 한다.

'관용'만큼 고귀한 배려는 없다

인간의 고뇌와 갈등은 미움에서 시작된다. 그 미움은 우리의 마음을 병들게 하고 조직의 위기를 가져온다. 이를 치유하는 최선의 방법은 용서다. 리더가 자신의 내면에 잠재한 미움을 떨쳐내고 관용을 베풀면 조직은 훨씬 부드러워지며 활력을 갖게 될 것이다.

남아프리카 공화국의 최초 흑인 대통령은 넬슨 만델라Nelson Mandela다. 그는 우리사회에 만연해 있는 갈등과 분열을 용서와 화합으로 해결할 수 있는 모범답안을 제시하고 몸소 실천한 리더이다.

만델라는 1918년 7월 18일 남아프리카 공화국 움타타에서 템부족 족장의 아들로 태어났다. 그가 22세 되던 해, 자신이 다니고 있는 포트 헤어 대학교에서 흑인 친구가 백인들에게 모욕당하는 것을 보고 인종차별의 부당함을 심각하게 느꼈다. 이를 계기로 그의 마음속에는 백인 주류사회에 대한 저항의 의식이 불씨처럼 자리 잡게 되었다.

만델라가 30대 초반이던 1950년에 접어들면서 남아공 정부는 최악의 인종차별정책인 아파르트헤이트Apartheid 정책을 강화하기 시작하였다. 이 정책으로 흑인은 백인이 이용하는 공공장소와 대중교통을 사용할 수 없게 되었다. 흑과 백의 갈등은 이로 인해 더욱 깊어져만 갔다.

그러다가 1960년 3월, 수도 요하네스버그의 남쪽에 있는 샤프빌에서 백인들의 차별정책에 항의하는 흑인들의 대규모 시위가 발생했다. 이때 경찰이 시위대를 향하여 무차별적으로 총격을 가하여 69명이 사망하고 수백 명이 다치는 사건이 발생하였다. 이것은 성난 흑인들에게는 불난 데 기름을 끼얹은 꼴이 되었다. 이후 흑인들의 저항은 더욱 조직적이고 거세졌다.

만델라도 이를 계기로 반정부 비밀무장단체인 '국민의 창'을 결성하여 정부에 대항하였다. 그리고 얼마 되지 않아 파업선동 혐의로 경찰에 체포되어 버렸다. 5년형을 선고받아 복역하다가 다시 국가반역죄가 추가되면서 종신형을 선고받았다. 그는 악명 높은 로벤섬 교도소로 이감되어 무기수로 생활하였다.

그곳에서의 시간은 그에게 매일같이 인고의 나날이었다. 흑인 죄수로서 받는 모욕감과 수치심은 말로 형용할 수 없을 정도였다. 수형 중에 사랑하는 어머니와 아들을 잃는 고통도 겪었다. 하지만 그는 억압이 주는 절망감을 극복하고, 싸우지 않고 이기는 지혜를 감방 안에서 터득하였다. 그것은 바로 '관용'이었다. 그때부터 힘겨운 절망의 공간이었던 감옥은 주변을 변화시키는 세계 인권운동의 중심이 되었다.

1990년 2월 11일 남아프리카 정부는 인권탄압에 대한 국제적 압력을 받아 27년 만에 만델라를 석방하였다. 인생의 황금기를 대부분 감옥에서 보내고 72세의 노인으로 세상 앞에 선 만델라에게 전 세계 취재진의 이목이 집중되었다. 한 취재진이 "건강해 보이십니다."라고 말을 건네자 만델라는 "남들은 감방에서 좌절과 분노를 쌓았지만 나는 마음을 내려놓고 모두를 용서했습니다. 그랬더니 세상의 모든 즐거움이 나를 감싸 안게 되었고 몸도 건강해졌습니다."라고 밝게 답했다.

만델라가 석방 후 가장 먼저 한 일은 자신을 감시하고 박해한 사람들에게 용서와 화해의 손길을 내미는 것이었다. 아파르트헤이트 체제의 최고 정보책임자와 로벤섬 감옥의 총책임자를 초청하여 만찬을 함께 하였다. 그를 감옥으로 보낸 84세의 검사와 점심을 같이 하기도 하였다. 자신을 박해하였던 사람이 이미 죽은 경우는 미망인을 찾아가서 용서의 메시지를 전달하였다.

1991년 만델라는 아프리카 국민회의 의장으로 선출되었다. 그 와중에도 백인정부와 흑인 간의 갈등은 계속되었다. 그러다가 1993년 4월 10일 젊은 흑인 운동가인 크리스 하니가 백인 극우파의 총격에 사망하는 일이 또다시 발생하였다. 전국에서는 분노한 흑인들이 대대적으로 봉기하여 백인과 일촉즉발의 폭력상황에까지 이르게 되었다.

만델라는 TV출연을 자청하여 전 국민에게 호소하였다. "오늘밤 저는 우리나라 모든 흑인과 백인들에게 온 마음으로 호소합니다. 더 이상 이 나라를 위험에 빠뜨리는 행동을 해서는 안 됩니다. 평화를 위해 싸운 크리스의 영혼을 위해서라도 말입니다."

만델라의 이러한 절규에 가까운 호소에 흑인들의 성난 민심은 잦아들면서 정국은 빠른 시간 안에 안정을 되찾았다. 그 후 만델라는 백인 정부와 평화적인 협상을 계속하여 마침내 흑인들이 참여하는 민주적인 선거를 관철시켰다. 그는 이 공로를 인정받아 그해 노벨평화상을 받았다.

1994년 4월 27일, 만델라는 드디어 흑인이 참여한 최초의 대통령 선거에서 62.7%라는 압도적인 지지를 받아 당선되었다. 이것은 그동안 30여 년의 백인통치에 종지부를 찍는 동시에 만델라가 그토록 부르짖었던 '용서와 화해'의 서막이기도 하였다.

그의 대통령 취임식은 남다른 의미를 가졌다. 10억의 세계인들이 지켜보는 가운데 자신을 가장 박해하였던 교도소 책임자들이 자신을 대통령 자리로 안내하게 하였다. 또한 지난날 자신을 탄압하고 감옥에 보냈던 보안군과 경찰들을 초청하여 귀빈석에 앉게 하였다. 전 세계인들에게 '관용'의 의미를 상징적으로 보여주는 행사였다.

취임 이후에도 그의 이런 행보는 계속되었다. 자신을 '공산주의 테러리스트'라고 비난하며 로벤섬 감옥으로 보낸 보타 전 대통령을 찾아가 용서의 손길을 내밀었다. 그리고 로벤섬에서 자신을 가장 핍박했던 교도소장을 오스트리아 대사로 임명하였는데 이 파격적인 결정에 가장 놀란 이는 바로 교도소장이었다.

만델라의 이러한 조치에 대해 측근들은 심하게 반대하였다. 우여곡절 끝에 정권교체를 이룬 흑인들 대부분은 백인정권을 응징해야 한다고 생각하였다. 한 측근 관료가 만델라에게 "우리는 과거를 외면해서는 안 됩니다. 흑인을 탄압한 백인을 응징하여 역사를 바로 잡아야 합니다!"라며 처벌을 강하게 요구하였다.

이 말은 들은 만델라는 깊은 고민에 빠졌다. 자신의 마음 한편에도 그와 같은 생각이 없었던 것은 아니다. 하지만 만델라는 이내 마음을 다잡고 항의하는 측근을 향해 천천히 입을 떼었다. "아무리 야만적인 과거라 할지라도 그것을 똑같이 증오로 처단해서는 옳지 않다고 생각하네. 피를 부르는 정치적 보복은 여기서 끝내야 하지 않겠나?"

흑인관료들은 동의하지 않는 표정이었다. 그러자 만델라는 단호하게 다시 말을 이었다. "과거를 아예 잊자는 것은 아닐세. 용서는 하되 절대로 잊지는 말자는 것일세!"라는 이 말에 힘이 실렸고 설득력이 있었다. 가장 큰 박해와 억압을 받은 사람은 바로 만델라 자신이었기 때문이었다.

만델라는 그 이듬해인 1995년 국가통합과 화해증진법을 통해 '진실과 화해위원회Truth and reconciliation commission'를 설치하였다. 이 위원회는 어두운 과거를 청산하고 새로운 화합의 미래를 열자는 취지로 설립되었다. 위원회에 접수된 인권탄압사건은 약 2만 1,399건에 달했고, 흑인피해자는 무려 300만 명에 이르렀다. 만델라는 가해자로 소환된 사람이 자신의 과오를 인정하고 진실이 밝혀지면 사면하도록 하였다.

이에 대해 흑인들은 "너무 관대하다."며 만델라를 비판하였다. 그럴 때마다 만델라는 "용기 있는 사람들은 용서하는 것을 두려워해서는 안 됩니다. 평화를 위해서 그렇게 해야 하기 때문이지요."라고 말하며 주변을 설득했다. 그는 피는 피를 부르지만 피를 흘리지 않고 '피의 역사'를 바로 쓰는 법을 몸소 실천하였다.

그의 이런 노력은 그동안 흑인들을 박해했던 백인들의 양심을 일깨우기 시작하였다. 사면을 받은 한 백인은 "흑인들이 천만 번 나를 용서해도 나는 이 지옥에서 벗어날 수 없습니다. 나의 머릿속에 양심이 있기 때문입니다."라고 절규하며 회개했다. 한 사람의 위대한 리더십은 실로 많은 것을 바꾸어 놓았다.

1995년 6월 24일, 요하네스버그의 월드컵 럭비 경기장에서는 또 하나의 역사가 쓰였다. 그동안 럭비는 백인의 전유물로 여겨졌고, 흑인들은 이스포츠를 경멸했다. 흑인들은 국가대항전이 열리면 오히려 상대 국가를 응원하는 기현상이 일어나곤 했다. 만델라는 이러한 럭비를 통하여 흑백간의 갈등을 화합의 장으로 바꾸고자 하였다. 그렇게 해서 럭비월드컵이 유치된 것이다.

역사적인 그날 강적 뉴질랜드와 결승전에서 맞붙었다. 경기장의 분위기는 이전과는 달랐다. 연장전까지 가는 팽팽한 경기가 계속되는 동안 백인과 흑인은 하나가 되었다. 백인들은 흑인들의 노래인 '웅코시 시키렐레'를 불렀고 흑인들은 진심으로 백인 선수들을 응원하였다. 마침내 연장전에서 남아공 선수들이 뉴질랜드를 꺾고 우승컵을 안게 되었다.

이때 만델라는 백인의 상징이던 등번호 6번이 적힌 주장의 초록색 유니폼을 입고 경기장에 나타났다. 대표팀 주장인 백인 프랑수아 피에나르와 악수를 나누며 격려하였다. 사실상 남아공의 흑인과 백인 간의 화합이 완성되는 순간이었다. 이 장면은 TV를 통해 전 세계로 전파되어 세계인들을 감동시켰다.

만델라는 용서를 통한 화합으로 흑백 간의 갈등을 해결한 위대한 정치가였다. 그는 연임이 가능하였음에도 5년 임기를 끝으로 대통령직을 떠났다. 그리고 그의 관용정책은 백인들의 지지를 받아 남아공을 G20의 경제대국으로 이끌며 국가의 번영을 가져왔다.

오늘날에도 만델라는 세계인들의 가슴속에 '용서라는 씨앗'을 심어준 위대한 리더로 기억되고 있다. UN은 만델라의 이런 정신을 기리고자 그의 생일인 7월 18일을 '만델라 데이'로 지정하였다. 2013년 12월 2일 만델라는 95세의 나이로 사망하였다. 많은 사람들이 그의 죽음을 애도하였다. 미국의 오바마 대통령은 "우리는 오늘 지구상에서 가장 영향력 있고 용기 있는 위대한 사람을 잃었다."며 조의를 표했다.

생전에 만델라는 "다른 사람을 미워하는 것은 스스로가 독약을 마시고 상대가 죽기를 기다리는 것과 같다."고 하였다. 즉 미움은 자신도 죽고 상대도 죽이는 길이라는 것이다. 이것을 다스리는 방법으로 '용서'만큼 좋은 것이 없다는 것을 그는 우리에게 행동으로 보여주고 떠났다.

용서는 인간이 하나님의 선한 모습을 닮을 수 있는 유일한 길이다. 우리나라의 성직자 중에서도 용서를 통하여 가장 하나님과 닮은 삶을 살다 간 사람이 있다. 우리나라 기독교단에서 가장 존경받는 사람 중 한 사람인 **손양원** 목사다.

손양원은 1902년 6월 3일 경남 함안군 칠원면에서 손종일 장로의 장남으로 출생하였다. 아버지의 영향으로 7세에 기독교 신앙을 갖게 되었지만 그로 인해 그의 삶은 순탄하지 않았고 결국 순교하는 삶을 살아야만 했다.

손양원의 학창시절은 일제 강점기였다. 그는 일제가 강요하는 궁성요배 宮城遙拜를 거부했다가 퇴학당하였는가 하면, 겨우 복학했다가 부친의 독립운동으로 다시 퇴학당하는 등 어려운 학창시절을 겪었다.

청년이 된 손양원은 1926년 3월 경남 성경학교에 입학하였다. 거기서 교회 전도사로 일하다가 학교를 졸업하고 목회의 길을 걷게 되었다. 그는 1935년 4월 5일 33세의 나이에 신학공부를 더하기로 마음먹고 평양 신학교에 다시 입학하였다. 그리고 신학교 2학년이 되던 해에 한센병자의 교회인 여수의 애양원과 인연을 맺고 봉사를 하게 되었다.

1939년 7월 14일 평양 신학교를 졸업한 손양원은 3년 전 인연을 맺은 애양원 교회에 목사로 부임하였다. 그때부터 그에게는 숙명과도 같은 시련의 서곡이 시작되었다. 그는 목회자로서 설교를 통하여 늘 일본의 신사참배가 부당하다는 것을 성도들에게 알렸다. 이런 손목사를 일본 경찰은 눈엣가시처럼 성가시게 보았다.

1940년 9월 25일 손 목사는 수요예배를 마치고 집에 돌아오는 길에 여수 경찰서 형사들에게 체포되었다. 그의 죄목은 신사참배 거부와 주민 선동이었다. 구치소에 구금되는 동안 일본인 담당검사는 손 목사의 사상전환을 여러 번 시도했다. 하지만 그의 신념은 변함이 없었고 오히려 검사에게 하나님 말씀을 전하였다. 결국 그는 종신형을 선고받고 갖은 옥고를 치르다가 해방이 되면서 자연 석방되었다.

1946년 3월 경남 노회老會에서 목사 안수를 받고 여수로 돌아온 손양원은 한센환자를 돌보는 데 전력을 쏟았다. 처음에는 손 목사의 헌신을 가식으로 생각하는 사람들이 많았다. 그러나 한센환자의 피와 고름, 땀이 뒤섞여 퀴퀴한 냄새로 가득한 환자들의 방에서 그들과 이마를 맞대고 기도해 주고, 직접 환자의 피고름을 입으로 빨아내기까지 하는 목사의 진정성을 신뢰하기 시작하였다.

1948년 10월 19일 손 목사가 시무하는 여수에서 반란사건이 발생하였다. 제주사건을 진압하기 위해 출동하였던 군인들 중, 좌익세력들이 여수 등지에서 무장반란을 일으켜 무고한 양민을 학살한 사건이었다. 순식간에 여수시내는 좌익 폭도들의 세상이 되어 버렸다. 그들은 인민위원회를 만들어 우익인사나 종교계 인사를 학살하는 만행을 서슴없이 저질렀다.

10월 25일 순천 사범학교와 중학교에 다니던 그의 두 아들이 좌익 동료 학생들에게 끌려가서 한꺼번에 총살되었다. 비보를 받은 손 목사뿐만 아니라 애양원 성도들 모두는 하늘이 무너지는 충격을 받았다. 그 다음 날 손 목사는 겨우 두 아들의 시신을 거두어 장례식을 치렀다. 사랑하는 두 아들을 가슴에 묻은 손 목사는 장례식장에서 아홉 가지의 감사의 기도를 하나님께 올렸다.

그 주요 감사기도 내용은 다음과 같았다. "나 같은 죄인의 혈통에서 순교의 자식이 나오게 하여서 감사합니다. 3남 3녀 중 가장 아름다운 장남과 차남을 바치는 축복을 주셨고 예수를 믿다가 그냥 죽는 것도 큰 복이거늘 전도하다가 총살 순교당한 것 역시 감사합니다. 미국 유학을 준비하다가 미국보다 더 좋은 천국에 갔으니 더욱 안심되고, 나의 사랑하는 아들을 총살한 원수를 회개시켜 내 아들로 삼고자 하는 마음을 주셨으니 감사합니다."

사랑하는 두 아들을 보내는 장례식장에서 아들을 총살한 원수를 아들로 삼겠다는 손 목사의 다짐은 예수님이 아니면 할 수 없는 일이었다. 여수 반란사건은 곧 군대와 경찰에 의해서 진압되었다. 정세는 바뀌어 좌익 폭도들은 체포되어 총살당하게 되었다. 그중에는 손 목사의 두 아들을 총살한 안재선이라는 학생도 있었다.

손 목사는 즉시 계엄사령관을 찾아가 "나의 아들들은 자신들 때문에 친구가 죽는 것을 원치 않습니다. 우리 아들들의 죽음을 헛되게 하지 말아주십시오."라며 그 학생의 석방을 간청하였다. 그리고 "만약 석방해주면 그 학생을 저의 아들로 삼겠습니다."라며 자신의 의지를 비추었다. 감동한 사령관은 손 목사의 간청을 받아들여 그 학생을 넘겨주었다.

손 목사는 그 학생의 성을 바꿔 손재선이라 하고 자신의 아들로 삼았다. 물론 손목사의 이런 결심에 대해 가족들의 반대는 심하였다. 손 목사의 딸들은 "오빠를 죽인 원수를 어떻게 오빠로 부르며 살아갈 수 있어요?"라며 극구 반대하였다. 이에 손 목사는 "원수를 사랑하라고 하신 예수님의 말씀을 목사가 어찌 따르지 않을 수 있겠는가?"라고 하며 가족을 설득하였다. 손 목사는 또 하나의 아들을 가슴에 품고 하나님의 아들로 양육하는 데 최선을 다했다.

1950년 6·25가 발발하자 교회 사람들은 손 목사에게 안전한 곳으로 피난할 것을 권고하였다. 공산당에게 목사는 숙청대상 1호였다. 손 목사는 교회 재직자들을 배로 먼저 떠나보내면서 "내가 피신하면 천 명이나 되는 양떼들은 누가 돌보겠습니까?" 하고는 돌아와 교회를 지켰다.

1950년 9월 13일 교회에 들이닥친 공산당은 손 목사를 끌고 갔다. 그는 죽음이 목전에 있었음에도 자기를 죽이려는 사람들에게 그리스도의 복음을 전하려고 애썼다. 애석하게도 보름 후인 9월 28일 저녁 11시 여수근교

과수원에서 공산당에게 총살당하여 순교하였다. 그는 마지막 가는 길에도 "하나님 아버지 이들을 용서해주세요!" 하고 간절히 기도하다가 죽음을 맞이했다.

손양원 목사의 순교에 대해 가족은 물론 애양원 성도들 모두 슬퍼하였다. 그중에서도 진심으로 애통해하며 슬퍼한 사람이 있었다. 바로 손 목사의 용서로 양아들이 된 손재선이었다. 그는 손목사의 사체를 수습하고 장례식을 치르는 데 앞장섰다. 비록 그는 늘 죄책감을 갖고 살았지만 양아버지인 손 목사의 유지를 받들어 자신과 자식들까지도 하나님의 자녀로서 부끄럽지 않은 삶을 살도록 하기 위해 노력했다. 그리고 평생 교회를 위해 헌신하였다.

최근 종교계 내부의 계파 간 갈등이 심각하다. 같은 교회 내에서도 성도 간의 불협화음이 끊이질 않고 있다. 천국에서 손양원 목사가 내려다보면서 한숨지을 일이다. 종교계를 떠나 우리가 이 세상을 살아가면서 손양원 목사가 거쳐 간 숨결을 조금만 더 느낄 수 있다면 이 세상에 용서 못할 일은 없을 것이다.

우리 인간의 삶은 언제나 부족하고 불완전하다. 그래서 부족한 인간에게 누군가를 용서하고 용서받는 일은 당연한 것이 되어야 한다. 왜냐하면 언젠가는 용서하는 입장과 용서받는 입장이 서로 바뀔 수 있기 때문이다. 우리는 평소 얼마나 많은 사소한 일을 정죄하고 살아가고 있는가?

원망은 원망을 낳고 갈등은 갈등을 부른다. 우리 마음속을 미움으로 채우는 것은 만델라의 말처럼 스스로 독약을 먹는 것과 같다. 나와 상대를 갈등의 늪에서 건져내는 길은 용서밖에 없다.

진정한 용서는 원수까지도 사랑으로 품는 것이다. 만델라와 손양원 목사의 삶이 가치 있는 것은 자신에게 가장 큰 고통을 준 사람에게까지도 관용을 베풀었기 때문이다. 자신의 희생이 따를수록 그 작은 희생에 대한 대가를 용서로 되갚아줄 수 있는 아량을 가진다면 세상의 평화는 더 큰 모습으로 찾아올 것이다.

상대를 용서한다는 것은 조직관리에서도 매우 중요한 일이다. 좋은 리더가 되려면 너그러운 마음으로 관용을 베풀 줄 알아야 한다. 의도적인 큰 잘못이 아니면 너그럽게 용서하는 따스한 리더가 존경받을 뿐만 아니라 그에 따르는 결과 역시 훨씬 긍정적이다.

과거 IBM 회장 토머스 왓슨 주니어는 천만 달러의 손해를 입힌 임원이 사표를 내자 이를 반려하며 "자네의 잘못에 대한 깨달음을 얻는 데 천만 달러를 투자하였는데 그냥 자를 수 없지 않겠는가?"라고 말하며 용서했다고 한다. 물론 그 임원은 분발하여 회사의 손실액 이상의 이익을 가져다주었다.

중국 삼국시대의 조조 역시 '적 진영에서 자신의 부하가 내통하였다'는 문서를 발견하고 이를 즉시 불살라 버렸다. 그러자 부하들은 조조의 행동에 탄복하고 더욱 목숨 바쳐 충성을 다했다. 부하들의 실수를 단죄하기보다는 관용을 베풀어 용서하면 더 큰 보답으로 돌아온다.

이처럼 관용은 큰 그릇의 리더만이 할 수 있는 일이다. 마음이 넓고 크지 않으면 용서라는 아름다운 선물을 부하에게 줄 수 없다. 지금 자신의 마음속에 조금이라도 증오의 찌꺼기가 남아있다면 만델라와 손양원 목사의 삶을 돌아보라! 그러면 용서 못할 일이 없을 것이다. 관용은 불완전한 인간이 다른 사람에게 해줄 수 있는 가장 솔직한 고백이다. 그리고 그보다 더 아름답고 고귀한 배려는 없다!

적은 '품어서' 없애라

적을 공격하여 없애는 것은 어렵기도 하지만 후환도 따른다. 적을 상대하는 가장 현명한 방법은 그를 품어서 친구로 만드는 것이다. 지극히 큰 리더십은 적을 친구로, 그리고 경쟁자를 든든한 후원자로 바꿀 수 있는 포용력을 갖는 것이다. 그것이 스스로를 지키며, 조직을 화합으로 이끄는 지름길이다.

프랑스의 제5공화국 대통령이었던 프랑소와 미테랑François Mitterand은 국정의 화합을 위해 정적이자 반대노선을 걷고 있던 자크 시라크Jacques Chirac를 총리로 기용하는 놀라운 포용의 리더십을 보여주었다. 그의 이러한 용단은, 자신의 최대 정적이면서 불편한 경쟁자인 시라크와 함께 가야만 갈등을 넘어 화합을 이룰 수 있다는 대승적인 생각에서 시작되었다.

미테랑은 1916년 프랑스의 시골 역장의 아들로 태어나 파리대학교를 졸업하였고, 변호사로 일하다가 31살이던 1947년 정치에 입문하였다. 그의 정치역정은 비교적 순탄하였다. 내무부 장관 등 다양한 각료직을 거치고 상원의원을 역임하다가 그의 나이 49세인 1965년 민주사회 좌파연합을 창설하여 총재가 되었다.

미테랑은 이때부터 프랑스의 좌파를 이끄는 정치적 지도자가 되었다. 그가 정치적으로 더욱 부각된 것은 프랑스의 영웅 드골과 대선에서 경쟁하여 45%의 높은 지지율을 얻은 후부터였다. 비록 패배하긴 하였으나 정치적으로는 주목받기 시작하였다.

1974년 공산당과 연합한 좌파의 통합후보로 대선에 재도전하지만 지스카르 데스탱에게 또다시 근소한 차이로 패배하게 되었다. 이때 미테랑의 영원한 라이벌인 시라크가 혜성처럼 나타났다. 그는 선거에서 데스탱을 지지하여 총리가 되었고 이를 바탕으로 파리시장에 당선되는 등 정치적 연륜을 쌓아 우파의 지도자로서 좌파인 미테랑과 필적하게 되었다.

1981년 5월 10일 각고의 노력 끝에 좌파로는 최초로 미테랑이 대통령에 당선되었다. 여기에는 의도하지 않게 시라크가 결정적인 역할을 하게 되었다. 그것은 데스탱의 실정도 있었지만 우파의 두 거두인 데스탱과 시라크가 끝까지 경합하면서 우파의 표가 분산되었기 때문에 상대적으로 미테랑이 반사이익을 얻은 것이다.

미테랑은 대통령에 취임하자마자 그의 정치적 노선인 사회주의적 개혁을 강력하게 추진하였다. 다국적 기업으로부터 국민을 보호하기 위해 르노 자동차와 에어 프랑스 등 굴지의 기간산업을 국유화하였다. 그리고 노동자의 최저임금을 15% 올리고 부자에게 부유세를 물렸다. 이러한 급진적인 정책은 처음에는 진보성향을 가진 사람들에게 환영받는 듯하였으나 높은 실업률과 무역적자, 그리고 인플레이션이 겹치면서 암초에 부딪치게 되었다. 그러자 사회기득권을 가진 자본가와 우파의 반발이 거세지기 시작하였다.

1986년 치러진 총선은 미테랑의 정책에 대한 평가였다. 선거 결과 여당인 사회당이 패배하고 우파가 다수당이 되면서 미테랑은 정치적 위기를 맞았다. 미테랑은 "이 난국을 어떻게 타개할 것인가?"를 놓고 고민하였다. 무언가 특단의 대책이 필요하였다.

다수당과의 정치적 갈등을 해소하기 위해서는 한 가지 방법이 있었으나 그것은 정치적 위험이 따랐다. 다수당인 야당과 권력을 나누어 갖는 방법으로 야당의 누군가를 총리로 임명해야 했기 때문이다.

그런데 벌써부터 야당의 총리로 거론되는 시라크는 "내가 총리가 되면 미테랑이 국유화하였던 기간산업을 모두 민영화시키겠다."라고 공언하였다. 많은 사람들은 미테랑이 강경파인 시라크보다는 온건파 중에서 야당 인사를 총리로 지명할 것이라고 예상하였다.

그러나 미테랑은 모든 사람들의 예상을 깨고 차기 대선의 유력한 경쟁자이며 자신의 정치노선을 뒤엎겠다는 시라크를 총리로 임명하였다. 비록 시라크가 정적이지만 그를 품어 내편으로 만드는 것이 오히려 정쟁을 줄일 수 있는 방법이라는 통큰 생각을 한 것이다.

시라크가 총리가 되자 예상대로 자신의 공언을 실행에 옮겼다. 그동안 미테랑이 국유화했던 29개의 대기업들을 민영화하였고 부유세도 폐지했다. 프랑스 헌법에는 대통령이 국방과 외교를 담당하고, 그 밖의 영역은 총리가 담당한다는 것이 명시되어 있기 때문에 가능한 일이었다.

미테랑은 시라크의 이러한 정치적 행보를 묵묵히 지켜볼 뿐 간섭하지 않았다. 보통의 정치인이라면 자신의 반대정책을 고집하는 아랫사람을 그냥두지 않았겠지만, 미테랑은 이를 품을 만큼 큰 그릇의 지도자였다. 오히려 자신의 영역인 외교 분야에서도 시라크의 입지를 키워주어 외국 정상과의 회담에 참석케 하는 등 배려를 아끼지 않았다.

그러나 미테랑은 사회 약자인 국민들의 권리와 정의를 지키는 데는 조금의 양보도 없었다. 어느 날 극단적 우파 추종자가 국내 유대인들의 무덤을 파고 훼손한 사건이 벌어졌다. 국민들은 분개하여 전국적으로 항의시위가 일어났다. 이때 대통령은 어떠한 예고도 없이 시위군중 사이에 끼어 있었다.

기자들은 대통령을 발견하고는 깜짝 놀라 몰려들었다. 한 기자가 물었다. "대통령께서 여기에는 어쩐 일이십니까?"라고 묻자 미테랑은 태연히 "내가 있을 만한 곳에 있으니 너무 의미를 부여하지 않는 것이 좋겠소." 라고 답하고는 국민들과 뜻을 함께 하였다.

국민들은 이런 대통령을 신뢰하고 존경하였다. 반면 미테랑에 의해 임명된 시라크가 추진한 우파의 정책은 초기에 성공을 거두는 듯하였지만 일관성 있는 추진력을 보이지 않자 국민들은 차츰 등을 돌리기 시작하였다. 점차 국민 여론은 다시 미테랑을 지지하는 양상으로 바뀌었다.

1988년 미테랑은 라이벌이면서도 자신의 정권 총리인 시라크와 대통령 재선거를 놓고 맞붙게 되었다. TV토론에서 시라크는 미테랑에게 "당신을 대통령으로 불러야 하겠지만 동등한 후보 입장이니 그냥 미테랑이라고 부르겠소."라고 도발하였다.

그러자 미테랑은 천연덕스럽게 "옳은 말씀이오. 시라크 수상!"이라고 대꾸하였다. 이 말은 '당신이 아무리 나와 동등해지려고 해도 내가 임명한 수상일 뿐이오.'라는 의미가 내포된 것이었다.

선거 결과, 미테랑은 2년 전 총선에서의 패배를 설욕하면서 시라크를 무려 14%나 앞서 승리했다. 재선에 성공한 그의 승리는 반대편을 아우르는 통합의 승리였다. 자신이 정치적 위기를 맞았을 때 과감하게 반대노선의 시라크와 함께 하여 다수야당인 우파의 정치적 공격을 막아냈다. 그리고 자신의 권한도 대폭 위임함으로써 "나는 사회당의 지도자만이 아닌 좌우파를 모두 아우르는 프랑스 전체의 대통령이다."라는 인식을 국민들에게 심어주었다.

미테랑은 재선 이후에도 사회의 복지증진과 노동자 삶의 질적 향상을 위해 끊임없이 노력하였다. 외교면에서도 수완을 발휘하여 유럽통합의 발판을 마련하는 데 주도적인 역할을 하며 국제적인 리더로서의 입지를 굳혔다. 그는 프랑스 국민들로부터 열렬한 지지를 받아 3선 승리도 유력시 되었다.

그러나 아쉽게도 건강상의 문제가 생기게 되었다. 전립선암에 걸리자 그는 대선 출마를 포기할 수밖에 없었다. 그 후임으로는 정적이자 총리였던 시라크가 당선되었다.

1995년 5월 17일 오전, 미테랑은 후임인 시라크에게 14년 동안 수행한 대통령직을 인계하고 관저를 떠나게 되었다. 전용차인 검은색 르노차량을 타고 경찰의 에스코트를 받으며 파리의 콩코드 광장을 향하였다. 대통령을 위한 마지막 의전이었다.

전용차는 콩코드 다리 위에 멈추었고 미테랑은 다리 앞에 주차되어 있던 소형승용차에 옮겨 탔다. 우리나라 소형자동차인 마티즈 크기의 이 승용차는 프랑스 사회당이 미테랑에게 그동안 프랑스를 이끌어준 감사의 표시로 준 선물이었다.

미테랑이 손수 운전한 소형차는 센강을 건너 사저인 아파트로 가기 위해 몇 번의 교통신호에 멈춰서야 했다. 프랑스 최장수 대통령으로 통합된 프랑스를 이끌었던 미테랑은 그렇게 평범한 시민으로 돌아갔다.

그 이듬해인 1996년 1월 미테랑은 자신의 지병을 이기지 못하고 세상을 떠났다. 국민들은 "우리는 영원히 곁에 있을 것만 같았던 아버지를 잃은 것 같다."며 애도했다. 그리고 항상 정적으로 미테랑을 비난하기만 하였던 시라크 대통령도 특별담화문을 통해 "미테랑은 인간적인 존경을 받기에 충분한 대통령이었다."라고 밝히며 눈물을 흘렸다.

프랑스 최고의 석학 자크 아딸리Jacques Attali는 "미테랑은 프랑스의 마지막 왕이다."라며 그의 위대함을 표시했다. 현재까지도 프랑스 국민들은 역사적으로 가장 존경하는 지도자로 나폴레옹과 드골, 그리고 미테랑을 꼽는다.

프랑스는 미테랑이 집권하는 동안 최고의 전성기를 누렸다. 미테랑의 서민정책을 통한 빈부격차 해소와 시라크의 작은정부를 지향하면서 얻어진 재정 건전성 확보정책이 균형적으로 조화를 이루면서 이루어낸 성과다. 그렇지만 무엇보다도 그 기저에는 위대한 미테랑 대통령의 '포용의 리더십'이 있었다.

조직은 항상 갈등하면서 발전한다. 다양한 성향의 사람들이 모이고 다양한 의견들이 충돌하는 각축장이다. 그렇기에 리더 주변에는 늘 반대의견을 가진 사람이나 불평 불만자들이 있기 마련이다. 때로는 자신을 신랄하게 공격하고 끌어내리려는 원수 같은 사람도 상대해야 한다. 그런데 이런 사람들을 모두 적대시하여 공격하고 맞대응한다면 그 조직은 어떻게 될까? 끊임없는 갈등과 불화로 위태로워질 것이다.

상대를 힘으로 굴복시키는 것은 결코 현명하지 못하다. 아무리 약한 상대라 할지라도 공격하여 이기기 위해서는 내 손에 피를 묻히지 않을 수 없다. 그러면 공격당한 상대 또한, 언젠가 내 등 뒤에서 비수를 꽂기 위해 기회를 노릴 것이다. 피는 피를 부르기 마련이다.

상대를 가장 현명하게 제압하는 것은 미테랑처럼 상대를 품어서 내편으로 만드는 것이다. 미테랑은 최대 정적인 시라크를 공격하여 굴복하는 방법을 사용하지 않았다. 자신의 많은 것을 양보하여 그를 품어 협력하게 하였다. 정치인에게서 이념이 다른 정파와 권력을 나누는 것은 모험적이지만 결국 이것이 국가를 위하고 자신과 상대방 모두 승리하는 현명한 선택이라는 것을 안 것이다.

유대인의 지혜가 담긴 탈무드에서는 "99명의 친구를 만들기보다는 1명의 적을 만들지 말라!"고 가르치고 있다. 그만큼 적 한 명이 나의 삶에 치명적인 아픔을 줄 수 있기 때문이다. 우리는 살아가면서 적을 만들어서는 안 된다. 비록 상대가 적대행위를 하더라도 그를 포용하여 내편으로 만들어야 한다.

그러려면 먼저 내 자신의 내면에 있는 적개심부터 없애야 한다. 정적이 있다면 그로 인해 내가 바로 설 수 있는 긴장감을 얻었다고 생각하라. 상대가 나의 의견을 반대한다면 내 의견에 모순이 있는지를 다시 한 번 돌아보는 기회를 주었다고 생각하면 된다. 그리고 상대를 진심으로 이해하고 배려하면 언젠가는 든든한 동역자로 옆에 서게 될 것이다.

그 다음은 상대의 적대 심리를 이해하는 것이다. 영국의 저명한 심리학자 도널드 위니캇Donald Winncott은 "모든 사람의 공격은 도와달라는 SOS신호다."라고 공격적인 행동을 설명하였다. 사람은 어렵거나 관심을 받으려 할 때 그것을 하지 못하면 부정적이고 공격적인 감정인 미움을 사용하게 된다.

적대감을 가지고 자신을 공격하려고 하는 사람이 있다면 그의 내면 깊숙이 속삭이는 "나를 조금 더 사랑해주세요. 나에게 관심을 주세요!"라는 마음의 소리를 들을 줄 알아야 한다. 이런 내면의 소리를 듣고 상대를 사랑으로 포용하면 상대는 스스로 공격성을 내려놓고 다가올 것이다.

위대한 지도자는 결코 경쟁자를 적으로 만들지 않는다. 오히려 그들을 마음속 깊이 이해하고 포용하여 동역자로서의 길을 가도록 한다. 그것이 적대감을 가진 상대에게 존경받을 수 있는 길이기도 하다. 위대한 갈등조정자 링컨 대통령의 말을 되새길 필요가 있다. "원수는 죽어서 없애는 것이 아니라 사랑으로 녹여 없애야 한다!"라는 것이다. 상대를 포용하는 것만큼 승화된 사랑은 없다.

'한 발' 물러서서 '열 발'을 도모하라

중국 속담에 '하나를 양보하여 백을 얻고 열을 다투다가 아홉을 잃는다讓一得百, 爭十失九'는 말이 있다. 작은 것을 양보하면 오히려 큰 것을 얻을 수 있지만 지나치게 욕심을 내어 모든 것을 가지려다가는 대부분을 잃을 수 있다. 지나치게 작은 부분에 집착하여 과욕을 부리는 리더는 큰 조직을 운영할 수 없다. 지혜로운 리더는 작은 것을 양보하여 큰 것을 얻을 줄 아는 사람이다.

중국 한漢나라 때 명장인 한신韓信(?~BC.196)은 소하蕭何, 장량張良과 함께 유방을 도와 나라를 세운 개국공신이자 중국 역사상 가장 뛰어난 장군으로 평가를 받는 사람이다. 하지만 출신이 미천하고 가난하여 젊은 시절 주변 사람들로부터 많은 놀림과 업신여김을 당했다. 하지만 그는 자신이 품고 있는 큰 뜻을 위해 작은 것은 양보할 줄 아는 용기를 가진 사람이었다.

한신의 출생이나 집안내력에 대해서는 분명치 않지만 어려서부터 매우 가난하여 끼니조차 제대로 해결할 수 없는 처지였다. 특별한 재주나 언변도 없었기 때문에 사람들은 그를 무시하고 업신여겼다. 그러나 그는 마음속에 큰 뜻을 품고 길을 걸을 때면 항상 큰 칼을 차고 당당히 걸었다.

그러던 어느 날 칼을 차고 시장거리를 활보하는 한신을 보고 이를 못마땅하게 여긴 시정市井 잡배 중 한 명이 "네 놈이 비록 덩치가 크고 칼을 차고 다니지만 너는 사람을 죽이지 못하는 나약한 겁쟁이야."라며 시비를 걸어왔다. 장내가 시끄러워지자 사람들이 모여들었다. 불량배는 더욱 신이 나서 "만약 네가 사람을 죽일 용기가 있으면 그 칼로 나를 찔러봐라. 자신이 없거든 내 가랑이 사이를 기어서 지나가!"라고 윽박질렀다.

한신은 잠시 상대를 쳐다보면서 생각하더니 묵묵히 불량배의 가랑이 사이를 기어서 지나갔다. 이 일로 인하여 과하지욕胯下之辱, 즉 가랑이 밑을 기는 치욕이라는 말이 생겨났고, 주변 사람들은 한신을 보고 겁쟁이라고 놀려대며 비웃었다.

그러나 한신은 생각이 달랐다. 자신의 원대한 뜻을 이루기 전에 사소한 시비에 얽히기 싫었다. 그것이 비록 자신의 자존심을 상하게 하는 일이라 하더라도 훗날을 위해서 이를 감내할 수 있었다.

세월이 흘러 한신은 재상인 소하의 추천을 받아 유방의 휘하로 들어갔다. 거기서 그는 자신이 품고 있던 큰 뜻을 유감없이 발휘하여 유방이 나라를 세우는 데 기여한 일등공신이 되었다. 한신은 그 공으로 자신의 고향인 초나라의 왕이 되어 금의환향하였다.

한신은 이때 자신이 배고플 때 밥을 주었던 사람들에게 후히 상을 내렸고, 시장에서 모욕을 준 불량배를 불러 치안을 담당하는 중위中尉 벼슬을 내렸다. 이 일로 한신은 초나라에서 덕망이 높고 고매한 인격을 가진 왕으로 칭송받았고 백성들로부터 존경을 한 몸에 받았다.

한신이 이렇게 공을 세우고 출세를 하기까지 후견인 노릇을 한 사람이 있었다. 그는 바로 유방의 최측근이면서 2인자인 소하(?~BC.193)라는 재상이다. 그는 한신, 장량과 더불어 유방을 보좌하면서 주로 후방에서 군사들의 보급을 책임지고 있었다.

소하는 일찍이 행정에 밝고 공과 사가 분명하여 부하들로부터 신망이 두터운 사람이었다. 한번은 유방의 군대가 진나라의 함양궁전을 함락하였을 때 대부분의 장수와 대신들은 함양의 재물창고로 가서 금, 은 보화를 챙기기에 바빴다. 유독 소하만큼은 어사대로 향하여 진나라의 법령집과 호구조사 같은 귀한 자료를 거두어 훗날 한나라 건국 시 요긴한 자료로 활용하였다. 소하는 당장 눈앞에 보이는 작은 이익을 챙기기보다는 보다 크고 중요한 것을 위해 스스로를 통제할 줄 아는 사람이었다.

그가 한신을 천거할 때도 대의大義를 우선시하였다. 기원전 206년 진나라가 망하고 유방이 한나라의 황제가 되자 그는 승상으로서 내정일체를 맡았다. 평소에 한신의 능력을 눈여겨 본 소하는 유방에게 한신을 천거하여 벼슬을 주도록 하였다. 그러나 한신은 자신이 받은 직책이 너무 낮다는 데 불만을 갖고 도망치려 하였다.

소하는 이런 한신을 붙잡아 두고는 유방에게 대장군의 보직을 건의하였다. 유방이 마음내켜하지 않자 소하는 "만약 폐하께서 왕으로만 만족하시겠다면 한신을 내칠 수 있습니다. 그러나 천하를 놓고 다투시려 한다면 한신을 등용하시어 신하로 삼으셔야 합니다."라며 강력 추천하였다.

이렇다 할 출신배경도 갖추지 못하였고 전공도 내세울 것이 없는 한신이었다. 하지만 소하가 보기에는 의기와 기개가 크고 남다른 용기를 가진 장군감이었다. 결국 유방은 소하의 간청을 받아들여 한신을 대장군으로 임명하였고, 한신은 큰 공을 세워 유방이 중국을 통일하는 데 기여하였다.

소하의 명성이 점차 높아 따르는 세력이 많아지자 의심 많은 유방이 서서히 견제를 하기 시작하였다. 유방이 항우와 싸움을 하느라 관중關中을 떠나 멀리 전쟁터에 있을 때 승상인 소하가 반란을 일으키지는 않을지 의심하였다. 유방은 사람을 관중으로 보내 소하를 격려하는 척하면서 그의 동태를 파악하게 하였다. 소하는 낌새를 알아채고는 그 즉시 자신의 아들과 친척들을 유방이 있는 전쟁터로 보내 안심하게 하였다.

유방은 이러한 소하의 처신으로 한동안 소하를 신뢰하는 듯하였다. 하지만 얼마 지나지 않아 또다시 의심병이 도지기 시작하였다. 당시 정국이 불안하여 주변에 힘 있는 제후들은 너나없이 혁명을 일으켰으니 유방이 주변을 의심하는 것은 당연한 일인지도 모른다.

이때 소하는 특단의 대책을 내놓았다. 일부러 자신의 허물을 만들기 위해 백성들의 논과 밭을 싸게 사서 강제로 빌려주는 등 불법행위를 저질렀다. 소하는 이 일로 인해 옥에 갇히게 되어 의심을 피하고 가까스로 숙청을 면하게 되었다. 이후 유방도 소하가 일부러 스스로의 명성을 떨어뜨려 자신을 안심하게 하려 했다는 사실을 알고 그를 감옥에서 풀어주었다.

물론 외부적으로 보아서는 소하의 행동이 비굴해 보일 수도 있다. 하지만 그는 자신의 진실성을 의심 많은 주군에게 보이고 그를 도와 중국을 통일시키겠다는 대업을 위해 자신의 작은 부분을 과감히 버렸다.

유방이 죽고 난 후 효혜제孝惠帝가 등극한 지 2년이 되던 해에 소하가 병이 위중하여 자리에 눕게 되었다. 황제는 소하를 직접 찾아가서 "만약 그대가 죽으면 누가 그대를 대신할 수 있겠소?"라고 물었다.

이에 소하는 자신의 후임자로 조참曹參이라는 사람을 추천하였다. 그는 평소 소하와 앙숙지간이었다. 그러나 소하는 나라를 위해서 그가 적임자라고 생각하였다. 결국 조참은 소하가 제정한 법령과 제도를 그대로 이어받아 내치를 공고히 하여 한나라를 크게 부흥시켰다.

한나라의 명장 한신과 그 시대의 재상인 소하는 중국역사상 보기 힘든 훌륭한 리더였다. 그들이 후대에 명성을 남길 수 있었던 것은 큰 뜻을 위해서는 사소한 것을 과감히 양보하고 물러설 때를 알았기 때문이다.

리더는 큰 것을 위해서 작은 것을 버릴 줄 알아야 한다. 한신이 무뢰배의 시비를 힘이 없어 피한 것이 아니다. 그는 자신의 큰 뜻을 펼치기 위해 사소한 시비나 수모는 능히 감수할 수 있었다.

소하도 그런 점에서 한신과 생각이 같았다. 그는 눈앞의 작은 이익에 연연하지 않고 보다 큰 가치와 비전을 추구하는 사람이었다. 그런 인격을 가졌기에 전리품인 금은보화를 멀리할 수 있었고 한신과 조참 같은 사람을 사심 없이 추천할 수 있었다. 특히 자기가 모시는 주군의 의심을 피하기 위해 자신의 희생도 마다하지 않았던 것은 그의 뜻이 크고, 원대한 안목을 가졌기 때문이다.

현명한 사람은 작은 것을 양보하여 큰 것을 얻을 줄 안다. 하물며 조직의 운명을 좌우하는 리더라면 조금 더 대승적인 자세로 조직의 큰 가치와 비전을 위해 소소한 이익을 버릴 줄 알아야 한다. 리더가 작은 것에 지나치게 집착하다가는 우매한 아프리카 원숭이 신세가 될 수 있다.

아프리카 원주민은 원숭이를 잡을 때 그들의 단순한 욕심을 이용한다. 우선 원숭이의 손이 들어갈 정도의 입구가 좁고 투명한 호리병 안에 원숭이가 즐겨먹는 바나나를 넣는다. 그리고는 이 병을 원숭이가 잘 다니는 숲속의 나무에 단단히 묶어둔다. 그러면 미련한 원숭이가 이것을 보고 손을 호리병 안에 집어넣어 바나나를 잡는다.

그러나 욕심이 많은 원숭이는 바나나를 집어 들고 손을 빼지 못하고 아우성만 친다. 바나나를 잡은 손을 놓으면 쉽게 손이 빠지지만 탐욕스런 원숭이는 끝까지 바나나를 잡고 있어 사람에게 잡힌다. 작은 욕심으로 인하여 아프리카 원숭이는 비참한 최후를 맞는 것이다.

이러한 과욕은 조직의 화합차원에서도 장애가 된다. 조직 갈등의 가장 큰 원인 중 하나는 한정된 자원資源 때문에 생긴다. 일정한 범위 안에서 누군가 하나를 더 가지고자 하면 그만큼 상대가 가져야 할 몫은 작아진다는 것을 의미한다. 그럼에도 불구하고 지나치게 자신의 이익에 집착하여 욕심을 부리는 것은 조직 단합에 심대한 저해요인이 된다.

과욕은 화를 부르기 마련이다. 조직 내 자신의 이익만 챙기는 이기주의자를 좋아할 사람은 없다. 그리고 그런 사람의 결말은 아프리카 원숭이와 같은 운명을 맞이하기 쉽다. 비록 당장에 손해를 보더라도 참고 한 발짝 물러서서 양보하면, 더 큰 번영과 평화를 누릴 수 있다.

특히 다수의 상대방 간 분란으로 알력이 생길 때는 한걸음 물러서서 관망할 필요가 있다. 이러한 상황을 표현하는 적절한 한자성어가 바로 '격안관화隔岸觀火'이다. '언덕 멀리 떨어져서 불이 나는 것을 바라본다'는 뜻이다. 고조된 갈등상황에서는 절대로 조급하게 간섭해서는 안 된다는 것이다. 잘못하다가는 그들이 연합하여 공격방향을 나에게로 돌릴 수도 있다. 멀리 떨어져서 조용히 기다리다가 서로 힘이 소진되어 와해될 때 개입하는 것이 상책이다.

반면 나 자신이 누군가와 일전을 벌일 때는 다른 사람이 나를 격안관화의 눈초리로 바라보는지를 알아보고 대응해야 한다. 서로 힘겹게 싸우다가 제3자에게 어부지리의 빌미를 주어서는 안 된다. 당장 눈앞에 보이는 적도 상대해야 하지만 멀찍이 서서 나의 힘이 빠지기를 기다리는 상대가 있는지를 경계하고 적당하게 힘의 여지를 남겨둘 필요가 있다.

현재의 각박한 세상에서 불꽃 튀는 정면 승부는 어리석은 일이다. 칼을 휘두를 때는 멋있는 것 같지만 피를 닦을 때는 힘들고 후환이 따른다. 아무리 용감한 장수도 때에 따라서는 전략적인 후퇴를 하는 법이다. 상대의 공격을 맞받아치지 않고 한발 물러서서 후일을 도모하는 것은 결코 비굴한 것이 아니다. 조금 더 큰 비전과 가치를 위해 현명한 선택을 하는 것이다. 한신과 소하의 처신을 오늘을 살아가는 내 삶의 거울로 삼을 필요가 있다.

'유연'한 물은 거스름이 없다

유연한 물은 천리를 흘러 대양을 이룬다. 협곡을 만나면 굽어가고 장애물이 있으면 애써 넘으려 하지 않고 돌아서 간다. 하지만 얼음은 물과 본질은 같지만 자신의 고정적인 틀이 아니면 어느 형태든 받아들이지 않는다.

조직도 리더의 성향에 따라 물처럼 유연해지기도, 얼음처럼 경직되기도 한다. 유연한 조직은 문제가 생기면 탄력적으로 대응하여 갈등이 적다. 그러나 조직이 경직되면 작은 문제도 크게 확대되어 위기를 맞게 된다.

세계 최대의 3대 필름회사로 '독일의 아그파AGFA포토, 미국의 코닥KODAK, 일본의 후지Fuji필름'을 꼽는다. 그런데 그런 세계적인 기업들의 운명이 현재에 이르러서는 각기 다른 길을 걷고 있다. 이처럼 서로의 운명이 달랐던 것은 새로운 변화에 대응하는 CEO들의 리더십 차이가 있었기 때문이다.

세계는 2000년에 들어서면서 아날로그 시대가 저물고 디지털 시대를 맞이하게 되었다. 이에 따라 많은 분야의 기술과 삶의 가치들이 변화를 겪게 되었다. 그중에서도 필름 산업은 디지털 카메라와 스마트폰의 등장으로 기존의 아날로그 필름은 사양의 길에 접어들었다. 필름 제조가 주력인 세계적인 거대기업에게는 절체절명의 위기 상황이 닥친 것이다.

먼저 독일의 아그파포토는 1876년 설립된 이후에 흑백필름을 생산하면서 기업의 기반을 잡았다. 이후 세계 최초로 컬러필름을 출시하면서 세계적인 기업으로 성장하게 되었다. 2001년에는 세계 최고의 필름 판매량을 기록하며 필름업계를 선도하였다.

이렇게 잘 나가던 회사에 위기가 찾아왔다. 디지털 카메라의 등장으로 전통사진의 필름과 인화지의 매출이 급격히 떨어지게 된 것이다. 시장의 변화에 무뎠던 경영진들은 위기에 유연하게 대응하지 못하고 허둥대기 시작하였다. 회사의 경영진은 과거의 관례만 고집하며 당장 발등에 떨어진 불만 끄려 하였다. 시장의 근원적인 변화에 대응하기에는 회사의 체계가 경직되어 있었다. 그러는 사이 회사의 경영은 더욱 악화되었고, 급기야 2005년 5월 140년의 역사를 뒤로하고 거대한 기업은 파산을 선고하였다.

미국의 코닥도 마찬가지였다. 1880년 설립된 이래 줄곧 필름과 사진기술의 대표적 기업으로서 필름의 대명사로 불려 왔다. 그런데 정말로 아이러니한 일이 벌어졌다. 1976년 자신의 회사 기술진에 의해서 만들어진 세계 최초의 디지털 카메라가 오히려 회사를 파산으로 몰고 가는 단초가 되었다.

1980년 후반, 필름산업의 선두주자였던 코닥의 경영진은 디지털 카메라와 필름사업을 두고서 심각한 고민에 빠졌다. 디지털 카메라의 영업전략은 곧 필름사업의 포기를 의미하기 때문이다. 결국 그들은 둘 다 살리기로 하는 어정쩡한 전략을 내놓았다. 필름제품에 다양한 디지털의 부가기능인 보정기능 등을 추가하면서 필름에 집중한 것이다. 하지만 이미 카메라 산업의 구조는 디지털방식으로 넘어가고 있었다.

최고 경영진은 기존의 방식에 미련을 갖고 시장의 변화에 유연하게 대응하지 못하였다. 결국 130년의 역사를 가진 코닥이라는 거대한 공룡은 서서히 침몰하기 시작하였다. 사양길에 접어든 필름사업은 시장에서 외면 당하였다. 결국 2012년 1월, 세계 최초로 디지털 카메라를 출시하였음에도 불구하고 코닥은 과거의 영광에 집착하여 파산하게 되었다.

영국의 유명한 진화론자 찰스 다윈Charles Darwin(1809~1882)은 "최후까지 살아남는 종種은 강인한 종이 아니고 지적 능력이 뛰어난 종도 아니다. 변화에 가장 잘 대응하는 종이다."라고 말했다.

후지필름의 경우는 달랐다. 고모리 시게다카Komori Shigetaka(1939~) 회장은 찰스 다윈의 예견처럼 변화에 잘 대응하여 결국에 살아남는 유연한 사고 방식의 리더였다. 그는 위기에서 아그파포토와 코닥의 경영진과는 전혀 다른 방식의 리더십을 발휘하였다.

고모리 회장이 취임 당시인 2003년 6월은 후지필름도 다른 필름회사와 마찬가지로 경영의 어려움을 겪고 있었다. 매년 필름매출이 25%씩 감소하고 있어 머지않아 파산한다는 경고가 나왔다. 회사 창립 이래 필름생산에 주력한 후지필름의 경영진이나 현장직원들조차도 현실적으로 디지털 시대를 공감하였다. 하지만 회사정체성인 필름산업을 포기한다는 것은 회사가 문을 닫는다는 것을 의미하는 것이었기에 이러지도 저러지도 못하는 위기를 맞고 있는 상황이었다.

고모리 회장은 먼저 현재의 시장상황을 면밀히 분석하고 앞으로의 필름산업에 대한 시장변화에 대응하는 방법을 찾고자 노력하였다. 그는 경영진뿐만 아니라 현장의 직원들을 통해서 필름시장의 몰락에 대한 생생한 보고를 받았다. 일부 임원들이 주장하는 디지털 카메라 개발은 이미 소니와 미놀타, 캐논과 같은 쟁쟁한 기업들이 선점하고 있어 이 또한 녹록치 않은 상황이었다.

그는 먼저 현재의 어려운 상황을 고정적인 관점에서 보지 않기 위해 노력하였다. 그리고 원점으로 돌아가 여러 가지 대안을 생각하고 앞으로의 변화에 어떻게 대응할 것인가를 고민하였다. "우리 회사가 필름을 제외하고 가장 잘할 수 있는 것이 무엇일까? 무엇을 어떻게 해야 이 난국을 잘 타개할 것인가?"와 같은 질문을 스스로에게 던지고 그 답을 찾기 위해 고심하였다.

취임 이듬해인 2004년 고모리 회장은 드디어 저물어가는 회사를 살리기 위한 특단의 조치를 결심하고 '탈脫 필름'을 선언하였다. 그것은 "도요타 자동차회사에서 자동차를 팔지 않겠다."는 것과 같은 파격적인 것이었다. 당연히 사원들은 강력히 반발하였다. 고모리 회장은 반대하는 직원들과 경영진을 설득하였다. "지금은 변화가 심한 시대이다. 이익을 내는 것보다 더 중요한 것은 변화에 유연하게 적응하는 것이다. 공룡은 강했지만 변화에 적응하지 못해 살아남지 못하였다. 우리도 마찬가지다!"

고모리 회장은 직원들을 지속적으로 설득하는 동시에 회사를 다시 설립한다는 생각으로 그 구조를 전면적으로 바꾸기 시작하였다. 필름공장을 폐쇄하고 판매 유통망을 정리하면서 임직원 1만 5,000명 중 1/3을 퇴출시켰다. 그리고는 기존의 필름산업에서 축적된 20만 개의 화학물질 데이터와 기술을 적용하여 화장품, 액정표시장치 패널, 의료기기 제작 등 새로운 분야에 도전하였다.

그중에서도 화장품 제작계획은 의외였다. 대부분의 직원들은 "필름을 만드는 우리 회사가 어떻게 화장품을 만들 수 있느냐?"며 회장의 경영방침을 의심하였다. 회장은 "우리의 생각을 바꾸면 가능한 일이다. 필름산업을 통하여 축적된 기존의 기술역량을 활용하면 된다."라는 말로 직원들을 다시 설득했다.

고모리 회장은 사진필름의 가장 중요한 재료가 '콜라겐'이란 단백질이라는데 착안하여 이를 '인간의 피부에 적용해 보자'는 아이디어도 냈다. 여기에 사진의 변색을 막기 위해 연구해온 '아스타잔틴Astaxantin'이라는 항산화제를 첨가하면 피부노화를 억제하는 데 효과가 있을 것이라고 생각하였다. 그는 즉시 '라이프 사이언스Life Science'라는 사업부를 만들고 필름을 연구하던 인력 90%를 화장품 연구로 전환시켰다.

2007년 9월 드디어 '아스타리프트'라는 화장품이 탄생하였다. 초기 단계에서는 판매실적이 나지 않았다. 워낙 필름회사라는 이미지가 강하였고 화장품업계에서도 후발주자이다 보니 소비자들이 그 기능에 대하여 의심하였다. 고모리 회장이 고민 끝에 내린 결론은 역발상逆發想이었다. 필름회사라는 약점을 강점으로 바꾸자는 것이었다. 기능성 화장품인 만큼 지난 80년간 후지필름에서 축적해온 기술력을 바탕으로 제조된 화장품이라는 콘셉트concept로 시장을 확대하였다. 그리고 외모에 민감한 30대 이상의 여성을 타깃으로 콜라겐을 통한 피부노화방지를 내세워 공격적인 마케팅을 전개하였다.

그 결과는 대성공이었다. 아스타리프트 화장품의 매장이 일본 내에서 전국적으로 4,000개 이상 늘었고, 2012년에는 아시아 시장을 넘어 유럽으로의 진출에도 성공하여 글로벌 브랜드로 자리매김하였다.

화장품과 함께 후지필름은 미래 산업의 한축인 '액정표시장치LCD TV용 고성능 필름'에도 얇은 두께, 균일한 표면, 투명성 등 필름기술이 적용되었다. 주요 고객은 한국의 삼성전자 등으로 전체 수출량의 50%가 국내로 들어오고 있다. 그 밖에도 필름과 디지털 광학기술을 접목해 내시경 등 의료기기 시장에도 진출하였다.

고모리 회장은 본업인 필름과 카메라 사업을 축소하는 대신 화장품과 전자제품, 의료기기 등 신사업 시장으로 진출하면서 2007년에는 매출액 2조 8,468억 엔, 영업이익 2,073억 엔으로 창사 이래 최고의 실적을 올렸다. 그는 "우리 성공의 결정적인 요인은 디지털 시대가 도래했을 때 변화를 위해 유연하게 대처하였기 때문이다."라고 회고하였다. 만약 후지필름도 시장의 변화를 제대로 읽지 못하고 과거의 것만 고집하였다면 아그파포토와 코닥필름과 같은 파산의 길을 걸었을 것이다.

고모리 회장이 성공할 수 있었던 비결은 그의 말처럼 유연한 사고에 기초한 과감한 구조개혁이었다. 그는 과거에 집착하지 않았고 회사가 가지고 있는 집단적인 고정관념에 얽매이지도 않았다. 상황에 따라서는 역발상을 통해 유연하게 위기를 극복하는 지혜를 갖춘 리더였다.

역사를 돌아볼 때 어려운 위기 상황을 극복한 위인들 중에는 유연한 리더십을 발휘한 사람들이 많았다. 강직하고 청렴하기로 소문난 **이순신 장군**도 대의를 위해서는 유연한 전략적 선택을 하였다. 그는 수군통제사 시절 정기적으로 한양의 권문세도에게 옥이 달린 고급부채와 칼을 선물로 보내고 유성룡에게는 유자 30개를 상납하기도 하였다.

그때 반드시 서신을 포함하여 보냈는데 인사 청탁이 아닌 왜군의 동태와 조선수군의 상황을 설명하는 내용이 들어 있었다. 이는 당시 조정 대신들 중 수군폐지론을 주장하는 사람들이 많아 그들의 입막음이 필요했기 때문이다.

그리고 임진왜란 말기인 1598년 7월경에는 구원군인 명나라 진린의 본대가 고금도 진영으로 도착하기 전에 미리 수십 리 뱃길을 배웅나가 공손히 영접하였다. 물론 도착한 명군에게는 푸짐한 고깃상을 준비하여 성대하게 대접하였다. 그리고 몇 차례 작은 전투에서 거둔 전공을 진린에게 돌려 그의 환심을 사려고 노력하였다. 진린은 거만하고 포악한 장군이었지만 이순신 장군의 이러한 배려에 감복하여 명나라 수군들에게 걸을 때 이순신보다 앞서가지 말라고 명할 정도였다.

그렇다고 해서 이순신 장군이 마냥 진린에게 끌려 다닌 것만은 아니다. 진린이 일본군과의 전투에서 타협하자고 제의했을 때는 절대로 동조하지 않았다. 그리고 장군의 전투의지를 강력히 밀어붙였다. 장군은 세태에는 유연하였지만 본질적인 문제에 있어서는 한 치의 흔들림도 없었다.

우리는 과거 대쪽 같은 선비의 기질을 미덕으로 삼았던 역사를 가지고 있다. 그것이 당대에는 충절을 지키는 절개로 칭송되기도 하였지만 오늘날 우리에게는 분열과 갈등의 부정적 DNA로 대물림되기도 한 것 같다. 타협보다는 독선과 아집이 우리사회를 지배하는 것도 우리 몸속에 그런 피가 흐르기 때문일 것이다.

우리사회의 리더들은 이런 체질을 바꾸어야 한다. 대쪽 같은 선비의 기질보다는 유연하게 상황을 관리할 줄 아는 리더가 되어야 한다. 이순신 장군처럼 강직한 군인조차도 때에 따라서는 자신을 굽힐 줄 아는 전략적인 융통성을 가졌던 것처럼 리더의 생각도 그래야 한다.

독일의 철학자 니체Nietzsche는 "자기확신은 거짓말보다 더 위험하다."고 하였다. 리더가 자신의 관점과 주장을 지나치게 내세워서는 파산한 필름 회사가 그랬던 것처럼 변화에 신축성 있게 대응할 수 없다. '나도 잘못 생각할 수 있다'라는 겸허한 마음과 상대에게는 "그럴 수도 있지!"라는 유연한 생각을 가질 때 자기확신에서 오는 경직된 사고의 함정에서 벗어날 수 있다.

리더는 유연한 사고를 가질수록 그 화禍가 적다. 중국의 역사에는 이런 이치를 모르고 독야청청하다가 자살한 슬픈 역사의 주인공이 있다. 전국시대 초나라의 **굴원**屈原이라는 사람으로 중국 사람들은 현재까지도 5월 5일 단오가 되면 그의 넋을 기리는 행사를 한다.

초나라 당시 굴원은 재상으로 왕의 총애를 받다가 주변의 모함으로 벽촌 강가로 쫓겨났다. 워낙 성격이 곧아 주변의 시기와 질투를 받은 것이다. 그가 세상을 비관하면서 어부와 대화하는 내용의 「어부사漁父詞」는 유연한 삶의 의미를 또 한 번 깨우쳐준다.

어부: "그대는 삼려대부三閭大夫가 아니오. 어쩌다가 그 높은 분이 이토록 초췌한 모습으로 강가를 거닐게 되었소?"
굴원: "세상이 온통 흐리거늘 나만 홀로 깨끗하고 세상 모두가 취하였는데 나만 홀로 깨어 있어 쫓겨났다오."

어부: "훌륭한 성인은 사물에 막히거나 얽매이지 않고 세상을 따라 함께 변하
거늘 세상이 흐리면 흐린 대로 살고 모든 사람이 취하면 같이 취하면 되
는 것 아니오?"

굴원: "방금 머리를 감은 사람은 갓은 털어 써야 하고 방금 목욕한 사람은 반
드시 옷을 털어서 입는다고 하였소. 어찌 깨끗한 몸으로 세상의 더러운
것을 받아들이겠소. 차라리 강물에 뛰어들어 물고기 뱃속에 몸을 맡길
지언정 세속의 먼지를 뒤집어쓰기는 싫소!"

어부: "창랑滄浪의 물이 맑으면 나의 갓끈을 씻을 수 있고 창랑의 물이 흐리면
나의 발을 씻을 수 있다네!" 하고 비웃으며 노를 저어 사라졌다. 결국
굴원은 멱라강에 몸을 던져 물고기 밥이 되었다.

깨끗한 물에는 고기가 살지 못하는 법이다. 자신의 생각이 아무리 올곧
다고 하더라도 주변에서 알아주지 않으면 굴원 같은 신세가 되고 만다. 우
리는 다시 한 번 물과 얼음에서 지혜를 얻어야 한다. 얼음과 같이 각진 인
생은 굴원의 삶과 같지만 물과 같이 유연하면 세상의 풍파를 넉넉히 휘돌
아가며 이겨낼 수 있다. '세상과 어울려 살면서도 중심을 잃지 않고, 변화
에 유연하면서도 세상을 바꿀 줄 아는' 리더가 지혜로운 것이다.

제7장

'공감(共感)'하면 협업은 이루어진다

'생각'이 같으면 천리도 함께 간다

우리 인간에게는 정서적 교감交感이 매우 중요하다. 아무리 어려운 일이라도 공감하면 기꺼이 참여하여 고통을 분담한다. 그러나 쉬운 일이라도 내키지 않는 일은 하지 않으려는 것이 인간의 일반적 심리이다.

그러므로 리더는 부하들과의 지속적인 교감을 통하여 협력을 유도해야 한다. 리더가 부하와 한마음 한뜻을 가지면 그 조직은 갈등 없이 천리를 함께 갈 수 있다.

현재 우리 세대는 정서적인 공감을 통하여 사회가 안고 있는 갈등을 보듬어 줄 수 있는 정신적 리더가 필요하다. 그런 면에서 전 세계인의 정신적 지주로서 그들의 아픔과 갈등을 그들의 눈높이에서 감싸 안아주는 성 프란치스코Francesco 교황의 '공감의 리더십'은 우리에게 시사하는 바가 크다.

프란치스코 교황은 1936년 12월 17일 아르헨티나의 부에노스아이레스에서 이탈리아 이민 철도노동자의 다섯 자녀 중 장남으로 태어났다. 그는 화공학자와 나이트클럽 경비원으로 잠시 일하다가 신학교에 입학하여 사제의 길을 걸었는데 1998년 대교구장, 2001년 추기경을 거쳤다.

2013년 3월 13일 프란치스코는 베네딕트 16세가 건강상의 이유로 사임하자 그 뒤를 이어 266대 로마 가톨릭 교황이 되었다. 그의 교황임명은 시리아 출신 교황인 그레고리오 2세 이후 1282년 만에 비유럽권 출신이라는 점과 역사상 최초의 예수회 출신 교황이란 점에서 파격적이었다.

프란치스코 교황의 본명은 호르헤 마리오 베르고글리오Jorge Mario Bergogolio 이다. 프란치스코라는 교황명은 '청빈, 겸손, 소박함'을 따르겠다는 의미가 있으며 '가난한 사람들을 위한 교회를 만들고 싶다'는 소박한 꿈이 담겨 있다.

교황의 이런 생각은 교황이 되기 전 추기경 시절에도 같았다. 그는 호화스러운 주교관을 사양하고 작은 아파트에서 음식을 직접 해 먹으며 청빈하게 살았다. 출퇴근 때에는 추기경의 안락한 전용차 대신 지하철과 버스를 이용하며 서민들의 애환을 직접 들었다. 추기경 취임식에 참석하려는 많은 사람들에게는 그 돈을 아껴서 어려운 사람을 도우라고 권하였다.

교황이 된 이후에도 그의 소박하고 검소한 삶은 계속되었다. 화려한 교황궁을 뒤로하고 침대가 하나인 마르트 게스트 하우스에서 거주하였고 다른 직원들과 똑같이 줄을 서서 식사를 하였다. 집전할 때도 교황의 화려한 예복 대신 소박한 제의祭衣를 입었고 검은색 낡은 구두를 그대로 신었다. 또한 목에 거는 교황용 황금색 십자가 대신 추기경 시절부터 걸었던 철제 십자가를 그대로 착용하였다.

지금까지 고급 리무진에, 화려한 복장의 교황 이미지는 사라지고 작은 승용차에 낡은 서류가방을 직접 챙겨 다니는 소박하고도 마음씨 좋은 이웃집 할아버지의 모습으로 남았다. 그런 교황에게 전 세계인들은 가식이 아닌 인간의 순수한 모습을 보았다. 그리고 낮은 자세로 임하는 겸손함에 공감하면서 존경의 박수를 보냈다.

교황은 언제나 인자하고 따뜻하였지만 자신에게는 지나치게 엄격하였다. 그는 자신의 부족함에 대해 숨기지 않고 드러내며 고백하는 데 주저하지 않았다. 대성전에서 사제들과 함께 평신도들의 고해성사를 집전할 때도 가장 먼저 무릎을 꿇고 "나는 하나님이 보시기에 큰 죄인입니다."라고 자신의 죄를 고告했다. 이것은 그동안 교황이 공개적인 자리에서 고해성사를 한 것으로는 처음 있는 일이었다.

그리고 사람을 만나고 헤어질 때면 언제나 "부족한 저를 위해 기도해주십시오!"라고 부탁하였다. 죄성으로 보면 이 세상 누구보다도 정결하신 분이지만 자신을 항상 하나님이 보시기에 부족한 죄인이라고 생각하는 그의 고백은 세속의 죄에 찌든 사람들의 가슴을 울리는 데 부족함이 없었다.

측근의 잘못 또한 용서하지 않았다. 1942년 설립된 바티칸 은행이 "마피아의 돈세탁에 개입되었다."며 지탄을 받게 되자 경영진을 모두 해고하고 투명한 경영체계를 세웠다. 그리고 그동안 새 교황이 취임하면 막대한 돈을 하사하는 보너스 전통을 없앴을 뿐 아니라 고액의 헌금자나 기업에 대해 특별 미사나 만남을 마련해주는 바티칸의 전통도 폐지했다.

그는 측근에게 "약자를 만났을 때는 아픔을 함께 하지만 부조리에 대해서는 단호하게 거부하라."고 일갈하였다. 한번은 이탈리아의 유력정치인들이 교황에게 조언을 구하자 "여러분들은 마치 묘지에 있는 대리석과 같다. 겉은 번들거리지만 안은 썩고 있는 시체다."라고 정곡을 찌르며 비판하였다. 그는 불의에 대해서는 엄격하기 이를 데 없었다.

공감은 진정성이 없으면 느낄 수 없는 감정이다. 교황의 행동 모두는 사람들에게 진정성 있게 느껴지기 때문에 사람들이 공감하고 따르는 것이다. 그의 행동에는 그 어떤 가식도 찾아볼 수 없다. 아이들을 보면 그냥 귀여워서 어쩔 줄 모르고 아픈 사람을 보면 자신의 가슴으로 아파해주며 위로해주었다.

얼마 전 바티칸 성 베드로 광장에서 군중 15만 명이 모인 가운데 교황이 주관하는 행사가 있었다. 이때 갑자기 한 꼬마가 군중을 헤집고 단상에 뛰어올라 교황의 다리에 매달리고 목에 건 십자가에 입맞춤을 하는 일이 있었다. 당황할 수 있는 상황이었지만 교황은 이 천진스러운 꼬마의 머리를 쓰다듬으며 너그러운 미소를 지었다. 그는 마치 온유한 신의 모습 같았다. 그런 교황의 모습을 보고 위선이라고 생각하는 사람은 없었다.

교황이 2015년 필리핀 마닐라를 방문했을 때였다. 마지막 행사로 마닐라의 청소년들과 대화를 나누고 있었다. 그때 남루한 옷차림의 한 소녀가 자신의 슬픈 가정이야기를 하다가 울면서 교황에게 물었다. "지금 우리나라의 많은 어린이들이 마약과 매춘에 내몰리고 있어요. 신은 왜 이런 일이 일어나도록 내버려두는 거죠? 왜 우리를 도와주는 어른들은 없나요?"

질문을 받은 교황은 너무나 큰 충격을 받았다. 그는 소녀를 안아줄 뿐 아무 말도 하지 못하였다. 그의 눈에는 슬픔이 가득했다. 미리 준비해간 영어연설을 포기했다. 얼마간의 시간이 지난 뒤 대중을 향해 질문을 던졌다. "이 소녀는 우리 어른들이 답할 수 없는 질문을 하였습니다. 우리는 사회에 착취당하고 방치되는 아이들을 어떻게 해야 할지를 깊이 생각해야 합니다."라는 말로 자신의 아픈 심정을 표현하였다.

교황은 취임 이후 자신의 생일에는 언제나 바티칸 주변의 굶주리고 헐벗은 노숙자를 교황청으로 초대하여 그들과 함께 하였다. 이것은 그동안 추기경과 많은 인사들로부터 축하를 받고 성대하게 행사하는 관례를 깨는 일이었다. 사회약자의 아픔을 같이 나눔으로써 공감은 머리와 이성이 아니라 가슴과 발로하는 것임을 다시 한 번 보여주었다.

2015년 8월 14일 교황은 우리나라를 방문하였다. 당시 우리사회는 세월호 침몰사건으로 심각한 내홍을 겪던 시기였다. 방문 당시 교황의 행보는 그동안 그가 보여주었던 삶이 그대로 우리에게 공감되는 시간들이었다.

교황이 타고 온 비행기는 전용기가 아닌 일반 전세기였고 의전차량은 국내산 준소형차인 소울soul이 선정되었다. 첫날 한국 주교단 모임에서 "가난한 자를 위해 존재하는 교회가 가난한 자를 잊어서는 안 됩니다. 교회가 경제적으로 풍요로우면 가난한 자를 잊는 경향이 있습니다."라고 현대 성직자들의 물질적 타락을 꼬집었다.

그리고 다음 날 서울 광화문 시복식을 앞두고 카퍼레이드 도중 차에서 내려 단식 중인 세월호의 유족의 손을 잡고 기도해주고 그중 한명에게 세례를 주었다. 음성 꽃동네를 방문해서는 장애로 고통받는 중증 장애인 80명에 대해 일일이 안고 볼을 비비며 입맞춤을 하였다. 거기에는 어떠한 각본과 격식도 없었다. 고통을 받고 있는 사람들에게 다가가 그들의 눈높이에서 아픔을 공감하며 위로할 뿐이었다.

그는 한국을 방문한 동안 불교 조계종 총무원장 자승스님을 비롯한 타종교 지도자 12명과 만나서 화합을 강조하였다. "삶이라는 것은 혼자서는 갈 수 없는 길입니다. 형제들도 서로를 인정하고 함께 걸어갑시다."라며 종파를 떠나서 서로를 인정하고 도우며 살아가는 것이 종교인의 자세임을 강조하였다.

그리고 마지막 날인 8월 17일 해미성지에서 아시아 주교들과 만남의 자리를 가지면서도 공감의 의미를 다시 한 번 표현하였다. "우리의 대화가 단절되지 않으려면 마음을 열어 다른 사람의 생각과 문화까지도 받아들여야 합니다. 다른 사람들의 희망은 물론 마음속 깊은 곳에 있는 걱정까지도 들을 수 있어야 합니다."

교황이 머물렀던 4박 5일 동안 그가 우리사회에 던져준 메시지는 무척이나 컸다. 스스로가 낮은 데서 임하므로 가진 자의 허세와 횡포를 준엄하게 꾸짖었고 특권이 팽배한 권위주의는 내려놓을 것을 명령했다. 사회적으로 고통받는 약자에게는 그들의 눈높이에서 같이 아파해주고 공감하는 것이 치유의 방법임을 몸소 알려주기도 하였다. 그리고 종교적인 비양심과 물질적인 타락은 소탈한 자신의 삶으로 깨우치게 하였다.

특히 교황은 파벌이나 갈등에 대해서는 서로 인정하고 함께 갈 수 있는 길을 강조하였다. 그는 문제가 되는 갈등에는 좌로나 우로 치우치지 않았다. 세월호 유족을 내내 챙겼고 유족이 달아준 노란색 리본을 돌아가는 날까지 달고 있었으나 그 어떤 정치적 입장도 표명하지 않았다. 위안부 문제나 제주해군기지 등 우리사회의 현안에 대해서도 마찬가지였다. 그는 오로지 평화의 중재자 역할만 할 따름이었다.

오늘도 교황은 새벽을 열어 자신의 부족함을 하나님께 아뢰고 용서를 구한다. 그리고 어릴 때 장례식장에서 할머니가 하신 말씀인 "수의에 주머니가 없는 것은 죽으면 모두 놓고 가야 한다."는 것을 마음속에 새기며 나누는 삶을 살아가고 있다. 그는 "주교가 되고 추기경이 되고 교황이 되는 것은 한 단계씩 올라가는 것이 아니라 한 단계씩 내려가는 것이다."라며 스스로를 낮춰 세상을 가까이 하려 한다. 그런 그의 삶을 보고 무신론자인 한 네티즌은 "신이 있다면 프란치스코 교황은 신의 성품을 가장 닮은 사람일 것이다."라는 말로 존경을 표하였다.

프란치스코 교황은 우리에게 무엇을 하라고 가르치지 않았다. 그냥 마음이 가는 데로 행동하고, 그대로 표정으로 보여주며 말한다. 그런데 사람들은 그의 행동과 몸짓에 따라 마음을 움직인다. 그것은 바로 교황이 보여준 평범한 삶이 일반 사람들에게는 같은 생각과 느낌을 주어 강한 정서적 공감대를 형성한 것이다.

사람에게 공감하는 감정은 '거울 신경세포'가 작용하기 때문이라고 한다. 다른 사람의 행동이 거울처럼 자신에게 영향을 미쳐 유대감을 갖게 하는 것이다. 이런 감정은 유사한 성향이나 공통점을 가질 때 더욱 강하게 느껴진다. 사람들이 지연이나 학연을 따지고, 같은 취미와 성향을 가진 사람에게 더 친밀감을 느끼는 것도 이러한 이유에서다.

이러한 정서적 공감은 갈등관계에 있는 상대와의 관계회복에도 잘 적용될 수 있다. 뒤에서 언급되겠지만 1998년 앙숙인 남미 에콰도르와 페루의 영토분쟁을 획기적으로 해결한 것도 양국 대통령 사이에 이런 감정이 활용되었다. 그들이 오랜 앙금을 풀고 화해의 물꼬를 튼 것은 에콰도르의 마후아드 대통령이 협상 전에 꺼낸 의외의 푸념조 한 마디였다. "대통령은 힘들고 외로운 자리인 것 같습니다!"라는 말에 페루 대통령은 같은 입장에 있는 처지였기에 강한 동질감을 느꼈다. 물론 이후 협상은 급진전되어 극적으로 타결되었다.

아무리 어려운 일이라 하더라도 이처럼 서로의 공통점이 있으면 공감하게 되고 공감하면 마음이 열린다. 상대와의 이견을 논리적인 강요로 해결하고자 하는 것은 상대의 반발감만 살 뿐이다. 마후아드 대통령처럼 상대에 대한 연민과 공감으로 상대를 이해해주면 쉽게 서로의 마음을 움직일 수 있다.

훌륭한 야생마 조련사는 처음부터 말을 강압적으로 다루지 않는다. 말이 가고자 하는 방향으로 먼저 말을 몰아간다. 그 다음 서서히 고삐를 당겨 자신이 가고자 하는 방향으로 돌리면 별 저항 없이 갈 수 있다. 사람의 문제도 마찬가지다. 무작정 본론으로 들어가서 자기 주장만 내세우면 상대의 마음에 상처만 준다. 상대방의 의견을 존중하면서 서서히 나와 공감하도록 고삐를 당기면 상대를 내 쪽으로 쉽게 움직이게 할 수 있다.

미국의 심리학자 마셜 로젠버그Marshall Rosenberg는 "공감은 다른 사람을 존중하는 마음으로 이해하는 것이다."고 하였다. 공감은 존중과 이해의 교집합이다. 교황은 지위고하를 떠나서 상대방을 동등한 인격체로 존중하였다. 그리고 상대의 눈높이에 맞게 다가가 진정으로 이해하고 아픔을 함께 하였다. 이것이 오늘날 교황이 우리에게 주고자 하는 공감의 참 모습이다. 공감은 자발적으로 함께 하고 같이 느끼면서 행동하는 순간 이루어진다.

'협력'하여 선을 이루게 한다

사람 '인人'자가 서로 기대는 형상을 하듯이 우리 인간은 서로 의지하면서 살아가야 하는 나약한 존재다. 그런 인간이 만든 사회나 조직은 상호 의존적일 수밖에 없다. 그러므로 리더는 조직 구성원들이 상호 협력을 통하여 조직의 목적과 비전을 이룰 수 있도록 리더십을 발휘해야 한다.

협력은 다양한 이해관계가 얽혀 있는 인간사회보다 **동물세계가** 훨씬 더 정교하고 헌신적이다. 철새인 기러기가 수만km를 날아서 옛 보금자리로 찾아오는 데는 나름대로 비결이 있다. 대장 기러기를 중심으로 일렬로 비행하면서 서로의 날갯짓이 훨씬 큰 양력을 이끌어내는 시너지 효과를 발휘하기 때문이다.

이러한 협력체계는 기러기보다도 꿀벌에게 있어 훨씬 다양한 방법으로 이루어진다. 꿀벌 각자의 분화된 임무를 수행하면서 서로에게 협력하여 공동체를 구성하는 것이 정교하고 경이롭기만 하다.

독일의 생물학자 위르겐 타우츠는 그의 저서 『경이로운 꿀벌의 세계(2009)』에서 3천만년의 역사를 가진 꿀벌이 서로 협업하면서 공동체를 이루며 살아가는 비밀을 밝혀내어 인간에게 협력의 중요성을 제시한 바 있다.

그의 연구에 의하면 꿀벌은 보통 2만 마리가 공동체를 이루며 살아가는데 매일 20만 개의 유충을 키우기 위해 2kg의 꿀을 생산해야만 한다고 한다. 그리고 여왕벌의 먹이인 로열젤리를 만드는 꽃가루는 1년에 20kg이 필요한데, 이는 일벌 한 마리가 몇 달간 3천 송이의 꽃을 찾아다녀야 얻을 수 있는 양이다.

여기서 놀라운 것은, 이를 위해 각각 별개의 생명체인 꿀벌의 군락 자체가 마치 하나의 개체처럼 상호 유기적으로 협력한다. 그리고 그런 협력체계는 자신들의 임무를 위하여 매우 정교하게 이루어져 있다.

꿀벌 중 가장 먼저 행동하는 것은 정찰벌이다. 이 벌은 반경 10km 구역을 정찰하여 꽃이 가장 많고 싱싱한 꿀을 채집할 수 있는 곳을 발견해낸다. 그 다음은 꽃밭과 벌집 사이를 수십 회 왕복하면서 최적의 동선을 찾아내어 꿀을 수집하는 벌들에게 알려준다.

수집벌은 정찰벌들의 안내에 따라 꽃밭으로 이동하여 꽃을 수집하는데, 동료 벌을 위해 꽃에 꿀이 없으면 '표지페르몬'이라는 물질을 분비하여 헛수고를 막아준다. 수집벌이 채집한 꿀과 꽃가루를 가지고 벌집으로 귀환할 때 또 한 번 벌들 간의 협업이 이루어진다.

바로 일벌에서 은퇴한 벌들이 벌집주변에 유도물질인 '게라니올'을 분비하여 수집벌들이 무사히 벌집으로 돌아오는 것은 돕는 것이다. 벌들의 이러한 공동체 내에서의 협력체계가 3천만년의 생명의 역사를 가지게 한 경이로운 비밀인 것이다.

사바나 초원의 왕, 사자의 경우도 마찬가지다. 사자는 명성처럼 모든 것이 뛰어나지는 않다. 후각은 청소부 하이에나보다 떨어지고 달리는 속도는 치타보다 느리다. 그것만이 아니다. 지구력도 들개보다 떨어져 쉬이 지친다. 그런데 무엇이 사자를 사바나의 제왕으로 만들었을까?

그것은 바로 협력의 힘이다. 사자는 철저히 자신의 동료와 협력하며 집단생활을 한다. 수사자는 암사자의 먹이를 가로채는 얌체짓을 하지만 조직을 지키기 위해 목숨 걸고 싸우고, 물소와 같이 큰 먹잇감 사냥을 위해 한방이 필요할 때 거대한 몸으로 힘을 보탠다.

사냥은 대개 암사자의 몫이다. 노련한 암사자가 은밀히 접근하여 추적이 시작되고 동료 사자가 은폐한 곳으로 몰아주면 일시에 먹잇감을 덮쳐서 사냥을 끝낸다. 사자의 사냥은 시작부터 마지막까지 유기적인 협력을 통하여 거대한 물소나 빠른 영양을 사냥하는 데 성공률을 높인다. 이런 협력이 사자들의 단점을 극복하고 사바나의 제왕이 될 수 있게 한 힘이다.

이렇듯 동물들은 그들의 공동체 내에서 서로를 도와 약점을 보완하여 주고 같은 목표를 위해서 최선을 다해 협력한다. 우리사회도 동물들의 세계처럼 유기적인 협력을 하면 훨씬 우호적인 관계 속에서 긍정적인 에너지가 넘치고 친밀한 공감대가 형성될 수 있다. 하지만 독불장군처럼 행동하거나 부서이기주의로 화합하지 못하면 조직은 멀리 가지 못하고 언제 돌부리에 걸려 넘어질지 모른다.

위대한 역사적 인물 중에서 **맥아더** 장군Douglas MacArthur(1880~1964)만큼 그의 명성과 전공戰功에도 불구하고 부정적인 평가를 받는 인물도 드물다. 그 이유는 독선적인 성격과 우월의식으로 주변과 화합하지 못하고 독불장군식으로 살았기 때문이다. 그의 이런 성향은 그가 살아온 인생에 잘 나타나 있다.

맥아더는 1880년 1월 26일 아칸소주에서 장군의 아들로 태어났다. 할아버지는 미국 독립전쟁 시 공을 세운 판사였고 부친은 장군출신으로 필리핀 군정장관을 역임한 명망가 집안이었다. 그런 집안 출신답게 어릴 때부터 어려움 없이 성장하였으며 머리도 영특하여 장래가 촉망되었다.

맥아더는 부친의 영향을 받아 군인이 되기 위해 미국 육군사관학교에 입학하였다. 그는 4년 내내 역대 최고의 학점을 받고 수석으로 졸업하였다. 그리고 그의 군생활 역시 탄탄대로였는데 미군 역사상 진급에 관한 한 모든 최연소 기록을 갈아치웠다. 38살에 처음 장군이 된 이래 최연소 사단장과 참모총장이 되었다.

맥아더의 이러한 고속승진과 탄탄대로인 인생행로가 그의 앞날에 좋은 것만은 아니었다. 거침없는 인생성공은 그를 우월의식에 빠지게 하였고 타협보다는 독선적인 카리스마를 갖게 하였다. 그것이 주변의 많은 사람들과 화합하지 못하고 갈등을 가져오게 하는 원인으로 작용하였다.

1930년 11월 30일 군인으로서는 최고직책인 참모총장이 되었으나 그의 안하무인격의 행동은 변함이 없었다. 당시 직속상관인 루스벨트 대통령이 대공황으로 경제가 어려워지자 군예산을 삭감하려고 하였다. 그러자 맥아더는 분노하며 "다음 전쟁에서는 우리병사들의 당신의 이름을 저주하면서 죽게 될 거요."라고 외치고 사임하겠다고 날뛰었다. 인격적인 루스벨트는 "당신 대통령에게 그런 방식으로 말해선 안 되네!"라며 점잖게 타이르면서도 사임의사는 받아주지 않았다.

1945년 4월 12일 미국의 정가政家에 큰 변화가 있었는데 루스벨트 대통령이 갑자기 뇌출혈로 사망하고 부통령인 트루먼이 권력을 이양받아 새로운 대통령이 되었다. 그런데 그것이 맥아더의 인생에 커다란 악연이 될 것이라는 것을 당시에는 아무도 몰랐다.

새 대통령인 트루먼은 기존의 미국 대통령들과는 달리 출신과 이력이 매우 평범하였다. 맥아더보다 네 살 어린 그는 미주리주 농촌 출신으로 특별한 학력이나 경력을 갖추지 못하였다. 다만 루스벨트 대통령의 러닝메이트로 부통령이 되었다가 취임 3개월 만에 대통령의 사망하자 운 좋게 그 뒤를 승계한 것이다. 훗날 한 평론가가 '평범한 사람이 가장 위대할 수 있는 것을 증명한 사람'이라고 평가하였듯이 트루먼은 20세기 최초의 고졸출신 대통령이었다.

이런 트루먼에 대해 맥아더의 시선도 곱지 않았다. 자존심 강하고 엘리트 의식으로 가득 찬 맥아더에게는 자신의 상관이 아니라 한낱 미주리의 시골뜨기에 불과하였다. 반면 대통령인 트루먼은 자신보다 모든 것이 우월한 부하 맥아더가 경계의 대상이 되었다. 이후 두 사람의 보이지 않는 자존심 대결은 갈등으로 이어졌다.

1945년 8월, 제2차 세계대전이 끝나자 트루먼 대통령은 맥아더에게 임무를 마치고 귀국하도록 지시하였으나 일본에서 해야 할 일이 남았다며 따르지 않았다. 그러면서도 대통령의 징병정책을 공개적으로 비난하는 등 사사건건 딴죽을 걸었다. 트루먼은 이런 맥아더에 대해 "자신의 상관이 바로 미국 대통령이라는 사실을 망각하고 있다."며 적대감을 드러냈다.

미국정부나 대통령 입장에서는 맥아더의 불손한 행동에 대해 책임을 묻고 싶었겠지만 맥아더는 이미 미국 국민을 포함한 세계인들로부터 영웅으로 칭송받고 있어 쉽게 징계할 수 없는 버거운 대상이 되었다.

1950년 6월 25일 한국전쟁이 터지자 대통령은 여론에 밀려 다시 한 번 자존심 강한 부하영웅을 UN군 사령관으로 임명하여 전쟁의 총지휘권을 맡겼다. 훌륭한 군인인 맥아더는 여기에서도 천재적 전쟁지휘능력을 유감없이 발휘하였다. 전쟁발발 세 달 후인 9월 15일 인천상륙작전을 성공시켜 불리했던 전세를 유리하게 바꾸었다.

그런데 그는 명성이 높아질수록 스스로 오만함의 덫에 빠졌다. 주요 군사작전이나 민감한 외교적 문제를 대통령에 보고하지 않고 독자적으로 수행하였다. 미국은 전쟁 초기 38선 이북지역에 대한 개입을 원치 않았으나 맥아더는 이를 무시하고 전쟁 4일 후 미국 극동지역 공군에게 북한공항을 공습할 것을 명령하였다. 그리고 대만을 방문하여 장제스를 만나서 국민당 군의 참전을 논의하였다. 그야말로 맥아더를 위한 맥아더만의 전쟁을 치르고 있는 형국이었다.

현지 사령관인 맥아더는 상부조직인 워싱턴의 합동참모본부와의 관계에서도 오히려 하급부서 대하듯 하였다. 물론 합참의장이 사관학교 12년 후배이고 참모총장도 까마득한 후배지만 상부조직의 명령은 따르는 것이 군인의 도리였다. 그러나 맥아더의 카리스마는 그런 것에 개의치 않았다. 결국 이러한 분위기도 훗날 맥아더에게는 좋지 않은 영향을 미치게 되었다.

맥아더와 백악관과의 갈등이 심각하게 표면화된 것은 중공군 개입문제였다. 맥아더는 중공군 개입문제를 크게 보지 않고 낙관하고 있었다. 그러나 백악관에서는 중공군 참전을 심각하게 보았고 자칫 확전이 되면 소련까지 개입할 수 있다는 것에 대해 우려를 하였다. 물론 여기에는 미국정부가 첩보로 입수한 중국 개입설의 구체적인 내용이 상황을 더 악화시켰다. 그 내용은 중국총리가 북경주재 인도 대사에게 "미국이 38선을 넘으면 중국이 즉각 개입하겠다."는 것이었다.

트루먼 대통령은 이 문제를 현장의 사령관으로부터 직접 보고받고 싶었다. 그러나 맥아더는 이와 관련한 일체의 보고도 없이 독자적으로 판단하고 행동하였다. 맥아더의 성격을 잘 알고 있는 대통령은 할 수 없이 적당한 시간과 장소를 정하여 맥아더를 만나러 가기로 하였다.

대통령은 맥아더에게 회담장소를 위임하였다. 물론 현재 기준으로 볼 때 의전 상 있을 수 없는 일이었다. 맥아더는 태평양의 작은 섬인 필리핀의 웨이크섬으로 정하였는데 대통령은 맥아더보다 세 배나 먼 거리를 날아가야만 했다. 대통령은 "전쟁지휘관이 현장을 너무 오래 비워서는 안 된다."며 이를 순순히 허락했지만 맥아더는 오히려 "전쟁을 지휘하는 사령관을 정치적 목적으로 불러낸다."며 불만을 가졌다.

1950년 10월 15일 오전 6시 30분 대통령 전용기가 웨이크섬에 도착하였다. 전날 밤 도착한 맥아더는 공항에 도착하여 대통령을 맞았다. 그런데 그의 복장은 늘 쓰던 낡은 모자에 상의 단추 하나가 풀어 헤쳐진 근무복 그대로였다. 정장을 한 대통령의 복장과는 대조를 이루었다. 현장사령관으로서 통수권자에 대한 예우인 거수경례도 하지 않고 손만 내밀었다.

트루먼은 약간 당황하는 듯하였으나 악수를 하고 이내 다정하게 말을 건넸다. "장군을 만나기 위해 오래 기다렸습니다." 그러자 맥아더는 "각하! 다음 만남은 더 짧게 했으면 좋겠습니다."라고 퉁명스럽게 대답하였다.

회담에서도 맥아더는 "중공군의 개입은 문제가 안 됩니다."라고 하며 시종일관 자기주장을 하였고 트루먼은 조용히 듣고만 있었다. 회담이 끝난 후 대통령은 점심식사를 함께 하자고 제의하였지만 맥아더는 거절하였다. 누가 상관이고 누가 부하인지 구분이 안 되는 분위기였다.

맥아더의 호언장담에도 불구하고 회담 3일 후인 10월 18일 중공군 수십만 병력이 북한에 투입되었다. 유리했던 전세는 역전되어 급기야 유엔 연합군은 패퇴하기에 이르렀다. 그러자 맥아더는 중국 본토를 핵으로 공격하자고 건의하였다. 미국정부는 이 건의를 외면하였다.

맥아더는 주변과의 관계도 원활하지 않았다. 그는 천성적으로 자기 우월감이 강하여 동료들이 자신을 추월하는 것을 허용하지 않았다. 자기 관할의 모든 보도자료는 맥아더 사령부라는 표시를 하여 언론의 중심을 자신에게 맞추었다. 이런 독단적인 행동은 대통령을 비롯한 군 수뇌부, 해군과 해병대까지도 그를 싫어하는 결과를 만들었다. 이런 사람은 위기 상황에서 주변의 도움을 받기가 어렵다.

전쟁이 한창인 1951년 4월 11일 새벽 한 시 백악관발 긴급 보도자료가 언론에 배포되었다. TV 1시 뉴스 말미에 "잠시 후 중대한 발표가 있다."는 멘트가 흘러나왔다. 모두들 의아해하며 언론에 집중하였다. 그런데 그것은 놀랍게도 "트루먼 대통령이 맥아더 원수를 모든 직책에서 해임시킨다."는 내용이었다.

'강을 건널 때는 말을 바꾸어 타지 않는다'는 미국의 전통에서 벗어나 전쟁터의 사령관을 바꾼다는 것은 파격적이었다. 그러나 그동안 두 사람 간의 갈등을 고려해볼 때 충분히 예견되는 일이기도 하였다. 솔직담백한 대통령이 오랜 수모를 참고 견딘 것은 신화 같은 영웅의 위세에 눌린 탓이었다.

트루먼은 "당신을 교체하는 것이 미국의 군 통수권자로서 내 의무라는 것이 매우 유감스럽다."고 밝히면서 즉각 작전 명령권을 미8군사령관 리지웨이 중장에게 넘길 것을 지시하였다.

미 합참보고서에서는 '대통령이 맥아더를 해임하고자 결심한 것은 해임 20일 전인 3월 24일 맥아더가 중국본토 공격을 언론에 언급하면서부터다'라고 전한다. 대통령은 "이것은 대통령이자 군 통수권자인 나의 명령에 대한 심각한 도전이다. 이제 더 이상 그의 불복종을 참을 수 없다."며 결심을 굳혔다. 그리고 해임 3일 전 합참회의에서 모든 참모들이 예외 없이 독불장군 맥아더의 해임을 찬성하자 트루먼은 결심을 더욱 확고히 하였다고 한다.

그런데 왜 하필이면 새벽 한 시에 해임사실을 발표했을까? 그 이유는 맥아더가 해임사실을 사전에 알고 자진해서 사표를 던지는 것을 막기 위함이었다. 그러니 두 사람의 갈등의 골이 얼마나 깊었는지를 알 수 있다.

맥아더의 해임소식이 전해지자 미국을 비롯한 전 세계인들은 충격에 빠졌다. 그가 사임하고 도쿄를 떠날 때 25만 명의 일본인들은 성조기를 흔들며 눈물을 흘렸다. 그리고 뉴욕에 도착해 행진을 벌일 때는 700만 명의 인파가 열광하면서 장군의 귀향을 슬퍼하였다. 트루먼 대통령을 탄핵하라는 수십만 통의 편지가 쏟아졌다.

반면 맥아더는 정치적 순교자로 여겨졌다. 그가 사임하면서 했던 "노병은 죽지 않고 다만 사라질 뿐이다."라는 유명한 연설은 미국인들의 영웅에 대한 애착을 더욱 자극하였다.

그러나 한 달이 지난 후 열린 상원청문회에서 맥아더의 민낯이 드러나기 시작하였다. 사흘에 걸친 청문회에서 맥아더의 불복종 문제와 전쟁 상황에 대한 오판사실이 드러났다. 맥아더는 고개를 숙여야 했고 여론도 등을 돌리기 시작하였다. 이렇게 해서 오만했던 영웅은 추락의 길을 걸어야만 했다.

트루먼의 맥아더 해임사건은 두 사람 모두에게 큰 타격을 주었다. 맥아더는 전쟁의 영웅 이미지 뒷면에 우월의식에 사로잡힌 독선장군이라는 비난을 받았다. 트루먼 역시 많은 정치적인 공적에도 불구하고 전쟁영웅을 해임한 인기 없는 대통령이 되어야만 했다. 결국 트루먼은 이 일로 인해 대통령 재선 출마를 포기해야 했고 맥아더 역시 공화당의 유력한 후보였지만 아이젠하워가 지명되면서 역사의 뒤편으로 쓸쓸히 사라졌다. 인생이라는 험난한 여정에서 '협력'이 얼마나 중요한 것인지를 깨우쳐주면서 말이다.

2019년 우리나라 지식인들은 올해의 사자성어로 '공명지조共命之鳥'를 뽑았다. 공명조共命鳥는 불교경전에 나오는 머리가 두 개 달린 상상속의 새다. '한 머리가 매일 좋은 것만 먹는 것을 시기하고 질투한 나머지 복수를 위해 독이 든 과일을 먹었다가 다른 머리 역시 같이 죽게 되었다'는 설화

속에 담긴 내용이다.

　이는 '어느 한쪽이 없어지면 자기만 잘 살 것 같지만 결국 공멸한다'는 의미를 가지고 있다. 즉, 우리사회가 서로 화합하지 못하고 분열하여 위기를 맞는 현실을 잘 반영하고 있는 말이다.

　조직을 성공적으로 이끄는 리더십 역시 서로의 유기적인 협력이 있어야 가능하다. 맥아더처럼 혼자만의 우월의식에 빠져 자신의 길만을 가고자 하면 멀리 가지 못한다. 작은 돌부리에도 넘어지고 위기가 찾아와도 주변에 도움의 손길을 내밀지 못한다. 서로 손을 잡고 함께 가고자 할 때 상대와 나 모두 윈·윈할 수 있는 길이 열린다.

　그런데 여기서 주의할 것이 하나 있다. 아무리 협력하는 조직이라도 소수의 문제자는 있기 마련이다. '조직에 상처를 받았거나 주목받지 못하는 비주류, 고집 센 독불장군 같은 사람들을 어떻게 관리하느냐?'가 협력적 조직에서 매우 중요하다. 이들이 조직의 운명을 좌우하는 열쇠를 가지고 있기 때문이다.

　독일의 생물학자 리비히Justus von Liebig(1803~1873)는 이를 식물연구를 통해 증명하였다. 그가 주장하는 이론에 의하면 식물성장에 절대적인 영향을 주는 것은 풍부한 영양소보다는 부족한 영양소이다. 이 법칙을 조직운영에 적용하면, 부정적인 소수를 관리하지 않고 내치거나 방치하면 조직은 큰 불화에 시달릴 수밖에 없어 성장하지 못한다. 진정한 협력은 이러한 소수의 불만자도 보듬고 챙겨야만 이뤄질 수 있는 것이다.

　우리는 갈등과 협력을 반대의 개념으로 알고 있다. 그러나 꼭 그렇지만은 않다. 이를 잘 관리하면 가장 우호적인 관계로 바꿀 수 있기 때문이다. 즉, 갈등을 협력으로 다스리는 방법이 있다. 이를 위해 중국인들의 지혜를 빌려보도록 하자. 중국의 고사에 '요과지혜澆果之惠'라는 말이 나온다. '참외밭에 물을 주는 지혜'라는 뜻이다. 여기에는 갈등을 오히려 호의를 베풀어 해결하는 협력의 지혜가 담겨 있다.

옛날 어느 변방에 국경을 맞대고 참외농사를 지으며 살아가는 두 마을이 있었다. 그런데 항상 윗마을 참외는 크고 달았지만 아랫마을 참외는 작고 맛이 없었다. 아랫마을 사람들은 자신들의 게으름을 탓하지 않고 윗마을이 잘된 것에 배가 아팠다. 그래서 어느 날 밤에 몰래가서 윗마을 참외밭을 쑥대밭으로 만들어 놓았다.

이튿날 이를 알게 된 윗마을 사람들은 화가 나서 똑같이 복수하려고 하였다. 그때 지혜롭기로 소문난 지방현령이 이 소문을 듣고 윗마을 사람을 불러 "그렇게 서로 다투다가는 두 마을 모두 망할 것이오. 그러니 이렇게 하는 것이 어떻겠소?" 하고는 무언가를 알려주었다.

해가 지나 봄이 되어 다시 참외농사가 시작되었다. 윗마을 사람들은 여전히 부지런히 일했지만 아랫마을 사람들은 게으름을 피웠다. 그런데 어느 날 희한한 일이 벌어졌다. 윗마을 참외밭은 여전히 잘 되었지만 어찌된 일인지 아랫마을 참외밭에도 크고 맛있는 참외가 주렁주렁 열린 것이 아닌가? 같은 품종을 심었는데 말이다.

아랫마을 사람들은 이상하게 생각하면서도 혹시 윗마을 사람들이 자신들처럼 시기하여 참외밭을 망쳐놓을지도 모른다고 생각했다. 그래서 몇 명씩 짝을 이루어 교대로 몽둥이를 들고 밤에 지키기로 하였다. 그런데 뜻하지 않은 일이 벌어졌다. 윗마을 사람들이 밤마다 삼삼오오 짝을 지어 아랫마을 자신들의 참외밭에 물을 주고 있는 것이다.

그제야 아랫마을 사람들은 자신들의 참외가 크고 탐스럽게 열린 이유를 알게 되었다. 다음 날 아랫마을 사람들은 윗마을 사람들을 찾아가 그동안의 일을 사죄하고 용서를 빌었다. 이후 두 마을 사람들은 그동안의 원한을 없애고 서로 도와가며 잘 살았다고 한다.

지금 우리사회에는 자신들의 참외밭을 위해 갈등하고 투쟁하는 사람들로 넘쳐난다. 서로 협력하기보다는 남의 참외밭이 잘되는 것을 시기하며 이를 짓밟으려고 한다. 그런 '네거티브Negative 전략'은 갈등의 악순환만 가져올 따름이다. 그리고 그 결말도 맥아더와 트루먼의 운명처럼 서로를 파멸로 몰고 갈 것이다.

이 시대를 갈등에서 구제하기 위해서는 우리 모두가 윗마을 사람들의 모습으로 살아가야 한다. 비록 상대가 아픔과 상처를 주었더라도 기꺼이 그들의 참외밭에 물을 주는 호의를 베풀면 상대도 감동하여 협력할 것이다. 그것이 나의 참외밭을 풍요롭게 하는 길이다. '협력하여 선善을 이루는 사회'의 미래는 평화롭고 번영할 것이다.

'평범'함이 비범함을 이길 수 있다

'모난 돌이 정 맞는다'는 말이 있다. 지나치게 튀는 사람이나 자존감이 센 사람은 항상 갈등의 중심에 설 수밖에 없다. 조직 내 화합을 통한 공감대를 형성하고 협력하는 분위기를 만드는 데는 완벽한 리더의 이미지보다는 평범하면서도 인간적인 모습을 지닌 리더가 훨씬 매력적이다.

영국의 TV방송 중 '브리튼스 갓 탤런트Britain's Got Talent'라는 프로그램이 선풍적으로 인기를 끈 적이 있었다. 인기의 비결은 가장 평범한 사람들의 숨은 재능을 발굴하여 방송을 통해 인생역전의 기회를 주기 때문이다. 그런데 이 프로그램을 통해 일약 세계적인 스타가 된 사람이 있다. 바로 우리에게도 잘 알려진 성악가 '폴포츠Paul Potts'라는 사람이다.

2007년 3월 17일 영국 웨일스의 남단에 있는 카디프Cardiff 밀레니엄 센터에 수천 명의 사람들이 오디션을 보기 위해 모였다. 그런데 한 지원자의 외모가 이목을 끌었다. 졸린 듯한 눈에 못생긴 얼굴, 허름한 옷차림, 그리고 땅딸막한 키에 치아까지 고르지 않아 우스꽝스러운 모습이었다.

까다롭기로 유명한 심사위원이 물었다. "무엇을 보여줄 것이죠?" 그러자 그 출연자는 불안한 시선과 함께 어수룩한 발음으로 "오페라를 부르겠습니다."라고 말했다. 심사위원을 비롯한 많은 방청객들은 웃음을 참는 듯했다. 그의 이미지와는 전혀 맞지 않았기 때문이었다.

무시하는 듯한 사람들을 뒤로 하고 노래가 시작되었다. 그의 노래는 오페라 '공주는 잠 못 이루고Nessun Dorma'였다. 자신감 없는 그의 모습에서 상상하지도 못한 목소리가 흘러 나왔다. 오페라의 마지막 절정에 이르는 음을 노래할 때는 모두가 감격에 겨워 눈물까지 보였다. 노래가 끝나자 장내는 박수소리로 떠나갈 듯하였다. 너무 열정적인 반응에 본인이 더 당황한 표정이 되었다.

잔인한 독설가로 알려진 심사위원 사이먼 코웰은 "당신은 우리가 찾아낸 최고의 보석입니다."라고 격찬하였다. 주변에서도 "정말 감동적이다"는 찬사가 끊이질 않았다. 37살의 보잘것없는 휴대폰 판매원이 세계적인 성악가로서 스타덤에 오르는 순간이었다.

그해 그는 브리튼스 갓 탤런트에서 우승하였고 그의 첫 출연 동영상은 유튜브에 1억 건이 넘는 조회 수를 기록하였다. 세계인들은 그의 인생역전에 열광하였다. 그의 데뷔 앨범인 <One Chance>는 전 세계적으로 500만장 이상이 판매되는 기록을 남겼고, 2014년에는 그의 드라마틱한 삶을 담은 영화가 제작되기도 하였다.

세상 사람들은 왜 폴포츠에게 이토록 열광하는 것일까? 사실 그의 음정은 전문 성악가에 비해 불안하고 세련되지 못하다는 평이 있었다. 그러나 그는 누구보다도 평범하고 인간적인 이미지를 가지고 있었고, 그것이 사람들의 눈에는 더욱 인상적이었다. 그의 노래는 단순한 음악이 아닌 자신의 지친 삶에 대한 표현이었다. 그것을 노래에 담아 가슴으로 부르는 영혼의 노래였기 때문에 사람들은 더욱 열광한 것이다.

폴포츠가 성공하기 전까지 그의 삶은 고난과 역경 그 자체였다. 그는 외모로 인해 어릴 때부터 학창시절인 18세가 될 때까지 주변 사람들로부터 왕따를 당하여 외톨이 생활을 하였다. 성인이 되어서는 교통사고와 악성종양으로 괴로운 삶을 살아야만 했다. 궁핍한 가정환경 때문에 휴대폰 판매원으로 취직하여 생활비를 벌어야만 했다.

그가 TV출연에 도전한 계기도 흥미롭다. 컴퓨터 메일을 통하여 TV 프로그램 지원광고를 우연히 보고 도전하고 싶다는 생각을 가졌으나 망설여졌다. 보잘것없는 외모와 대중성이 떨어지는 오페라곡으로 도전하는 것이 무리라고 생각했기 때문이다.

그는 동전으로 그의 운명을 결정하기로 하였다. 앞면이 나오면 도전하고 뒷면이 나오면 포기하는 것이었다. 동전을 던졌는데 앞면이 나왔다. 그는 방송국에 지원하여 번호표를 받는 순간까지도 고민하였다. 그러나 이름이 불리는 순간 "어차피 인생에 한 번이니 창피해도 원 없이 불러보자."는 심정으로 무대에 올랐다. 그것이 오늘날 폴포츠를 만들게 되었다.

사람의 운명은 알 수 없듯이 폴포츠의 인생도 이 순간 변하였다. 그러나 그의 현재의 삶의 방식은 예전의 모습 그대로다. 그의 아내는 "경제적인 부담이 줄어든 것 외에는 아무것도 변한 것이 없다."고 한다. 그런 그의 삶을 세상 사람들은 더욱 좋아하였다.

세계적인 스타가 되었지만 고향에서 평범하고 소박하게 살아간다. 수억 원의 레코드 계약을 한 후에도 싼 호텔에 투숙하고 세탁비를 아끼려고 세면대에서 손수 빨래를 한다. 여전히 대중교통을 이용하고 중고벤츠를 몰고 다닌다. 한 기자가 "사람들이 알아보거나 귀찮게 하지 않습니까?" 하고 묻자 "평소 워낙 편하게 입고 다녀서 알아보지 못한다."며 그의 소박한 삶을 대신 표현하였다.

폴포츠가 세계적인 스타로 사랑을 받은 지 벌써 10년이 되었다. 아직까지도 그의 공연 스케줄은 몇 년 동안 빈틈이 없을 정도로 인기가 많다. 그것은 그의 변함없는 소탈함과 인간성, 보통사람으로서의 삶, 그리고 평범하지도 않은 평범함에 공감해서이다.

평범하면서도 인간적인 모습은 누구에게나 호감을 준다. 하지만 우리 주변을 돌아보면 잘난 체하는 사람이 너무 많아 문제다. 잘난 사람이 잘난 체하는 것도 거북하지만 그렇지 않으면서도 잘난 체하는 것은 꼴불견이다. 하지만 잘난 사람이 스스로를 낮추고 평범함을 추구할 때 그 사람의 인격은 더욱 훌륭해 보인다.

사람들은 세계에서 가장 돈이 많은 부자로 빌 게이츠와 투자의 귀재 워렌 버핏을 떠올린다. 반면 스페인의 의류사업가 **아만시오 오르테가**Amancio Ortega를 아는 사람은 별로 없을 것이다. 왜냐하면 그는 전 재산이 670억 달러에 달하는 세계 3대 부자임에도 불구하고 평범한 삶을 추구하여 세인들의 눈에 띄지 않기 때문이다.

오르테가는 1936년 3월 28일 스페인 레온Leon의 작은 마을에서 철도노동자의 막내아들로 태어났다. 그는 집이 가난하여 13세 때 학업을 중단하고 작은 옷가게 점원으로 일하다가 1975년 '자라ZARA'라는 의류업체를 시작으로 본격적이 의류사업에 뛰어들었다. 40년이 지난 현재 오르테가 회장이 설립한 인디텍스Inditex 그룹은 전 세계에 의류매장만 5,600개에 달하고 종사하는 직원만 11만 명에 이르는 세계에서 가장 큰 의류회사다.

대표적인 브랜드인 '자라'는 다른 유명 의류브랜드에 비해 보통사람들의 눈높이 맞춰 중저가에 판매되고 있다. 최신 유행하는 성인남녀 의류, 가방, 신발과 액세서리까지 일반인들이 쉽게 구매할 수 있는 것이 이 회사의 성공비결이다.

오르테가는 평소 자신을 드러내지 않고 기업을 이끌어가는 CEO로 유명하다. 세계 최고의 기업을 가졌지만 그의 일과는 누구보다도 평범하고 소박하다. 글로벌 기업의 통념을 깨고 본사는 지금도 첫 매장지인 스페인 북부의 작은 도시인 라코루냐에 두고 있다.

그는 이 한적한 도시에서 수영과 독서로 아침을 시작한다. 그리고 16km떨어진 자라 공장에 티셔츠와 청바지 차림으로 출근한다. 업무를 볼 때는 직원들과 작업용 테이블에서 격의 없이 대화하고 식사도 공장에서 같이 한다. 그는 다른 기업체 회장처럼 화려한 개인 사무실을 가져 본 적이 없다. 일이 끝나면 동네 카페에서 싸구려 커피를 마시고 산책을 하며 남는 시간에는 닭을 키운다. 그의 이런 소박하고 인간적인 삶을 이해한 직원들은 언제나 스스럼없이 회장을 대하고 경영방침을 진솔하게 따른다.

오르테가는 최고의 부와 명예를 가졌지만 격식을 싫어하는 보통사람의 길을 걷고 싶어 했다. 그는 세계적인 기업으로 성장한 1990년대 후반까지도 자신을 언론에 드러낸 적이 없었다. 2001년 인디텍스 그룹이 상장했을 때 딱 한번 언론에 얼굴을 공개하였을 뿐이다. 심지어는 2011년 스페인 국왕이 초대하는 자리에도 가지 않았다. 그러면서 "나는 평범한 사람일 뿐이며 앞으로도 나의 삶의 방식대로 살아가고 싶다."고 말했다.

오르테가가 75세의 나이로 회장직을 그만두고 회사를 떠날 때도 그만의 방식대로 하였다. 보통의 화려한 퇴임식은 고사하고 그 자리에 나타나지도 않았다. 다만 짧은 메모 한 장으로 퇴임의 변을 가름하였다. 그가 자신을 드러내지 않는 이유는 "자신의 성공이 특별한 능력이 있어서가 아니라 모든 사람들의 노력과 헌신 때문이다."라고 생각했기 때문이다.

오르테가는 평범하다고 하기에는 너무 많은 것을 가진 사람이다. 그러나 그는 보통사람들의 인간적인 모습이 세상과 공감할 수 있다는 것을 알고 있는 지혜로운 사람이었다. 자신을 드러내지 않을수록 더욱 돋보이게 하는 오르테가의 평범한 삶에 대해 많은 사람들은 존경하고 닮아가고 싶어 했다.

사람들은 누구나 평범하고 인간적인 사람을 좋아한다. 리더가 너무 완벽한 이미지를 가지면 인간미가 없어 보이고 부하들과의 소통에 제한이 된다. 오히려 평범하지만 따뜻한 감성을 가진 리더가 부하와의 공감지수를 높일 수 있다. 더욱이 지위가 높거나 인지도가 있는 사람이 인간적인 모습을 보일 때 더욱 친근감을 느끼고 공감한다.

대부로 잘 알려진 개성파 배우 알파치노가 남우주연상을 수상한 후 소감을 밝히는 자리에서 긴장한 모습으로 준비해온 메모를 주머니에서 꺼내어 더듬거리며 읽었다. 그런데 뜻밖에도 유창한 수상소감을 기대한 방청객에게 더 큰 박수와 호응을 얻었다. 그것은 당당하고 카리스마 넘치는 명배우답지 않게 긴장하는 보통사람의 모습을 보였기 때문이다.

인간적인 감성의 표현 역시 대중의 마음을 흔들어 놓는다. 세월호 사건 당시 박근혜 대통령은 대국민 담화에서 눈물을 보였다. 문재인 대통령도 화재사건 현장에서의 울먹이는 모습이나 과거 운동권을 주제로 한 영화를 보고 눈물을 보였다. 최고의 지위에서 그들의 보인 눈물은 그 어떤 메시지보다 더 강하게 받아들여진다.

반면 감성표현이 서투른 리더는 인간적인 매력도 없다. 자칫 사랑도, 인간애도 없는 냉혈한으로 비춰질 수 있다. 평범하면서도 인간적인 모습으로 감정을 온전하게 느낄 줄 알고 표현할 수 있어야 한다. 그래서 시도 때도 없이 흘리는 악어의 눈물이 아닌, 적절한 시기에 흘리는 리더의 눈물은 호소력이 있는 것이다.

우리가 느끼는 공감은 완벽한 데서 오는 것이 아니다. 현명한 리더는 완벽함보다는 최적最適을 추구한다. 자신을 낮추어 인간적인 모습을 보이면서도 마음속에는 본질적인 핵심을 추구하는 리더가 되어야 한다. 진정한 리더는 완벽한 척하는 사람이 아니라 평범함을 보이면서도 비범함을 지닌 사람이다. 폴포츠와 오르테가처럼 말이다.

'다른 것'은 틀린 것이 아니다

사람은 누구나 생각과 인식에 있어 차이가 있다. 그런데 그 차이를 틀렸다고 하는 것은 잘못된 것이다. 오히려 그런 차이에서 오는 다양성이 조직을 조화롭게 하고 창의적인 발전을 가져온다.

상대의 다른 점만을 보고 문제를 찾아내려고 하면 원만한 관계를 유지할 수 없다. 서로의 차이를 인정하는 가운데 공통점을 찾아내어 공감대를 형성하면 꼬인 관계라도 쉽게 풀린다. 특히 남녀관계는 다름을 이해하면서 출발해야 한다. 많은 가정의 불화나 갈등은 바로 서로의 인식차이를 극복하지 못한 데 그 원인이 있다.

최근 우리 주변에서 일어났던 가슴 찡한 노부부의 아픈 사연도 이와 같은 문제를 안고 있었다. 칠십이 넘은 노부부가 이혼 상담을 위해 변호사를 찾아갔다. 그들은 성격차이로 이미 별거 중이었다. 상담이 길어지자 변호사는 자신의 사무실에서 통닭을 시켜 노부부와 같이 먹게 되었다. 통닭이 배달되자 남편은 아내에게 자신이 좋아하는 날개부분을 떼어서 먹으라고 건넸다. 변호사는 내심 '상담을 통해 부부 사이가 좋아지고 있구나!'라고 기대하였다.

그런데 아내가 갑자기 화를 벌컥 냈다. "당신은 지난 사십년간 같이 살면서 마누라 좋아하는 것도 몰라요. 나는 다리 부위를 좋아한단 말이야. 당신은 항상 자기밖에 모르는 이기적인 사람이야."

이 말을 들은 남편도 화가 났다. 나름대로 잘하려고 하는 마음을 몰라주는 아내가 미웠다. 그래서 언성을 높이며 "지난 세월 사는 동안 내가 먹고 싶은 날개부위를 당신에게 먼저 주었는데 이혼하는 날까지 어떻게 그럴 수 있어!"라고 화를 내며 변호사 사무실을 나왔다. 아내도 뒤따라 나와 각자의 거처로 가버렸다.

남편은 집에 와서 곰곰이 생각해 보니, '지금까지 나는 마누라 입장에서 무엇을 원하는지를 생각해 본 적이 없어. 내가 좋아하면 아내도 좋아할 것이라는 생각은 잘못되었지. 마누라를 여전히 사랑하고 있는데 아무래도 먼저 전화해서 사과를 해야겠어.'라는 생각이 들면서 자신의 생각이 너무 좁은 것 같았다.

잠시 후 아내에게 전화를 걸었으나 화가 덜 풀린 아내는 남편과 통화하고 싶지 않았다. 자꾸 남편의 전화가 걸려오자 아예 휴대폰 배터리를 빼어버렸다. 그러고는 잠이 들었다.

다음 날 아침 아내도 잠에서 깨어나서 어제 일을 떠올리며 '남편이 무뚝뚝해도 속정은 깊은 사람인데 내가 너무 까칠하게 굴었나? 나도 지난 세월 동안 남편이 날개부위를 좋아하는지 몰랐네. 자기가 좋아하는 날개부위를 나에게 주었는데 그 진심도 모르고 화를 냈으니 얼마나 섭섭했을까?'라고 자신이 너무한 것 같다는 생각이 들었다.

아내는 즉시 자신의 휴대전화로 남편에게 전화를 하였다. 그런데 남편은 전화를 받지 않았다. '어제 전화를 안 받아서 화가 나서 전화를 안 받나?' 하고 다시 전화를 하려는 순간 낯선 번호의 전화가 걸려왔다. "남편분께서 간밤에 돌아가셨습니다."

아내는 정신없이 남편의 집으로 달려가 방문을 열었다. 그런데 남편은 휴대전화를 꼭 잡고 죽어있었다. 그 휴대전화에는 남편이 아내에게 마지막으로 보낸 마지막 문자가 찍혀 있었다. "여보 미안해, 그리고 사랑해, 용서해줘."

부부라는 인연으로 수십 년을 같이 해온 두 사람이지만 서로 생각의 차이를 이해하지 못하고 비극적인 이별을 한 것이다. 우리 주변의 많은 가정 불화는 이와 같은 부부 간 인식의 차이로 생긴다. 남자는 사랑하는 마음을 가슴에 담아두고 있지만 여자는 한사코 그 가슴속에 담아둔 사랑을 꺼내서 보여주기를 원한다. 그래서 『화성에서 온 남자, 금성에서 온 여자』라는 책이 베스트셀러가 되었는지도 모른다.

상대와의 생각 차이는 오히려 같을 수 있다는 신호가 될 수 있다. 역설적인 것만 같은 이러한 생각으로 전혀 다른 환경과 이념을 가진 사람을 설득시켜 사업에 성공한 사람이 있다. 현대그룹의 **정주영** 회장이다. 그는 맨주먹으로 시작하여 대기업을 이룬 만큼 강력한 카리스마를 가진 기업가였지만, 인식이 다른 상대에게서 공통점을 찾아 소통할 줄 아는 유연한 리더였다는 점이 흥미롭다.

이념대결의 막바지였던 1989년 1월 6일 정 회장은 소련을 공식방문하였다. 그의 방문 목적은 시베리아의 유전과 천연가스를 소련과 합자하여 개발하고 북한과 소련, 그리고 유럽을 잇는 육상운송로를 개척하는 원대한 꿈을 실현하기 위해서였다.

그런데 막상 이 문제를 논의할 소련의 실세를 만나기가 쉽지 않았다. 그리고 적임자를 만난다 해도 자신의 생각을 받아줄지 의문이었다. 왜냐하면 사회주의적 사고를 가진 소련의 고위관료를 대한다는 것은 쉽지 않은 일이기 때문이다.

우여곡절 끝에 만나기로 한 소련의 실세관료는 KGB의 대외총책, 외무부장관과 총리를 지낸 프리마고프_{Primakov}(1929~2015)였다. 그는 고르바초프 대통령의 최측근으로 정 회장과 경제협력에 대해 논의할 수 있는 적임자였다. 하지만 정보와 외교를 겸비한 만만치 않은 상대라는 점에서 마음을 놓을 수 없었다.

정 회장은 자신의 트레이드마크답게 뚝심으로 밀어붙였다. 그를 만나기 위해 크렘린궁의 대통령 집무실 근처에 있는 그의 사무실을 찾아갔다. 처음 만나 두 사람은 간단히 악수를 하고 응접실 소파에 앉아 자기소개를 하게 되었다. 통역을 통하여 프리마고프의 소개를 받은 정 회장은 이제 자기소개를 할 차례가 되었다.

그런데 정 회장의 입에서는 의외의 말이 나왔다. "저는 한국에서 온 프롤레타리아 정주영입니다."라고 한국어로 자신을 소개했다. 이 말을 들은 수행원을 포함한 주변 사람들은 순간 당황하였다. 그중 가장 황당한 사람은 통역이었다. 정 회장은 한국에서 손꼽히는 부자인데 스스로가 '프롤레타리아'라고 하니 '부르주아'라는 말과 혼돈하지 않았는지 생각하였다.

통역은 정 회장에게 조그마한 목소리로 "회장님! 프롤레타리아는 노동자 계급을 말하는데, 회장님은 프롤레타리아가 아니지 않습니까?"라고 말했다. 그러자 정 회장은 정색을 하며 "내가 그것을 몰라서 그렇게 말한 줄 아시오? 당신은 통역이나 잘하시오!"라며 통역을 나무랐다. 통역은 하는 수 없이 정 회장의 말을 그대로 통역하였다. 이번에는 프리마고프가 이해하지 못하는 표정이었다. 회담분위기도 순간 어색해졌다.

이때 정 회장이 정중히 말문을 열었다. "저는 가난한 농부의 자식으로 태어나 돈이 없어 소학교밖에 나오질 못하였습니다. 노동으로 힘들게 돈을 벌어서 지금은 한국에서 가장 돈이 많은 부자가 되었습니다. 하지만 저는 열심히 일해서 돈을 번 부유한 노동자일 뿐입니다. 그러니 제가 프롤레타리아가 아니고 무엇이겠습니까?"

이 말을 통역으로부터 들은 프리마고프의 표정은 금세 밝아졌다. "옳은 말씀입니다. 정 회장님의 말씀을 들으니 정 회장님은 프롤레타리아가 맞다는 생각이 듭니다!"라고 공감하며 칭찬의 말을 아끼지 않았다.

이때부터 프롤레타리아가 된 정 회장과 소련 측과의 협상은 쉽게 풀리기 시작하였다. 프리마고프가 "소련과 한국의 합작사업에 동의합니다. 하지만 양국 간의 경제체제가 다른 것이 걱정입니다."라고 우려를 표하자 정 회장은 "그렇기 때문에 합작을 하자는 겁니다. 자본주의와 사회주의의 차이를 서로 보완하고 공통적인 것은 확대하면 서로에게 큰 이익이 돌아갈 것입니다."라는 확신에 찬 대답을 하였다. 프리마고프도 "좋소! 한번 해봅시다. 오늘 우리의 만남이 좋은 결과로 이어지기를 기대합니다."라고 말하며 크게 반겼다.

양측의 협상은 기대 이상의 결과를 가져왔다. 이후 프리마고프는 한국과 소련이 교류를 할 수 있도록 중간에서 큰 역할을 하였다.

1990년 9월 프리마고프의 도움으로 정 회장은 다시 소련을 방문하게 되었다. 그는 소련의 고르바쵸프 대통령을 만나 경제적인 협력은 물론 정치적 교류의 물꼬도 틔웠다. 그리고 한 달 후 노태우 대통령이 소련을 방문하여 양국 간의 공식적인 첫 수교를 하게 되었다.

이러한 역사적인 사건이 공산주의 심장부에서 일어날 수 있었던 것은 한 기업인의 작은 지혜였다. 누구도 예상하지 못한 정주영 회장의 프롤레타리아 변신은 차갑기만 한 소련 고위관료의 마음을 녹였다. 그리고 그 열매는 수십 년간 정치적으로 해결하지 못한 국가 간의 이념적 갈등을 뛰어넘게 하였다.

사람들은 저마다 생각과 가치관이 다르다. 서로 다른 환경 속에서 자신만의 방식으로 살아가기 때문이다. 그것을 나의 관점으로 보면 다르게 보이고 심지어는 틀리다고 인식하기도 한다. 그러나 그런 잘못된 인식이 서로의 관계성에 장애가 되고 갈등의 원인이 된다.

정계나 외교가에서 자주 사용되는 구동존이求同存異라는 말이 있다. '같은 것은 추구하되 서로 다른 것은 인정해야 한다'는 의미다. 중국의 시진핑 주석은 2016년 G20 정상회의에서 우리나라 대통령에게 "양국이 구동존이 해야 한다."라고 강조해서 말하기도 하였다. 당시 사드갈등으로 경색된 양국관계를 외교적으로 풀어보자는 의미였다. 이 말은 갈등이나 이견이 많은 우리사회의 리더들이 꼭 되새겨야 할 말이다.

우리 인간관계를 들여다보면 아무리 서로의 삶의 방식이 달라도 공통점을 가진다. 현명한 사람은 상대와의 차이점에서 같은 것을 찾아내려고 노력한다. 그리고 이를 통해 공감대를 형성하여 좋은 관계를 가진다. 뛰어난 리더일수록 그런 부분은 생각을 같이 하는 것 같다. 미국의 오바마 대통령 역시 정주영 회장과 생각이 같았다.

그가 민주당 대통령후보 시절 조지 W.부시 대통령의 이라크 참전정책을 두고 당내 심각한 찬반논란이 있었다. 이때 그는 "우리 민주당에는 두 그룹의 애국자가 있습니다. 하나는 이라크전에 찬성하는 애국자이고 다른 하나는 이라크전을 반대하는 애국자입니다."라고 단합을 호소하였다. 서로 다른 부류의 첨예한 입장 차이에서 다 같은 애국자라는 공통적인 공감대를 끌어내어 화합하게 한 것이다.

이 세상에서 나와 똑같은 존재는 없다. 한날한시에 난 쌍둥이도 서로 생각이 다르다. 그렇기에 서로의 차이점은 인정하고 서로를 존중해주는 것이 올바른 태도다. 중국의 도가사상의 대가 장자莊子는 "상대와 소통하기 위해서는 서로의 차이를 인정해야 한다."고 하였다. 서로 다른 것을 인정하면 공감은 쉽다. 노부부의 가슴 아픈 사연도 서로 다른 관점에서 상대를 보았기 때문에 사랑하는 마음을 읽어내지 못한 것이다.

생각의 차이는 어느 조직이든 존재하기 마련이다. 아이러니하게도 그 차이가 크면 클수록 뒤집어 보면 쉽게 문제가 풀린다. 맥아더가 인천상륙작전을 결정할 때 주변 참모들이 조수간만의 차이가 커서 불가하다는 이유로 반대가 심하자 "당신들이 불가하다는 이유가 내가 가능하다고 생각하는 이유요! 왜냐하면 김일성도 그렇게 생각하니까!"라고 말했다. 이 한마디로 모든 반대자들을 설득시킬 수 있었다.

현재 우리가 겪는 갈등은 '다름을 틀렸다'고 인식하는 데서 비롯된다. 모든 사람의 인식이 같은 획일적 조직은 존재하지도 않지만 바람직하지도 않다. 조직은 다양한 사람들의 다양한 생각이 조화를 이룰 때 발전할 수 있다.

훌륭한 리더는 이런 다양한 생각의 차이를 존중해주면서 그 속에서 같은 점을 찾아내어 공감대를 형성한다. 그리고 생각의 차이가 클수록 뒤집어 보면 같은 생각을 찾을 수 있다는 지혜를 가진다. '나와 다른 것이 틀린 것은 아니다!'라는 것을 아는 것이 갈등관리 리더십의 본질을 올바르게 이해하는 것이다.

'아래'를 먼저 보고 위를 받들라

세상사람 대부분은 누군가의 리더인 동시에 누군가의 팔로워가 된다. 아무리 높은 대통령도 국민의 뜻에 따라야 하고 아무리 평범한 민초라도 리더로서 책임져야 할 때가 있다.

따라서 우리는 좋은 리더십과 팔로워십을 동시에 가져야 한다. 좋은 리더는 그 상관에게도 인정받지만 부하들에게도 존경과 신뢰를 받는다. 그리고 진정한 그의 인격적인 평판은 상관보다는 오히려 부하로부터 받는다.

중국의 고사성어에 '궁하필위窮下必危'라는 말이 있다. '아랫사람을 어렵게 하면 반드시 위기가 온다'는 의미이다. 이 고사에는 앞에서 소개되었던 공자의 애제자 안회가 나온다. 안회는 노나라 사람으로 세상의 이치에 밝고 현명한 사람이었다. 당시 왕이었던 정공定公이 하루는 **안회**를 만나 세간의 관심사를 물었다. "동야필東野畢이라는 사람이 말을 잘 부리기로 소문이 자자한데 그대의 생각은 어떻소?"라고 묻자 안회가 "그가 말을 잘 부리는 것은 맞지만 곧 그 말을 잃게 될 것입니다."라고 답했다.

왕은 그 말을 듣고 '세상에 군자라고 소문난 사람이 남의 험담을 하다니!'라고 생각하며 실망했다.

그런데 며칠이 지나자 안회의 말대로 동야필의 말이 달아나 버렸다. 그 소문을 들은 왕이 급히 안회를 불러 그 이유를 물었다. "내가 그대의 말을 의심했는데 그대는 어떻게 그것을 미리 알고 있었소?"

안회가 말했다. "제가 예전에 동야필이 말을 모는 것을 본 적이 있지요. 힘든 언덕을 넘어가는데도 계속해서 채찍질하고, 먼 길을 다녀와서도 계속 다그치는 것을 보았습니다. 그래서 말이 곧 도망갈 줄 알았습니다."

현자인 안회의 말에 왕은 "그 말에는 의미가 있는 것 같은데 다시 상세하게 설명해주시오."라고 재차 물었다. 이에 안회는 "새는 궁하면 사람을 쪼고, 짐승은 궁하면 사람을 할퀴며, 사람은 궁하면 남을 속이지요. 예로부터 아랫사람을 궁하게 하면 위태로워지는 법입니다."라고 답했다. 여기서 궁하필위라는 사자성어가 유래하였다.

안회의 말대로 윗사람이 아랫사람을 부리면서 조이기만 하면 아랫사람은 윗사람을 속이거나 변명하게 된다. 그리고 그것은 점차 윗사람에 대한 원망으로 바뀌게 되어 조직을 위태롭게 만들 수 있다. 조직의 평안은 아랫사람을 궁하지 않게 잘 달래주는 데 있다는 사실을 알아둘 필요가 있다.

아랫사람에게 존경받는 일도 힘들지만 윗사람을 섬기는 일 또한 어렵다. 특히 주군을 모시는 2인자는 매사에 처신을 잘해야 한다. 항상 몸을 사리고 돌다리도 두드려 보고 가야 하는 것이 2인자의 비애다. 2인자로 윗사람을 모실 때 각별히 유의할 것이 몇 가지 있다.

그중 첫째로 윗사람은 자신을 믿는 만큼 의심도 많다는 점이다. 상사가 자신을 신뢰한다고 해서 교만하여 역린을 함부로 건드리면 한순간에 위험해질 수 있다. 명나라를 건국한 주원장에게는 호유용胡惟庸이라는 개국 공신이 있었다. 그는 황제의 신임을 받아 승상의 자리에 올랐으나 교만하였다.

황제가 몇 개월 자리를 비운 사이 호유용은 전권을 휘둘렀다. 심지어는 황제만 할 수 있는 공신들에게 상까지 내리는 일을 하였다. 황제는 이 일을 보고 받고 대노하였다. 궁궐로 돌아온 황제는 "누가 너에게 이 일까지 맘대로 하라고 했느냐? 이 일은 짐을 우습게 본 역모행위다."라며 죽여버렸다. 측근은 가장 신뢰받는 동시에 가장 의심받는 견제의 대상이라는 사실을 호유용은 모른 것이다.

둘째로 윗사람보다 빛나서는 안 된다. 윗사람은 화제와 시선의 중심이 되기를 원한다. 자신보다 부하가 더 잘난 체하거나 빛나는 것을 좋아하는 윗사람은 없다. 프랑스 루이 14세 재위 시절 포구트Foguet라는 재무장관이 자기 소유의 성을 완공하고는 황제를 초청하였다. 비어 있는 총리 자리를 염두에 두고 환심을 사려는 의도가 깔려 있었다.

유럽의 저명한 인사와 귀족들이 초청되었고 산해진미의 음식이 마련되었다. 참석자들은 저마다 화려한 파티에 감사를 표현하면서 칭찬하였다. 그러나 유독 한사람 루이 14세는 그렇지 않았다. 그는 다음 날 포구트를 공금횡령죄로 체포하여 감옥으로 보내 버렸다. 자신보다 더 주목받은 부하를 시기한 것이다.

그런데 같은 시기에 쥘 망사르Jules mansart라는 건축가는 베르사유 궁전을 증축할 때 일부러 약간의 실수를 하였다. 그리고는 황제인 루이 14세에게 조언을 부탁하였다. 황제가 이것을 지적하자 "폐하 감사합니다. 저는 건축가지만 폐하보다 식견이 한참 부족합니다."라고 추켜세웠다. 이후 그는 황제의 비호 아래 모든 황궁의 건축을 전담하였다고 한다.

부하는 비록 상관이 자기보다 부족하더라도 튀어서는 안 된다. 특히 2 인자는 더욱 그러하다. 그것은 자칫 상관의 감춰진 피해의식을 자극하거나 시기심을 유발하기 때문이다.

세 번째로 입을 조심해야 한다. 너무 과묵해서도 안 되지만 함부로 입을 놀려서는 더욱 안 된다. 측근일수록 상관의 사생활은 물론 여러 가지 일들을 알고 있다. 이를 잘못 이야기했다가는 신뢰에 금이 가고 큰 낭패를 볼 수 있다. 자신을 신뢰할수록 말을 조심해야 하는 것이 아랫사람의 본분이다.

우리에게 사기史記로 잘 알려진 사마천이 궁형宮刑을 당한 이유도 입 때문이었다. 한나라 무제 때 흉노족을 정벌하기 위해 떠났던 이릉 장군이 패하여 포로가 되었다. 그런데 그보다 더 많은 병력을 잃은 이광리 장군은 황제 애첩의 오빠라는 이유로 사면되고 유독 이릉 장군만을 벌하기 위해 중신회의가 열렸다.

이때 사마천이 이릉을 변호하며 황제에게 간하였다. "이릉 장군은 평소에 효심이 깊고 충성스런 사람입니다. 비록 싸움에 패했다고 해서 용감하게 싸운 장군을 벌하시면 안 됩니다."

황제의 속내를 알고 있던 중신들은 누구하나 사마천을 편들지 않았고 사마천만이 물러서지 않고 자기주장을 펼치다가 노여움을 사서 궁형을 받게 되었다.

부하의 조언은 상관의 의도를 파악하여 부드럽게 해야 한다. 공개된 자리에서 아무리 옳은 말을 해도 상관은 자신의 권위에 도전하는 것으로 인식하기에 각별히 조심할 필요가 있다.

마지막으로 무조건적인 예스맨이 되어서는 안 된다. 지위가 높은 리더일수록 주변에는 아부하는 사람들로 가득 차 있다. 그리고 그런 아첨하는 사람들의 달콤한 말에 빠지다 보면 리더의 귀와 눈은 어두워진다. 고독한 자리에서 인의장막에 갇혀 편파적으로 판단하거나 잘못된 지시를 할 때는 과감하게 "아니오!"라고 외칠 줄 아는 부하가 되어야 한다. 당장은 어색하고 상관의 짜증을 받아내야 하지만 그것이 리더를 세우고 조직을 살리는 길이다.

물론 그렇게 하기 위해서는 주변의 정황과 리더의 심기를 잘 헤아려 지혜롭게 해야 한다. 자기와 생각이 다르다고 해서 상관의 의도에 반기를 드는 것은 가장 경계해야 할 부분이다. 반대이유가 상관을 위해서라는 것을 기분 나쁘지 않게 논리적으로 잘 설명해야 상관을 설득할 수 있다.

과거 우리나라 정치비사에 보면 남의 말을 잘 들어주기로 유명한 김대중 대통령도 가신이나 다름없는 측근의 단점에 대한 지적을 참아내기는 하였지만 이후 그 사람을 등용하지 않았다고 한다. 인격자인 그도 아랫사람의 부정적인 조언은 듣기 싫은 것이다.

따라서 아랫사람이 '아니오!'라고 외칠 때는 주변의 정황과 상관의 심기를 잘 헤아려 지혜롭게 해야 한다. 자기와 생각이 다르다고 해서 상관의 의도에 반기를 드는 것은 경계해야 하고 한 번 조언해서 상관이 생각을 바꾸지 않으면 일단은 따라야 한다. 그리고 반대하는 이유가 상관에 대한 충정에 따른, 상관을 위한 것이었음을 느끼게 해야 후폭풍이 없다.

미국 육군사관학교는 생도들에게 "먼저 부하가 되는 법을 배우고 그 다음 지휘관이 되는 법을 배우라."고 가르친다. 남을 이끄는 리더가 되기 전에 먼저 남을 잘 섬기는 부하가 되는 것이 중요한 것이다.

리더로서 좋은 부하가 되는 길은 무엇일까? 좋은 부하는 모시는 상관이 진심으로 잘되기를 바라면서 충성된 마음을 가져야 한다. 상관이 올바른 판단을 할 수 있도록 눈과 귀가 되어 주고 비전과 꿈을 같이 나누면서 노력해야 한다. 그리고 상관이 어려울 때는 고통을 분담하면서 기꺼이 총대를 매는 그런 부하가 되어야 한다.

우리나라 관료사회에서는 한때 '상비하발'이라는 말이 유행한 적이 있었다. '윗사람에게는 비비면서 아부하고 부하는 가차 없이 밟아야 출세한다'는 것이다. 이런 전근대적인 리더십으로는 정상적인 상하관계가 이루어질 수 없다. 상관은 부하를 출세의 도구로만 생각할 뿐이고 부하는 오직 상관의 권위만 보고 거짓 충성할 따름이다.

훌륭한 리더는 좋은 팔로워십도 같이 가진다. 윗사람을 잘 섬기면서 아랫사람을 잘 다스려야 한다. 지나치게 상부지향적이어서는 부하로부터 공감과 존경을 이끌어 낼 수 없다. 그렇다고 상관을 소홀히 하고 부하들만 챙기는 것 또한 바람직하지 않다. 무게중심을 어느 한 곳에 두지 않고 적절하게 균형감을 갖되 부하에게 다소 치우치는 것은 괜찮다고 생각한다.

리더의 진정한 평가는 상관에게 받는 것이 아니다. 부하에게 받는 평가가 더 정확할 수 있다. 상관은 능력을 위주로 평가하지만 부하는 거기에 더해 인격과 품성을 함께 평가하기 때문이다. 부하로부터 존경받는 인격적인 리더가 윗사람도 충심으로 잘 섬길 수 있다. 그런 의미로 볼 때 이 시대 참 리더의 모습은 '아래를 먼저 보고 위를 받드는 것'이다.

제4편

갈등해결의 열쇠: 마음을 여는 '대화와 협상'

"갈등을 조정하고 해결하는 핵심적인 열쇠는 '대화와 협상'에 있다. 아무리 리더 자신의 마인드를 좋게 가지더라도 갈등관계에 있는 상대와는 직접 부딪히며 현명하게 대응하는 기술이 필요하다. 갈등관리를 위한 대화는 조금 더 다른 기교가 필요하다. 단순하게 언어를 통해 소통하는 것이 아니다. 서로의 마음이 전달될 수 있는, 마음과 마음이 통하는 대화가 되어야 한다.

갈등관리의 협상 또한 일반 협상과는 다른 패턴을 가진다. 서로의 감정을 해치지 않으면서 상호 이해관계를 해결해 나가야 하고 궁극적으로는 서로 윈·윈할 수 있는 상생의 협상을 해야 하는 것이다. 당신이 리더로서 대화와 협상의 지혜를 갖는다면 갈등의 저편에 있는 상대를 내게로 끌어올 수 있다!"

제8장 마음으로 듣고 마음으로 '대화對話'하라

제9장 갈등조정은 '협상協商'의 지혜로 한다

제8장

마음으로 듣고 마음으로 '대화(對話)'하라

리더의 '말'이 곧 리더십이다

리더의 언어는 곧 그 자신의 품격을 나타낸다. 품위 있는 언어를 사용
하는 리더의 말 자체가 권위를 가지지만 그렇지 못한 리더는 아랫사람들
로부터 존경을 받지 못한다. 그러므로 리더는 말 한마디를 하더라도 신중
하게 하고 정제된 언어를 사용하는 습관을 가져야 한다.

당나라 **태종**은 평소 군주의 말 한마디의 중요성을 자신과 정치적 배경
이 비슷한 수나라 양제와 비교하면서 반면교사로 삼았다. 수양제가 즉위
하여 신하들과 함께 함양의 북서쪽에 있는 진시황이 세운 궁전인 감천궁
甘泉宮에 나들이를 갔을 때의 일이다. 수양제는 주변의 산수경관이 너무 아
름다워 해가 저무는 줄도 모르고 즐기고 있었다.

그러다가 밤이 되어 어두워지자 "이 마을은 반딧불이 없는 것이 마음에
들지 않는다."고 한마디 하였다. 이 말을 들은 신하들은 주변에 수만 명의

사람을 풀어 반딧불을 잡아 그 마을로 보냈는데 자그마치 수레로 500대나 되었다고 한다.

당태종은 이를 두고 신하들에게 한마디 하였다. "황제의 사소한 말 한마디도 이러하거늘 나라의 운명을 좌우하는 명령은 오죽하겠는가? 무릇 일반 백성들도 옳지 않은 말을 하면 결점이 되는데 하물며 만인의 군주는 그릇되거나 실수하는 말을 뱉어서는 절대 안 될 것이다!"라고 말이다.

비록 당태종 역시 수양제처럼 형제를 죽이고 황제가 되었지만 수양제와는 달리 삼가 자신의 말을 조심하고 아랫사람의 말을 잘 듣는 현군이 되기 위해 노력하였다. 그 결과 수양제가 패망한 것과는 달리 당태종의 치세기간에 중국은 역사상 최고의 태평성대를 구가하였다.

당태종이 경계했던 것처럼 리더가 무심코 던진 말 한마디의 실수가 엄청난 위기를 자초한 일이 최근 영국에서 있었다. 실언한 사람의 이름을 따서 '레트너의 짓Doing a Ratner'이라고 부르는데 마케팅에서 바보같이 실언하는 경우에 빗대어 부르기도 한다.

이 불운의 사나이는 1950년 런던태생의 **제럴드 레트너**Gerald Ratner로, 34세의 나이에 아버지의 뒤를 이어 보석업체인 '레트너즈Ratners'의 최고 경영자로 취임하였다. 그는 취임 이후 보석이라는 값비싼 이미지의 특수성을 버리고 소매업 중심의 저가시장을 공략하는 전략을 세웠다.

그리고 그는 일반인도 쉽게 구입할 수 있도록 보석의 가격을 낮추는 대신에 대량으로 유통할 수 있는 시스템을 구축하였다. 레트너의 박리다매薄利多賣의 영업전략은 보석시장의 틈새를 파고들어 서서히 주도권을 잡기 시작하였다.

그가 사장으로 취임한 지 6년이 지난 1990년에는 회사의 규모가 엄청나게 커졌다. 그동안 150개였던 레트너즈의 점포가 영국 1,500개, 그리고 미국에도 1,000개나 되었다. 직원 수만 해도 2만 5,000명이나 되었고, 연매출은 12억 파운드(1조 4,000억 원)나 되는 거대기업으로 성장하였다. 그리고 그의 명성도 보석업계뿐만 아니라 경제계에까지 널리 알려지게 되었다.

그러던 그에게 운명의 날이 다가왔다. 1991년 4월 23일 런던의 한 콘서트홀에 기업가 협회가 주관하는 연례회의의 연사로 초청되었다. 참석자 대부분은 기업경영자와 비즈니스 관계자로 분위기는 시종일관 딱딱하게 진행되었다.

이때 연사로 5,000명의 대중 앞에 선 레트너는 분위기를 부드럽게 하기 위해 "우리 회사는 은쟁반과 잔, 그리고 포도주를 담는 유리병을 합쳐 4.95파운드(약 6,000원)에 팔고 있습니다. 사람들이 어떻게 그리 싸게 파냐고 묻는데 그것은 우리 회사 제품이 '완전쓰레기Total crap'이기 때문입니다."라는 계획에도 없던 농담을 하였다.

순간 회의장 분위기는 싸늘해졌다. 농담삼아 던진 자신의 회사상품에 대한 말이 자신의 의도와는 달리 저질상품을 판매하는 악덕 기업인의 이미지를 만든 것이다. 뿐만 아니라 그런 상품을 구매하는 소비자들에 대한 무시발언으로 비춰지기도 하였다.

그 말의 파장은 컸다. 언론은 레트너의 발언을 문제삼아 보도하기 시작하였다. 소비자들도 자신을 우롱한 레트너즈의 상품을 외면하면서 매출은 감소하였다. 거기에다가 경기침체까지 겹쳐 회사는 회복불능의 위기를 맞았다. 결국 1년 후 회사는 매각되었고 레트너도 사장직을 사임하게 되었다.

레트너의 실언의 결과는 그에게 너무나 혹독했다. 한순간 5억 파운드(약 8,000억 원)의 명품회사를 날려 보내야만 했다. 그는 이 충격으로 7년간 집 밖으로 거의 나오지 않았고 아내로부터 "집 밖으로 나가지 않으면 이혼하겠다."는 말까지 들었다. 지금은 재기에 성공하였지만 60대에 접어든 지금도 값비싼 수업료를 내고 받은 교훈을 되새기며 주변에 말조심하라고 권한다고 한다.

이와 비슷한 일이 영국에서 또 한 번 있었다. 2005년 11월 8일 세계굴지의 제약회사인 '크락소스 미스클라인GSK'의 부회장인 앨런 로지스의 발언이 문제가 되었다.

그는 런던의 한 회의장에서 현대 의약품을 효능에 대해 발표하면서 "대다수의 의약품 중 30~50%만 효능이 있다."고 폭탄발언을 하였다. 이 발언은 의약업계뿐만 아니라 일반 국민들에게도 큰 충격을 주었다. 업계에서는 로지스 부회장의 발언을 레트너의 실언과 함께 대표적인 리더의 실언으로 회자되고 있다.

리더의 말 한마디는 위력 있고 상징성이 크다. 레트너처럼 한마디의 말 실수가 자신뿐만 아니라 조직까지도 위기에 빠뜨릴 수 있다. 하지만 반대로 리더의 말 한마디는 상징성이 커서 갈등과 위기 상황을 반전시키는 강력한 메시지가 되기도 한다.

1964년 3월 24일 일본 주재 미국대사 **에드윈 라이샤워** 대사가 괴한에게 피습되는 사건이 발생하였다. 당시 라이샤워 대사는 도쿄에 체류 중인 김종필 국무총리를 만나기 위해 대사관을 나오다가 19세의 일본 우익청년이 휘두르는 칼에 허벅지를 찔려 중상을 입고 병원에 후송되었다.

이 청년은 미국이 한·일 국교정상화협의를 측면에서 지원한 것에 대해 불만을 갖고 범행을 저질렀다고 하였다. 라이샤워 대사는 목숨은 건졌지만 출혈이 심해 대수술을 받아야만 했다.

이 사건으로 당혹스러운 것은 일본정부였다. 혹여 미일관계가 악화되는 상황이 될 수도 있기 때문이다. 사건 즉시 일본의 이케다 하야토 총리가 미국 대통령에게 전문을 보내 "일본 국민 전체가 이런 폭력행위에 격분하고 있다."고 위로하였다. 그리고 이틀이 지난 후 일본정부는 하야카와 다카시 국가공안위원장에게 책임을 물어 사임하도록 하였다.

미국 대사는 사건 직후 봉합수술을 받는 과정에서 일본인의 피를 수혈받았다. 그는 수술을 받은 뒤 성명을 발표하면서 "이제 내 몸에는 일본인의 피가 흐르게 되었다."고 말하였다.

이 감동적인 말 한마디의 위력은 대단하였다. 양국 간 갈등을 우려했던 많은 사람들이 안도하게 되었고 두 나라의 관계는 더욱 돈독해졌다. 미 대사는 퇴원 후 사임도 고려하였으나 "지금 사임하면 일본인들이 사건의 책임을 느낀다."며 일본인을 배려하였고 1966년 8월까지 임기를 다하였다.

이 일이 있은 후 50년이 지난 2015년 3월 5일 우리나라 서울 한복판에서도 비슷한 사건이 일어났다. 주한 미국대사 **리퍼트**가 세종문화회관 조찬 강연회에 참석하려다가 50대 시민운동가가 휘두르는 과도에 얼굴을 크게 다쳤다.

'한·미 군사훈련에 반대한다'는 명목으로 사건을 계획하였다는 범인의 진술에 우리정부는 당혹해 하였다. 이로 인해 한·미 양국의 동맹에 문제가 돼서는 안 된다는 우려의 여론이 국내에 확산되었다.

그런데 이런 우려를 리퍼트 대사는 한방에 불식시켰다. 그는 수술이 끝난 후 자신의 트위터에 "한미동맹의 진전을 위해 최대한 빨리 돌아오겠다."는 글을 올렸고 마지막으로 "같이 갑시다."라고 한마디 덧붙였다. 리버트 대사의 이 한마디에 양국의 관계는 비온 뒤의 땅이 더욱 굳어진 것 같았다.

리더의 말에는 힘과 권위가 있다. 수양제의 사소한 말 한마디에 수만 명의 조직이 동원되기도 하고 미국대사의 상징적인 말 한마디는 국가 간의 민감한 문제를 단번에 해결하는 힘을 갖기도 한다. 따라서 리더는 항상 말을 조심해야 한다. 무심코 뱉은 말 한마디는 활시위를 떠난 화살과 같아 주워 담을 수 없다. 레트너 회장처럼 리더의 실언은 자신뿐만 아니라 조직의 운명도 위태롭게 한다.

최근 우리 주변에도 사회지도층 인사의 실언으로 곤욕을 치르는 경우가 많다. 취중에 '민중의 개, 돼지'라고 표현한 관료가 언론에 뭇매를 맞았는가 하면 면책특권이 있는 국회의원들의 저속한 표현과 망언들은 국민들에게 상실감을 주었다. 이런 말실수는 그 사람의 인격을 나타낸다. 저속한 언어 표현은 그만큼 자신이 내면적인 인격이 성숙되지 못함을 드러내는 것이다.

그렇다면 리더의 언어는 어떠해야 하는가? 먼저 리더는 품위 있고 부드러운 언어를 사용해야 한다. 저급한 욕설이나 강압적인 어조는 스스로의 품격을 떨어뜨린다. 설사 가볍게 뱉는 말 한마디라도 교양과 철학이 담겨 있어야 한다. 그렇다고 너무 현학적이거나 무미건조해서는 안 된다. 위트가 있으면서도 그 안에 메시지가 담긴 품위 있는 언어를 구사할 줄 알아야 한다. 부하를 훈계할 때도 절제된 가운데 저급한 언어보다는 부드러운 말로 깨우침을 주는 세련된 언어를 사용하는 것이 좋다.

리더의 말은 간결하고 핵심적이어야 한다. 리더에게 말할 기회가 많이 주어진다고 해서 중언부언하면 말의 핵심을 놓치거나 말 자체에 모순을 만들 수가 있다. 소통 연구자들에 의하면 회의석상에서 발언을 많이 하는 경우와 너무 적게 하는 경우 모두 부정적인 반응을 보인다고 한다. 그러나 말을 너무 많이 하는 경우는 아예 한마디도 하지 않는 경우에 비해 거부감이 더 크다고 한다. 가급적 상대방의 말을 많이 듣고 짧게 코멘트하는 경우 훨씬 더 말에 무게를 실을 수 있다.

그렇다고 해서 단정적인 표현은 좋지 않다. '절대로'나 '반드시'와 같은 단정적인 말은 상대에게 강요하는 어감을 주어 부드러운 대화를 이끌어갈 수 없다. 대신 "저의 생각을 이렇습니다."라고 상대를 배려하는 표현을 전제로 하여 부드럽게 대화를 이끌어가는 것이 훨씬 설득력이 있다.

또한 말로 표현할 때 비언어적인 스킨십을 같이 사용하는 것도 좋다. 통로에서 만난 부하 직원에게 무심코 지나가기보다는 "힘든 것 없어요?"라고 말을 건네면서 가볍게 어깨를 두드려 주거나 손을 흔들어 관심을 표현하는 행동은 그 어떤 격려보다 더 친근감 있게 보인다.

마지막으로 리더의 언어는 긍정적이어야 한다. 아무리 어려운 일이 있더라도 "잘될 거야. 힘내자고!"라는 희망적인 말을 자주 해야 한다. 이런 말은 낙심한 부하에게 큰 용기와 힘을 준다. 그리고 리더의 이러한 긍정적인 말은 부하의 긍정적인 행동을 이끌어낼 수 있다. 그것은 우리의 뇌가 언어의 자극에 따라 명령하기 때문이다. 즉, 부하의 장점을 살려서 "자네와 같이 근무하는 게 행운이야!"라는 긍정적인 말 한마디에 부하는 아무리 힘들게 일할지라도 별 불만을 갖지 않는 이치다.

리더의 언어는 그 사람의 생각을 덧입히는 옷과 같다. 절제되고 품위 있는 말은 곧 그 사람의 고상한 인격을 드러내는 것과 같다. 반면 절제되지 않는 리더의 세치 혀는 맹수보다 더 무섭고 길들이기 어렵다. 리더는 평소 자신의 말 한마디가 얼마나 중요한지를 알고 절제된 언어를 사용해야 한다. 그것은 단순히 언어구조만 바꾼다고 되는 일이 아니다. 언어를 절제하는 인격을 갖출 때 가능한 일이다. 리더의 말 한마디가 곧 리더십이다!

'듣는 귀'가 커야 세상을 얻는다

이청득심耳聽得心이란 말이 있다. '귀를 기울여 들으면 상대의 마음을 얻을 수 있다'는 뜻이다. 사람의 마음은 자신을 존중하고 배려해주는 사람에게 쉽게 열린다. 그러므로 상대의 말을 성심껏 들어주어야 한다.

칭기즈칸Genghis Khan(1162~1227)은 13세기 척박한 몽골환경에서 100만 명이 넘지 않는 유목민을 이끌고 세계 최대의 제국을 건설하였다. 그런 그의 성공 뒤에는 남의 말을 잘 들어주는 경청傾聽의 리더십이 있었다.

그는 어린 나이에 부친이 다른 부족에게 살해되고 주변의 다른 강한 부족들에게 끊임없이 생존의 위협을 받으며 성장하였다. 당시 몽골초원에서는 여러 개의 부족이 서로 싸우고 약탈하면서 살아갔기 때문에 부족의 힘을 기르지 않으면 생존할 수 없었다.

칭기즈칸은 자신들처럼 약한 부족을 지키기 위해서는 우선적으로 내부의 갈등을 없애고 부족민 간의 결속을 다지는 것이 시급한 일이라고 생각했다. 그는 그것을 위해 매사 신중하게 듣고 솔선수범하는 일을 게을리 하지 않았다. 전쟁터에서는 병사들과 똑같이 모포 한 장으로 잠을 자고 같이 음식을 먹으면서 동고동락하였다. 그리고 부족 내부의 갈등이 있을 때는 즉시 '코릴타'라는 부족회의를 열어 진지하게 서로의 이야기를 듣고 함께 해결방안을 마련하였다.

이런 방식의 리더십은 부족민의 갈등을 최소화하면서도 한마음으로 단합시켜 부족의 세력을 키우는 원동력이 되었다. 몽골인은 그런 그에게 "우리는 그가 물로 가라면 물로 가고 불로 가라면 불로 간다."며 신뢰와 충성을 다하였다.

칭기즈칸은 자신의 정책에 확고한 신념을 가지고 있으면서도 항상 다양한 사람들의 경험을 들었다. 떠돌이 상인으로부터는 여러 나라의 이야기를 들었고 학자들에게는 오랜 세월 쌓아온 지혜를 들었다. 자신은 비록 무신론자이지만 모든 종교지도자들의 의견도 경청하였다.

그는 스스로에 대해 "나는 이름도 쓸 줄 모르는 문맹자이지만 남의 말과 의견에 귀 기울이면서 현명한 지혜를 배웠다."고 고백하였다. 비록 배운 것이 없는 그였지만 명철할 수 있었던 것은 상대의 말에 귀를 기울이는 큰 귀를 가졌기 때문이었다.

현명한 칭기즈칸의 주변에는 용감하고 지혜로운 참모들이 많았다. 그중에서도 제베 장군이 있었는데 그는 '죽음을 부르는 사탄'이라고 불릴 정도로 적에게는 냉혹하기로 소문난 사람이었다. 한때 적이었던 그를 얻어 천하를 도모한 것도 칭기즈칸의 듣는 귀가 한몫했다.

1202년 가을, 세계정복에 앞서 몽골을 통일하는 막바지 전투를 할 때였다. 칭기즈칸이 군사를 몰아 타우치우드족을 뒤쫓다가 그만 적이 쏜 화살에 목이 관통하는 치명상을 입고 쓰러졌다. 다행히도 나머지 장수가 그 부족을 제압하고 전투에 승리하여 많은 포로를 잡았다.

며칠 사경을 헤매다가 겨우 살아난 칭기즈칸은 가장 먼저 포로 중에 자신을 화살로 쏜 사람을 찾았다. 포로를 모아놓고 심문하였다. "너희들 중에 활을 잘 쏘는 사람이 있다고 들었다. 그가 내 말을 죽였고 나의 장수 보오로초도 죽일 뻔했다. 도대체 누구냐?" 일부러 자신이 죽을 뻔한 사실은 숨겼다.

그때 매서운 눈초리를 한 건장한 포로 한 명이 손이 묶인 채 앞으로 나섰다. "내가 당신의 말을 죽인 사람이오. 그러나 내가 노린 것은 말이 아니라 당신의 목이었소!" 너무나 당당한 포로의 태도에 내심 당혹했다. "너의 이름이 무엇이냐?"라고 묻자 "나의 이름은 지르고타이라고 하오."라고 답했다. 칭기즈칸이 다시 물었다. "너는 지금 죽음이 두렵지 않느냐? 마지막으로 할 말이 있으면 해 보거라."

그러자 그 포로는 "나는 용사로서 지금 죽어도 두렵지 않소. 다만 지금 나를 죽이면 나의 피로 한 움큼의 흙만 적실 것이오. 하지만 나를 용사로 받아주시면 나의 피로 온 세계의 대지를 적실 것입니다!"라고 당당하게 말했다.

이 말을 들은 칭기즈칸은 일순간 적의敵意가 사라지고 오히려 용맹한 포로에게 깊은 감명을 받았다. "너의 기개가 참으로 맘에 드는구나. 너는 이 순간부터 나의 부하가 되어 대업을 함께 이루자!"

그리고는 자신의 몸에 박혔던 화살을 건네주며 '제베(몽골어로 화살촉)'라는 이름을 즉석에서 하사하였다. 비록 적이었지만 그의 기개 넘치는 말을 귀 기울여 듣고 충직한 부하로 받아들이는 아량을 베풀었다. 이렇게 얻은 제베 장군은 평생 목숨을 바쳐 충성을 다하였고 그가 정복한 땅만도 페르시아에서 러시아에 이르는 대제국이었다.

1204년 칭기즈칸은 서방원정을 떠나 지금의 터키지역에서 나이만 부족을 정벌하게 되었다. 그곳에서 관리 한 명을 포로로 잡았는데 그는 그 나라의 국인國印을 담당하는 사람이었다.

칭기즈칸은 한 번도 본적이 없는 이 물건을 보고 의아하여 "그대가 가지고 있는 것은 무엇에 쓰는 것이냐?"라고 물었다. 그러자 "나이만 왕의 도장입니다."라고 관리가 답하였다.

칸이 다시 묻길 "너희 왕은 그 도장을 어디에 썼는지 상세히 말하라!" 그러자 관리는 "예. 우리왕은 신하를 임명할 때나 세금을 거둬들일 때 명령서에 이 도장을 증거로 찍습니다."라고 설명하였다. 나이만 관리의 말을 유심히 들은 칭기즈칸은 신하들에게 즉시 명하였다. "지금부터 내 이름이 새긴 도장을 만들어 중요한 문서에 날인하도록 하라!"

그는 늘 귀를 열어 새로운 지식을 들었고 좋다고 판단하면 적극 받아들였다. 평소 "나는 듣고 난 후 모든 것을 결정한다."라고 말한 것처럼 그의 결정은 언제나 신중한 경청이 선행된 다음 이루어졌다.

칭기즈칸이 황제가 된 지 3년이 지난해인 1218년, 금金나라의 수도 연경燕京(북경의 옛 이름)을 정복하였다. 그곳에는 '야율초재'라는 사람이 있었는데 학식과 지혜가 뛰어나다는 명성이 자자했다.

사람 욕심이 많았던 칭기즈칸은 사람을 통해 야율초재라는 인물을 넌지시 알아보았다. 보고에 따르면 야율초재는 금나라에 의해 멸망한 요나라의 황족 출신으로 정치는 물론 천문, 지리에 능통하고 의학, 점술에 일가견이 있는 비범한 사람이었다.

칭기즈칸은 자신의 사람으로 만들 요량으로 즉시 야율초재를 막사로 불렀다. "요와 금은 대대로 원수임을 잘 알고 있다. 그대가 나를 도와준다면 내가 그대의 원한을 깨끗이 씻어주겠다."라고 회유하였다.

이 말을 들은 야율초재는 "나는 이미 금나라의 관직을 받고 그 녹을 먹은 지 오래되었소. 그런데 어찌 원한을 가질 수 있겠소?"라며 거절하였다. 황제는 당연히 복수를 원하는 것으로 알고 제안하였다가 의외의 답을 듣게 되었다.

칭기즈칸은 노골적으로 다시 제의하였다. "내가 너의 학식과 견문이 훌륭하다는 것을 들었다. 내 부하가 되어 나를 도와주지 않겠는가?" 그러자 그는 "내가 그동안 공부를 한 것은 백성을 편하게 하기 위함이었소. 그런데 내 어찌 약탈과 학살을 일삼는 당신의 부하가 되겠소!"

칸의 제의를 무시하면 큰 화가 돌아올 줄 뻔히 아는 야율초재의 입에서는 매몰찬 거절의 말이 나왔다. 칭기즈칸은 내심 불쾌하였으나 야율초재의 거절의 의미를 새겨들었다. 그리고는 즉시 명령을 내렸다. "지금부터 정복한 연경의 무고한 백성을 학살하지 마라."

야율초재는 칭기즈칸의 이러한 조치에 감복하여 그의 신하가 되었다. 그 이후 황제의 머리가 되어 낙후된 몽골의 제도를 정비하고 새로운 선진 문물을 받아들여 국격을 높이는 데 큰 공헌을 하였다.

자신의 가치를 인정해준 황제에게 목숨 바쳐 충성한 야율초재! 그러나 그보다 더 훌륭한 것은, 힘 있는 자신의 권위에 도전한 피정복국가의 하찮은 사람의 의견을 소중히 들어준 칭기즈칸이었다.

칭기즈칸은 25년 동안 100만 명밖에 되지 않는 유목민을 이끌고 동아시아에서 유럽에 이르기까지 방대한 제국을 건설하였다. 19세기 위대한 정복자 나폴레옹보다 두 배나 넓은 땅을 정복한 사람은 히틀러이고, 이 두 사람의 땅을 합친 것보다 더 넓은 땅을 점령한 사람은 알렉산더 대왕이다. 그러나 칭기즈칸은 이 셋이 차지한 땅을 합친 것보다 훨씬 더 넓은 땅을 정복하였다.

이 위대한 제국건설은 몽골 문화의 힘도, 우수한 국민성도 아니었다. 오로지 칭기즈칸이라는 위대한 인물의 리더십이 근원적인 힘이었다. 칭기즈칸 스스로가 마음속에 다진 한편의 시가 이런 그의 삶의 위대함을 대변해주었다.

"집안이 나쁘다고 탓하지 마라! 나는 아홉 살에 아버지를 잃고 마을에서 쫓겨났다. 가난하다고 탓하지 마라! 나는 들쥐를 잡아먹으며 연명하였고 목숨을 건 전쟁이 내 직업이고 내 일이었다. 작은 나라에서 태어났다고 말하지 마라! 그림자말고는 친구도 없고 병사로만 10만, 백성은 어린애, 노인까지 합쳐 백만이 크게 넘지 않았다. 배운 게 없다고 탓하지 마라! 나는 내 이름도 쓸 줄 몰랐으나 남의 말에 귀 기울이면서 현명해지는 법을 배웠다. 너무 막막하다고 해서 포기해야 하겠다고 말하지 마라! 나는 목에 칼을 차고도 탈출했고 뺨에 화살을 맞고 죽다가 살아나기도 했다. 적은 밖에 있는 것이 아니라 내 안에 있었다. 나를 극복하는 순간 나는 칭기즈칸이 되었다."

위대한 정복자 칭기즈칸! 그의 불굴의 의지는 주변을 탓하지 않고 자신을 돌아보는 지혜에서 생겨났다. 그런데 그 지혜는 배운 게 없지만 남의 말에 귀를 기울일 줄 아는 데서 얻어진 것이다. 지난 몽골제국의 위대한 역사는 바로 이러한 리더십에 의해 쓰였다고 해도 과언이 아니다.

남의 말을 잘 들어주는 것은 쉬운 일이 아니다. 지위가 높은 사람이 자신의 의사에 반하는 아랫사람들의 말이나 시시콜콜한 하소연을 듣는 것에는 고도의 절제력과 인내심이 필요하다. 비록 중간에 말을 끊게 하고 자신이 말을 하고 싶은 충동이 들더라도 이를 참아내야 한다. 그래야만 부하의 진정한 마음의 소리를 듣고 칭기즈칸처럼 현명해질 수 있다.

사람의 감정은 관심에 민감하다. 그 관심의 표현은 상대의 말을 주의 깊게 듣는 데서 출발한다. 희대의 바람둥이 카사노바는 대머리에 그다지 잘생기지 않았다고 한다. 그러나 그가 30년간 수백 명의 여성들 마음을 사로잡을 수 있었던 매력은 다름 아닌 듣는 힘이었다. 그는 무슨 말을 하든지 자기 일처럼 들어주었다. 그리고 그 다음 날 다시 되묻는 등 관심을 가져주는 고차원적인 경청방법을 사용하였다.

20세기 할리우드의 미남스타 게리 쿠퍼 역시 여성들에게 인기가 있었던 것은 잘생긴 외모보다도 말을 잘 들어주었기 때문이다. 그는 멋진 달변가는 아니었지만 상대방이 말을 할 때는 시선을 떼지 않고 잘 듣고 "정말로? 그건 처음 듣는 말인데!"라며 관심을 갖고 호응해주었다. 이런 게리 쿠퍼에게 넘어가지 않을 수 없었다.

경청의 힘은 고민과 갈등상황에서 더욱 위력을 가진다. 현대인들이 고민을 해소하는 방법 중 하나로 남의 말을 들어주는 컨설팅 사업이 있다. 일본에서 성업 중인 이 사업의 방식은 아주 간단하다. 고객의 말에 어떠한 토도 달지 않고 그냥 들어주기만 하면 된다. 10분에 1,000엔의 비싼 돈을 내야 하지만 이용객들은 연 30만 명이 넘는다고 한다. 그만큼 현대인들은 남이 자신의 고민을 들어주기 원한다.

상대와 갈등이 있을 때도 마찬가지다. 서로 간의 감정이 상한 상태에서는 논리적인 설득으로 상대의 마음을 되돌릴 수 없다. 상대가 나에게 가진 불만을 토로할 때 잘 들어주기만 해도 갈등의 반 이상은 해소되는 셈이다. 화가 난 상대방의 말에 토를 다는 것은 오히려 갈등을 키우는 것이다.

미국의 철강왕 카네기Andrew Carnegie는 "진지한 경청의 자세는 상대에게 나타내 보일 수 있는 최고의 찬사 가운데 하나다."라고 하였다. 경청은 상대방에 대한 존중과 경의의 또 다른 표현이다. 조직관리에 있어 리더가 가진 경청의 리더십은 그 자체가 부하를 사랑하고 존중하는 것이다. 그렇다면 리더로서 좋은 경청의 자세를 가지기 위해 어떻게 해야 할까?

먼저 부하의 말에 관심을 가져야 한다. 비록 바쁜 일이 있더라도 하던 일을 잠시 멈추고 부드러운 시선으로 상대의 눈을 마주치면서 들어줄 준비가 되어 있음을 알린다. 그리고 상대가 말을 할 때는 진지하게 들으면서 "그래?, 음, 정말이야?"라는 말로 맞장구를 쳐주며 반응을 보이는 것이 좋다. 그것은 마치 최고의 명창 옆에 최고의 고수가 추임새를 넣는 것과 같다. 그러면 상대도 '윗사람이 내 말을 잘 들어주고 있구나.' 하는 좋은 감정을 가지게 된다.

그리고 중간 중간에 고개를 끄덕이거나 엄지손가락을 치켜세우는 등의 몸짓을 보이면 그 효과는 더 크다. 이것을 '공감적 경청'이라고 하는데 '자신의 마음을 열어 상대의 말과 의도는 물론 그의 감정까지도 이해하면서 들어주는 것'을 말한다. 즉, 상대의 말을 단순히 귀로 듣는 것이 아니라 마음으로 듣는 소통기술이다. 이 기술을 잘 활용하면 누구나 카사노바나 게리 쿠퍼처럼 상대방의 마음을 사로잡을 수 있다.

반면 좋지 않은 경청의 자세는 부하와 대화할 때 무시하는 행동을 보이는 것이다. 상대방의 이야기를 건성으로 듣고 조금의 틈만 있으면 즉각 반론을 제기하는 것은 바람직하지 못하다. 또한 상대방의 말을 전체적인 맥락에서 이해하는 것이 아니라 부분적이고 세세한 부분을 집요하게 분석하여 시비를 거는 것도 좋지 않다.

산만한 행동을 보이는 것도 마찬가지다. 상대가 말을 할 때 다른 곳을 보거나 다리를 떠는 행동, 그리고 휴대전화나 시계를 보는 행동은 상대를 무시하는 행동으로 보여 불쾌감을 줄 수 있다.

그리고 상대의 이야기를 다 듣지 않고 조급하게 "말하는 핵심이 뭐요?"라든가, "무슨 말인지 알겠는데……."와 같이 상대의 말을 자르는 행동, 전체의 주제에 벗어나는 말을 하여 대화의 흐름을 방해하는 것 또한 올바른 경청의 자세가 아니다.

현자들의 지혜를 모은 탈무드에서는 '입은 적을 만들지만 귀는 친구를 만든다'고 했다. 말하는 것을 쉬이 하고 듣는 귀가 없는 사람은 세상을 험하게 살아갈 수밖에 없다. 칭기즈칸이 "내 귀가 나를 현명하게 가르쳤다."고 한 고백처럼 리더는 듣는 귀를 통해 지혜를 얻어야 한다. '지혜는 말하는 순이 아니라 듣는 순으로 얻어진다'는 사실을 아는 리더가 되어야 한다.

'침묵'으로 말하고 '암시'로 표현한다

리더는 때로는 침묵으로 말하고 암시暗示로 소통할 줄 알아야 한다. 달변의 리더는 가벼움을 버릴 수 없고 직선적인 리더는 우매함에서 벗어날 수 없다. 올바른 리더라면 입은 무겁게 하고 머리는 차게 해야 한다. 그런 리더는 말로 직접 표현하지 않더라도 조직의 진정이 담긴 내면의 소리를 듣고 소통할 수 있다.

미국의 최초 흑인 대통령인 **버락 오바마**Barack Obama는 달변가로 잘 알려진 인물이다. 하지만 그는 실제 어려운 위기 상황에서 '침묵'으로 소통할 줄 아는 현명한 정치인이었다. 오바마의 이런 리더십은 비주류의 험난한 인생역정에서 절제되고 인내하면서 만들어졌다.

오바마는 1961년 하와이에서 케냐 출신 흑인 아버지와 백인 어머니 사이에서 태어났다. 어릴 적 부모님의 이혼으로 어렵게 자라면서 술과 마약에 손을 대기까지 하는 불우한 청소년 시절을 보냈다. 그러나 뜻한 바 있어 27살에 하버드대학교 로스쿨에 입학하여 우수한 성적으로 졸업한 뒤 정계에 입문하였다.

2008년 8월 민주당의 대통령 후보로 확정되어 대선에 본격적으로 뛰어들게 되었다. 미국 정계에서는 최초의 흑인 대선후보에 대해 곱지 않은 시선이 많았고, 그만큼 정치적 공세에 시달려야만 했다. 그럴 때마다 오바마는 늘 절제된 행동과 무언의 침묵으로 대응했다. 오바마의 이러한 부드러운 카리스마는 주변 참모들의 신뢰를 받기에 충분했다. 선거캠프의 한 참모는 "오바마만큼 타인을 배려하는 정치인은 만나지 못하였다."고 할 정도로 존경받는 정치인이었다.

보통 선거캠프의 전략회의는 시끄럽고 갈등이 많지만 오바마의 캠프는 늘 조용한 가운데 회의가 진행되었다. 그는 달변가였지만 늘 참모들의 이야기를 주의 깊게 들었고, 회의 분위기가 고조되어 고성이 오갈 때면 조용히 지켜보며 침묵으로 말하였다. 그리고 침묵을 지키는 주변 사람들의 의견에 더 주목하였다. 그의 이러한 리더십이 입소문이 나면서 오바마 캠프는 많은 유력정치인들이 자발적으로 모여들었다. 그 결과 오바마는 대통령 선거에서 승리하여 미국의 제44대 대통령이 되었다.

2009년 1월 2일 대통령에 취임한 오바마는 특유의 유창한 언변으로 대중의 이목을 이끌었지만 흑인 대통령으로서 주류인 백인들의 마음을 다 사로잡지는 못하였다. 그러나 2년 후 애리조나주에서 발생한 총기난사 사건의 피해자를 위한 추모연설에서 보여준 '51초의 침묵'은 미국의 모든 국민들의 마음을 사로잡는 위대한 연설이 되었다.

2011년 1월 8일 미국 애리조나주의 한 쇼핑센터에서 민주당 여성 연방 하원의원 가브리엘 기퍼즈Gabrielle Giffords가 연설 중이었다. 이때 정치적인 불만을 품은 괴한 청년이 가브리엘을 향해 권총을 난사했다. 이 사건으로 가브리엘은 관자놀이에 총상을 입고 쓰러졌고, 9살짜리 어린 소녀를 포함한 6명이 죽고 14명이 부상당하였다.

미국은 큰 충격에 빠졌다. 오바마 대통령은 4일 후인 1월 12일 피해자들을 위로하기 위해 부인 미셸 여사와 함께 애리조나주를 방문하였다. 대통령은 상심한 유가족에게 다가가 정성어린 손길로 그들을 위로하였다. 미셸 여사도 유가족을 2분 이상 끌어안고 등을 토닥여 주었다.

마침내 오바마 대통령은 애리조나대학교 메케일 기념센터 강당에서 유가족과 지역주민들이 모인 가운데 연설을 하게 되었다. 연설장의 분위기는 분노와 억울함, 그리고 슬픔이 억눌린 분위기였다.

대통령의 얼굴에도 이런 모습이 역력했다. 감정을 억누르며 대통령의 연설이 시작되었다. "저는 모든 미국인들과 함께 무릎 꿇어 기도하고, 앞으로 여러분의 곁을 지키기 위해 이곳에 왔습니다."라며 운을 떼었다.

그리고는 슬픈 표정으로 "지금 1마일 떨어진 대학병원에서는 가브리엘 의원이 회복을 위해 용감히 싸우고 있습니다. 오늘 그녀가 처음으로 눈을 떴습니다."라는 내용을 3번이나 반복하자 참석자들은 모두 환호의 박수를 보냈다.

총격현장에서 가브리엘 의원을 구한 인턴 보좌관과 몸을 날려 살인범의 총을 빼앗은 사람을 가리키며 "당신들은 우리들의 진정한 영웅입니다!"라고 찬사를 보내자 유가족을 포함한 많은 사람들이 기립박수를 보냈다.

오바마의 연설이 마지막 대목에 이르렀다. 최연소 희생자인 '크리스티나 그린'이라는 소녀에 대해 언급하면서 갑자기 감정이 격해지기 시작하

였다. 그녀는 자신의 막내딸과 같은 나이인 9세였다. "나는 우리 민주주의
가 크리스티나가 상상한 것과 같이 훌륭하게 되길 바랍니다. 우리 모두는
우리나라 어린이들의 기대에 부응하는 나라를 만들기 위해 최선을 다해야
만 합니다!"

그는 이 말을 하고는 다음 말을 잇지 못하였다. 잠시 오른쪽을 쳐다보더
니 다음 10초간 깊은 한숨을 쉬었다. 30초가 지난 후에는 눈을 깜빡이며
애써 감정을 추스르는 모습이 역력했다. 무려 '51초간의 침묵'이 흘렀다.

그러고는 어금니를 깨물며 연설을 이어나갔다. "우리는 손을 가슴에 얹
고 소녀의 따뜻하고 기쁨에 찬 영혼에 합당한 미국이 될 수 있도록 헌신
합시다!"

연설이 끝나자 모든 청중들은 기립하여 박수를 보냈다. 마치 공산당 전
당대회의 의도된 박수처럼 열렬했고 끝날 줄 몰랐다. 사실 총기사고의 책
임은 국가의 공권력에 있고 대통령은 가장 비난받을 위치에 있었다. 하지
만 그의 침묵 연설은 비난과 갈등의 대상을 존경과 공감의 대상으로 바꾸
어 놓았다.

오바마의 침묵은 충격과 상심에 빠진 국민들을 위로하면서 그 슬픔을
자신도 한 사람의 인간으로서 고뇌하고 있다는 마음으로 표현하였다. 그
리고 자칫 동요될 수 있었던 국민들의 마음을 다잡아 "꿈과 희망을 위해
전진하자."는 희망의 메시지를 주었다.

그의 연설에 대해 그동안 반대노선에 있었던 공화당의 존 매케인과 같
은 정치인들도 "슬픔에 잠긴 미국인을 위로하고 새로운 용기를 주었다."
고 칭찬하였다. 보수논객인 클렌 벡도 "그가 했던 연설 가운데 최고다."라
고 치켜세웠다. 이 침묵의 연설은 보수와 진보를 넘어 전 세계인들에까지
감동으로 전해졌다.

오바마는 침묵의 위대한 힘을 아는 리더였다. 그는 그해 5월 5일 9·11
테러의 피해현장을 방문하는 자리에서도 침묵을 통하여 자신의 메시지를

국민과 함께 나누고자 하였다.

오바마는 9·11 테러 10주년을 맞이하여 뉴욕의 맨해튼 '그라운드 제로'를 방문하였다. 흰 장갑을 끼고 붉은 장미로 장식된 화환을 말없이 헌화하였다. 잠시 두 손을 모으고 고개를 숙인 채 묵념을 하고는 이내 침묵으로 일관하였다. 대통령의 진두지휘로 테러의 주범인 오사마 빈 라덴을 사살하고 얼마 지나지 않았기에 정치적인 의미가 담긴 연설이 기대되는 시점이었다.

그러나 대통령은 그저 화환에 미국의 상징인 세계무역센터를 공격한 테러범의 주동자를 처단하였다는 의미만 담아 전할 뿐이었다. 미국 언론은 오바마의 침묵의 헌화에 대해 "오바마, 침묵으로 말하다."는 제목의 보도와 함께 다시 한 번 침묵의 리더십을 높이 평가하였다.

오바마는 현대 정치인 중에 달변가로 유명한 사람이다. 그는 복잡한 문제를 특유의 언변으로 해결하는 출중한 능력을 가졌다. 그러나 그 어떤 그의 말보다도 대중들의 마음을 사로잡을 수 있었던 것은 그의 침묵이었다.

영국의 대문호 셰익스피어는 "순수하고 진지한 침묵만이 사람을 설득할 수 있다."고 하였다. 요즈음과 같은 말의 홍수 시대에 침묵을 사랑하고 침묵으로 설득할 줄 아는 사람이 리더로서 존경받는다.

위대한 정복자 나폴레옹 역시 보잘것없는 외모에도 불구하고 강력한 카리스마를 가졌던 것은 침묵의 힘을 잘 아는 리더였기 때문이다. 그는 전투에 앞선 출정식에서 도열한 병사들 앞을 입을 다문 채 지나가기만 하였다. 그런 그에게 병사들은 거인보다도 더 큰 위압감을 느꼈다고 한다. 침묵으로 자신의 강한 의지를 대신 표현한 것이다.

리더의 생각과 의지는 꼭 말로 표현하지 않아도 된다. 특히 갈등상황에서 말로 전면으로 맞서다가는 더 큰 갈등을 초래할 수 있다. 이럴 때는 침묵의 방법으로 자신의 감정을 절제하기도 하지만 때로는 암시적 방법으로 에둘러 자신의 의사를 표현하는 것이 지혜롭다.

흔히 동양의 문화를 암시적 문화라고 한다. 직설적으로 자신의 감정을 표현하는 서양문화와는 달리 자신의 감정을 숨기고 우회적으로 속내를 표현하는 데 익숙한 문화다.

중국 삼국시대에 위나라 조조의 책사策士였던 **사마의**司馬懿(179~251)는 이런 고도의 심리적 수단을 활용하여 자신에게 처한 갈등과 위기를 모면하는 데 능하였다. 그는 유비의 책사였던 제갈공명보다 그 명성이 알려져 있지 않지만 그 책략이나 지혜는 제갈공명과 버금가는 전략가였다.

사마의가 조조의 눈에 들어 조정에 발탁되기까지는 우여곡절이 많았다. 서기 201년 사마의가 22세 되던 해에 그의 총명함을 알고 있던 조조가 그를 쓰기 위해 불러들였다. 그러나 조조의 인물됨을 알고 있던 사마의는 이를 거절하기 위해 일부러 아픈 척 하였다. 그냥 거절했다가는 목이 날아가기 때문이다.

역시 의심 많은 조조가 그냥 넘어갈 리 없었다. 조조는 자객을 풀어 사마의가 진짜 아픈지 집에 가서 확인토록 하였다. 만약 거짓이라면 현장에서 죽여도 좋다는 명령도 같이 내렸다.

저녁 불빛에 사마의의 방에는 사마의가 침대에 누워 여종의 시중을 받고 있는 것처럼 보였다. 자객이 문을 열고 확인해보니 사마의는 진짜 침대에서 여종이 물을 먹이는 것을 삼키지 못하고 입가에 줄줄 흘리고 있었다. 여종이 나간 뒤에도 죽은 듯 움직이지 않았다.

이를 본 자객은 조조에게 사마의가 진짜 아프다고 보고하였다. 사마의의 이런 연극은 필사적이었다. 만약 조조에게 들키면 자신뿐만 아니라 가족들 모두의 안전은 불 보듯이 뻔한 상황이었다. 호랑이 같은 조조의 요청을 직접 거절하여 화를 입지 않고 거짓 병자 노릇을 하여 간접적으로 자신의 거절의사를 표현한 것은 지략가다운 면모를 보인 처신이었다.

한편 조조에게는 조비와 조식이라는 두 아들이 있었다. 그들은 대권후계를 놓고 늘 조조에 대해 충성경쟁을 하였다. 어느 날 조조가 출병할 때 조식은 청산유수와 같은 말솜씨로 아버지의 승전을 기원하였다. 물론 아버지의 환심을 사기에 충분했다.

이를 본 조비는 순간 당황하였다. 뭔가 해야 하는데 마땅한 것이 떠오르지 않았다. 주변에 있던 사마의가 이를 눈치 채고 조비의 귀에 대고 훈수하였다. "아무 말 하지 말고 그냥 폐하의 손을 잡고 눈물을 흘리세요!" 조비는 시키는 대로 조조에게 다가가 팔을 잡고 흐느끼며 눈물만 흘렸다. 물론 조조의 마음을 사로잡을 수 있었다. 때로는 말보다 눈물과 같은 간접적인 수단이 절절한 감정을 더 잘 표현할 수 있다. 이후 조비는 조조가 죽자 황위를 이어받았다.

사마의는 조조의 유언에 따라 그의 아들 조비를 모시게 되었다. 234년 2월 제갈공명의 10만 대군의 공격을 받고 서로 대치하게 되었다. 제갈공명은 마지막 승부를 걸고 싸움을 걸어왔지만 사마의는 번번이 물러나기만 할뿐 대응하지 않았다.

그러자 제갈공명은 여인의 옷을 구해서 상자에 넣은 다음 사자使者를 사마의의 군막으로 보냈다. 사마의의 남자답지 못한 행동을 비웃으며 한판 붙자는 의미가 담겨있는 암시적 표현이었다.

사마의는 처음에는 매우 분노하였다. 그러나 그는 곧 제갈공명의 계략을 알아차리고는 한술 더 떠서 여인의 옷을 걸쳐 입고 사자를 대하였다. 제갈공명의 조롱에 대해 '내가 비록 사내답지 못하다는 비웃음을 받더라도 너희의 뜻대로 하지는 않겠다'는 의미를 암시적으로 보여주었다.

그리고 사마의는 태연히 사자에게 물었다. "너희 제갈공公은 요즘 어떠하시냐? 건강은 좋으신가?"라고 묻자 사자는 "승상은 새벽에 일어나서 밤 늦게까지 일을 하십니다. 또 곤장 스무 대 이상의 벌은 친히 처리하시지만 식사는 조금밖에 드시지 않습니다."라고 답변하였다.

이 말을 들은 사마의는 주변 장수들에게 "공명이 먹는 것은 적고 일은 많으니 어찌 오래 살 수 있겠는가?" 하고 말하였다. 사마의의 말대로 공명은 몇 달 후에 죽었다. 그는 난세를 평정한 책략가답게 사자와의 단순한 대화에서 또 다른 의미를 읽어낼 줄 알았다.

사마의는 조조를 포함한 4대에 걸친 황제를 모시면서 주변의 무수한 시기와 모함을 받았다. 후덕한 유비의 신임을 받았던 공명과는 달리 의심이 많고 성질이 고약한 조조를 보필하면서 엄동설한 같은 고달픈 인생을 살았다. 그럼에도 불구하고 그가 40년 동안 권력의 중심에서 천수를 누릴 수 있었던 것은 이와 같이 능수능란한 처세와 지혜가 있었기 때문이다.

사람들은 흔히 의사표현을 말로 다 하는 줄 안다. 그러나 말은 자신의 생각을 모두 담을 수도 없지만 듣는 상대의 감정에 따라 왜곡되기도 쉽다. 더욱이 분노에 찬 상대에 대한 직접적인 의사표현은 상황을 더욱 악화시켜 심각한 갈등상황을 만들 수 있다.

이런 상황에서는 말보다는 침묵이나 표정과 몸짓 같은 간접적인 표현이 효과적이다. 오바마 대통령의 침묵은 모든 국민의 슬픔을 대신 표현하였다. 사마의의 전략가다운 처신은 백 마디 말보다 더 강렬하게 상대의 마음을 파고들었다. 그 만큼 리더의 상징적인 메시지는 말보다 더 강한 힘이 있다.

미국의 심리학자 앨버트 메라비언Albert Mehrabian은 "의사소통에 있어서 말 이외의 요소가 차지하는 비중이 93%다."라는 연구결과를 발표한 적이 있다. 즉 효과적인 의사소통에는 표정이나 몸짓, 눈빛과 같은 비언어적인 요소가 절대적이고 언어적 수단은 불과 7%밖에 되지 않는다는 것이다.

5공 청문회의 스타 노무현 대통령은 청문회 때 큰 서류보따리를 책상에 올려놓고 질문하였다. 그러다가 마음에 들지 않으면 책상을 손으로 치기도 하고 심지어는 명패를 집어던지는 공격적인 행동을 서슴지 않았다.

그의 이런 행동에는 여러 가지 상징적인 의미가 숨겨져 있었다. 큰 서류보따리는 "당신에 대해서 많이 연구했으니 순순히 답변하라!"는 의미이고, 공격적인 행동은 "군부정권에 대한 국민들의 분노를 대변한다."는 뜻이 담겨 있었다. 그는 이를 통해 일약 스타 정치인이 되었고 훗날 대통령이 되었다.

미국의 클린턴 대통령 역시 이러한 점에서는 노련한 정치인이었다. 비록 성추문으로 위기가 많았지만 특유의 친근한 이미지로 임기를 다할 수 있었다. 허공을 바라보며 고민하는 모습을 보이는가 하면 굳게 다문 입술로 결단력 있는 모습을 보이기도 하였다. 상대에게 다가가 어깨를 두드리거나 자주 고개를 끄덕이며 친근감을 표시하기도 하였다. 이처럼 그에게는 대중이 미워할 수 없는 숨겨진 매력이 있었던 것이다.

현대는 소통과 표현의 시대다. 지혜로운 리더는 언어만으로 자신의 모든 것을 표현하지 않는다. 리더가 말이 너무 많으면 가볍다고 하고 자주 소신을 밝히면 나선다고 한다. 그러나 말에 힘을 얹으려면 침묵의 미덕을 익혀야 하고 말에 지혜를 가지려면 에둘러 표현하는 기술을 가져야 한다.

침묵은 세상의 모든 소리를 듣고 수용할 수 있다. 말이 아닌 암시적 표현은 세상을 너그럽게 바라보는 여유를 준다. 모름지기 리더는 침묵으로 말하고 암시로 표현하여 상대의 감성을 두드릴 줄 알아야 한다.

'거절'은 또 다른 승낙(Yes)이 되게 하라

일반적으로 상대방의 부탁을 거절하는 것은 난감한 일이다. 우리나라처럼 정情의 문화에 익숙한 사람들은 서양 사람들에 비해 그런 경향이 심하다. 그렇다고 해서 책임지지도 못할 일을 무작정 들어준다고 하면 나중에 더 큰 문제와 함께 갈등을 야기할 수 있다. 리더는 이런 난감한 상황에서도 상대의 기분이 상하지 않게 거절하는 능력을 가져야 한다.

2차 세계대전 이후 미국과 소련을 중심으로 한 자유진영과 공산진영 간의 양극 냉전체제가 전개되었을 당시의 일이다. 미소 양국은 치열한 군비 경쟁을 통하여 첨단 무기를 개발하였으므로 세계인들은 전쟁이 일어나리라는 불안감에 떨고 있었다.

당시 미국의 국무장관이었던 **헨리 키신저**Henry Kissinger(1923~)와 소련의 외무상이었던 **뱌체슬라프 몰로토프**Vyacheslav Molotov(1890~1986)는 기자들에게 항상 무기현황에 대해서 곤란한 질문을 받곤 하였다.

무기의 상세한 정보는 비밀이었으므로 기자들에게 답변하기가 난감하였으나 그렇다고 해서 장관이 모른다고 대답하기도 어려운 상황이었다. 그러나 두 사람은 모두 이런 난감한 상황에서도 상대의 마음을 상하게 하지 않고 거절할 줄 아는 사람들이었다.

키신저 국무장관이 언론과 대화를 할 때의 일이었다. 한 기자가 손을 들고 "장관님, 도대체 미국에는 얼마나 많은 무기가 있는 겁니까?"라고 키신저에게 미국의 무기 상황에 대해서 물었다.

키신저는 난감한 상황에 봉착하였다. 단도직입적으로 비밀이니까 알려줄 수 없다고 거절할 수 없는 상황이었다. 키신저는 외교적 수완과 협상의 달인답게 대답하였다. "물론 저는 미국의 무기가 얼마나 되는지를 잘 알고 있습니다. 하지만 소련도 그 문제를 어떻게 하든 알아내려고 하고 있습니다. 제가 공짜로 이 정보를 그들에게 알려줄 순 없잖습니까?"

국가기밀을 쉽게 답하지 못하는 것은 당연하다. 하지만 키신저는 이런 방식으로 기자를 난감하게 하지 않으면서도 거절의 의미를 슬기롭게 전달하였다.

이와 비슷한 상황이 소련의 외무상이었던 몰로토프에게도 있었다. 제2차 세계대전 당시인 1945년 미국의 원자탄이 일본에 투하되면서 그것의 어마어마한 성능을 경험하였던 사람들은 미국의 경쟁국인 소련의 핵무기에도 관심을 가지고 있었다.

그 당시 소련의 외무상이었던 몰로토프는 소련의 대표단을 이끌고 미국을 방문하게 되었다. 미국의 언론계에서는 소련의 핵무기 보유현황에 대해서 추측보도를 하였던 터라 소련 외무상의 미국 방문은 언론의 관심을 끌기에 충분하였다.

소련 방문단이 묵기로 예정된 호텔에 진을 치고 있던 기자들은 몰로토프 일행이 나타나자 "외무상, 당신들 나라에는 도대체 핵폭탄이 얼마나 있습니까?"라고 물으며 외무상에게 다가갔다. 갑작스런 기자들의 질문에 몰로토프는 당황하였지만 그는 산전수전 다 겪은 소련의 베테랑 외교관이었다. 몰로토프는 미간을 약간 찌푸리며 불쾌한 표정을 짓더니 심드렁하게 답변하였다. "충분하게 가지고 있습니다!"

몰로토프는 난감한 질문을 받았지만 현명한 거절의 대답을 하였다. 경쟁국 언론에 자국의 강력한 군사력도 간접적으로 어필하면서 말이다. 몰로토프는 최고 권력자인 후르시쵸프에게 공격받아 공산당에서 제명되는 아픔을 겪기도 하였지만 그의 외교적 역량만큼은 당대 최고였다.

키신저와 몰로토프 두 사람은 세계 최강대국의 외교를 책임지는 베테랑 외교관으로서 난감한 상황을 '외교적 수사Diplomatic rhetoric'를 통하여 슬기롭게 대처하는 법을 누구보다도 잘 알고 있었다.

외교가에서는 긍정이든 부정이든 단정적인 결론을 짓는 경우가 드물다. 자국의 이해관계가 첨예하게 대립하는 외교문제에 있어 섣불리 단정해서는 안 된다는 것이 불문율처럼 전해지기 때문이다. 이를 테면 외교적으로 '서로 솔직한 의견을 교환했다'라는 표현은 생각이 달라서 합의를 이끌어 내지 못했다는 의미이고 '입장을 신중히 재검토하겠다'라는 표현은 강경하게 대응하겠다는 외교적 표현이다. 때로는 거절하기 난감한 상황에서 이런 외교적 수사를 활용하여 상대의 감정을 해치지 않고 에둘러 표현하는 것도 한 방법이다.

우리는 일상에서 서로 부탁하고 그것을 들어주면서 관계가 형성된다. 조직은 더욱 더 그렇다. 공적인 업무와 사적인 관계에서 상대에게 불가피하게 부탁을 하게 되고 그것을 들어주면서 친밀도가 더욱 높아진다.

그런데 각박하게 사는 사람은 자신에게 해가 되거나 책임이 돌아올 것 같은 부탁에 대해서는 거두절미하고 '아니오!'라고 외치는 경우가 많다.

그것은 현명한 답이 아니다. 상대와의 관계도 멀어질 뿐 아니라 둘 사이에 갈등관계를 형성할 수도 있다.

현명한 리더라면 현명하게 거절하는 법을 알아야 한다. 부하나 동료가 피치 못하게 간곡한 부탁을 했을 때 거두절미하고 거절하면 상대는 큰마음의 상처를 입는다. 아무리 친한 사이라도 부탁하는 것은 그만큼 자존심이 걸린 문제다. 그런데 그것이 일언지하에 거절당하면 자신은 상대에게 무시당했다는 느낌을 받을 수밖에 없다.

일단 상대가 부탁할 때는 그의 말을 진솔하게 들어주어야 한다. 용기를 내어 부탁하는 상대에게는 여러 가지 어려움이나 그럴만한 이유가 있을 것이다. 들어주든 안 들어주든 상대의 말을 경청하는 것 자체가 상대에 대한 존경과 예의의 표시이다.

그리고 부탁을 들어줄 수 없을 때는 단정적인 말로 감정을 상하게 하기보다는 "한번 검토해보겠습니다."나 "최선을 다해보지요."라는 표현으로 부드럽게 대응하여 상대방의 자존심을 세워주는 것이 좋다. 이후 어느 정도 시간이 지났을 때 상대방의 부탁을 들어줄 수 없는 사유를 진솔하게 설명하면 상대는 거절에 대한 좋지 않은 감정보다는 고마운 마음이 더 클 것이다.

미국의 예일대학교 윌리엄 반스William Vance 교수는 "커뮤니케이션에서 '아니라고 말할 수 있는 능력'보다 '아니라고 말하지 않는 능력'이 중요할 때가 많다."고 주장하였다. 앞서 말한 것과 비슷한 맥락이다. 단호하게 "아니오!"라고 하지 않고 거절하는 방법이 협상도 잘되고 상대에게 세련된 친근감을 준다.

그리고 필요에 따라서는 당장은 거절할 수밖에 없는 상황이지만 그 부탁을 들어줄 수 있는 다른 사람을 찾아보겠다는 성의를 보일 필요도 있다. 그리고 이 부탁 외에 다른 부탁은 들어줄 수도 있다는 기약식 거절법이 상대의 감정을 해치지 않으면서도 현명하게 거절할 수 있는 방법이다.

그런데 여기서 혼돈하지 말아야 할 것이 있다. 지나치게 상대를 의식하거나 "아니오."라는 말이 어려워 "글쎄요."라는 식의 애매한 대답이나 아예 묵묵부답을 해서는 안 된다. 상황을 모면하기 위한 태도보다는 정확한 현재의 상황을 말하고 거절할 때는 용기 있게 거절하는 것이 뒤탈이 덜하다.

거절할 때 또 하나의 난감한 상황은 상관이 부탁할 때이다. 바로 면전에서 거절하면 성의 없는 사람으로 낙인찍히게 되어 다른 데서 불이익을 받게 된다. 이럴 때도 앞선 방법처럼 일단은 "잘 알겠습니다."라고 긍정적으로 대답을 한 뒤 상관의 심기를 헤아려 거절의 사유를 예의바르게 설명하면 상관은 쉽게 받아들인다. 당장은 미안한 일이지만 지혜롭게 거절하면 시간이 지나면서 자신도, 상대방도 얼마나 현명한 결정이었는지를 잘 느끼게 될 것이다.

그렇다면 반대로 내가 상대방에게 부탁을 할 때는 어떻게 해야 할까? 상대가 거절을 잘하지 못하도록 부탁하는 요령이 필요하다. 먼저 상대의 관점에서 부탁하는 것이 좋은데 '라벨링Labeling 전략'을 사용할 수 있다. 즉, 상대에게 부탁하기 전에 양해를 구하는 라벨을 먼저 붙이라는 것이다. 단도직입적으로 "이것 좀 부탁합시다!" 하는 것보다는 "죄송하지만 저와 잠깐 상의 좀 해도 될까요?"라고 하면서 정중하게 접근하여 부탁을 하면 훨씬 성의 있게 그 부탁을 들어줄 것이다.

그리고 부탁을 받는 사람에게는 "왜 당신인가?"를 긍정적인 면으로 설명할 필요가 있다. "당신이 이 일을 가장 잘한다고 들었어요."라는 한마디가 상대방에게 도와주고 싶은 마음을 들게 한다.

그리고 부탁을 들어주었을 때는 '파워 감사'를 해야 한다. 파워 감사란 상대에게 강렬한 감사와 존경을 표현하는 것을 말하는데 '상대가 나에게 해준 특별한 뭔가를 구체적으로 적시하여 감사를 표하는 것'을 말한다. 그리고 그것이 나에게 어떤 긍정적인 결과를 주었는지를 말하면서 감사를 표하면 상대는 이후 부탁도 최선을 다해 도와준다. 예컨대 "당신이 우리

부서에 보내주신 격려금에 대해서 감사의 말씀을 드립니다. 그것이 우리 부서의 사기에 큰 도움이 되었습니다."라고 고마움을 표현하는 것이다.

우리 인간관계는 사소한 데서 소원해질 수 있다. 상대의 부탁을 잘 들어주면 좋지만 그렇지 못할 때가 더 많은 것이 인간과의 관계이다. 상대가 부탁할 때는 가급적이면 들어주는 것이 좋다. 그러나 불가피하게 거절할 때는 상대방의 감정을 최대한 존중하면서 지혜롭게 해야 한다.

성경에는 어둡고 악한 세상에서 비둘기 같은 순수함도 중요하지만 때로는 뱀 같은 지혜도 필요하다고 가르친다. 각박한 현실에서 갈등을 줄이고 따스한 세상을 만들기 위해서는 또 다른 긍정적인 관계를 가져올 수 있는 거절의 지혜도 알아야 한다. 상대에게 'Yes'나 'No'는 분명히 하되 그 태도는 부드럽게 하고 거절의 사유는 성의 있게 설명하는 것이 좋다. 현명한 거절은 또 다른 예스가 될 수 있다.

'설득'은 마음을 움직여야 한다

우리는 흔히 논리로 상대를 설득하려고 한다. 그러나 아무리 논리가 타당하다 하더라도 상대의 마음을 움직이지 못하면 설득할 수 없다. 더욱이 마음이 상해 있는 상대에게 논리적 접근을 하는 것은 오히려 화만 키울 수 있다. 상대의 심리를 이해하고 마음을 움직일 수 있다면 설득은 가능한 일이다.

중국 법가 사상의 대가 한비자韓非子는 "설득은 논리가 아닌 마음이 중요하다"는 점을 강조하면서 **미자하**彌子瑕의 고사를 통해 후세에 교훈을 주었다.

옛날 위衛나라에 왕의 총애를 받던 미자하라는 사람이 있었다. 어느 날 어머니가 아프다는 소식을 듣고 왕의 허락도 받지 않고 왕의 전용수레를 타고 궁을 빠져 나왔다. 당시 위나라 법에는 왕의 수레를 몰래 탄 사람은 발꿈치를 자르는 월형刖刑을 받게 되어 있었다.

왕은 이를 알고 있었으나 화를 내기는커녕 "효성스럽구나. 편찮은 어머니를 위해 발이 잘리는 벌도 잊었구나."라며 오히려 칭찬하였다.

얼마 후 미자하는 왕과 함께 궁궐 안 정원을 거닐다가 탐스럽게 열린 복숭아를 보고 하나 따서 먹게 되었다. 맛이 좋아 반을 먹다가 왕에게 건네자 왕은 크게 기뻐하며 "나를 아주 아끼는구나. 맛있는 복숭아를 나에게 맛보게 하다니!"라고 칭찬하였다.

세월이 흘러 점차 미자하에 대한 애정이 식었을 때 미자하가 죄를 짓게 되었다. 그런데 이번에는 왕의 태도가 완전히 달랐다. 왕은 화를 내면서 "이 자를 가두어라. 이 자는 지난날 과인의 수레를 훔쳐 타기도 하고, 먹다 남은 복숭아를 건네기도 하였다!"라고 호통쳤다.

미자하의 행동에는 변화가 없었지만 왕의 마음을 잃었기 때문에 앞서는 칭찬을 받았고 뒤에는 벌을 받았다. 같은 행동이라도 사랑을 받을 때와 미움을 받을 때 각기 다르게 받아들여진다는 것을 일깨워준 고사로서 '여도지죄餘桃之罪', 즉 '남은 복숭아를 먹인 죄'라는 사자성어가 유래되었다.

상대를 설득할 때는 상대의 마음을 파악하고 그의 심리상태의 변화에 따라 설득의 방법을 달리하는 것이 중요하다. 상대와 불편한 심리상태에서 감정을 자극시키는 논리는 갈등을 촉발할 수 있다. 이럴 때는 상대를 긍정적인 심리상태로 돌려놓은 뒤 설득하는 것이 성공가능성이 높다.

1985년 11월 미국과 소련의 두 정상이 냉전종식을 위해 제네바에서 회담을 하게 되었는데 서로의 이념적 차이로 갈등을 겪게 되었다. 좀처럼 해결될 기미가 보이지 않을 때 레이건 대통령이 고르바쵸프 대통령에게 "지금부터 우리 서로 격식을 버리고 이름을 부릅시다. 나는 당신을 마이클(고르바쵸프의 이름 미하일의 영어식 애칭)이라고 부를 테니 당신은 나를 론(레이건의 이름 로널드의 애칭)이라고 부르시오."라는 제안을 하였다.

이후 두 정상은 급속도로 가까워졌고 냉랭했던 회담 분위기도 화해의 분위기로 바뀌었다. 회담은 급진전하여 타개할 수 있었으며, 그 결과 소련은 개방하게 되었다. 상대와의 불편한 관계를 긍정적으로 바꾸어 설득한 레이건의 승리였다.

설득에는 또 하나의 비결이 있다. 상대의 관심사나 내면적인 욕구Needs를 정확히 이해하면 더 쉬워진다는 것이다. 미국의 독립 초기에 국가를 부흥시킨 **벤자민 프랭클린**은 설득의 귀재로서 이러한 설득의 비결을 알고 있었다.

1776년 프랭클린은 초대 프랑스 대사로 임명되어 프랑스로 부임하게 되었다. 당시 고국인 미국은 영국과의 독립전쟁으로 재정이 부족하여 프랑스의 재정적 도움이 절실히 필요한 시기였다. 프랭클린은 여러 번 프랑스 당국과 이 문제를 해결하고자 접촉하였으나 별 성과를 보지 못하였다.

그러던 어느 날 프랑스 국왕 루이 16세의 초청으로 베르사유 궁전에 가게 되었다. 국왕이 주관하는 파티는 화려하였고 수많은 내외귀빈들이 좋은 음식과 흥겨운 춤을 즐기고 있었다. 프랭클린은 국왕을 알현하고 잠깐 담소를 나누는 기회를 가졌다.

이때 프랭클린은 갑자기 파티장에서 춤을 추고 있는 가냘픈 여자를 가리켰다. 국왕이 풍만한 여자를 좋아한다는 것을 알고 있었지만 짐짓 모른 체 하며 "폐하, 저기 춤추고 있는 여자가 참으로 아름답지 않습니까?"라며 너스레를 떨었다. 그러자 왕은 다소 겸연쩍은 듯한 표정을 지으면서 "글쎄요, 대사. 하나님도 야속하시지 저 풍만한 옷이 전혀 어울리지 않으니 말이오!"라고 점잖게 말했다.

이 말을 들은 프랭클린은 기다렸다는 듯이 자신의 속내를 말하였다. "옳으신 말씀이십니다. 폐하! 하지만 폐하께서는 하나님처럼 야속하지 않으셔도 됩니다. 지금 우리나라는 저 여자와 같은 문제를 안고 있습니다. 바로 도저히 메우기 힘든 재정적자 말입니다!" 이에 왕은 크게 웃으며 공감했다. 물론 프랭클린은 거금을 빌릴 수 있었다.

이처럼 설득에는 상대의 관심사와 욕구를 이해하는 것이 중요하다. 프랭클린처럼 상대의 관심사를 이용하여 그의 욕구를 충족시키게 되면 의외로 쉽게 상대를 자신의 사람으로 만들 수 있다.

이때 가급적 나의 생각을 상대에게 정확하고 쉽게 전달해야 효과가 있다. 오바마 대통령은 미국 국민들에게 쉽지만 강력한 메시지로 설득하였다. 그는 자신의 정치적 이념인 '미국의 대통합'에 대해 "미국은 민주당이나 공화당의 미국도, 백인이나 흑인의 미국도 아닙니다. 미합중국입니다!"라고 쉽고 짧게 정리했다.

그리고 자신의 최대약점인 흑백 혼혈에 대해서도 이렇게 대처하였다. "저는 케냐에서 유학온 아버지와 백인 어머니 사이에서 태어나 가난한 어린 시절을 보냈습니다. 그런 제가 좋은 대학을 나와 대통령이 된 것은 미국이었기 때문에 가능했습니다!"라는 말로 자신의 약점을 세상 사람들에게 모두 설명할 수 있었다.

그러나 리더의 설득은 말만 가지고서는 할 수 없다. 진정이 담긴 실천적 행동이 뒤따를 때 상대의 마음을 더욱 쉽게 움직일 수 있다. 중국 삼국시대의 영웅 유비에게는 우리에게 잘 알려지지 않은 측근으로 법정法正이라는 참모가 있었다. 유비가 조조와 중원에서 패권을 놓고 한판의 싸움을 벌이고 있었는데 형세가 불리하여 군사가 괴멸될 위기에 처하였다. 신하들이 유비에게 철군의 건의하였으나 유비는 오히려 화를 내면서 받아들이지 않았다.

이때 법정은 혈혈단신 적진으로 들어가 적들과 맹렬히 싸움을 하였다. 놀란 유비가 위험하다며 황급히 만류하자 법정은 "주군이 위험한데 제가 어찌 몸을 사릴 수 있겠습니까?" 하고는 다시 돌진하려고 하였다. 그러자 유비는 할 수 없이 부하들에게 퇴각명령을 내렸다. 주변의 어떤 말에도 자신의 고집을 꺾지 않던 유비였지만 자신의 목숨을 내어놓으면서 행동으로 설득하는 법정을 이길 수는 없었다.

사람은 의외로 감성적인 동물이다. 사람이 만들어낸 논리는 이성을 움직일 수는 있지만 마음을 움직일 수는 없다. 서로 간의 생각의 차이를 좁히기 위해서는 논리적인 접근보다는 그 사람의 정서를 자극할 필요가 있다. 즉 ,상대의 심리를 이해하고 상호 정서적 교감이 이루어져야 올바른 설득이 가능하다. 그런데 그런 사람의 심리를 이용한 설득에는 일정한 법칙이 따른다.

미국의 심리학자 **로버트 치알디니**Robert Chialdini는 『설득의 심리학』이라는 그의 저서에서 사람을 설득하기 위해 심리적으로 이용할 수 있는 6가지 법칙을 제시하였다. 특히 이 법칙을 갈등상황에서 잘 활용하면 의외로 쉽게 문제를 해결할 수 있다.

먼저 '상호성의 법칙'은 상대가 호의를 베풀면 반드시 갚으려는 강박관념에 시달린다는 심리적 반응을 이용한 것이다. 적대감을 갖고 있는 사람에게 관심을 보이고 호의를 베풀면 상대는 그것을 갚으려는 심리적 작용 때문에 우호적으로 행동하게 된다.

'일관성 법칙'은 일단 어떤 입장을 취하게 되면 그 결정에 대해 일관되게 나아가려는 경향이 있다는 것이다. 그래서 사람들은 자신이 선택한 것이 최고라고 믿고 싶어 한다. 문제가 있는 사람이더라도 그를 능력 있는 사람으로 대우해주면 거기에 부합되게 긍정적으로 행동하려고 한다.

'사회적 증거의 법칙'은 '다수 사람들의 행동에 따라 어떤 행동이 옳은 것인가를 결정하는 것'으로 일종의 군중심리가 행동을 결정하는 것을 말한다. 갈등의 소지가 큰 문제에 대해서는 가능하면 많은 주변 사람들의 협조를 얻어낼 필요가 있다. 다수가 찬성하면 일부 반대자들도 자연히 따라오기 쉽다.

'호감의 법칙'은 좋아하는 사람이 부탁을 하면 그것을 거절하기 어렵다는 심리를 이용한 것이다. 리더는 가급적 질책보다는 칭찬을 통하여 호감도를 높이면 조직원들은 더 잘 따르게 된다. 그리고 상대의 장점이나 공통점을 파악하여 접근하면 더 쉽게 상대의 마음을 휘어잡을 수 있다.

'권위의 법칙'은 사람의 마음은 권위에 약하다는 심리를 이용한 것이다. 보통 사람들이 제복을 입은 경찰이나 외제차에 약한 것이 그런 이유에서다. 리더는 스스로 약점을 드러내지 않고 위엄을 갖고 품위 있게 처신해야 한다. 그래야만 조직원들이 리더의 권위를 인정하고 불만 없이 따른다.

'희귀성의 법칙'은 희귀할수록 사람의 경쟁심리를 자극하여 선호도를 증가시키게 된다는 것이다. 백화점의 한정판매와 세일 마지막 날에 사람이 몰리는 현상은 이런 심리가 작용해서다. 반대가 심한 일을 추진할 때는 "이번에 이 일을 추진하지 않으면 기회가 없다!"는 식으로 희귀의 경쟁심리를 자극하면 설득하는 데 훨씬 효과가 있다.

현대의 리더십은 대중의 설득에서 시작한다. 과거 관료지배 사회에서는 일방적 지시로 조직을 이끄는 데 큰 제약이 없었다. 그리고 대중들도 지시와 복종에 큰 저항감을 갖지 않았다.

그러나 지금은 다르다. 이제는 대중들이 사회를 움직이는 시대로 바뀌었다. 그들에게 일방적인 강요는 엄청난 갈등과 저항이 뒤따른다. 다소 어렵고 고단하지만 대중의 자발적인 동조를 이끌어내기 위해서 끊임없는 설득이 우선시되어야 한다.

우리는 흔히 인생을 고해苦海로 비유한다. 리더의 설득도 괴로운 바다를 항해하는 것과 같이 어려운 과정이다. 이정표도 없는 망망대해에서 대중은 때로는 좌로 가자고, 때로는 우로 가자고 난리를 친다. 그들이 가고자 하는 목표와 방향은 제각각인 경우가 많다.

리더는 이들을 설득하여 안전하게 목적지인 항구로 데려가야 한다. 그러려면 좌로 가자는 사람의 마음도 헤아려야 하고 우로 가자고 하는 사람의 심리도 헤아려야 한다.

그리고 그들의 생각과 마음의 변화를 이끌어내어 자신이 가고자 하는 방향으로 같이 갈 수 있도록 해야 한다. 반대하는 사람에게는 긍정적인 동질감을 갖도록 하고 무심한 사람에게는 그의 관심사나 내면적인 욕구를 자극하여 설득해야 한다. 가급적 자신의 의도는 쉽고 정확하게 전달하고 마지막에는 말이 아닌 행동으로 보여주어 설득의 힘을 더해야 한다. 그것이 설득의 항구로 안전하게 가는 길이다.

아리스토텔레스는 설득의 3요소로 '신뢰, 감정, 근거'를 제시하였다. 그는 설득을 위해서 "상대에게 신뢰감을 주고 서로의 감정의 교감을 통해 친밀감을 형성한 후, 논리적 근거나 사실을 제공해야 한다."고 강조하였다. 즉 설득의 우선순위는 논리가 아니라 상대와의 정서, 곧 마음을 움직이는 것이 중요하다는 것이다. 이솝의 우화처럼 '나그네의 외투를 벗기는 것은 세찬 바람이 아니라 따뜻한 햇볕'임을 알아야 설득할 수 있다.

'고조된 갈등'은 이성으로 통제하라

사람은 갈등이 고조되어 분노하게 되면 이성을 잃게 된다. 가장 인간다운 이성을 조절하는 전두엽 기능이 순간적으로 마비되어 통제가 불가능해지는 것이다. 이럴 때 잘못 접근하면 분노가 극단으로 치달아 수습할 수 없는 상황이 된다.

리더는 이런 갈등이 고조된 상황을 잘 관리해야 한다. 비록 상대가 원색적인 비난과 공격을 하더라도 이성을 잃지 않고 의연하게 상황을 관리하는 리더가 결과적으로 승리한다.

프랑스의 정복자 나폴레옹이 강성한 군사력으로 유럽을 지배하고자 꿈꾸었으나 실패한 요인은 최측근 참모와의 갈등을 이성적으로 관리하지 못하였기 때문이다. 그 주인공은 아이러니하게도 나폴레옹을 정계에 입문시킨 외무부장관 **탈레랑**Talleyrand(1754~1853)이었다.

탈레랑은 프랑스의 귀족 출신으로 한때는 성직자의 길을 걸었다. 그러다가 프랑스 혁명이 일어난 1789년 교회의 재산을 국유화해야 한다고 주장하여 교회에서 파문되었다. 그러나 워낙 수완이 좋아 정계로 진출하게 되었고 그때부터 인생의 빛을 보기 시작하였다.

1796년 외교 분야에서 두각을 나타내며 그의 존재감이 부각되던 시기에 당시 이탈리아 원정군 사령관이었던 나폴레옹을 운명처럼 만나게 되었다. 영특하고 포부가 큰 나폴레옹의 인물됨에 매력을 느낀 탈레랑은 나폴레옹을 적극 추천하여 정계에 진출시켰다.

　　그리고 3년이 지난 1799년 11월 9일 나폴레옹이 군을 동원하여 정권을 잡자 정치적인 대부 격인 탈레랑을 외무부 장관에 임명하여 측근에서 보좌하게 하였다. 탈레랑도 나폴레옹의 신뢰에 보답하고자 자신의 정치적 능력을 발휘하여 보필하였다. 그러나 똑똑하기로 둘째가라면 서러운 이들 사이에 금이 가는 일이 생겼다.

　　1806년 11월 나폴레옹은 유럽정복의 꿈을 키우며 영국의 경제적 보복을 단행하면서 대륙봉쇄정책을 폈다. 외교적인 감각이 뛰어난 탈레랑은 황제의 이 정책이 현실적이지 못하다고 반대하였다. 나폴레옹이 고집을 꺾지 않자 탈레랑은 불만을 품고 주변 이해당사국인 오스트리아, 러시아와 내통하게 되었다.

　　스페인 원정 중이던 나폴레옹은 뒤늦게 이 사실을 알게 되었다. 나폴레옹은 심한 배신감을 느끼며 "탈레랑이 어떻게 나를 배신할 수 있는가!"라고 한탄하였다. 그리고 원정이 끝나는 대로 적절하게 조치를 취하기로 마음먹었다.

　　1809년 1월 나폴레옹은 원정을 마치고 파리로 들어오자마자 긴급 각료회의를 소집했다. 물론 탈레랑을 문책하기 위한 회의였다. 나폴레옹은 각료들 사이에서 탈레랑의 모습을 보고는 순간 피가 거꾸로 솟는 분노감을 느꼈다.

　　나폴레옹은 탈레랑 쪽을 노려보면서 불같이 화를 내며, "여기 모인 사람들 중 누군가 나에 대한 반역음모를 꾸미고 있다. 지금 이실직고하지 않으면 가만히 두지 않겠다!"라고 언성을 높였다. 그런데 주변에는 아무런 반응이 없었다. 나폴레옹이 속으로 지목한 탈레랑 역시 표정하나 변하지 않고 앉아 있었다. 나폴레옹은 "누군지 말하라!"고 하며 다시 한 번 경고하였다. 역시 침묵만 흐를 뿐 탈레랑은 미동도 하지 않았다.

확실히 나폴레옹은 한수 아래였다. 황제인 자신이 이 정도로 화를 내면 탈레랑이 자진해서 잘못을 말하고 빌 것으로 생각하였다. 그러나 그것은 탈레랑을 얕본 것이다. 탈레랑은 주군의 닦달을 그저 침묵으로 일관할 뿐이었다.

나폴레옹은 머리끝까지 화가 났으나 구체적인 증거 없이 자신의 정치적 스승을 내칠 수는 없었다. 오히려 각료들에게 신경질적인 모습만 보인 것에 대해 부정적인 여론만 형성되었다. 결국 나폴레옹을 이 일을 그냥 덮고 갈 수밖에 없었다. 1년이 지난 후 탈레랑은 외무부 장관직을 사임하였지만 주변 국가와의 밀담은 계속되었다.

1814년 3월 1일 탈레랑의 공작에 따라 러시아 황제와 프로이센, 그리고 오스트리아 사령관이 이끄는 군대가 아무 저항 없이 프랑스의 수도 파리에 입성하였다. 그리고 측근을 제대로 관리하지 못한 나폴레옹은 엘바 섬으로 유배되는 신세가 되었다.

나폴레옹은 정복자로서 위대한 영웅으로 평가된다. 그러나 갈등상황에서 자신의 분노를 통제하지 못한 부분에 대해서는 탈레랑과 대조적이었다. 나폴레옹이 각료회의에서 냉정하게 전후사정을 따지며 탈레랑을 처리하였다면 내통이 진전되기 전에 상황을 마무리할 수 있었을 것이다. 반면 탈레랑은 황제의 엄중한 문초에도 감정의 변화 없이 이성적으로 대처하여 위기를 모면하였다.

갈등이 고조된 상황에서의 최대의 적은 자신이다. 자신의 감정을 이성적으로 통제할 수 있다면 상대와의 갈등 수위를 반으로 낮출 수 있다. 분노를 고조시키는 것은 서로 대응하기 때문에 생긴다. 한쪽에서 분노를 일방적으로 흡수해버리면 분노는 한계점을 넘어 이내 수그러든다.

2010년 **천안함 폭침사건** 발생 시 군과 분노한 희생자 가족 간에는 험악한 갈등분위기가 형성된 적이 있었다. 그러나 분노한 유가족에 대해 군 측의 대응은 매우 이성적이었다. 유가족이 비이성적으로 화를 낼 때마다 더 세심하게 관심을 갖고 배려해주었다. 결국 양측의 신뢰는 회복되었고 조기에 장례식을 치를 수 있게 되었다.

이 사건을 다시 살펴보면, 2010년 3월 36일 21시 22분경 백령도 인근 해상에서 군함인 천안함이 북한 잠수정의 어뢰공격을 받아 침몰하면서 발생하였다. 이로 인해 작전 중이던 해군 승조원 104명 중 46명이 전사하였다.

사상 초유의 사건에 정부나 군은 경황이 없었다. 유가족들은 가족을 잃은 슬픔과 군에 대한 불신으로 상당히 분노하였다. 사고 이튿날인 3월 27일 흥분한 유가족 150명과 기자단 60명이 군부대인 2함대 정문으로 몰려가서 영내 진입을 시도하다가 이를 제지하는 근무자를 폭행하는 사고가 발생하였다.

그리고 이틀 뒤인 3월 29일 구조에 불만을 터뜨린 유가족 150명이 영내체육관에 설치되어 있는 군용텐트 50동을 무너뜨리고 사령부 본청으로 진입하려다가 역시 이를 제지하는 군병력과 충돌하였다.

희생자 가족들은 주변의 작은 자극에도 쉽게 흥분하여 폭력적 행동도 서슴지 않았다. 특히 군에 대한 불신과 적대감은 매우 커서 일촉즉발의 상황이었다. 다행히도 군 지휘부는 이런 희생자 가족들의 심정을 이해하면서 차분하게 이성적으로 대했다. 흥분하는 가족들에게는 일체 무대응하도록 내부지침까지 내렸다. 그리고 장군을 반장으로 하는 58명 규모의 유가족 지원반을 편성하여 일대일 지원을 시작하였다.

지원반에서는 유가족들의 불안한 심리상태를 자극시키지 않도록 세심한 배려를 하였다. 유가족들이 화를 내면 절대 감정표현을 하지 않았고 생떼를 쓰더라도 그대로 받아주었다. 그리고 무분별한 요구사항에 대해서는 "안 된다."고 잘라 말하기보다는 "확인해보겠다. 검토 후 알려주겠다."는 식으로 답변하여 거부하는 인상을 갖지 않도록 하였다.

유가족과의 소통은 유가족 자체에서 대표단을 선정하도록 하여 공식 소통창구로 활용하였다. 점차 유가족의 태도가 변하기 시작하였다. 군이 자신들의 분노를 일관되게 받아주고 진정성 있게 지원해주는 데 대해 감동하였다. 주변에서 유가족을 선동하여 갈등을 조장하면 유가족들이 막아 설 정도로 군과 유대관계가 형성되었다.

2014년 4월 29일 온 나라가 들썩였던 천안함의 갈등은 장례식 이후 한풀 수그러들었다. 군과 유가족 간의 합의로 산화한 장병에 대해 평택 안보공원에서 5일장을 거행한 것이다. 풀릴 것 같지 않던 군과 유가족 간의 고조된 갈등상황이 군의 이성적인 대응으로 조기에 수습되었다.

이후 천안함 사건은 민군 합동조사결과를 놓고 또 한 번의 심각한 갈등을 겪었다. 조사결과에 대한 신뢰성 문제가 여야 간의 정쟁으로 이용되면서 정치적 갈등으로 이어졌고 국민들은 진보와 보수로 나뉘는 이념적 갈등으로 비화되었다. 여기에는 언론도 보탰다.

<KBS 추적 60분>에서 천안함의 진실과 관련된 내용을 심층보도한 적이 있었다. 그 내용이 상당 부분 편집되는 과정에서 합동조사단의 인터뷰와 다르게 보도되어 양측 간의 갈등이 있었다. 몇 번의 시정조치를 위한 접촉이 있었으나 서로의 입장이 달라 결국은 언론중재위원회에 제소되었다.

중재위원회의 주관으로 양측 관계자들이 모여 심의를 받게 되었다. 물론 필자는 조사단 관계자로 참여하였다. 분위기는 양측 입장 모두 한 치의 양보도 없는 듯했다. 격앙된 분위기에 양측 모두 긴장하고 있었다. 그런데 상대측 담당 PD의 반론이 압권이었다. 그의 발언은 침착하였으며 말의 시작은 언제나 "당신들의 입장을 이해합니다만"으로 시작하였다. 마치 국정감사 시 국회의원들에게 "존경하는 의원님"으로 시작하는 것과 같은 말투였다.

첨예한 입장의 차이로 언성이 커질 것으로 예상하여 대비하였건만 의외의 말투로 순식간에 무장해제되는 느낌이었다. 논리의 적절성을 떠나 단순한 대화방식에서 우리는 한수 접고 들어갈 수밖에 없었다. 물론 중재위원회에서 우리 측의 손을 들어주어 방송국에 대한 징계처분 결과를 받아냈지만 의외의 강적을 만나 고전을 한 경험이 있었다.

필자는 군생활 동안 천안함을 포함한 수많은 군 관련 사건을 경험하였다. 군은 적과 싸우기 위해 위험한 총기와 장비를 다루는 곳으로 안타까운 인명사고가 많은 것이 사실이다. 이때 가장 먼저 유가족에게 사건경위를 설명해야 하는 필자의 입장에서 난감한 상황을 자주 경험할 수밖에 없었다.

어떠한 논리도 통하지 않고 억지에 가까운 주장을 하는 사람들도 있었다. 그럴 때면 속에서 욱하는 감정이 치밀어오를 때도 많았다. 그러나 오랜 경험으로 터득한 것은 상대의 입장에 대한 이해였다. 가장 아끼는 가족을 잃은 슬픔을 공감하는 것이다. "나도 그런 상황이면 과연 이성을 찾을 수 있을까?" 그러면 상대가 어떤 공격을 해와도 마음의 평정심을 찾아 이성적으로 대할 수 있다.

사람이 느끼는 화는 매우 주관적이다. 상대가 주는 스트레스의 강도보다는 받아들이는 자신의 감정이 더 중요한 영향을 미친다. 작은 일에도 쉽게 흥분하고 분노하는 사람이 있는가 하면 심한 모욕도 이성적으로 참아내고 자신을 다스리는 사람도 있다. 중요한 것은 분노는 상대보다는 자신의 감정을 절제하지 못하는 데서 오는 것이다.

옛날 어느 학식이 높은 사람이 제자를 가르치다가 "스승님은 어떻게 화를 그렇게 잘 참으십니까?"라는 질문을 받았다. 그러자 스승이 말하길 "내가 너에게 금덩이 하나를 주었는데 그것을 받지 않았다면 그것은 누구 것이냐?"라는 것이다. 이에 "당연히 스승님 것이지요."라고 대답하자, 스승은 "화도 마찬가지다. 아무리 상대가 너를 화나게 하더라도 네가 그것을 받아들이지 않으면 그것은 네 것이 아니라 상대의 것이 되는 것이다."라고 말했다. 상대가 화를 내더라도 이성적으로 대응하면 화를 피할 수 있다는 것이다.

미국의 심리학자 마크 고울스톤Mark Goulston은 사람의 뇌는 3가지로 구분된다고 하였다. 가장 안쪽에 투쟁을 관장하는 파충류(뱀)의 뇌가 있고 중간에 감정을 주관하는 포유류의 뇌, 그리고 가장 바깥쪽에는 상황을 이성적으로 판단하는 인간의 뇌가 있다고 한다. 사람이 스트레스를 받아 화를 내는 것은 뇌가 파충류와 포유류의 뇌에 지배를 받고 인간의 뇌가 힘을 잃기 때문이라고 한다. 그러므로 화가 난 상태에서는 신속하게 이성을 관장하는 인간의 뇌에 의해 지배를 받도록 마음을 다스려야 한다.

심리학자들의 연구에 의하면 사람의 감정에 정확한 이름을 붙이면 감정이 즉시 진정되어 뇌를 이성적으로 돌려놓는다고 한다. 이를 테면 분노한 상태에서 "나는 괜찮아!"라고 하는 것보다는 "이런 젠장, 정말 화가 나네!" 하고 감정을 솔직하게 인정하면 오히려 화가 수그러든다는 것이다.

그리고 가능하면 현장을 벗어나 주변을 바라보면서 여유 있게 눈을 감고 1~2분 정도 깊은 심호흡을 하면 놀라울 정도로 흥분된 감정을 가라앉힐 수 있다. 화가 난 상대를 상대하려면 우선 자신의 마음에 평정심을 갖는 것이 중요하다.

고울스톤 박사는 이성을 잃은 상대인 뱀의 뇌에는 말을 걸지 않는 것이 현명하다고 하였다. 이성이 판단하는 뇌의 기능이 마비된 상태에서는 어떠한 설득과 타협도 불가능하기 때문이다. 그러나 불가피하게 화가 난 상대를 대할 수밖에 없을 때는 나름대로의 요령이 필요하다.

먼저 상대방이 무엇 때문에 화가 난 것인지를 헤아리면서 들어주는 것이 중요하다. 이를 니즈 초점형 듣기Needs Focused Listening라고 한다. 이때 상대가 틀린 말을 하더라도 이를 바로 잡으려 하지 말아야 하고 혼자 장황하게 자기주장을 하더라도 중간에 끼어들지 않고 끝까지 들어주어야 한다.

그러다가 상대가 과도하게 흥분할 때는 "정말 그렇게 생각하십니까?"라고 잠시 쉴 수 있는 여유를 가지게 하는 것이 좋고 그것이 여의치 않을 때는 상대방의 말을 막는 대신 "음 그렇군요."라고 작은 긍정을 하면 진정될 수도 있다.

그리고 내가 말을 할 때는 먼저 무조건적인 긍정화법을 사용하는 것이 좋다. 앞서 언급한 방송국 PD처럼 "당신의 입장을 이해합니다."라는 말로 상대의 감정을 일단 누그러뜨리면서 자신의 입장을 이야기하면 대화가 훨씬 부드러워진다.

그러나 이것도 제대로 되지 않을 때는 잠시 자리를 피하는 것이 상책이다. 한참 불길이 치솟을 때 섣불리 불을 끄려 했다가는 오히려 화상을 입을 수 있다. 이럴 때는 잠시 자리를 피하여 자신의 마음을 정리한 편지를 보내거나 제3자에게 중재할 수 있도록 도움을 청하는 것도 좋은 방법이다.

바둑의 천재 이창호의 별명은 돌부처다. 그가 어릴 때 바둑계에 입문하여 세계를 제패할 수 있었던 것은 그의 별명처럼 위기 상황에서 돌부처가 되었기 때문이다. 리더 역시 분노와 갈등상황에서 돌부처가 되어야 한다. 어떠한 상황에서도 이성을 잃지 않고 의연하게 대처해야 한다. 위기는 영웅을 만들지만 영웅은 자신을 이성적으로 통제한 사람만이 될 수 있다.

적절한 '유머'는 위기를 기회로 바꾼다

유머는 리더에게 인간적인 호감과 매력을 선사한다. 가장 긍정적이면서도 유쾌한 소통의 통로이며 가장 쉽게 상대의 마음을 사로잡을 수 있는 수단이기도 하다. 특히 리더의 유머감각은 어려운 위기 상황을 반전시켜 기회로 만들 수 있는 유용한 방법이 된다.

영국의 **윈스턴 처칠**Winston Churchill 수상은 제2차 세계대전 승리의 주역이자 위대한 정치인으로 존경받는 사람이다. 그는 한 나라의 수상으로서 위엄 있는 지위에 있었지만 특유의 유머감각으로 암울한 현실과 위기 상황을 헤쳐 나가는데 탁월한 능력을 발휘하였다.

처칠은 1874년 영국의 귀족명문가에서 태어났으나 어릴 적부터 공부에는 별 취미가 없는 말썽꾸러기 낙제생이었다. 청년이 되어 군장교가 되기위해 영국의 샌드허스트 육군사관학교에 가고자 하였다. 하지만 성적이좋지 않아 번번이 떨어지고 말았다. 가까스로 삼수 끝에 사관학교에 입학하였으나 역시 성적이 나빠 보병이 아닌 기병을 지원하게 되었다. 생도시절에는 나름대로 열심히 노력해서 졸업성적이 150명 중 8등으로 상위권이었다.

임관 후 처칠의 군생활은 특별히 두각을 나타내지 못하고 평범하였다. 그러던 차에 1899년 남아프리카 보어전쟁에 참전하게 되면서 그의 운명은 바뀌었다. 전쟁 중에 포로로 잡혔다가 극적으로 탈출하면서 전쟁영웅으로 세상에 알려지게 되었고 이를 계기로 정계에 진출하게 되었다.

1900년 하원의원에 도전한 처칠에게는 여러 가지 어려움이 많았다. 뚱뚱하고 작은 키에 불독 같은 인상이 대중에게 호감을 주는 외모와는 거리가 멀었다. 더욱이 어릴 때부터 말더듬이에다가 우울증까지 앓고 있어 정치인으로서는 불리한 조건들이었다.

그런 처칠에게 큰 장점이 하나 있었는데 바로 특유의 유머감각이었다. 하원의원 선거 당시 상대진영에서는 처칠의 늦잠을 문제삼아 인신공격을하였다. 상대후보가 "처칠은 늦잠꾸러기입니다. 저런 게으른 사람은 의원이 될 수 없습니다."라고 공격하자 처칠이 천연덕스럽게 대꾸하였다. "여러분도 저처럼 아름다운 아내와 산다면 아침에 일찍 일어날 수 없을 것입니다!" 청중은 이 말에 박수를 치며 공감했고 처칠은 하원의원에 당선되었다.

처칠은 수상이 되어서도 의회에 늦은 적이 있었다. 이때도 "이제 회의전날에는 반드시 각방을 쓰겠습니다!"라고 재치 있는 변명을 하였다. 정치인으로서 아침에 늦게 일어난다는 것은 게으르고 책임감이 없다는 인식을 줄 수 있다. 그러나 그는 이런 곤란한 상황을 유머로 잘 넘겼다.

처칠은 낙천주의자이지만 성격 자체는 외모만큼이나 불같았다. 그로 인해 의원 시절 처칠은 수많은 상대편 정적으로부터 공격을 받았다. 그러나 그는 상대방의 인신공격성 발언에 발끈하다가도 그것을 유머로 부드럽게 넘겼다.

영국의회사상 첫 여성의원이 된 에스터 부인이 여성참정권을 반대한 처칠을 만나 말다툼을 하게 되었다. 여성의원이 커피를 마시려는 처칠에게 "내가 만일 당신 부인이라면 그 커피에 독약을 넣겠어요!"라며 독설을 내뱉었다. 그러자 처칠은 능청스럽게 "부인, 내가 당신 남편이라면 즉시 그 커피를 마시겠소!"라며 의미 있는 답변을 하였다.

영국 국민들은 처칠의 많은 단점에도 불구하고 의연하고 유머러스한 모습을 좋아했다. 1939년 제2차 세계대전이 발발하면서 65세의 나이로 내각의 수상에 임명되었다. 전쟁으로 국민들의 정서는 피폐하였지만 처칠은 국민들에게 용기와 희망을 주는 메시지를 유머로 전달하였다.

그가 대중들에게 연설을 하기 위해 연단에 오르다가 발을 헛디뎌 넘어지자 청중들은 웃음을 터트렸다. 마이크를 잡은 처칠의 첫마디는 "여러분이 웃을 수 있다면 나는 한 번 더 넘어질 수 있습니다!"라고 하며 손으로 'V'자를 그리는 포즈를 취했다. 비록 자신의 실수였지만 이를 변명하지 않고 인정하면서도 국민들에게 믿음을 주는 처칠을 영국 국민들은 신뢰하였다.

처칠은 평소 자신의 못난 외모에 대한 주변의 조소에도 부드럽게 유머로 넘기는 대범함을 보였다. 주변에서 못생겼다고 하자 처칠은 "세상의 모든 사람들은 태어나는 순간 모두 저처럼 생겼습니다!" 하고 웃으면서 넘겼다.

어느 날 아침 비서가 일간신문을 처칠에게 보여주며 씩씩거렸다. 그 신문에는 처칠이 '시가를 문 불독' 그림으로 묘사되었다. 처칠은 신문을 물 끄러미 바라보더니 "기가 막히게 그렸군. 벽에 있는 내 초상화보다 훨씬 더 나를 닮았어. 당장 초상화를 떼고 이 그림을 붙이게!"라고 대수롭지 않게 말했다.

보통 사람들에게 자신의 외모에 대한 비하는 참기 힘든 수모다. 하지만 처칠은 자신의 단점을 숨기지 않았고 그것을 유머로 넘길 수 있는 아량을 가진 리더였다.

처칠은 수상으로 영국 국민들의 인기를 한 몸에 받았지만 의회에서는 언제나 정파적인 갈등에 시달렸다. 한번은 의회에서 대기업의 국유화를 놓고 날선 토론을 벌이게 되었다. 오랜 시간 토의했으나 결론을 찾지 못하고 잠시 정회가 선포되자 의원들은 다들 화장실이 급했다. 만원이 된 화장실에 빈자리가 하나 있었다 하필 그곳은 국유화를 강력히 주장하는 노동당 당수인 애들리의 옆자리였다.

처칠은 다른 빈자리가 날 때까지 기다렸다. 이를 본 애들리가 "제 옆에 빈자리가 있는데 왜 안 쓰는 거요?"라고 묻자 처칠은 "괜히 걱정이 돼서 그럽니다. 당신은 뭐든 큰 것만 보면 국유화하자고 난리인데 혹시 제 것을 보고 국유화하자고 하면 큰 문제 아닙니까?"라고 말했다. 유머로 상대의 가슴에 아프지 않게 비수를 꽂았다.

2차 세계대전의 전황이 점차 불리해지고 히틀러는 영국을 점령하기 위해 마지막 전력을 집중하게 되었다. 처칠은 참전을 미루는 미국에게 도움을 요청하고자 루스벨트 대통령을 만나러 워싱턴으로 갔다.

그가 투숙했던 호텔에서 막 샤워를 하고 허리에 큰 수건을 두른 채 쉬고 있는데 루스벨트 대통령이 갑자기 객실 안으로 들어왔다. 당황한 처칠은 주요 부분을 가리고 있던 수건을 떨어뜨렸다. 민망해진 처칠은 이렇게 말했다. "보시다시피 저는 미국 대통령에게 아무것도 감추는 것이 없습니다."

루스벨트는 처칠의 이런 솔직하고 재치 있는 모습에 마음이 끌려 전폭적인 지지를 약속했고, 미국의 참전으로 전쟁은 연합국의 승리로 끝이 났다.

1953년 처칠은 정치인으로서는 이례적으로 노벨문학상을 수상하게 되었다. 그 이유는 처칠이 다른 정치인보다 감수성이 뛰어나고 많은 독서를 통하여 얻은 지혜를 위트와 유머로 승화시켜 대중들을 설득하는 명연설을 많이 하였기 때문이다. "제가 여러분들에게 드릴 것은 저의 피와 땀과 눈물밖에는 없습니다!"라는 그의 연설은 여전히 세계적인 명연설로 기억되고 있다.

처칠은 정계를 은퇴하고서도 영국 국민들에게 국민적 영웅으로 존경을 받았다. 그리고 그의 유머는 나이가 들어서도 그의 삶을 더욱 원숙하게 만들었다. 처칠의 나이가 80세가 넘어 어느 파티장에 초대를 받아 가게 되었다. 급한 탓에 바지지퍼가 열린 것도 모른 채 자리에 앉는 처칠을 보고 옆자리에 있는 노부인이 그 사실을 말해주었다. 처칠은 점잖게 "부인 너무 걱정하지 마세요! 이미 죽은 새는 새장 문이 열려도 밖으로 나올 수가 없습니다."라고 말했다.

우리는 이런 처칠을 아직도 위대한 정치인으로 존경하고 있다. 그는 웃음을 통하여 자신의 삶은 물론 다른 사람의 삶에도 긍정적인 희망과 행복을 주었다. 하지만 그런 웃음 뒤에는 그의 피나는 노력이 숨겨져 있었다. 말더듬이 버릇을 고치기 위해 수천 번 같은 책을 소리 내어 읽었고 연설 전날 밤에는 "다음 날 무슨 말을 할까?"를 두고 고민하였다.

또한 당시 그가 처한 현실은 웃을 수 있는 상황과는 거리가 멀었다. 전쟁으로 피폐해진 나라를 책임져야 하는 암울한 현실 속에서 평생을 지병인 우울증에 시달려야만 했다. 그런 그가 낙심하지 않고 웃음으로 국민들에게 삶의 희망과 여유를 주었다는 사실은 그를 더욱 위대하게 하였다.

현대의 리더 중에도 처칠처럼 유머를 통하여 대중과 공감하고 소통했던 인물이 있다. 바로 가장 미국적인 대통령으로 평가받고 있는 **로널드 레이건**Ronald Reagan(1911~2004)이다.

레이건 대통령은 영화배우라는 특이한 이력을 가졌지만 그의 친화력과 유머는 국가조직을 이끄는 최대의 강점이었다. 1984년 레이건은 공화당 대통령 후보로서 경쟁자인 민주당의 먼데일 후보와 TV토론을 위해 마주하게 되었다. 그런데 쟁점은 74세라는 레이건의 나이였다. 17살이나 어린 먼데일 후보는 "레이건은 나이가 많아 국정을 수행하기에는 문제가 있습니다."라고 공개적으로 이 문제를 걸고 넘어졌다. 사실 레이건 후보 측의 최대 약점이기도 했다.

그때 레이건은 부드러운 미소를 머금으며 "나는 이번 선거에서 나이문제를 선거이슈로 삼지 않을 것입니다. 상대방이 젊고 경험이 부족한 점을 정치적으로 이용하지 않겠습니다!"라고 말했다. 청중은 물론 먼데일도 파안대소하였다. 자신의 약점을 유머 한마디로 없애버린 것이다.

그가 대통령이 되는 데는 또 하나의 문제가 있었다. 바로 레이건이 정통 정치가가 아니라 배우출신이라는 점이었다. 어느 날 기자와 인터뷰하는 자리에서 기자가 "배우가 어떻게 대통령이 될 수 있나요?"라고 물었다. 이 말에 레이건은 멀쑥한 표정을 지으면서 "대통령이 어떻게 배우가 되지 않을 수 있겠습니까?"라고 답했다. 정치의 어두운 면을 유머에 담아 정곡을 찌른 것이다. 미국 국민은 이렇게 재치 있는 레이건을 선택하였다.

레이건이 대통령이 된 지 두 달 후 큰 사건이 발생하였다. 대통령은 25살 청년인 존 헝클리가 쏜 총에 가슴을 맞고 쓰러졌다. 병원 응급실에 후송되어 목숨이 오가는 위급한 상황에서도 레이건은 유머를 잃지 않았다. 수술을 위해 바삐 움직이는 의사들에게 "자네들 공화당원 맞지?"라고 농담을 건네자 의사들은 "각하, 이 순간은 모든 국민이 하나입니다."라고 답했다고 한다.

그리고 수술이 끝난 다음 주변 사람들에게 "총알이 날아왔을 때 영화처럼 엎드리는 것을 깜박 잊어버렸소. 나를 쏜 친구가 내 새 양복에 구멍을 냈는데 그 친구 아버지가 부자라니 새 양복 한 벌 해주겠지?"라며 농담을 건네며 안심시켰다. 그리고 문병온 낸시 여사에게도 "여보 미안해요. 총알 피하는 것을 깜빡했어."라고 웃으며 말했다.

레이건은 위기 상황에서도 웃을 수 있는 담대한 리더였다. 비록 국정에 위기도 많았지만 유머 한마디로 국민을 안심시켰음은 물론, 어지러운 주변을 안정적으로 관리하였다. 그의 이런 낙천적인 삶의 여유에서 오는 자조적인 유머는 그를 국민과 가장 친화적인 미국 대통령으로서 사랑받게 하였다.

처칠과 레이건은 국민들로부터 존경받는 두 가지 공통점을 가지고 있다. 두 사람 모두 웃을 수 없는 환경 속에서 웃음을 줄 수 있는 여유와 낙관적인 삶을 살았다는 것이고, 또 하나는 그런 웃음을 위해 부단히 노력하였다는 점이다. 레이건도 처칠처럼 다른 사람에게 웃음을 주기 위해 평소 2,000개나 되는 유머를 카드에 적어 외우면서 다녔다. 그리고 이를 사용하기 위해 수시로 연습하였다고 한다.

정치의 선진국일수록 리더들의 유머는 더 자연스럽다. 서로의 생각들을 상대에게 전달하고 조율하는 데는 직설적인 화법보다는 유머가 훨씬 효과적이다. 풍자로 상대를 점잖게 비꼬기도 하고 해학으로 나의 생각을 기분 나쁘지 않게 전달하기도 한다. 딱딱한 회중會中의 분위기를 일순간 부드럽게 만드는 마력도 있다.

이러한 유머를 우리사회의 리더들은 어떻게 받아들일까? 아직까지도 우리 리더들은 유머에 그다지 익숙해 있지 않다. 바쁜 일상에 쫓기다보니 터놓고 웃을 수 있는 마음의 여유가 없다. 그러니 남을 웃길 일은 더더욱 없는 것이다. 사회적 편견도 한몫한다. 지체 높은 리더가 농담을 던지는 것은 스스로의 품위를 떨어뜨리는 가벼운 행동이라고 생각한다.

그러나 이러한 사회적 인식과 리더들의 생각은 바뀌어야 한다. 리더의 유머는 가벼운 행동이 아니라 한 차원 높은 소통의 기술이다. 웃음이 주는 해학과 풍자를 통해 자신의 메시지를 상대에게 함축적으로 전달할 수도 있다. 그리고 그런 유머는 조직의 분위기를 한층 더 부드럽고 화합적으로 이끌어 가기도 한다.

현대 경영의 대가 톰 피터스Tom Peters는 "웃지 않는 리더를 위해 일하지 말고, 웃음이 없는 곳에는 가지도 말라."고 하였다. 신세대 리더라면 이제 과거의 낡은 권위와 체면의 굴레에서 과감히 벗어나야 한다. 그리고 조직원들과 웃음을 통하여 격의 없이 다가서는 감성적인 리더로 탈바꿈해야 한다.

이런 리더의 유머는 조직이 어려울수록 더 필요하다. 힘든 일상에서 유머는 활성비타민과 같다. 침울했던 조직에 활력을 주고 긍정적인 희망을 전염시키는 바이러스다. 처칠과 레이건처럼 위기에서도 웃을 수 있는 여유를 통해 조직의 사기를 높여야 한다. 이것이야말로 어려운 현실을 극복하고 새로운 기회를 만들어가는 좋은 계기로 작용하기 때문이다.

심리학에서는 이를 리프레이밍 효과Reframing effect라고 하는데 '관점의 전환'을 의미한다. 같은 그림도 액자를 바꿔주면 달라 보이듯이 위기 상황에서 유머는 위축된 심리를 긍정적으로 전환시켜 새로운 힘과 사고를 이끌어낸다. 그리고 주변 사람들에게 신뢰와 믿음을 주어 위기에서 벗어날 수 있도록 도움을 받을 수 있다.

지위가 높은 사람들의 유머는 그만큼 가치도 크다. 근엄할 것 같은 리더가 유머로 좌중에 웃음을 준다면 사람들은 인간적인 친근감과 매력을 동시에 느낄 수 있다. 그렇다고 해서 아무 때나 농담을 하면 오히려 리더의 품격을 떨어뜨린다. 처칠과 레이건처럼 적재적소에 맞는 웃음을 주기 위해 항상 유머를 준비하고 학습하는 노력이 필요하다.

참고로 유머를 듣는 사람에게도 기본적인 자세가 필요하다고 한다. 사자성어로 '금시초문, 박장대소, 인격무관'의 3가지 예의를 갖추어야 한다는 우스갯소리가 있다. 알고 있는 내용도 처음 듣는 것처럼 반응해야 하고, 설령 재미가 없더라도 박장대소하며 웃음으로 호응해야 하며, 그 내용에 대해 인격과 결부시키지 말라는 의미이다. 훌륭한 유머는 듣는 사람이 만드는 것이다.

현대는 유머 있는 리더가 각광받는 시대이다. 웃음의 해악과 풍자가 없는 사회는 삭막하고 불행하다. 지금 우리사회의 갈등도 웃음이 부족하기 때문에 생기는 현상일지도 모른다. 각박한 세상에서 풍요로운 감성과 함께 새로운 활력을 주기 위해서는 대중의 밝은 웃음이 필요하다. 그리고 그 것을 위해서 리더는 유머라는 활성비타민을 끊임없이 제공해야 한다. 비록 선천적인 유머감각이 없더라도 레이건처럼 유머가 담긴 수첩 하나는 가지고 다니는 매력적인 리더가 되어야 하지 않을까?

제9장

갈등조정은 '협상(協商)'의 지혜로 한다

갈등해결의 열쇠는 '협상력'이다

리더는 갈등조정자로서 탁월한 협상가가 되어야 한다. 조직 내 대부분의 갈등은 리더가 그 해결책을 올바르게 제시하지 못하는 데 있다. 보통의 경우 문제 해결방식도 당사자 간의 서로 조금씩 양보하는 수준에서 타협점을 찾는다. 그러나 리더가 협상의 원리를 이해하면 서로의 욕구를 최대한 충족시키는 현명한 방법을 찾을 수 있다.

협상의 기본원리는 귤 하나를 효과적으로 나누는 법에서 시작한다. 어린형제가 귤 하나를 서로 가지려고 할 때 일반적인 생각으로는 귤을 반으로 나누면 공평하다고 생각할지 모른다. 그러나 노련한 협상가는 형제에게 "왜?" 그 귤을 가지려고 하는지를 묻는다. 가장 평범한 질문에 가장 지혜로운 답이 있다. 이를 테면 형은 귤껍질로 차를 만들어 마시려 하고 동생은 귤 알맹이를 먹으려고 한다는 것을 안다면 서로가 요구한 가치를 훨씬 크게 할 수 있다.

리더는 문제해결을 위한 공정한 방법이 단순하게 똑같이 나눈다는 개념으로 이해하지 않아야 한다. 상호 이해관계자들의 욕구를 정확히 알게 되면 해결의 방법과 범주를 크게 할 수 있다. 갈등관리를 위한 협상의 첫 번째 핵심적인 원리다.

그런데 만약 형제가 똑같이 귤을 먹으려 한다면 문제는 달라진다. 특별한 대안이 없으면 반으로 나눌 수밖에 없다. 이럴 때 공정하게 나누기 위한 방법 하나가 협상의 또 다른 원리이다. 그것은 힘이 센 형이 먼저 반을 나누게 하고 동생이 선택하게 하면 문제는 해결된다. 즉 '나누는 사람과 선택하는 사람이 다르면' 된다. 형 입장에서 귤을 잘못 나누어 크기가 다르면 동생이 큰 것을 선택할 것이 뻔한 일이므로 최대한 공정하게 나누기 위해 노력할 것이다.

이러한 방법은 과거 해양자원 채굴구역 배분문제로 선진국과 개발도상국간의 협상에서도 사용되었다. 당시 선진국에 비해 전문기술이 부족한 개발도상국 측에서는 상대적으로 불리한 지역을 배정받을 것에 대해 우려하였다. 이때 제시된 해결책이 전문기술이 우수한 선진국에서 먼저 공구를 두 개로 나누면 개발도상국에서 선택하는 방식이었다. 선진국은 자신들이 불리한 선택을 받지 않기 위해 최대한 공정하게 공구를 나누었다.

우리는 일상에서 수많은 문제와 갈등을 접하며 살아간다. 그런데 그러한 문제를 슬기롭게 해결하는 방식을 잘 알지 못한다. 미국의 허버트 사이먼Herbert Simon 교수는 '갈등의 일반적인 해결방법의 하나로 협상'을 들고 있다. 협상은 가장 합리적이고 효율적인 갈등해결 방식인 동시에 위기 상황에서 피 흘리지 않고 승리할 수 있는 중요한 수단이다.

일본의 **도요토미 히데요시**豐臣秀吉(1537~1598)는 우리민족에게 임진왜란이라는 커다란 전란의 상처를 준 인물로 잘 알려져 있다. 그러나 그도 한때 자신의 군대가 전멸의 위기에 몰린 적이 있었다. 하지만 협상을 통해 위기에서 군대를 구하고 전쟁에 승리하여 일본 전국시대를 통일로 이끌었다.

히데요시는 1537년 가난한 천민 출신의 아들로 태어나 일찍이 아버지를 여의고 계부 슬하에서 어렵게 살았다. 그의 외모는 원숭이를 닮아 아명兒名이 '코자루(일본어로 새끼원숭이)'로 불릴 정도로 볼품이 없었다.

그러나 누구보다도 꿈이 컸던 히데요시는 16세에 가출하여 세상을 떠돌다가 18세가 되던 해에 당시의 실력자인 오다 노부나가織田信長의 수하가 되면서 그의 운명은 바뀌기 시작하였다. 그에게 처음 맡겨진 일은 성城을 수리하는 일과 주방일과 같은 허드렛일이었다. 그러나 그는 항상 불평 없이 자신에게 주어진 일에 최선을 다하였다. 주군인 노부나가가 추운 겨울에 외출할 때는 신발을 가슴에 품었다가 신겨줄 정도로 지극 정성이었다.

1560년 23세에 노부나가의 하급전사로 오케하자마 전투에 처음 출전한 이래 노부나가와 생사고락을 같이 하며 수많은 호족들과의 전투에 참전하여 공을 세웠다. 1570년 가네가사키 전투에서는 노부나가가 부하의 배신으로 위기에 빠지자 목숨을 걸고 후위를 맡아 자살에 가까운 임무를 성공적으로 수행하였다. 이로써 그는 노부나가의 최측근 장수가 되었고 그의 삶도 탄탄대로였다.

1580년 10월 막강한 히데요시의 군대는 최대의 경쟁자인 모리 데루모토의 일가와 일전을 벌여 난공불락인 돗토리성을 함락시켰다. 그 여세로 빗추까지 진격하여 모리 가문인 시미즈 무네하루가 지키는 다카마쓰성高松城을 공략하게 되었다.

이 전투는 그야말로 일본 내 최대 가문의 사활이 걸린 중요한 전투였다. 전투는 모리 가문의 수비와 히데요시의 공격으로 팽팽한 접전을 이루었다. 히데요시는 성의 방어가 완강하자 주변 물길을 끌어들여 수공水攻으로 공격하면서 승기를 잡는 듯했다.

그러자 모리 데루모토는 유능한 장수와 증원병력을 대거 다카마쓰성의

격전지로 보냈다. 전력의 균형추는 다시 모리 가문 쪽으로 기울었다. 이에 히데요시 또한 전력의 열세를 보충하고자 긴급하게 주군인 노부나가에게 병력을 요청하였다.

노부나가는 전황의 중대성을 인식하고 친히 병력을 이끌고 출병하였다. 그러나 중도인 교토 혼노지本能寺에서 측근인 아케치 미쓰히데明智光秀의 배반으로 반란군에 포위되는 신세가 되었다. 그리고 부하들이 보는 앞에서 할복자살하는 치욕을 당하였다.

이런 사실을 알 리가 없는 히데요시는 노부나가의 증원병력이 오기를 학수고대하며 기다렸다. 그때 길을 헤매던 밀사가 히데요시의 군영에 도착하여 노부나가가 자살하였고 군대는 다른 곳으로 향했다는 청천벽력 같은 소식을 전했다. 히데요시는 망연자실할 수밖에 없었다. 주군을 잃은 슬픔도 있었지만 가뜩이나 열세인 부하들의 사기가 더 큰 문제였다.

그러나 히데요시는 그가 꾸던 꿈만큼 배포도 큰 장수였다. 즉시 자신의 마음을 가라앉히고 부하들을 독려하며 승리할 수 있다는 용기를 북돋아 주었다.

적에게 이런 상황이 새어나가지 않도록 밀사를 직접 베어버리고는 병력을 정비해 적의 성을 맹렬하게 공격하면서 적정을 살폈다.

그는 거기서 아직 적이 노부나가의 죽음을 알지 못한다는 사실을 알고 중대한 결심을 하였다. 현재의 자신의 군사로는 도저히 적의 증원된 병력을 상대하지 못하기 때문에 협상을 통해 난국을 타개하기로 마음먹었다.

비록 궁지에 몰렸지만 그는 전략가이면서 협상가다운 기지를 발휘하였다. 자신들의 약점을 적에게 노출시키지 않게 수시로 적을 공격하였다. 그러면서 한편으로는 모리 데루모토의 책사인 안코쿠지安國寺의 에케이에게 사람을 보내 은밀히 만날 것을 요청하였다. 다행히 만남은 성사되었다. 히데요시는 막사로 찾아온 에케이에게 당당하게 큰소리쳤다. "노부나가의 증원군이 당도하면 성은 곧 함락될 것이오. 그러면 수만 명의 목숨이 고기

밥魚肉이 될 것이니 서로 화친하는 것이 좋지 않겠소?"

에케이는 너무도 당당한 히데요시의 태도에 기가 죽고 말았다. 현재 자신의 진영 성내는 히데요시의 수공으로 많은 피해를 입었을 뿐 아니라 오랜 전쟁으로 병사들도 지쳐 있는 상황이었다. 더욱이 증원군이 온다고 하니 낭패가 아닐 수가 없었다. 에케이는 하는 수 없이 히데요시의 협상안을 받아들였다.

이때 히데요시는 한술 더 떠서 "이 전투의 책임자인 성주 시미즈 모네하루는 스스로 할복하고 주둔지역인 빗추와 호키를 넘겨주시오!"라는 까다로운 조건을 제시하였다.

한번 약점을 보인 에케이 입장에서는 묵살할 수 없는 상황이 되었다. 비록 받아들이기 어려운 가혹한 조건이었지만 히데요시의 의연하고도 서슬 퍼런 살기에 주눅이 들어 그만 이 협상안 모두를 받아들이게 되었다.

에케이는 자신의 본영으로 돌아가 주군인 모리 데루모토에게 협상안을 보고하여 허락을 받았다. 그리고 다카마쓰성의 성주인 시미즈 무네하루는 협상안대로 한척의 배를 타고 강으로 나와서 적장인 히데요시가 보는 앞에서 할복하였다. 결국 히데요시는 피한방울 흘리지 않고 절체절명의 위기 속에서 전쟁을 승리로 이끌었다.

이후 곧바로 군대를 돌려 자신의 주군을 죽음으로 몰고 간 배신자 아케치 미쓰히데를 징벌하기 위해 교토로 진군하였다. 미쓰히데는 예상치 못한 히데요시의 빠른 진군에 대비하지 못하고 패하여 도주하다가 부하에게 살해당하였다. 히데요시는 노부나가의 복수에 성공하고 군심을 모아 권력을 장악함으로써 노부나가의 뒤를 이어 새로운 패자가 되었다.

1590년 히데요시는 일본 전국을 통일하는 대업을 이뤘다. 그는 하찮은 천민출신으로는 상상하기 힘든 일본 최고의 자리인 관백에 올랐다. 이러한 성공은 그가 절체절명의 위기 상황에서도 평정심을 잃지 않고 적을 제압할 수 있는 협상력을 가진 전략가였기 때문에 가능한 것이었다.

그는 피를 보지 않고 상대를 제압하는 협상방법을 잘 아는 장수였다. 먼저 그는 상대에 대한 정보력이 뒷받침이 된 정확한 상황판단을 하였다. 적은 이미 전쟁에 지쳐 있고 노부나가의 죽음을 알지 못하는 상태에서 증원병력에 대한 두려움을 가지고 있다는 약점을 정확히 꿰뚫고 있었다. 그러면서 자신의 전력의 약점을 노출시키지 않기 위해 성을 공격하고 노부나가의 증원군을 구실로 협상력을 최대한 키웠다.

그리고 고도의 협상전략인 '니블링Nibbling, 일명 끼워 넣기' 전략을 통해 협상 마지막에는 적장의 목과 영토까지 추가적으로 획득하였다. 최초의 휴전협상안을 성공시킨 후 다음의 까다로운 추가조건도 수용하도록 고도의 심리 전략을 사용한 것이다.

그러나 무엇보다도 협상의 주도권을 잡을 수 있었던 것은 그의 정신력이었다. 모략과 음해가 난무하는 전쟁터에서 상대진영의 가장 영민한 책사에게 조금이라도 불안한 기색을 보였다면 상대는 그 즉시 의도를 의심했을 것이다. 그러나 히데요시는 당당하고 흔들림 없는 평정심으로 상대의 기세를 꺾고 백기를 들게 하였다. 위기 상황에서의 협상은 이런 리더의 배포가 승패의 중요한 요소가 된다.

히데요시는 일본 전국시대의 3대 영웅 중 한 사람으로 꼽히는 인물이다. 그가 모셨던 주군인 오다 노부나가, 그리고 도쿠가와 이에야스와 함께 후세의 일본인들에게는 군신軍神으로 추앙받고 있다.

이 세 명의 영웅들은 모두 비슷한 시대의 사람들이었지만 전혀 다른 성향의 리더십을 가졌다. 후대의 사람들은 "만약 두견새가 울지 않으면 어떻게 하겠는가?"라는 질문으로 이 세 사람의 리더십을 표현하였다.

먼저 노부나가는 그의 강직한 성품으로 볼 때 "두견새가 울지 않으면 바로 죽여 버렸을 것이다.", 인내심이 많은 이에야스는 "두견새가 울지 않으면 울 때까지 기다렸을 것이다."와 같은 대답을 할 거라 평가하였다. 반면 히데요시는 "두견새가 울지 않으면 울게 만들 것이다."라고 대답할 것이라 하는데, 그의 성격을 보여주는 적절한 평가이다.

우리는 후세 사람들의 이런 평가에서 히데요시의 위대한 협상가적인 리더십을 발견할 수 있다. 협상에서는 노부나가처럼 극단적인 결정을 해서도 안 되고 이에야스처럼 무작정 기다려서도 안 된다. 히데요시처럼 두 견새가 울지 않으면 울게 만들 수 있는 지혜를 가져야 한다.

그리고 그것은 결코 어려운 기술이 아니다. 늘 우리 일상에 접하고 있는 삶을 지혜롭게 적용하면 된다. 귤 하나를 나눌 때 "왜?"라는 가장 기본적인 물음이 그 답이 된다. 히데요시와 에케이와의 사활을 건 협상에서도 "왜?"라는 의문을 에케이가 심도 있게 가졌다면 승자와 패자가 바뀌었을 것이다.

협상은 여러 분야가 있지만 갈등관리를 위한 협상은 '서로 다른 인식과 이해관계를 조율해 나가는 과정'이라 할 수 있다. 목전의 이익보다는 상호관계를 중시해야 한다. 노부나가의 극단적인 결정처럼 하나를 선택하면 하나를 버려야 하는 양자택일 과정이 아니다.

미국의 로저 마틴Roger Martin 교수는 "리더의 이러한 이분법적 사고에 의한 양자택일로는 최고의 리더가 될 수 없다."고 단언하였다. 갈등조정자로서 리더는 이분법적 사고에 매몰되어서는 안 된다. 서로 대립되는 이해관계 중에서 하나를 선택하는 것이 아니라 상호 이익이 될 수 있는 통합적인 창조적 대안Creative option을 찾아내는 협상적 사고를 해야 한다.

협상은 리더를 현명한 해결사로 만든다. 조직갈등의 최후의 조정자로서 협상의 원리를 이해하면 갈등을 지혜롭게 풀 수 있다. 가장 합리적이면서도 서로의 이익이 되는 결론을 낼 수 있기 때문이다. 스스로 솔로몬의 지혜가 없다고 탓하지 말고 협상을 통해 그 지혜를 갖추도록 노력하는 리더가 되어야 한다. 협상을 모르는 리더는 결단코 현명한 리더십을 발휘할 수 없다!

'갈등이슈'에 집중하고 상대를 존중한다

우리는 흔히 범죄자를 보고 '죄는 미워하되 사람은 미워하지 말라'고 한다. 갈등관리 협상에서 꼭 필요한 말이다. 갈등의 이슈Issue에 대해서는 치열하게 논쟁을 하더라도 상대인 사람을 미워해서는 안 된다. 즉 갈등이슈와 상대인 사람은 분리해서 다루어야 한다는 말이다.

유능한 협상가는 상대를 적으로 보지 않고 갈등이슈를 같이 공격하는 동반자라고 생각한다. 그래야만 협상의 결과에 상관없이 좋은 관계를 맺을 수 있다.

독일의 명장 **에르빈 롬멜**Erwin Rommel 장군은 '사막의 여우'라는 별명을 가진 제2차 세계대전의 영웅이다. 그는 영국과의 전투에서는 한 치의 양보도 없는 두려움의 대상이었지만 전투가 끝나면 비록 적군이라도 인간적인 배려를 아끼지 않았다. 즉 전투의 이슈와 사람과는 철저하게 분리하여 대하는 소신과 철학을 가진 지휘관이었다.

롬멜은 1891년 교사인 아버지와 고위 관리의 딸이었던 어머니 사이에서 태어나 평범한 어린 시절을 보냈다. 유독 흰 피부 때문에 '백곰'이라는 별명이 있었으며, 학업성적은 그리 좋지 않았다. 하지만 그가 1912년, 21세의 나이로 장교로 임관하면서 그의 능력은 두드러지기 시작했다. 위관 시절에는 제1차 세계대전에 참전하여 혁혁한 전과를 거두어 철십자 훈장을 받기도 하였다. 이후 수많은 전쟁터를 오고 갔지만, "선봉에 서서 지휘하라!"는 그의 평소 신념대로 항상 선두에서 부하들을 이끌었다.

롬멜은 용감한 지휘관이었지만 교리에도 밝았다. 특히 그는 전차기동전에 대해서 탁월한 식견과 능력을 가지고 있어 '기동전의 천재'라는 평을 받았다. 이런 롬멜의 존재는 점차 독일군은 물론 연합군에게도 알려졌다. 영국의 처칠에게는 두려움의 대상이었지만 히틀러에게는 최후의 보루나 마찬가지였다.

제2차 세계대전이 한창이던 1941년 2월 독일과 영국군은 북아프리카

리비아에서 한판 승부를 벌였다. 양국 간의 전쟁양상을 가늠할 주요한 전투였다. 이때 히틀러는 자신이 믿고 있던 롬멜장군에게 북아프리카에서 영국군을 몰아내라는 특명을 내렸다.

롬멜은 히틀러의 명령을 받고 현지에 투입된 지 한 달 만에 기동전의 천재답게 리비아 동쪽 650km까지 진격해서 영국군 두 개 기갑여단을 몰아냈다. 그리고 두 달 만에 영국의 마지막 요새인 토브루크만 남기고 영국군 모두를 이집트에서 몰아내고 전투에서 승리하였다.

처칠은 이 전투를 '1급 재앙'이라고 불렀고 영국언론은 롬멜에게 '사막의 여우Desert fox'라는 별명을 지어주었다. 처칠은 하원에서 롬멜에 대해 "전쟁의 참상을 떠나 그는 위대한 장군이다."라며 극찬하였다.

이처럼 롬멜은 적국에서도 칭찬받을 정도로 위대한 전략가였다. 늘 적이 예상하지 못하는 곳에 나타났고, 적과 본격적으로 맞붙어 전투할 때는 항상 적보다 많은 전차를 투입하는 집중력을 보였다. 도주하는 적들은 어느새 먼저 와있는 롬멜의 기갑부대를 보고 기가 꺾였다. 이는 롬멜이 "승리는 항상 먼저 공격하는 자의 것이다. 늦게 움직이는 자는 패배한다."는 지론을 전략에 잘 적용시킴으로써 가능하였다.

이렇듯 롬멜은 전투상황에서는 적에게 한 치의 양보나 아량을 베풀지 않았지만 전투가 끝나면 적과 아군을 가리지 않고 부상병을 치료해주는 등 인간적인 배려를 아끼지 않았다. 적의 포로 또한 극진하게 예우하여 군인으로서 서로 존중하도록 하였다.

영국군 야전병원에 식수가 떨어졌다는 소식을 듣자 부하를 시켜 식수차에 백기를 꽂고 적진에 들어가 적에게 물을 공급하였다. 영국군은 그 보답으로 위스키를 롬멜에게 보냈다고 한다. 그리고 저녁이면 전선을 사이에 두고 전선의 인기가요인 '릴리 마를렌Lili Marieen'을 틀어주어 아군과 적군 병사들의 고단한 마음을 달래주었다. 이 노래는 연인을 그리는 초병의 마음을 담은 노래다. "막사의 저편 가로등 으스름/그 아래서 만나리라."로 시작하는 이 노래를 듣고 적군 저격수가 울면서 투항했다는 사연이 있을 정도다.

잔혹한 전쟁터에서 롬멜의 이러한 행동은 적군과 아군 모두에게 존경의 대상이 되었다. 하지만 위대한 군인이자 휴머니스트였던 롬멜에게는 한 가지 불행한 것이 있었다. 히틀러라는 독재자를 상관으로 두었다는 것이다. 롬멜은 전쟁이 끝나기 1년 전인 1944년 봄에 비밀리 시행되었던 히틀러의 암살계획에 연루되어 자결함으로써 비참하게 삶을 마감하였다.

롬멜은 비록 히틀러의 충복으로서 비참한 최후를 맞이하였지만 오늘날까지도 사람들에게 존경을 받고 있다. 특히 제2차 세계대전에 참전하였던 많은 영국의 퇴역병사들은 요즘도 롬멜의 묘지를 찾아 거수경례를 하면서 존경을 표한다고 한다. 그것은 롬멜이 전쟁의 참혹한 갈등이슈 속에서도 적국의 사람까지도 따뜻한 인간애로 대해 주었기 때문이다.

우리는 롬멜의 이야기를 통해 소중한 교훈을 얻어야 한다. 서로의 목숨을 담보로 하는 적군과의 관계도 존중과 배려로 개선될 수 있는데 하물며 서로 다른 생각의 차이를 조율하는 협상과정에서 상대를 미워할 이유가 없다는 점이다.

협상은 이성을 가진 사람들이 하는 것이다. 서로의 인식과 이해의 차이로 인한 갈등은 이성으로 풀면 된다. 그것을 상대의 인격과 연관시켜 공격해서는 안 된다. 특히 갈등관리 협상은 상대의 인격을 존중하면서 그 이슈에 집중하면 의외로 쉽게 풀린다.

1998년 10월, 남미의 에콰도르와 페루 사이에는 스페인 정복기인 16세기부터 시작되었던 수백 년 동안의 국경분쟁을 해결하는 협상안이 기적적으로 타결되었다. 이 기적적인 협상을 타결시킨 장본인은 의외로 취임한 지 4일밖에 되지 않은 에콰도르의 마우아드Jamil Mahuad 대통령이었다.

문제가 되었던 티원차 지역은 양국 국경이 위치한 곳으로 아마존의 엄청난 소유권이 걸려있어 두 나라 모두 양보할 수 없었다. 그동안 양국은 여러 번의 전쟁과 대화, 그리고 3자의 중재에도 불구하고 분쟁을 해결하는 데 실패했다.

마후아드 대통령은 취임일성으로 "티윈차 지역의 분쟁을 끝내겠습니다."라고 국민들에게 약속한 바 있고, 이에 따라 참모들도 전투의지를 높이며 긴장하고 있었다. 그런데 신참대통령으로서는 막상 협상테이블에 나올 상대가 페루를 8년 동안 통치해온 베테랑 대통령인 후지모리라는 사실이 버겁기만 하였다.

드디어 양국의 정상은 이 문제를 논의하기 위해 협상테이블에 앉게 되었다. 마후아드 대통령은 먼저 무슨 말을 해야 할지를 놓고 고민하였다. 기선 제압을 위해 세게 나가다가 잘못하여 국민과의 약속을 어기고 전쟁을 하게 되진 않을지 걱정하면서도 양보할 수는 없었던 것이다.

그러다가 고민 끝에 내뱉은 첫마디는 의외였다. "제가 대통령이 된 지 얼마 되지 않았는데도 이렇게 힘이 드는데 그동안 페루를 8년이나 이끌어오시다니 정말 존경스럽습니다. 이번 양국 간의 평화를 위해 선배 대통령으로서의 경험을 배울 수 있는 기회가 되기를 기대합니다!"

이 말을 들은 후지모리 대통령은 깜짝 놀랐다. '신참 대통령이 저돌적으로 밀어붙이면 어떻게 하나?' 하고 내심 걱정하던 터였다. 두 정상은 '대통령이 얼마나 힘들고 외로운 자리인가?'에 대한 공감대를 형성하며 인간적인 유대관계를 맺었다.

협상의 분위기는 바뀌었다. 그동안 냉랭했던 분위기는 사라지고 부드러운 가운데 순조롭게 진행되었다. 언론에는 양국 정상이 같은 자료를 보고 있는 사진을 보도하면서 "이제부터 두 정상은 적이 아니라 양국의 평화라는 공동의 목적을 가진 동지다."라는 메시지를 각국 국민들에게 보냈다.

마후아드 대통령은 협상 도중에도 진심으로 상대 대통령에게 "저는 우리나라 국회를 어떻게 설득할지 고민입니다. 국회를 상대하는 방법을 저보다는 많이 알고 계시니 알려주십시오. 국회에서 추궁하면 제가 뭐라고 대답하면 좋겠습니까?"라고 조언을 구하였다.

양국의 대통령은 양국의 영토분쟁 해결이라는 갈등이슈에 대해 적이 아닌 동반자로서의 역할을 주고받았다. 그동안 두 나라 간의 쌓인 민족감정은 철저히 배제되었다. 결국 두 정상은 도저히 해결되지 않을 것 같았던 갈등에 종지부를 찍는 합의를 하게 되었다. 그리고 그해 노벨평화상의 후보로 지명되기까지 하였다.

이 협상에서 성공의 열쇠는 마후아드 대통령이 가지고 있었다. 그는 대통령으로서는 신참이었지만 협상에서는 현명한 고수의 길을 선택하였다. 아무리 극한적인 대립과 갈등상황이라도 그 이슈와 상대는 엄격하게 분리하여 상대할 줄 알았다.

우리는 흔히 문제와 상대를 같이 보기가 쉽다. 남편이 아내에게 "부엌이 엉망이야."라고 말할 때 단지 문제를 지적하기 위한 것임에도 불구하고 아내는 자신에게 불만을 토로하는 인신공격으로 생각한다. 그래서 곧잘 문제에 대한 분노가 그와 관련된 사람에 대한 분노로 연결된다.

에콰도르와 페루의 갈등 또한 그동안 본질적인 영토문제와 양국 민족감정이 복잡하게 얽혀 있어 해결되지 못했던 것이다. 우리 주변에 풀리지 않는 갈등의 문제들도 대부분 본질적인 갈등의 이슈와 상대와의 감정들이 미묘하게 얽혀 있기 때문에 해결되지 않는 경우가 많다.

현명한 협상가는 먼저 이슈와 사람을 분리하여 대한다. 롬멜 장군이 전쟁이라는 이슈에는 냉혹할 정도로 승리에 집착하였지만 사람에게는 비록 적군이라도 한없는 아량을 베푼 것도 이와 같은 맥락이다. 상대와의 갈등에서 문제의 본질과 상대방을 분리할 수 있다면 감정보다는 이성으로 문제를 해결할 수 있다.

그러려면 먼저 상대와 인간적인 공감대를 형성하는 것이 중요하다. 미국의 하버드대학교 협상학 교수인 대니얼 샤피로Daniel Shapiro는 "협상 시 상대와 절대로 대립관계를 형성하지 말고 서로 교감을 형성하라."고 하였다.

협상 전 마후아드 대통령의 인간적인 접근은 본질적인 문제와는 별개로 상대에게 쉽게 공감하게 하는 촉매제가 되었다.

갈등관리 협상에서는 본론에 앞서 이런 촉매제가 필요하다. 협상에 임하기 전에 상대와 우호적인 관계를 유지할 필요가 있다. 무조건 "본론으로 들어갑시다."나 "요점이 뭡니까?"로 접근하는 것은 워밍업 없이 과격한 운동을 하는 것과 마찬가지다. 상대의 입장을 존중하면서 사적인 공통관심사인 취미나 운동, 건강 같은 것에 대해 이야기를 나누면서 워밍업을 하는 것이 좋다. 그 다음 본론의 협상으로 들어가면 분위기는 훨씬 부드러워진다.

협상에 임하여서는 상대와 같은 입장에서 오로지 문제가 되는 이슈에 집중해야 한다. 상대의 의사를 존중해주면서 문제해결에 장애가 걸림돌을 하나씩 제거하는 데 뜻을 같이 해야 한다. 때로는 마후아드 대통령이 국회 비준 문제에 대해 조언을 구하였듯이 자신의 어려운 입장을 상대에게 이해시키는 것도 좋은 방법이다.

그럼에도 불구하고 협상이 제대로 진전되지 않을 때는 쉬운 것부터 다시 시작하는 것이 좋다. 시험문제처럼 어려운 문제는 뒤로 미루어 두고 서로 합의가 쉬운 문제를 해결해 나가면 서로 간의 신뢰가 쌓이게 되고, 한 번 합의에 이르면 깨기 싫은 일관성 심리와 니블링 전략으로 더 큰 합의를 할 수 있다.

갈등관리 협상은 사람을 다루는 기술이다. 서로 간 이해관계의 차이는 조율해 나가면 된다. 그러나 서로의 감정에 문제가 생기면 다시 회복하기는 쉽지 않다. 갈등을 이성적으로 관리하기 위해서는 복잡하게 얽혀 있는 갈등의 문제를 사람과 분리해서 다루는 것이다. 협상에서 상대는 극복할 대상이 아니라 나와 같은 입장에서 갈등이슈를 상대할 파트너로 생각해야 한다. 이것이 갈등조정자인 리더가 가져야 할 가장 핵심적인 협상의 리더십이다.

'객관적인 근거'로 논란을 잠재운다

사람들은 일반적으로 통계나 수치와 같은 객관적인 근거Rational & Data를 신뢰한다. 비록 정확하지 않더라도 근거를 제시하면 상대를 쉽게 설득할 수 있다. 노련한 협상가는 이런 심리를 이용하여 논란을 잠재우기 위해 활용하기도 한다. 서로의 의견이 대립될 때 객관적인 근거를 제시하면 협상에서 우위를 차지할 수 있다.

미국의 대표적인 자동차 회사인 크라이슬러Chrysler가 1979년에 맞은 심각한 부도사태를 해결하는 데도 이러한 방식의 협상이 활용되었다.

크라이슬러는 G/M, 포드사와 함께 미국의 3대 자동차 회사 중 하나다. 이 회사는 1925년 미국 캔자스 출신 월터 크라이슬러Walter Chrysler가 창업한 이래 꾸준한 성장세를 보이며 미국 자동차 업계를 주도하였다. 특히 1960년 고성능 머슬 카Muscle car의 붐을 타고 회사는 엄청난 성장을 하였다.

그러나 1970년대에 들어서면서 전 세계적으로 몰아친 오일 쇼크로 인해 잠시 주춤하더니 이후 무리한 인수와 합병으로 회사 경영이 점차 악화되기 시작하였다. 79년도에 들어서면서 2차 오일쇼크가 발생하자 회사는 무려 11억 달러나 되는 적자를 내며 부도위기를 맞았다.

그러자 회사는 이 위기를 타개하기 위해 자동차 업계의 경영귀재라고 불리는 리 아이아코카Lee A Iacocca를 회장으로 영입하였다. 신임회장은 대대적인 개혁을 착수하기 시작하였다. 부사장 35명 중 33명을 해임하고 근로자 8,500명을 해고했다. 고통분담 차원에서 자신의 연봉을 1달러로 하고 근로자들의 연봉도 일률적으로 10% 감봉하였다. 그리고 팔리지 않는 자동차 라인은 과감하게 정리하는 등 대대적 경영합리화 정책을 밀어붙였다.

그런데 문제는 돈이었다. 아무리 내부 구조조정을 해도 눈덩이처럼 불어나는 적자를 메우는 데는 한계가 있었다. 아이아코카 회장은 고민 끝에 정부의 재정지원을 받아 이 난국을 타개하기로 결심하였다.

이를 위해서는 먼저 의회의 동의가 필요하였다. 회장은 개별적으로 의원들을 설득하기 위해 의원실을 찾아가 회사의 어려움을 호소하며 지원을 요청하였다. "우리 회사의 사활이 걸린 문제인 만큼 의원님들의 도움이 필요합니다."라고 했지만 의원들 대부분은 냉담한 반응을 보였다. "정부가 민간기업을 구제하기 위해 관여해서는 안 된다."는 입장이었다.

아이아코카 회장은 어떻게 해서든 부정적인 반응을 보이는 의원들을 설득하여 정부의 지원금을 받아내야만 죽어가는 회사를 살릴 수 있었다. 그는 다시 한 번 의원들을 만나 회사문제를 설득하기로 마음먹었다. 의원 총회가 열리는 날 의원들 앞에 선 아이아코카 회장은 비장하게 이렇게 말했다.

"의원 여러분! 여러분들이 저의 의견에 동의하지 않는다는 것에 대해 충분히 이해합니다. 하지만 여러분이 크라이슬러의 대출을 보증하지 않는다면 하루 사이에 미국 내 실업률은 0.5%가 늘어나고 수만 개의 일자리가 사라지게 됩니다. 그러면 미국의 시장경제는 어떻게 되겠습니까?"

순간 의원들의 표정은 숙연해졌다. 그는 회사의 부도가 미국에 끼치는 영향을 객관적인 근거인 수치로 제시하여 강력히 호소한 것이다. 이 강력한 설득은 즉시 효과가 있었다. 냉담하던 대부분의 의원들이 아이아코카 회장의 말에 동의하였다. 결국 의회의 승인으로 크라이슬러는 정부의 지원금을 받게 되었다.

크라이슬러 회사는 정부로부터 향후 10년 내에 갚는다는 조건으로 12억 달러를 빌렸다. 회장은 이 지원금으로 우선 적자 대금을 지불하였다. 그리고 나머지 자금을 기반으로 안정된 가운데 사업을 추진하여 위기를 극복하기 시작하였다. 그의 탁월한 사업수완은 곧 빛을 발휘하기 시작하였다.

1981년, 17억 달러 적자인 회사의 재무구조를 그 다음 해에는 1억 7천만 달러의 흑자로 바꾸어 놓았다. 그리고 83년에는 융자금 12억 달러를 예정보다 7년이나 앞당겨 모두 상환하였다. 크라이슬러는 아이아코카 회장의 위기관리 능력으로 오늘날까지 명차의 계보를 잇고 있다.

사람들은 일반적으로 통계나 수치와 같은 근거를 신뢰한다. 아이아코카 회장이 반대하는 정치인들을 설득할 수 있었던 것은 수치가 주는 마력 때문이었다. 그래서 유능한 협상가는 이런 심리를 이용하여 상대를 설득하는데 활용한다.

미국인들에게 가장 대중적인 대통령으로 사랑받았던 **로널드 레이건** 역시 탁월한 협상능력을 가진 리더였다. 그는 연방정부의 재정악화 때문에 2년간 동결한 연방공무원의 연봉을 또다시 동결하는 데 이러한 협상카드를 사용하여 갈등국면을 타개하였다.

레이건 대통령은 그동안 임금 동결로 불만이 많은 연방공무원들을 정부차원에서 설득해야만 했다. 그러나 또다시 3년째 연봉을 동결한다고 발표하면 당장 불만을 표출하며 심하게 반발할 것이라는 사실을 너무나도 잘 알고 있었다.

레이건은 고민 끝에 기자회견을 열고 이렇게 말했다. "현재 정부는 3년 연속 경기가 좋지 않아 예산을 충분히 확보할 수 없었습니다. 그래서 불가피하게 연방공무원의 연봉을 5% 삭감하려고 합니다."

레이건의 이런 발표는 공무원들의 불만이라는 화약고에 불을 지폈다. 가뜩이나 2년 동안 연봉이 동결되어 경제사정이 어려웠는데 오히려 연봉을 삭감한다는 것은 용납되지 않았다. 공무원들은 사무실을 박차고 나가 피켓시위를 하는 등 직접적인 불만을 터트렸다.

레이건은 이에 대해 일체의 반응을 보이지 않았다. 그리고는 그는 협상의 고수답게 2주 후에 다시 기자회견을 열고 "저도 여러분처럼 연봉삭감 문제로 고통스럽습니다. 밤을 새워가며 고민한 결과 올해는 공무원들의 연봉을 동결하기로 결정했습니다. 대신 연방예산을 절감할 수 있는 다른 방안을 계속 고민하겠습니다. 공무원 여러분들의 적극적인 동참을 기대합니다!"라고 말했다.

연방공무원들은 또다시 불만을 표출하며 거리로 항위시위를 나갔을까? 아니다. 그들은 대통령의 연봉동결을 환호하며 받아들였다. 거기에는 5%의 수치가 마법으로 작용하였다.

만약 대통령이 3년 연속 연봉을 동결하겠다는 발표를 처음부터 하였다면 공무원들은 반발하였을 것이다. 그러나 5% 삭감하겠다는 발표를 하였다가 철회하고 동결하겠다고 발표하였다. 이것은 마치 공무원들 입장에서 5%를 더 받을 수 있다는 느낌을 주기에 충분하였다.

대통령은 연봉삭감이라는 협상전술을 통해 당초 연봉동결이라는 원하는 결론을 무리 없이 얻어냈다. 여기에는 협상의 두 가지 지혜가 담겨 있다. 하나는 앞에서 언급한 수치에 민감한 사람들의 심리를 활용한 것이고 또 하나는 협상에서 흔히 사용하는 '높게 겨누는 Aim high 전략'을 사용하였다는 점이다. Aim high 전략은 협상에서 첫 제안을 무조건 높게 하라는 전략이다. 레이건이 첫 기자회견 시 동결을 발표하지 않고 5% 연봉삭감을 높게 발표한 것은 이러한 Aim high 전략에 근거한 것이다.

그렇다고 해서 지나치게 황당한 제안을 하면 오히려 서로의 신뢰를 깨는 독이 된다. 적절한 근거를 통하여 이 전략을 사용하면 협상에서 상대의 우위에 서서 설득할 수 있다.

협상에서 이러한 객관적인 근거는 갈등관계에 있는 상대를 공격할 수 있는 좋은 무기다. 삼국지에서 제갈공명은 주군인 유비와 의형제를 맺은 관우와 장비를 다루기가 여간 힘들지 않았다. 비록 두 장수가 자신의 군령을 받는 입장이지만 주군과의 관계를 의식하지 않을 수 없었다.

특히 장비는 성격이 괴팍하고 술만 먹으면 부하들을 못살게 굴 뿐 아니라 자신의 명령에도 대놓고 반기를 들기 일쑤였다. 제갈공명은 이런 사나운 범 두 마리를 상대하기 위해 묘책을 썼다.

그것은 반드시 출정 전에 자신의 명령에 따를 것을 명시하는 군령장을 쓰도록 하였다. 그리고는 그것을 위반했을 때는 군령장을 근거로 엄중하게 책임을 물었다. 아무리 유비의 의형제이고 사나운 호랑이 같은 관우와 장비였지만 명확한 근거에 대해서는 이의를 제기할 수 없었다.

갈등관리 협상에서도 객관적인 근거는 큰 힘이다. 누구나 인정할 수 있는 근거를 제시하면 상대를 쉽게 무장해제시킬 수 있다. 협상에서 사용되는 객관적인 근거는 통계, 수치, 시장의 정찰가격, 과학적이고 전문적인 판단 및 자료 등이 있다. 그중에서도 앞에서 설명한 통계나 수치를 적절히 활용하면 큰 설득력을 가진다.

미국의 월스트리트 저널의 한 논고에서 빌게이츠의 어마어마한 재산을 설명하면서 다음과 같은 표현을 썼다. "만약 자신의 재산에 비례해서 연인과 함께 영화를 보기 위해 입장료를 낸다면 빌게이츠는 1천 9백만 달러를 지불해야 한다."고 하였다. 우리 돈으로 만 원 이내의 영화 관람을 위한 일반요금이 빌게이츠의 재산으로 환산하면 200억 원이 넘는 돈을 지불해야 한다는 것이다. 단지 그의 재산을 많다고 개념적으로 설명하기보다는 구체적인 통계나 수치로 설명하는 것이 훨씬 정확하고 신뢰성 있게 느껴진다.

그런데 제한적이기는 하지만 허수虛數를 이용하는 경우도 있다. 예를 들면 미국의 남북전쟁 때 군인의 전사자 수가 100만 명이 조금 못 된다는 것보다는 비록 가공된 숫자이지만 97만 6,530명(실제는 87만 6천여 명)이라고 구체적으로 설명하는 것이 훨씬 정확하다는 인식을 줄 수 있다.

경험이 많은 협상가 중에는 자신이 가지고 있는 근거가 더 객관적이라는 사실을 강조하기 위해 일부러 수치를 세부적으로 제시하면서 검증되지 않은 허수를 사용하여 협상력을 강화하기도 한다. 그러나 이는 단편적인 논리를 강화하는 효과는 있지만 잘못하면 전체의 신뢰도를 떨어뜨리므로 주의해야 한다.

협상에서 객관적인 근거가 중요한 역할을 하지만 그것이 권위가 있을 때 더 큰 위력을 가진다. 이를 테면 같은 학자의 견해라도 노벨상 수상자의 자료는 일반학자보다 더 큰 설득력을 가진다. 법률이 규정이나 내규보다 상위의 판단 근거가 되는 것은 당연하다. 내가 제시한 근거가 상대보다 얼마나 권위가 있는지에 따라서 협상의 우위가 바뀔 수 있다.

만약 서로가 제시한 근거에 차이가 있을 때는 이를 좁혀야 한다. 이것이 여의치 않을 때는 3자 개입을 요청하는 것이 좋다. 양측에서 모두 신뢰하는 제3자에게 제안된 기준을 제시하면서 가장 적절한 기준으로 결정해 줄 것을 부탁하는 것이다.

마지막으로 내가 가지고 있는 근거가 정확하고 객관적이라면 나의 협상력을 키울 수 있는 좋은 배트나BATANA(Best Alternative To a Negotiated Agreement)로 활용할 수 있다. 배트나는 상대와의 협상 시 내가 선택할 수 있는 '최선의 대안'을 말한다. 만약 상대와 가격논쟁이 벌어졌을 때 그것의 시중가격이나 정부고시 가격을 정확히 알고 있다면 그것으로 상대를 설득할 수 있다. 반대로 상대가 나에게 무리하게 요구하는 것, 즉 앞의 Aim high 전략 등을 원천에서 봉쇄할 수 있는 좋은 방어책이 되기도 한다.

이렇듯 갈등관리 협상에서 객관적 근거는 매우 중요한 요소다. 서로의 상반된 이해관계를 가장 이성적인 방법으로 타개할 수 있는 기준을 제공하기 때문이다. 올바른 협상가는 절대 상대의 약점을 공격하여 굴복시키려 하지 않는다. 논란의 여지가 있는 의제에 대해서는 사전 관련근거를 충분히 연구하여 나의 협상력을 키우는 데 힘쓸 것이다. 그리고 그 근거를 통하여 상대를 이성적으로 설득할 것이다. 근거가 명확하면 논란도 잠재울 수 있다.

'근본적 욕구'를 찾아 대안을 제시한다

갈등관리 협상은 표면적인 입장Position보다는 근본적인 욕구Needs를 파악하는 것이 중요하다. 입장이 겉으로 보인 사람의 얼굴이라면 근본적인 욕구는 내면에 감추어진 사람의 마음과도 같다. 겉으로 보인 입장에 현혹되어 상대의 근원적인 욕구를 알지 못하면 갈등을 관리하기 위한 협상에 성공할 수 없다.

지금까지 역사적으로 가장 치욕적인 협상을 한 정치가라면 영국의 네빌 체임벌린Neville Chamberlain(1869~1940) 수상을 꼽는 사람이 많다. 그는 협상 상대인 히틀러의 음흉한 숨은 욕구를 간파하지 못하고 평화만을 외치다가 무방비 상태로 제2차 세계대전을 맞게 되었다. 이런 비운은 체임벌린의 짧은 정치이력과도 무관하지 않았다.

체임벌린은 1869년 영국 정치가의 둘째 아들로 태어나 40대 초반까지는 기업인으로서 성공적인 삶을 살았다. 그러다가 42세의 비교적 늦은 나이에 주변의 권유에 따라 고향인 버밍햄 시장으로 출마하여 당선되면서 정치인의 길을 걷게 되었다.

정치인으로서의 시운이 따라서인지 1937년, 48세의 나이에 보수당의 당수가 된 체임벌린은 총리인 스탠리 볼드윈이 갑자기 사임하자 총리직을 승계하여 제59대 대영제국의 총리가 되었다. 당시 영국 국민은 수상이었던 처칠의 히틀러에 대한 강경정책에 식상해 있었다. 신임 총리인 체임벌린이 대화와 타협의 온건정치를 표방하는 노선을 걷자 그의 정책을 열렬히 환영하였다.

그런데 당면문제는 주변국의 안보상황이었다. 독일이 점차 세력을 키워가며 주변국을 위협하기 시작한 것이다. 그동안 영국은 경제공황으로 내부 경제사정이 좋지 않아 군축을 단행하였던 터라 심각한 안보문제가 아닐 수 없었다.

더욱이 체임벌린은 경제전문가 출신으로 외교나 정치를 보는 식견이 그다지 밝지 못하였다. 단지 주변국의 군사력 판단을 정보기관의 보고에만 의존하고 있었다. 그는 자국의 군사력은 지나치게 과소평가한 반면 히틀러의 군사력은 지나치게 과대평가하였다. 그러나 실상은 히틀러 역시 영국이 강경하게 나가면 군사적으로 맞설 능력을 갖추지 못한 것은 마찬가지였다.

1938년 3월 독일의 히틀러는 주변국에 대한 군사적 위협을 더욱 노골적으로 하였다. 독일계 주민이 많이 살고 있는 체코의 수데텐Sudeten 지역을 침공하기 위해 병력을 집결시켰다. 히틀러의 이런 군사적인 행동에 위협을 느낀 체임벌린은 히틀러와 이 문제를 평화적으로 해결하기를 원했다. 이를 위해 그는 독일을 방문하여 히틀러와 담판을 짓기로 마음먹었다.

1938년 9월 15일 체임벌린을 태운 비행기는 독일의 남동쪽 휴양도시인 베르히테스가덴Berchtesgarden을 향하였다. 산꼭대기에 있는 히틀러의 별장인 독수리 요새要塞에서 히틀러를 만났다. 그는 히틀러에게 체코의 수데텐 지역의 무력침공을 자제해줄 것을 요청하였다. 그러나 히틀러의 반응은 썩 긍정적이지 않았다.

별 소득 없이 돌아온 체임벌린은 히틀러의 위협이 계속되자 9월 30일 히틀러를 뮌헨에서 만나 다시 한 번 이 문제를 가지고 협상하였다. 온건파인 체임벌린은 어떻게 해서든지 이 전쟁을 막고자 하였으나 히틀러는 자신의 군사력을 과신하며 협상을 주도적으로 이끌었다.

얼마간의 진통 끝에 뮌헨 조약이 양국의 정상에 의해 조인되었다. 그런데 이 조약은 영국 입장에서 보면 동등한 두 나라의 정상이 합의한 것치고는 너무나 치욕적이고 불공정한 것이었다. 히틀러가 체코를 침공하지 않는 대신 수데텐 지역을 독일에 할양한다는 조건이었다. 체임벌린은 히틀러의 숨은 야욕을 알지 못하였다. 체코의 침공 의도는 단지 서막이라는 사실을 모른 채 당분간 유럽평화는 문제가 없다고 생각하였다.

그날 영국의 헤스턴 공항에는 쏟아지는 빗속에서도 수많은 사람들이 체임벌린의 귀환을 환영하였다. 그는 국민들을 향해 평화협정 문서를 흔들며 이렇게 외쳤다. "이제 우리시대의 평화가 찾아왔습니다! 여러분은 이제 집으로 돌아가 편안히 잠들어도 좋습니다."

전쟁의 피로에 지친 영국 국민들에게 이 평화적 메시지는 가뭄에 단비와도 같았다. 한 부인은 감격에 겨워 "당신이 내 아들을 살려주었습니다. 이제 전쟁터로 가지 않아도 되니까요."라고 말할 정도였다.

그러나 히틀러가 자신의 숨은 야욕을 드러내는 데는 그리 많은 시간이 걸리지 않았다. 히틀러는 6개월 뒤 뮌헨 조약을 파기하고 1년 뒤인 1939년 9월 폴란드를 침략하였다. 이에 영국과 프랑스는 독일과의 전쟁을 선포하였고 결국 제2차 세계대전이 발발하였다.

1940년 5월 체임벌린은 이러한 결과에 대한 책임을 지고 사퇴하였다가 그해 11월 9일 사망하였다. 그리고 그의 후임으로는 뜻밖에도 영국 국민들이 버렸던 강경주의자 처칠이 부임하게 되었다.

처칠은 체임벌린에 대해 "자기가 마지막 먹잇감이 되기를 바라면서 악어에게 자신을 바친 사람이다."라고 비난하였고, 체임벌린의 평화적 선언은 오랫동안 세계정치인들의 조롱거리가 되었다.

1950년 6월 트루먼 미국 대통령이 한국전쟁에 참전을 결정하면서도 체임벌린의 선례를 인용하였다. "우리는 1930년대의 체임벌린의 결정을 교훈으로 삼아야 합니다. 도발에는 강력히 대응해야 합니다. 유화적인 대응은 추가적인 도발만 부추기니까요."라고 강조하였다.

1999년 체임벌린은 영국의 BBC 선정 '20세기 최악의 총리'로 낙인찍히게 되었다. 그런 불명예를 떠안은 체임벌린에게도 나름대로의 속사정이 있었다. 당시 국내사정을 감안하면 그의 평화정책은 일리 있는 부분도 있었다. 영국의 재무장관 시절 군비축소를 주도해온 그로서는 전쟁을 수행하기가 어렵다는 자국의 사정을 너무나 잘 알고 있었기 때문에 평화 외에 다른 대안이 없었던 것이다.

그러나 국가의 운명이 걸린 협상에서는 조금 더 냉철해야 했다. 협상 전에 히틀러의 군대에 대한 정확한 정보와 파시즘의 실체 뒤에 숨겨진 의도를 파악했어야 했다. 그래야만 히틀러의 음흉한 웃음 뒤에 숨어있는 야수의 모습을 정확하게 볼 수 있었을 것이다.

갈등을 협상으로 해결하려는 리더에게는 표면적인 입장 뒤에 숨어 있는 근원적인 욕구가 무엇인지를 정확히 알아야 한다. 그래야만 서로가 상생할 수 있는 올바른 대안을 제시할 수 있다. 외부로 드러난 입장은 첨예하게 모순으로 엉켜있는 것처럼 보이지만 그 껍질 안에는 해결 가능한 서로의 근본적인 관심사가 보물처럼 숨겨져 있기 마련이다.

20세기의 최악의 협상이 체임벌린의 '뮌헨협상'이었다면, 반면 동세기에 최고의 협상은 미국의 카터Jimmy Carter 대통령이 중재한 '시나이Sinai 반도 분쟁' 협상이다. 일부 카터 대통령의 업적에 대한 평가가 후하지 않은 점도 있지만, 그는 훌륭한 협상가이며 평화의 중재자였다.

분쟁지인 시나이 반도는 아랍의 이집트와 이스라엘 사이에 있는 사막지대로 남한 면적의 절반이 조금 넘는 이집트의 영토였다. 그러나 1967년 6월 5일 이집트와 시리아의 연합군과 이스라엘 사이의 6일 전쟁에서 이스라엘이 승리하면서 강제로 점령하였다. 그때부터 이 지역은 세계적인 화약고가 되었다.

1973년 10월 6일 이집트는 빼앗긴 땅을 찾고자 시리아와 연합하여 이스라엘을 기습 공격함으로써 제4차 중동전쟁이 발발하였다. 이 전쟁에 최강대국인 미국과 소련이 개입하여 세계전쟁으로 확전될 가능성이 있었으나 유엔의 중재로 휴전협정이 체결되어 일시적인 평화가 도래했다.

전운이 감돌던 시나이 반도에 평화의 물꼬를 튼 것은 1977년 11월 9일 이집트 사다트 대통령의 의회연설에서 시작되었다. 그는 "평화를 위해 지구의 끝, 심지어 크네셋(이스라엘 의회)까지도 갈 것이다."라고 선언하였다. 그러자 그해 이스라엘 리쿠르당 소속 총리로 취임한 베긴이 사다트를 초청하였다.

사다트 대통령은 이 초청을 수락하여 열흘 뒤인 11월 19일 적국 심장부인 이스라엘의 텔아비브 공항에 도착하였다. 베긴 총리의 환영을 받았으나 시나이 반도와 관련한 평화협상에는 진전되는 것이 없었다. 오히려 귀국해서는 "나는 베긴에게 모든 것을 주었으나 베긴이 나에게 준 것은 아무것도 없었다."고 불평하였다.

두 나라 사이의 이러한 영토의 갈등이 계속되자 미국의 카터 대통령이 중재에 나섰다. 1978년 9월 미국의 워싱턴에서 북서쪽으로 약 97km 떨어진 메릴랜드주에 위치한 대통령 별장인 캠프 데이비드Camp David에 사다트와 베긴 총리의 일행들을 초청하여 이 문제를 논의하게 되었다.

협상의 분위기는 카터의 입회하에 사다트가 주로 의견을 제시하고 베긴은 듣는 입장이었다. 사다트는 평소 카터와의 친분으로 자신의 입장을 지지할 줄 알았으나 카터는 냉정하게 중립적인 위치를 지키고 있었다. 양국 정상 간의 협상은 팽팽하게 진행되었고 어느 한쪽의 양보도 기대할 수 없었다.

협상 이틀째에 참다 못한 사다트는 자신이 생각해온 강경한 의견을 제시하였다. "이스라엘은 시나이 반도 내에 있는 모든 정착촌을 철거하고 군도 철수하라."고 압박하였다. 베긴은 어이없다는 듯이 듣고만 있었다. 옆에서 듣고 있던 카터가 "그냥 이대로 서명하면 시간이 절약되겠네."라고 농담을 하여 주변을 웃겼다.

양 정상 간의 토론은 격렬하였다. 때로는 목소리를 높이고 때로는 탁상을 치기도 하였다. 카터는 무표정하게 팔짱을 끼고 먼 산을 바라볼 뿐이었다. 두 사람의 협상에서 어떠한 해결의 기미도 보이지 않았다. 이제 서로에 대한 감정까지 상한 채 돌아서는 상황이 되었다. 이대로 두면 양국 간의 협상은 결렬되고 중동의 평화는 깨지는 것이었다.

이때 카터는 협상방식을 바꿨다. 지금까지 3자대면 협상이었다면 이후에는 카터를 중심으로 두 나라 정상을 각각 만나 협상하기로 하였다. 그 런데 문제는 베긴 총리의 완고한 협상전략 때문에 진척이 되지 않았다. 사전 협상에서 이스라엘은 시나이 반도 반환의사를 비쳤기 때문에 협상 이 쉽게 진행될 줄 알았는데 예상을 깨고 강하게 자신들의 의견만 주장하 고 있었다.

협상 11일째가 되는 날 사다트의 인내심도 한계를 드러냈다. 사다트는 이스라엘의 비협조에 격분하여 협상종료를 선언하고 짐을 싸서 자신의 나라로 돌아가려 하였다. 이를 본 미국의 국무장관이 카터 대통령에게 급 히 보고하였다. 그러자 카터는 떠나는 사다트에게 "지금 이렇게 떠나면 미국과 이집트의 관계는 영영 끝나는 것입니다."라고 강력히 경고하며 붙잡았다.

그리고 또다시 이틀이 지나 협상 13일째가 되었다. 그러나 여전히 협상 은 타결될 기미를 보이지 않았고 3개국 관계자들은 지쳐만 갔다. 카터도 미국 내 현안들을 두고 여기에 매달려 있을 수 없는 입장이라 초조하기만 했다.

고민하던 카터는 협상분위기를 바꾸어 보기로 하였다. 먼저 완고한 베 긴총리의 손자와 손녀의 사진을 입수하여 보여주며 "이 아이들에게 평화 로운 미래를 물려주자."고 감성을 자극하며 호소하였다. 사다트에게도 이 협상이 '미래를 위한 평화'라는 점을 인식시켜 주었다. 그리고는 다시 한 번 양측의 진솔한 입장을 알아보고자 그것이 왜 필요한지를 물어보기로 하였다.

먼저 이스라엘의 입장을 물었다. "당신들은 무엇 때문에 그토록 모래바 닥인 시나이 반도를 차지하려고 하십니까?" 이스라엘 측의 대답은 "우리 나라는 아랍국가에 둘러싸여 언제든지 공격받을 수 있는 위치에 있습니 다. 그래서 시나이 반도와 같은 완충지대가 필요합니다."라는 것이었다.

이번에는 똑같은 질문을 이집트에 하였다. 그러자 그들의 대답은 "우리나라는 수세기 동안 영국을 비롯한 무수한 외세의 침략을 받았습니다. 그런데 또다시 우리의 영토를 외세에 빼앗길 수는 없습니다."라는 또 다른 답변이었다. 시나이 반도를 놓고 각자의 입장이 다른 것이었다.

카터는 양측의 입장을 듣고 갑자기 머릿속이 밝아지는 느낌을 받았다. 나름대로의 묘책을 얻을 수 있다는 생각이 불현듯 들었다. 양국 간의 표면적인 입장 뒤에 숨어있는 서로의 근본적인 욕구를 알아낸 것이다. 카터의 중재는 급물살을 탔다. 이집트와 이스라엘 양쪽의 이해관계를 충족시킬 수 있는 새로운 대안을 제시하게 되었다.

이스라엘이 이집트에게 시나이 반도를 돌려주면 그 즉시 양 국가의 국경에 비무장지대를 만들어 미국의 감시단을 파견하여 관리할 수 있도록 안보를 보장해준다는 안을 제시하였다. 그리고 이스라엘의 경제원조와 함께 방어용 무기인 조기경보기를 지원해준다는 단서를 붙였다.

결국 이 협상안은 철벽과 같았던 양측의 입장을 만족시켰고 두 정상이 최종안에 사인하게 되었다. 이로써 11년에 걸친 시나이 반도의 분쟁은 해결되었고 두 사람은 그 공로로 나란히 노벨평화상을 받게 되었다. 그러나 이 협상 성공의 진정한 공로는 카터 대통령에게 있었다. 한 치의 양보도 없는 영토분쟁에서 서로의 근본적인 욕구를 충족시켜 주는 대안을 제시함으로써 타협을 성공적으로 이끌어냈기 때문이다.

우리는 20세기의 최고의 협상을 한 카터와 최악의 협상으로 국민의 지탄을 받은 체임벌린의 리더십을 비교하여 갈등과 위기관리를 위한 협상전략을 알아둘 필요가 있다. 바로 갈등상황에서 상대의 진정한 욕구를 알아내는 것이 해결의 열쇠가 된다는 사실이다.

카터는 갈등당사자들의 근원적인 의도를 명확히 파악하여 대안을 제시함으로써 일촉즉발의 전쟁 상황을 막았다. 하지만 체임벌린은 히틀러의 내면에 감춰진 숨은 욕망을 알아채지 못하고 평화만 외치다가 더 큰 재앙인 세계대전을 초래하게 되었다. 상대의 표면적인 입장에 감춰진 욕구를 알아내는 것이 이처럼 중요하다.

특히 주목해야 할 것은 앞의 사례처럼 '이념이나 안전'과 같은 갈등관리 협상이다. 이러한 협상은 양자 간의 강력한 이해관계가 첨예하게 대립하고 있어 해결하기가 매우 힘들다. 그러나 그런 문제일수록 겉으로 보이는 입장 뒤에 숨겨진 내면적인 욕구가 강력한 해결의 변수가 된다.

그런데 이런 욕구는 상호 간의 자존심이 걸려있는 문제로 이것이 침해되면 협상에서 성공하기 힘들다. 과거 미국과 멕시코의 천연가스 협상 시 미국이 멕시코가 타협한 가격인상안을 거부하자 멕시코는 자신들을 무시한 행동으로 보고 가스를 파는 대신 모두 태워버린 사례도 있었다.

만약 카터 미국 대통령이 시나이 반도분쟁에서 서로 간의 자존감에 상처를 주는 대안을 제시하였더라면 협상은 성공하지 못했을 것이다. 현명하게도 카터는 양쪽의 자존심을 세워주면서 그들의 숨은 욕구를 정확하게 파악하여 대안을 제시함으로써 문제해결의 실마리를 찾았던 것이다.

우리는 흔히 갈등의 문제를 보이는 것만으로 해결하려 한다. 그러나 실제 갈등은 표면적인 입장 뒤에 숨겨진 내면적인 욕구가 모든 것을 지배한다.

현명한 협상가는 상대의 내면에 감춰진 근원적인 욕구를 찾으려 한다. 그리고 그것을 통하여 적절한 대안을 제시하여 문제를 해결한다. 그 방법은 의외로 단순하다. 그것은 앞에서도 제시한 것처럼 협상의 단순한 원리인 "왜? 또는 무엇 때문에?"라는 질문을 심도 있게 하는 것이다. 시나이 반도의 분쟁 해결의 사례가 좋은 교훈이 될 것이다.

서로 '윈·윈'하는 상생의 결과를 찾아라

갈등관리 협상에 있어서는 승자와 패자가 확연한 제로섬Zero-sum 게임을 해서는 안 된다. 그것은 자칫 협상에는 이기고 갈등관리에는 실패하는 문제를 가져온다. 협상의 패자가 자신의 패배를 되갚는다는 명목으로 더 큰 갈등과 위기를 불러올 수 있기 때문이다. 그래서 갈등관리 협상은 서로가 윈·윈하는 호혜적 결과를 가져오도록 해야 한다.

제1차 세계대전의 **종전협상**은 승전국인 연합국과 패전국인 동맹국 간의 제로섬에 가까운 협상을 하였다. 연합국은 많은 것을 얻은 것에 비해 동맹국은 가혹하리만큼 많은 것은 잃었다. 이로 인해 양측 간의 관계는 더욱 악화되어 더 큰 갈등과 위기를 불러오게 되었다.

제1차 세계대전은 1914년 7월 28일 개전하여 1918년 11월 11일 종전까지 약 4년 4개월 동안 연합국인 영국, 프랑스, 미국 등과 이에 맞서 동맹국인 독일, 오스트리아 등이 참전한 세계전쟁이다. 그 결과는 참혹하였는데 약 3,000만 명에 이르는 사상자와 유럽지도가 재편될 정도로 심각한 후유증을 남겼다.

1919년 6월 28일 승전국인 연합국과 패전국인 동맹국 대표들이 프랑스의 베르사유에 모여 전쟁결과를 놓고 협상하였다. 이때 승전국들은 패전국들에게 다시는 전쟁을 하지 못하게 하겠다는 이유로 너무나도 가혹한 책임을 물었다.

특히 동맹국 주도국가인 독일은 이 협상으로 대부분의 식민지를 잃었으며 다시는 재무장하지 못하도록 징병이 금지되고 군 참모본부는 해체되었다. 각 군병력도 육군 10만 명, 해군 1만 5천명으로 제한되었고, 전차와 대포, 중기관총, 전투기 등은 보유가 금지되었다. 그리고 공군은 아예 폐지해 버렸다.

독일 대표는 이 협상안에 대해 즉각 이의를 제기하였으나 연합국은 독일의 입장을 들어주지 않았다. 더욱이 전쟁배상금으로 800억 달러라는 어마어마한 돈을 독일에 부과하였다. 독일 경제는 파탄이 났고 국민들은 피폐한 삶을 살아야만 했다. 그야말로 독일 입장에서는 모든 것을 잃은 것이나 마찬가지였다. 이 협상 이후, 독일 국민은 자괴감을 넘어 분노하기 시작하였다. 그러면서 생겨난 것이 극단적인 민족주의인 파시즘과 히틀러라는 독재자였다. 독일은 히틀러를 중심으로 복수의 칼을 갈았다. 연합국에서 제시한 엄격한 군비축소조항을 어기지 않으면서 나름대로 전쟁을 준비하였다.

제한된 군인 10만 명은 모두 간부인 장교와 하사관으로 운용하여 유사시에 대비하였다. 전차와 대포는 모조품을 만들어 훈련하다가 포신만 갈아 끼우면 전투에 사용이 가능하도록 하였다. 해군은 수상함 보유톤수 10만 톤의 제한 때문에 대규모 잠수함 부대를 육성하였고, 공군은 보유할 수 없어 평시 민간 비행클럽 창설을 지원해 전시 군 조종사로 대체하도록 하였다.

그리고 약 20년 후인 1939년 9월 1일 제2차 세계대전을 일으켰다. 무엇이 독일로 하여금 이런 최후의 선택을 하도록 하였을까? 그것은 바로 제1차 세계대전 종전협상의 가혹한 결과 때문이다. 승전국인 연합국은 승리에 도취해 패전국들의 입장을 전혀 고려하지 않고 일방적으로 책임을 부과하였다. 만약 패전국들의 입장을 고려하여 그들에게 재기할 수 있는 기회를 주었더라면 역사에서 또 다른 세계대전은 피할 수 있었을 것이다.

반면 역사를 160여 년 전으로 돌려보면, 미국의 남북전쟁 당시 종전협상은 이와는 전혀 다른 양상으로 이루어졌다. 승리한 북군 총사령관 **그랜트**Ulysses S. Grant 장군은 협상테이블에 앉은 패장인 남군 총사령관 리Robert E. Lee 장군을 극진하게 예우하였다. 그리고 적국 병사들에게도 관대하게 배려하여 갈등을 화합으로 바꾸는 리더십을 발휘하였다.

미국의 남북전쟁은 1861년 링컨 대통령의 노예제 폐지를 놓고 찬성하는 북부군과 반대하는 남부군으로 나뉘어 5년 동안 치열하게 대립한 내전이다. 두 진영의 총사령관인 그랜트 장군과 리 장군은 모두 미국 육군사관학교 동문 출신이었으며 나이는 그랜트 장군이 리 장군보다 열다섯 살이나 어렸다.

이들은 모두 엘리트 사관학교 출신이었지만 그들 삶의 역정歷程은 너무도 달랐다. 리 장군은 사관학교를 수석으로 졸업하고 주요 직위를 거쳐 장군이 되는 탄탄대로의 길을 걸었다. 그러나 그랜트 장군은 사관학교 성적이 좋지 않아 기피보직인 기병장교로 임관하여 변방을 떠돌다가 대위로 전역하였다.

전역 이후에도 사회에 적응하지 못하고 우울증과 알코올 중독으로 허망한 세월을 보내야만 했고 겨우 시골잡화상 주인으로 어렵게 살아가고 있었다. 그러던 중 1861년 남북전쟁이 발발하면서 두 사람은 서로 반대의 길을 가는 운명을 맞았다.

당시 대통령이었던 링컨은 전쟁이 시작되자 북부군 사령관으로 리 장군을 임명하려고 하였다. 그러나 리 장군은 자신의 고향이 남군의 수도인 버지니아주이고, 두 아들이 그곳에서 주 방위군 장교로 근무하는 관계로 대통령의 제의를 고사하고 남부군을 택하였다.

반면 그랜트 장군은 링컨 대통령으로부터 파병 요청을 받은 일리노이 주지사가 그 지역에서 유일하게 사관학교를 나온 그랜트에게 지휘권을 맡기면서 북군을 지휘하게 되었다.

이렇게 운명이 갈린 두 사람은 북부군과 남부군을 각각 지휘하면서 사활을 건 전투를 하게 되었다. 그런데 전투를 하면 할수록 인구와 경제적인 면에서 우위에 있는 북군에게 유리하게 전개되었다. 남군은 고군분투하였지만 전세는 기울어지고 있었다. 그러자 남군 사령관 리 장군은 최후의 결전을 계획하였다.

1863년 6월 3일 리 장군은 북군의 근거지인 펜실베이니아주의 수도 헤리스버그Harrisburg로 진격하였다. 리 장군의 의도는 선제적으로 북군을 공격하여 그들의 남진을 사전에 차단하면서 평화적인 협상을 유도하자는 계산이 깔려 있었다. 그랜트 장군이 이를 모를 리 없었다. 그는 남군의 공격에 강력하게 대응하여 그들의 의욕을 꺾겠다는 생각으로 단단히 벼르고 있었다.

7월 1일 두 사람이 지휘하는 북군 8만 3,000명과 남군 7만 5,000명이 펜실베이니아주 게티즈버그에서 운명적인 한판을 벌이게 되었다. 전투는 처음에는 호각지세를 이루다가 점차 북군으로 기울어졌다. 3일간의 대혈투 끝에 마침내 북군이 승리하게 되었다. 하지만 양측의 사상자는 무려 5만 1,000명이나 되는 막대한 피해를 입었다.

북군의 승리에는 그랜트 장군의 탁월한 리더십이 큰 몫을 하였다. 그는 전투 중에 절대로 위축되거나 물러서는 일이 없었다. 위험한 전장에서도 태연하게 시가를 물고 독전하는 모습은 호랑이보다도 더 용맹스러웠다. 그리고 비록 젊은 시절 술주정뱅이였고 여전히 음주를 즐겼지만 전투 중에는 일체 술을 입에 대지 않는 절제력도 갖추었다.

승기를 잡은 그랜트 장군은 남하를 계속하면서 남군을 압박하였다. 악전고투 끝에 남부 연합의 수도인 버지니아주 리치먼드를 함락하면서 남군의 전력은 급속히 약화되었다. 총사령관 리 장군은 패잔병을 수습하여 서쪽으로 쫓기다가 전세가 회복되기 힘들다는 판단을 하고 북군에게 항복할 것을 결심하였다.

리 장군은 그랜트 장군에게 전령을 보냈다. "내일 정오에 애포매턱스 Appomatox에서 만납시다."라며 항복의사를 비쳤다. 그랜트 장군은 흔쾌히 이를 허락하였다.

1865년 4월 9일 드디어 애포매턱스에서 북군 총사령관인 그랜트 장군과 남군 총사령관인 리 장군이 만났다. 그런데 얼핏 복장만 봐서는 승장과 패장이 바뀐 모습이었다. 승장인 그랜트 장군은 덥수룩한 수염에 정돈되지 않은 머리칼로 전쟁에 찌든 모습 그대로였다. 복장도 진흙 묻은 부츠에 평소 입고 있던 사병셔츠를 그대로 입고 있었고 칼도 차고 있지 않았다.

반면 패장인 리 장군은 우아한 회색 장군정복을 입고 멋진 장군지휘용 칼을 찼다. 용모도 잘 정리한 모습이 마치 승리한 장군의 모습처럼 보였다. 그러나 사실 리 장군의 이러한 복장은 나름대로의 이유가 있었다. 지금까지 역사상 전쟁에서 패한 장군은 죽음을 면치 못하였기 때문에 리 장군의 복장은 마지막 자신의 죽음을 떳떳하게 맞이하자는 의미를 담고 있었다.

마침내 두 장군은 종전협상을 하기 위해 자리에 앉았다. 리 장군은 항복을 선언하고 문서에 서명하였다. 그리고 자신에게 다가올 운명을 맞이하기 위해 비장하게 기다렸다. 그때 그랜트 장군이 무겁게 입을 열었다. "지금부터 내 말을 잘 들으시오! 남군은 이제 모두 집으로 돌아가시오! 남군 장교는 타고 온 말과 무기를 모두 가져가도 좋소!"

리 장군은 귀를 의심하였다. 당장 승자의 까다로운 요구조건과 자신을 처형한다는 명령을 기대했는데 전혀 다른 지시를 들었다. 그랜트 장군은 "남부군은 지금 이 순간부터 적이 아닌 우리의 형제다. 굶주린 병사를 위해 식량과 물을 나누어 주어라!" 하며 다시 참모들에게 지시하였다. 지휘부 막사는 승자의 기쁨보다는 오히려 엄숙한 분위기가 흘렀다.

그런데 북군 말단 병사들의 분위기는 달랐다. 남군 사령관이 항복문서에 서명하였다는 소식을 듣고는 축제분위기였다. 연병장에 모여 대포를 쏘며 함성을 지르고 성대하게 축하연을 벌이고 있었다.

그랜트 장군은 이 모습을 보고 불같이 화를 내면서 당장 그만두라고 명령하였다. 그리고는 "지금부터 그 어떤 승전행사도 불허한다. 다시 말하지만 남부군은 우리 형제다!"라고 단호하게 말하였다.

리 장군은 그랜트 장군의 이러한 모습에 감격하였다. 비록 자신보다 15살이나 어린 사관학교 후배지만 그를 진심으로 존경하게 되었다. 리 장군은 마지막으로 승장인 그랜트 장군에게 거수경례로서 군인의 예를 표하고 협상장을 떠났다. 고향으로 돌아온 리 장군과 병사들은 이후 북군에 대한 어떤 적개심도 갖지 않았다.

사실 그랜트 장군도 인간인 이상 자신의 무수한 부하들을 죽음으로 내몬 남군들에게 철저한 응징을 하고 싶었을 것이다. 그러나 그는 상대를 끌어안는 것이 서로 윈·윈하는 방법임을 알고 있었다.

그랜트 장군의 이런 관대한 처신은 5년 동안 69만 명의 사상자를 낸 참혹한 전쟁의 아픔을 깨끗이 치유하고도 남았다. 만약 그랜트 장군이 제1차 세계대전의 종전협상처럼 패배한 남부군에게 엄청난 전쟁의 책임을 물었다면 오늘날 미국은 하나가 되지 못했을 것이다. 패배한 남부군이 언젠가 북군을 향해 복수의 총부리를 들이댈 수도 있기 때문이다.

리 장군은 고향인 버지니아로 돌아온 후 그곳의 조그마한 대학의 학장으로 여생을 보내면서 한 번도 남부지방을 떠나지 않았다. 그러나 그랜트 장군이 46세로 당시 최연소 18대 대통령이 되어 취임하는 날 그 옛날 적이자 이후 친구였던 그랜트 장군을 축하해주기 위해 딱 한번 워싱턴을 방문하였다. 그것은 존경과 우정의 표시였다.

우리는 흔히 협상을 나의 논리를 내세워 상대를 굴복시키는 대결의 구도로만 보는 경우가 많다. 그러나 그런 협상은 일시적으로 승자에게 좋을 수 있지만 패배한 상대방에게 더 큰 갈등의 빌미를 줄 수 있다. 그랜트 장군처럼 상대의 입장을 배려하고 서로 이익이 될 수 있는 협상을 하는 것이 갈등관리의 최선이다.

미국의 협상가 리처드 셸Richad Shell 교수는 다섯 가지의 협상 전략을 주장하였다. 협상을 아예 하지 않는 회피협상, 내가 손해를 보더라도 상대방의 요구를 들어주는 수용협상, 치열하게 경쟁하는 경쟁협상, 그리고 적절한 절충점을 찾는 타협협상, 마지막으로는 서로에게 이로운 윈·윈 협상이다. 이런 협상전략은 상황에 따라서 달라지지만 갈등관리를 위한 협상은 윈·윈 협상이 되어야 한다.

이를 위해서는 나와 상대가 서로 상생할 수 있는 대안을 찾는 것이 중요하다. 단순하게 이분법으로 나누어 문제를 해결하려 하거나 승자가 독식하는 제로섬 게임은 올바른 협상방식이 아니다. 나와 상대의 근원적인 욕구를 동시에 충족시키는 상생의 대안을 찾아야 한다. 문제의 핵심을 서로의 관점에서 이해하고 상호 최선의 이익이 되도록 지혜를 모아야 하는 것이다.

그리고 단기적인 이익보다는 장기적인 관계성을 고려해야 한다. 갈등관리 협상은 거래나 이익을 위한 협상과는 다른, 서로의 마음과 감정이 개입된 게임이다. 당장의 작은 이익을 위해 상대의 감정을 상하게 하면 갈등관리를 위한 협상은 더 어려워진다. 설령 상대와 협상을 깰지언정 관계를 좋게 하면 조만간 상대를 협상의 테이블에 다시 앉히는 것은 어렵지 않다. 이를 위해 서로 협력하고 배려하는 파트너십을 발휘할 필요가 있다.

지금까지 갈등관리를 위한 협상방법을 알아보았다. 갈등관리를 위한 협상과정은 어렵고 힘든 과정을 거쳐야 한다. 때로는 상대를 더 많이 이해해야 하고 고민하며 최적의 대안을 찾기 위해 노력도 해야 한다. 하지만 그 결과는 반드시 서로가 상생하는 윈·윈게임이 되어야 한다. 그리고 그로 인해 상대와의 관계도 개선되어야 한다. 패자가 없고 승자만이 존재하는 협상! 이것을 할 수 있는 지혜가 있다면 우리는 누구나 최고의 리더가 될 수 있다.

제5편

갈등관리를 위한 승부수: '결단과 책임'

"리더는 조직갈등의 관리자로서 외로운 승부사다. 갈등으로 위기에 빠진 조직의 운명을 리더의 고뇌에 찬 결단 하나로 결정해야 한다. 비록 그것이 어렵고 두려운 일이라 하더라도 누가 대신할 수 없는 리더만의 책무다. 그리고 그것은 리더가 조직을 위해 할 수 있는 최후의 승부수이기도 하다.

리더는 조직의 성패를 책임져야 하는 사람이다. 결단 전에 심사숙고 하는 것은 현명한 일이지만 일단 결단하기로 마음먹었다면 단호해야 한다. 그리고 그 책임은 오롯이 리더의 몫이다. 즉, 리더는 책임으로 모든 것에 대한 답을 해야 한다. 그것만이 조직의 갈등을 최소화하여 위기에서 가장 빨리 벗어나는 길이다."

제10장

'결단(決斷)'은 짧게 하되 단호하게 한다

단호하게 결단하여 강력한 의지를 보인다

군주론의 창시자 마키아벨리는 "가장 나쁜 리더는 잘못된 결정을 하는 사람이 아니라 결정을 하지 못하는 사람이다!"라고 하였다. 리더는 고독한 결단을 하고 그 책임을 지는 사람이다. 리더가 우유부단하여 결정을 내리지 못하면 조직은 흔들리고 갈등에 휩싸여 위기를 맞는다.

미국의 **드와이트 아이젠하워**Dwight Eisenhower 장군은 제2차 세계대전의 분수령이 된 노르망디 상륙작전 당시 연합군 사령관이었다. 작전 당일 여러 가지 난관으로 주변의 반대가 심하여 어려움을 겪었다. 그러나 장군의 단호한 결심으로 상륙작전을 감행하여 연합군의 승리를 이끌었다.

아이젠하워는 어릴 때부터 군인의 기질을 타고 났다. 그는 1890년 10월 14일 텍사스주 데니슨Denison에서 독일계 스위스 이민자인 부모 사이에서 일곱 아들 중 셋째로 태어났다. 어린 시절 전쟁놀이를 즐겨하고 한번 싸우면 물러서는 법이 없는 배짱과 끈기를 가진 싸움꾼으로 유명하였다.

그는 자신의 적성에 따라 군인의 길을 가고자 해군사관학교를 선택하였으나 공부에 소질이 없어 떨어졌다. 그리고 3수만에 어렵사리 육군사관학교에 들어가게 되었다.

1915년, 그의 나이 26세에 소위로 임관하여 군인의 길을 걷기 시작하였으나 진급에 어려움이 많았다. 사관학교 출신이었지만 진급이 더디어 20년이 되어서야 겨우 중령계급을 달 수 있었고, 51세인 1941년에야 겨우 대령으로 진급하였다. 그가 소령 시절 "대령만 달고 제대하면 소원이 없겠다."고 할 정도였다.

그런데 그의 이런 대기만성을 이뤄준 사람이 있었다. 아이젠하워와 비슷한 처지를 경험한 당시 육군 참모총장 마샬 장군이었다. 마샬 장군도 육군사관학교 동기생인 맥아더가 참모총장으로 고속 승진할 때 겨우 중령계급을 달고 있었다. 이후 늦깎이 장군이 되었다가 뒤늦게 참모총장이 된 사람으로 아이젠하워의 심정을 누구보다도 더 잘 알고 있었다.

마샬 장군은 아이젠하워 중령이 지휘관으로서 야전 실무경험이 부족하지만 작전 전략이 뛰어나고 부하들에 대한 배려심과 리더십이 뛰어나다는 사실을 잘 알고 있었다. 특히 노르망디 상륙작전에 대한 전략이 해박하다는 사실을 높이 평가하고 이를 지지해주었다.

그런데 문제는 아이젠하워의 계급이 중령이라 고급 지휘관회의에 참석하지 못해 이 작전을 발표할 기회가 없었다. 그러자 마샬은 아이젠하워를 대령으로 진급시켰다. 그리고 바로 장군으로 진급시켜 유럽으로 발령을 내면서 제2차 세계대전의 승전을 위한 전략에 적극 관여토록 조치해 주었다.

그 이후의 길은 탄탄대로였다. 1942년 소장을 거쳐 중장이 되었고 1943년 12월 대장으로 승진하여 유럽연합군 총사령관으로 부임하는 등 3년 사이에 4계단을 뛰어넘는 초고속 진급을 하게 되었다.

그의 이런 승진에는 그의 해박한 군사전략도 있었지만 무엇보다도 솔직 담백하면서도 소탈한 성격과 단순 명쾌한 의사결정, 갈등을 조정할 수 있는 포용력 등이 다른 장군들 보다 탁월하다는 데 있었다.

장군이 유럽군 총사령관이었을 때의 일이다. 전선의 순찰을 돌기 위해 사무실을 나와 수행부관과 함께 계단을 내려가고 있을 때였다. 이때 한 병사가 담배를 물고 계단을 올라오면서 아이젠하워 일행에게 "이봐. 담배 좀 피우게 라이터 좀 빌려줘!"라고 거만하게 소리쳤다.

기분나빠하는 수행부관과는 달리 사령관은 인자한 모습으로 불을 붙여주었다. 뭔가 이상한 느낌을 받은 병사는 계단을 내려가는 사람을 뒤돌아보고는 깜짝 놀랐다. 그는 어깨에 별이 네 개나 달린 사령관이었다. 병사는 뒤도 돌아보지 않고 도망쳤다.

아이젠하워는 수행부관에게 "너무 화내지 말게. 병사가 계단을 올라올 때는 내 계급장이 보이지 않았을 걸세!"라고 하고는 아무 일 없다는 듯이 순찰을 돌았다. 그가 평소에 보여준 부하들에 대한 애정과 배려심은 부대원들의 사기를 높였고, 전투에 강한 정예군대로 만들었다.

또한 아이젠하워는 갈등관리에도 뛰어난 능력을 보였다. 연합군 총사령관은 육해공군 지휘관뿐만 아니라 개성 있는 여러 나라 연합군 장군들을 통솔하는 머리 아픈 직책이었다.

지상군 사령관인 영국의 몽고메리Montgomery 원수는 까칠한 성격에 미군이 실수할 때마다 "그러게 내가 이렇게 해야 한다고 하지 않았소!"하고 딴죽 걸기가 일쑤였다. 미군의 패튼 장군은 불같은 성격에 폭주기관차처럼 타협을 모르는 독불장군이었다. 그러나 아이젠하워는 항상 이들의 개성을 존중해주면서도 같은 목소리를 낼 수 있도록 타협하는 데 게을리 하지 않았다.

무엇보다도 그가 보여준 리더십의 진가는 위기 상황에서의 결단력이었다. 아이젠하워가 군인으로서 그 진면목을 보여주었던 것은 1944년 6월 6일 단행한 노르망디 상륙작전이었다. 이 상륙작전 계획은 한 달 전인 5월

8일 연합군 작전회의에서 결정되었다. 상륙 개시일을 6월 5일로 정하고 예비일을 6일과 7일로 정하였다.

이 날짜는 상륙작전 시 노르망디의 날씨를 고려한 것이었다. 특히 이날은 만월이고 조류도 만조시기로 상륙하기에는 이상적인 조건이었다. 야간의 밝기는 항공기의 공중지원에 유리하고 만조는 상륙정이 해안에 접안하기 좋은 조건이었다.

아이젠하워 사령관은 자신이 치밀하게 계획한 작전계획을 몇 번이고 다시 검토하면서 작전성공을 위해 최선을 다하였다. 만약 이 작전에 실패하면 무수한 장병들이 희생됨은 물론 전세가 역전되는 중차대한 기로에 설 수밖에 없었다. 그는 주변에 "내가 제대로 가고 있다는 것을 신께서 알려주셨으면 좋겠다."고 말할 정도로 심한 압박감을 느꼈다.

작전 시행 이틀 전인 6월 3일, 미군과 영국군 주력인 연합상륙군 17만 명이 영국해안의 상륙함에 승선하여 대기하였다. 비행기 1만여 대와 군함 5천 척도 이미 출동준비를 마쳤다. 그런데 문제가 생겼다. 그동안 쾌청했던 날씨가 상륙일이 다가오자 나빠지기 시작하였다. 하루 전인 6월 4일 강풍이 불고 파도가 높아 도저히 상륙작전이 불가한 악천후가 계속되었다.

그러자 아이젠하워는 대책을 협의하기 위해 새벽 4시에 최고지휘관 회의를 긴급하게 소집하였다. 그 자리에는 연합군 최고지휘관들이 모두 참석하였다. 회의 분위기는 갑론을박으로 어수선하였다. 최고사령관은 조용히 이들의 이야기를 듣고 있었다. 몽고메리 원수는 강행하자는 의견이었고, 미국 해군의 램지Ramsay 제독은 중립이었으며, 공군의 테더Tedder 장군은 반대하였다.

사령관의 고민은 깊어만 갔다. 상륙군 군함은 이미 병력을 싣고 영국항구를 떠난 상황이었고, 상륙작전에 사용될 어마어마한 무기와 군수품들이 모두 바다에 떠 있는 상태였다. 회의의 결정권은 최고사령관의 몫이었다.

일단 작전을 잠시 미루기로 하고 회의를 마쳤다. 항구를 떠났던 상륙함정들은 영국 남해안으로 다시 돌아와 안전하게 대피하였다.

상륙예정일인 6월 5일 아침 아이젠하워는 다시 회의를 소집하였다. 수뇌부가 참석한 회의석상에서 영국 공군 기상대 대장인 스태그 대령이 기상 브리핑을 하였다. 그의 기상 예보에 의하면 6월 6일 오후가 돼서야 기상이 조금 좋아질 것이라고 하였다.

아이젠하워는 주변 지휘관 및 참모들을 바라보았다. 어느 누구도 섣불리 단언하는 말을 하지 못하고 무거운 침묵만 흘렀다. 그들의 표정에는 "사령관님 어떻게 할까요?"라는 표정이 역력하였다. 아이젠하워의 결심 하나에 수십만 명의 병사들 목숨과 세계대전의 승패가 달려 있었다.

사령관은 잠시 눈을 감고 깊이 생각을 하는 듯하였다. 잠시 후 눈을 뜨고 고개를 들었다. 그리고는 결의에 찬 목소리로 명령하였다. "공격합시다!"

이 짧은 명령 하나로 모든 논란은 끝이 났다. 작전은 하루 미룬 6월 6일 결행하기로 결정한 것이다. 그는 이날 오후 자신의 사무실에서 짧은 메모 하나를 작성하였다. "이 작전의 모든 실패의 책임은 나에게 있다."는 내용이었다.

후일담이지만 아이젠하워는 이 메모를 한 달 동안 지갑에 넣고 다니다가 보좌관에게 건네주었다. 연필로 휘갈겨 쓴 메모의 마지막 날짜에는 6월 5일 아닌 7월 5일로 잘못 표기되어 있었다. 그것은 당시 지휘관으로서 얼마나 고뇌에 찬 고민을 하였는지 잘 표현해 주었다.

드디어 6월 6일 역사적인 노르망디 상륙작전이 감행되었다. 비록 아군도 많은 피해를 입었지만 작전은 대성공을 거두었다. 독일군 교두부를 기습하여 결정적인 타격을 입힘으로써 전세를 단번에 연합군 쪽으로 기울게 하는 결정적인 계기를 마련하였다.

아이젠하워는 이후 육군참모총장이 되어 제2차 세계대전 승리에 혁혁한 공을 세웠고 명예계급인 원수가 되었다. 그리고 전쟁이 끝난 후인 1952년에는 미국의 제34대 대통령이 되었다.

아이젠하워는 평소 "리더십의 본질은 결심하는 것이다."라는 소신을 갖고 살았다. 그런 소신이 혼미했던 위기 상황을 극복하고 현재까지 위대한 인물로 각인되어 사람들의 기억 속에서 사라지지 않는 이유가 되었다.

리더는 고독한 최후의 결정자이다. 리더는 원하든, 원하지 않든 결정을 할 수밖에 없는 마지막 위치에 있는 사람이라는 뜻이다. 그런데 마키아벨리의 우려처럼 리더가 결정해야 할 순간에 결정을 하지 못하는 것은 조직을 최악의 위기 상황으로 몰고 갈 수밖에 없다.

나폴레옹의 몰락 뒤에는 그의 최측근 장군인 **임마누엘 그루쉬**Emmanual Grouchy(1766~1847)의 맹목적인 충성과 보신주의가 있었다. 그는 위기 상황에서 스스로 결정을 내리지 못하고 상부의 명령만 기다리다가 조국인 프랑스를 패망의 길로 이끈 비극의 주인공이다.

나폴레옹은 1814년 3월 러시아 원정 실패와 외무부 장관 탈레랑과의 갈등으로 권력을 잃고 엘바섬으로 유배되는 신세가 되었다. 그러다가 그 이듬해인 1815년 3월 극적으로 엘바섬을 탈출하여 프랑스 시민들의 열렬한 환영을 받으며 다시 파리로 입성하였다. 황제가 된 그는 최우선적으로 국방력을 회복하여 자신을 쫓아낸 주변국들에 대한 응징과 세계무대의 주도권을 잡기 위해 노력했다.

이런 움직임은 주변국에 대한 큰 위협이 되었다. 영국과 프로이센 등 주변 국가는 자국의 안전을 위해서 선제적인 대응이 필요하다는 데 의견을 모으고 군병력을 벨기에로 집결시켰다. 이들 동맹군의 병력은 영국군 10만 명, 프로이센군 13만 명으로 프랑스군 12만 명의 두 배 정도였다. 그리고 나폴레옹이 상대할 지휘관은 영국의 명장 웰링턴 장군과 프로이센의 블뤼허였다.

'전쟁의 신'이라고 불리는 나폴레옹의 전략은 간단하였다. 상대군이 전열을 가다듬기 전에 영국군과 프로이센군은 분리하여 공격하면 승산이 있다는 것이었다. 그렇기 위해서는 서둘러 공격하는 속전속결전략이 필요하였다.

1815년 6월 15일 새벽 3시 벨기에 국경을 넘어간 나폴레옹은 기습공격으로 영국군과 프로이센군을 분리시키는 데 성공하였다. 이것이 역사적인 워털루Waterloo전투의 시작이었다.

16일 오전 리니지역의 전투에서 나폴레옹의 수하인 네이Ney 장군이 분전하여 프로이센군에게 큰 타격을 입히고 기선을 잡았다. 승리의 여신이 나폴레옹에게 손짓하는 듯하였다. 그는 이 여세를 몰아 전쟁을 완전히 끝내려고 하였다.

다음 날 오전 나폴레옹이 주관하는 전략회의가 군막에서 열렸다. 이 회의에서 나폴레옹 자신은 주력군인 영국군을 맡고 측근 장군인 그루쉬에게는 프로이센의 잔여병력을 추격하여 영국군과 합류하지 못하도록 하면서 각개 격파하기로 계획을 세웠다.

그날 오후 나폴레옹은 그루쉬 장군에게 전체병력의 3분의 1인 3만 3천 명을 내어주었다. 그루쉬 장군은 귀족출신으로 성격이 강직하고 용감하여 나폴레옹이 쓸 수 있는 마지막 카드였던 셈이었다.

그루쉬의 임무는 단순하고 명확하였다. 나폴레옹이 영국군을 공격하는 동안 전날 격파한 적이 있는 프로이센군을 추격섬멸하거나 영국군과 합류하지 못하게 하는 것이었다. 그렇지만 그의 역할은 주력군 못지않게 전쟁의 승패를 가름하는 중요한 것이었다.

드디어 그루쉬의 군대는 막중한 책임을 안고 프로이센군을 추격하기 위해 출발하였다. 그런데 갑자기 장대비가 쏟아지고 시야도 흐려 프로이센군의 행방을 놓치게 되었다. 당황한 그루쉬는 나폴레옹에게 전령을 보내 새로운 지시를 받고자 하였다. 그러나 그 다음 날인 18일 아침까지 무소식이었고, 그루쉬는 그 어떤 결정도 하지 못하고 갈팡질팡하였다.

한편 나폴레옹은 폭우 속에서 예정보다 늦은 18일 오전 11시에 워털루에 도착하였다. 그는 즉시 웰링턴 장군이 지휘하는 영국군 본진을 공격하였다. 전투는 한 치의 양보도 없이 밀고 밀리는 백중지세였다. 양쪽 모두 기진맥진한 채 전사자만 늘어갔다. 나폴레옹이든 웰링턴이든 지원군이 먼저 당도하는 편이 승리를 거머쥐는 상황이었다.

이런 전장의 다급한 상황을 알 리 없는 그루쉬는 나폴레옹이 지시한 방향으로 프로이센군은 찾아다녔다. 지쳐가는 그루쉬에게 프로이센군 주력이 와브르 지역에 있다는 소식이 들려왔다. 서둘러 와브르 지역으로 가는 도중에 희미하게 포성이 들려왔다. 불과 3시간 거리에 있는 워털루에서 나는 소리였다. 그루쉬의 참모장 제라르와 부하 지휘관들은 "포성이 들리는 방향으로 신속하게 진군하여 황제를 도와야 합니다."라고 건의하였다. 그루쉬는 머뭇거리며 결정을 하지 못하였다. 그리고는 "황제의 다른 어떤 명령도 내려오지 않는 한 우리는 처음 명령에 따라야 한다."며 다시 와브르 지역으로 행군을 고집하였다. 이에 부하장교들은 "일부 부대만이라도 황제가 있는 전쟁터로 보냅시다."라고 다시 간청했지만 이 또한 묵살되었다.

반면 블뤼허가 이끄는 프로이센군은 그루쉬군이 헤매고 있을 때 일부 병력만 와브르 지역에 남겨 프랑스군을 기만하게 하고 주력군은 영국군이 있는 워털루 지역으로 방향을 돌려 신속하게 이동하였다.

와브르 지역에 도착한 그루쉬는 이때라도 방향을 돌려 워털루로 향하였다면 나폴레옹을 도울 수 있었다. 그러나 이번에도 그 어떤 결정도 하지 못하고 황제의 명령만을 기다리며 아까운 시간만 허비하고 있었다. 아무런 소식도 없이 워털루 지역의 포성만 커지기 시작하였다.

이런 상황을 모르는 나폴레옹은 후방은 그루쉬가 책임진다고 생각하고 자신은 주력군인 영국군과의 전투에 전념하고 있었다. 그런데 오후 1시가 되어 한참 영국군을 밀어붙이는 순간 듣지도 보지도 못한 광경이 펼쳐졌다. 검은 바탕에 금빛 X자 문양이 있는 깃발을 든 검은 제복의 병력 물결이 자신들을 향해 공격하는 것이었다. 바로 블뤼허가 이끄는 프로이센군이었다.

황당하고 절박한 나폴레옹은 주변에 외쳤다. "도대체 그루쉬는 어디에 있는 거야?" 하고는 황급히 전령을 통하여 그루쉬에게 "당장 돌아와 워털루에 있는 프로이센군을 공격하라!"는 명령의 편지를 보냈다. 안타깝게도 이 편지는 그루쉬에게 전달되지 못하였고, 그루쉬는 여전히 이전 명령만 수행하고 있을 뿐이었다.

워털루의 전투상황은 블뤼허의 기병이 나폴레옹의 군대를 공격하면서 동맹군 쪽으로 급작스럽게 기울었다. 나폴레옹은 최선을 다해 싸웠지만 자정이 될 무렵 모든 병력을 잃고 겨우 목숨만 건진 채 도망가는 신세가 되었다. 나폴레옹의 제국의 운명은 이것으로 끝이 났다.

그루쉬는 모든 상황이 끝난 19일 오후 4시가 되어서야 명령받은 데로 와브르 지역의 프로이센군 병력과 조우하게 되었다. 그 즉시 그루쉬는 자신들을 기만하기 위해 남아있던 프로이센군의 일부병력을 격파하였다. 그러고는 자신들의 임무수행을 완수하였다고 착각하게 되었다. 하지만 얼마 지나지 않아 자신 때문에 모든 것이 잘못되었다는 사실을 알게 되었다. 전쟁은 이미 끝이 난 상황이었다.

겨우 목숨을 부지한 나폴레옹은 "그루쉬가 오지 않았기 때문에 전쟁에서 패배하였다."고 후회하였으나 이미 운명은 결정지어졌다. 평소 자신의 지론인 "리더가 실패하는 최대원인은 결단력 부족이다."라는 말을 측근 장군이 증명한 셈이 되었다. 그는 전쟁에 대한 패배의 책임으로 세인트헬레나섬으로 또다시 유배당하게 되었고, 그루쉬 역시 작위를 박탈당한 채 미국으로 추방당하였다.

역사가들은 워털루 전투의 결정적 패인은 그루쉬의 결단력 부족이었고, 그런 무능한 장군을 신임한 나폴레옹에게도 책임이 있었다고 평가한다.

만약 그루쉬가 정확한 상황판단으로 발 빠르게 워털루로 가는 결정을 내렸다면 세계의 역사는 달라졌을 것이다.

현대 우리사회는 복잡하고 미래예측이 어려운 불확실한 시대이다. 이런 변화무쌍한 현실과 불투명함 속에서 올바른 선택과 결단을 하기란 힘들고 어려운 일이다. 그래서 많은 현대인들은 '결정장애Indecisiveness'라는 병을 가지고 있는지도 모른다.

흔히 일상에서 점심식사를 위해 "오늘 무엇을 먹을까?"라고 물으면 대개는 "아무거나."라고 답하고 "어디로 갈까요?" 하면 "마음대로."라고 답하는 경우가 일반적이다. 비록 사소한 일상의 문제지만 여기에는 현대인의 불확실한 결과에 대한 책임 회피의 심리가 내포되어 있다. 즉, 메뉴를 잘못 선택한 결과에 대한 비난을 받기 싫은 것이다.

개성의 시대에 이러한 현상은 아이러니한 일이 아닐 수 없다. 자신의 주장이 강하고 스스로의 개성을 표현하는 데 익숙한 현대인이 정작 자신의 의사를 결정하는 데 주저하는 것은 바로 불확실한 결정에 대한 두려움 때문이다. 이런 사회적 병리현상은 조직을 관리하는 리더에게도 심각하게 전염되어 있다.

현대의 리더 중에는 결정장애자가 의외로 많다. 자신의 판단을 부하에게 미루거나 심지어는 부하에게 책임을 전가하는 무능한 리더 말이다. 이를 테면 어려운 상황에서 부하의 결정건의에 "네가 알아서 해!"라는 식이다. 이것은 곧 리더의 자격을 스스로 포기하는 것과 같다.

위기에서의 조직운명은 리더의 결단 하나에 달려있다. 모두가 주저하더라도 리더는 단호하게 결정해야 하고 그 책임은 자신이 져야 한다. 그것이 외롭고 고독한 여정이라 할지라도 누가 대신해 줄 수 없는 리더만의 숙명적인 책무다. 그렇다면 위기에서 리더의 결단은 어떻게 해야 하는가?

우선 결단에 앞서 다양한 의견을 들어야 한다. 심각한 위기 상황일수록 리더 독단적으로 판단해서는 안 된다. 짧은 시간이더라도 관련 참모들의 의견은 물론이고 최대한 다양한 사람들의 의견을 듣고 결정하는 것이 잘못된 결정을 줄일 수 있다. 그 과정에서 현장의 말단 목소리를 외면해서는 안 된다.

그 다음 선택의 순간에는 사안에 대한 우선순위를 잘 따져 봐야 한다. 섣불리 결정했다가 번복하는 것은 너무도 어려운 일이다. 결정을 위해 선택의 기로에 서 있을 때에는 각각의 선택이 어떠한 결과를 가져올 것인지를 심사숙고하여 세밀히 짚어보아야 한다. 그리고 그중에서 긍정적인 영향이 크다고 판단되는 것을 선택하는 것이 좋다.

그렇다고 너무 심사숙고하여 결정의 시간을 놓쳐서는 안 된다. 어려운 상황일수록 리더에게 주어진 시간과 정보는 그리 많지 않다. 그럼에도 불구하고 장고 끝에 악수를 두거나 아예 결정을 미루는 것은 최악의 결과를 가져올 수 있다. 그럴 때 필요한 것이 리더의 직관력이다.

리더의 직관력은 하루아침에 생겨나는 것이 아니다. 평소 임무에 대한 전문지식과 경험, 그리고 사안을 합리적으로 보는 통찰력을 가질 때 갖추어진다. 혼란스러운 상황에서 리더의 직관적인 감각으로 올바른 결정을 할 수 있다는 것은 리더의 역량 중 으뜸이 될 것이다.

마지막으로 리더의 결단은 단호해야 한다. 위기 상황에서 결단을 내리지 못하고 머뭇거리거나 동요하면 조직 전체가 흔들린다. 사전에 여러 가지 상황을 고려하는 것은 좋지만 한번 마음먹었으면 그 다음은 단호하게 결정해야 한다. 아이젠하워는 "공격합시다!"라는 고뇌에 찬 짧은 한마디 결정으로 모든 논란을 잠재웠다. 이것이 불확실한 현실에서 갈등과 위기를 타개할 가장 중요한 리더의 자세다.

위기일수록 '흔들려서는' 안 된다

노련한 선장은 폭풍의 위기 속에서도 절대로 냉정함과 침착함을 잃지 않는다. 왜냐하면 풍랑을 맞은 배는 폭풍으로 가라앉기 전에 내부의 혼란과 내분으로 더 큰 위험에 빠질 수 있기 때문이다.

위기 상황에서 조직이라는 공동운명체를 이끌어가는 리더는 노련한 선장이 되어야 한다. 작은 파도에도 당황하여 호들갑을 떠는 선장은 결코 큰 풍랑을 헤쳐 나가지 못한다.

세계의 파란만장한 난관의 역사를 헤쳐 나갔던 위대한 인물들은 하나같이 위기의 중심에 서서 견고하게 조직을 이끌어가는 담대함과 의연함을 가진 사람들이다. 그중에서도 **맥아더** 장군은 다른 어떤 인물보다도 담대한 용기와 강철 같은 심장을 가진 위인이었다.

비록 그가 지나칠 정도로 강한 독불장군식 카리스마를 가진 장군이라는 부정적 평가가 있지만, 전쟁터와 그의 삶에서 보여준 담대한 용기는 소심하고 유약한 리더에게 귀감이 된다.

1917년 맥아더는 제1차 세계대전의 종전 1년을 앞두고 대령계급으로 미군 레인보우 사단의 참모장으로 발령받았다. 그가 배치된 프랑스 전선에는 독일군과 막바지 전투를 치열하게 벌이고 있었다. 그런데 맥아더 부대에 배치된 미군의 대부분은 초임병으로 실전 전투경험이 없어 프랑스군이 전투하는 모습을 참호 안에서 참관할 수밖에 없었다.

그러나 맥아더는 달랐다. 그는 병사들처럼 참호 안에서 전투를 지켜보기만 하지 않았다. 언제나 선두에 서서 병사들과 함께 적진을 향해 가장 먼저 돌격하였다. 철모도 쓰지 않고 특유의 복장을 한 채 독일군의 포로를 잡아 유유히 돌아오는 맥아더를 보고 프랑스군은 경악을 감추지 못하였다.

이를 본 한 프랑스 장교는 "맥아더가 전사만 하지 않는다면 크게 출세할거야."라고 말했다. 맥아더의 전투스타일로 볼 때 그가 총알을 맞지 않은 것은 기적과도 같았다.

1920년대 초 맥아더는 장군으로 진급하여 미국 육군사관학교 교장으로 근무하게 되었다. 하루는 업무상 한적한 뉴욕 허드슨강가를 차로 달리고 있는데 권총으로 무장한 괴한이 차를 세우고 돈을 요구하였다. 노상강도를 만난 것이다.

맥아더의 지갑에는 40달러 정도의 현금이 있었으나 자존심 강한 그의 성격에 호락호락 강도에게 줄 리가 없었다. 상호 실랑이를 하다가 "강도가 죽이겠다."고 협박하자 맥아더는 가슴을 내밀면서 "쏠 테면 쏴보라!"며 당당하게 맞섰다.

그리고는 강도에게 "총을 내려놓고 나와 정정당당하게 겨뤄보자. 네가 이기면 내 돈을 가져가도 좋다."라는 제안을 하였다. 40대의 노장이 결투를 신청한 것이다. 잠시 후 그는 중세의 결투방식으로 자신을 소개하였다. "나는 맥아더다. 내가 살고 있는 곳은..."

그러자 갑자기 젊은 강도는 화들짝 놀라면서 총을 내려놓고 용서를 빌었다. "죄송합니다, 장군님. 저는 레인보우사단에서 하사로 복무하였습니다. 형편이 어려워 이런 일을 하게 되었습니다. 잘못하였습니다." 라고 했다. 그는 과거 맥아더의 부하였던 것이다. 맥아더는 용서를 비는 강도에게 다가가 어깨를 두드려주면서 용서하였다. 그리고 여비까지 챙겨주었다.

맥아더는 목숨을 위협받는 상황에서도 자기 자존심을 지키면서 담대한 용기를 보였다. 이런 담대함은 사령관으로서 제2차 세계대전에 참전하면서도 여전하였다.

일본군의 포탄세례 속에서 태연히 눈을 감고 조는가 하면 포탄이 날아오면 주변참모들은 피하기 바빴으나 쌍안경을 들고 적정을 살피는 대담함을 보였다. 그러고는 태연히 "아직은 나를 명중시킬 탄환이 나오지 않았다."고 호언하였다.

맥아더의 이런 무모하기까지 한 행동들은 다분히 의도된 것이었다. 전쟁터의 자욱한 포연탄우 속에서도 총 대신 말채찍을 손에 들고 어머니가

짜주신 보라색 머플러를 휘날리며 전장을 누비는 그의 모습 자체만으로도 부하들의 사기는 높을 수밖에 없었다. 병사들은 이런 맥아더를 '싸우는 멋쟁이', '육감을 지닌 불사신'이라고 불렀다.

1945년 9월 장군은 미국 전함인 미주리함에서 거행된 일본 항복조인식에 미국 대표로서 임석한 후, 일본점령군 사령관으로서 부임하게 되었다. 그런데 부임행사에 초미의 관심사는 사령관 개인의 신변 안전문제였다. 얼마 전까지 적국의 사령관이었던 맥아더가 일본 사령관으로 부임하는 것에 대한 일본 사람들의 적대적 반응은 상식적 차원에서 예견될 수밖에 없었다.

맥아더의 행선은 나리타공항에 내려서 도쿄집무실까지 차로 이동하도록 계획되었다. 행사관계자는 맥아더의 안전을 위해 방탄차를 준비하였다. 혹시 모를 장군의 신변위협에 최대한 대비하고자 하였다. 그러나 맥아더는 이런 주변의 조치에 대해 못마땅해 하며 "행사 시 오픈카를 준비하고 참모들도 무장할 필요가 없다."는 지시를 내렸다.

행사 당일 나리타공항에 내린 맥아더는 오픈카를 타고 도쿄로 향하였다. 의례 그의 특유의 복장을 입고 선글라스를 낀 채 오픈카에 올라서 손을 흔들고 있었다. 연도에 늘어선 수십만의 일본 국민들은 환영하였고 일본군들은 승장인 맥아더에게 받들어총 자세를 취하여 예를 표하였다.

다행히도 불미스러운 일은 없었다. 일본 국민들은 맥아더의 이런 대담한 행동에 경이감을 가지고 존경하게 되었다. 점령군사령관인 맥아더를 '외국인 천황'으로 받아들이며 예우했다. 일본인들은 맥아더에게 많은 편지와 선물을 보냈는데 공식기록에 의하면 약 44만여 통의 편지를 받았다고 한다.

맥아더는 스스로가 담대한 용기를 가진 사람이었지만 용기 있는 사람들을 좋아하고 기꺼이 도와주려 하였다. 한국전쟁이 발발한 지 얼마 되지 않은 1950년 6월 29일 연합군 사령관이 되어 한강선 방어작전을 순시하게 되었다. 그때 노량진 근처 참호 속에서 어린 병사 한 명을 발견하였다. 장군은 통역을 통하여 남루한 복장의 이 병사에게 물었다. "병사는 언제까지 그 참호 속에 있을 것인가?"

병사는 힘 있게 "직속상관의 철수명령이 없다면 죽는 순간까지 지킬 것입니다!"라고 대답하였다. 3사단 18연대 1대대 학도병이었던 신동수 일병의 대답이었다. 신 일병의 용기와 충성심에 감동한 맥아더는 그 즉시 "미국 본토에 주둔하고 있던 2개 사단을 증파하라."고 참모에게 지시하였다. 한국전쟁에 미국병력이 투입되는 역사적인 순간이었다. 맥아더에 대한 평가가 갈리지만 우리 입장에서는 우리나라의 자유민주주의를 지켜준 고마운 인물임에는 틀림이 없다.

위기 상황에서 부하들은 가장 먼저 리더를 본다. 리더가 불안해하면 부하들은 더 큰 불안감을 느낀다. 반면 리더가 의연하게 상황을 관리하면 부하는 동요 없이 리더의 지시에 잘 따른다. 그것이 난국을 타개하는 좋은 방법이다.

중국의 삼국지에 '사제갈주생중달死諸葛走生仲達', 즉 '죽은 공명이 산 중달(사마의의 자)을 물리쳤다'는 유명한 고사가 있다. 그 주인공은 우리에게 잘 알려진 제갈공명이다. 그는 상대적으로 약한 촉나라의 재상으로 있으면서도 강대한 위나라와 오나라에게 두려움의 대상이 되었던 것은 전략적인 대담함이 있었기 때문이다.

제갈공명은 노련한 전략가답게 위기 상황에서 절대 서두르는 법이 없었다. 그가 주군으로 모시던 유비가 죽고 그 뒤를 이어 아들 유신이 황제가 된지 얼마 되지 않아 위나라 대군 50만명이 갑자기 사방으로 쳐들어왔다. 상대는 자신과 버금가는 전략가 사마의 군대로 촉군의 전력으로서는 도저히 상대가 되지 않았다.

그런데 이런 위급한 상황에서 공명은 천하태평이었다. 그는 오히려 적이 잘 보이도록 성문을 활짝 열어젖혔다. 그리고 자신은 망루에서 가야금을 켜기도 하고 집안 연못의 물고기가 노니는 것을 보기도 하면서 유유자적하고 있었다.

보다 못한 황제 유신이 공명의 이러한 모습을 보고 애가 타서 물었다. "승상, 지금 위나라 군대가 다섯 가지 길로 국경을 침범하여 심히 위태로운데 어찌 그리 한가하시오?"

공명은 황제의 걱정에 "신이 어찌 위급한 상황을 모르겠습니까? 저는 지금 물고기를 감상하는 것이 아니라 깊은 생각을 하고 있는 중입니다."라고 태연히 답하였다. 황제는 걱정은 되었지만 공명이기에 그의 말을 믿었다. 촉나라 군사도 마찬가지였다. 공명의 이런 느긋한 행동에는 필시 무슨 대책이 숨어 있을 것이라고 생각하고 안심하였다.

그러나 사실 공명에게 특별한 대책은 없었다. 다만 강대한 적을 맞아 장병들이 두려움을 갖지 않도록 하기 위하여 모험을 한 것이다. 적군인 위나라 군사 역시 공명에게 무슨 계략이 있다는 생각에 섣불리 덤벼들지 못하였다. 이에 촉군은 시간을 가지고 차분히 대비하였고 결국 위나라 군대는 퇴각하고 말았다.

제갈공명은 훌륭한 전략가였지만 그의 배포는 크고 담대하였다. 수십만 적군보다도 더 위험한 것이 내부적인 동요라는 사실을 알고 자신이 그들에게 믿음을 주고자 대담한 행동을 하였던 것이다.

리더에게는 맥아더와 제갈공명처럼 철의 심장이 필요하다. 그리고 때로는 두꺼운 얼굴도 가져야 한다. 자주 대중 앞에 서야 하는 리더로서 예기치 않은 상황으로 난감할 때가 있다. 그럴 때일수록 당황하지 않고 대범하게 상황을 관리하는 리더가 되어야 한다.

앞에서 소개된 처칠과 레이건 같은 인물은 자신의 실수를 유머로 반전시키는 데 능하였다. 그와 비슷한 상황에서 아이젠하워 장군 또한 실수에는 대범하게 상황을 반전시킬 줄 아는 리더였다.

아이젠하워가 제2차 세계대전 말기인 1944년 수많은 연합군 부대를 사열할 때였다. 사기진작을 위한 연설을 위해 연단으로 향하다가 그만 비에 젖어있는 땅바닥에 미끄러져 넘어지고 말았다.

별 네 개의 위엄 있는 사령관에게는 여간 창피한 일이 아니었다. 엄숙하게 서있는 장병들은 웃을 수도 없는 상황이었다. 이때 아이젠하워는 얼른 일어나 크게 웃으면서 장병들을 향해 V자를 그렸다. 그리고는 짧게 "이것이 내 생애의 최고의 연설일세."라고 한마디 하고 단 위를 내려왔다. 사령관으로서 장병들에게 몸으로 웃음을 주어 사기를 올렸으니 말이다.

우리나라 박근혜 대통령이 재임시절인 2013년 11월 영국을 국빈 방문해서도 마찬가지 상황이 있었다. 대통령이 영국 런던 시티의 길드홀에서 시장이 주관하는 만찬에 참석하기 위해 차에서 내리다가 한복치마를 밟고 그만 앞으로 넘어지고 말았다.

세계언론이 보는 앞에서 여성대통령의 체면이 말이 아닐 수도 있었다. 런던시장이 오히려 놀라서 다가가자 바닥을 짚고 일어서서 웃으며 "드라마틱 엔트리Dramatic entry(극적인 등장)"라고 농을 던지며 주변을 안심시켰다. 만찬을 끝난 후에는 시장부부에게 "콰이어트 엑시트Quiet exit(조용한 퇴장)"라는 유머를 던지고 퇴장하였다. 이런 담대한 리더십을 가진 대통령이 주변 관리를 잘하지 못해 탄핵되었다는 것은 참으로 아쉬운 일이다.

이렇듯 리더의 처신은 대범하고 담대해야 한다. 특히 난감하고 어려운 상황일수록 더욱 흔들림이 없어야 위기에서 조기에 벗어날 수 있다. 아이젠하워나 박근혜 대통령이 그런 난감한 상황에서 당황해 했다면 주변 분위기는 어색해져 행사는 원활하게 진행되지 않았을 것이다. 그런 가운데에서도 담대하게 대응하는 두꺼운 얼굴을 하였기 때문에 상황을 반전시킬 수 있었다.

미국의 텍사스대학교 프란젤 메타Pranjal Mehta 교수 연구팀에 의하면 "탁월한 리더들은 성별에 관계없이 상대적으로 높은 테스토스테론Testosterone과 낮은 코티솔Cortisol 호르몬 수치를 유지하려고 한다."는 연구결과를 발표하였다.

테스토스테론은 두려움을 극복하고 경쟁과 위험을 감수하려는 호르몬이고 코티솔은 그런 스트레스 반응에 관계하는 호르몬이다. 특히 낮은 코리솔 수치는 뛰어난 통제력으로 자신의 감정을 느긋하게 관리하면서 부하를 안심시키는 효과가 있다.

위험한 전쟁터에서 대담하게 자신을 노출시키며 부하들을 독려했던 맥아더나 수십만 적군 앞에서도 유유자적하였던 제갈공명은 낮은 코티솔 수치를 가진 탁월한 리더임에 틀림이 없다. 그리고 자신의 실수에서 두꺼운 얼굴을 한 아이젠하워나 박근혜 전대통령도 마찬가지다.

손자는 병법에서 "장군은 그 어떤 악조건에서도 병사들이 동요되지 않도록 태연한 모습을 지녀야 하고 반듯한 자세로 부하들을 다스려야 한다."고 강조하였다. 모름지기 리더라면 백척간두의 위기에서도 태산처럼 흔들림 없는 담대함을 가져야 한다는 말이다. 그것이 조직내부의 동요를 막고 위기를 극복하는 최선의 방법이다. 현대의 유약하기 쉬운 리더들은 스스로의 자세를 다시 갖추어 위기에 의연하고 대범하게 조직을 관리해야 할 것이다.

복잡한 문제는 '단순'하게 해결한다

우리사회는 다양성을 추구하면서 복잡한 구조로 발전해 가고 있다. 그로 인해 각종 문제는 실타래처럼 엉켜 갈등을 빚는 경우가 많다. 그러나 의외로 복잡한 문제를 단순하게 접근하면 쉽게 풀릴 수 있다.

현명한 리더는 어려운 문제를 단순하고 명쾌하게 풀어갈 줄 안다. 그러나 반대로 쉬운 문제를 복잡하게 만드는 리더는 조직의 분란과 갈등의 중심에 설 수밖에 없다.

20세기 초 노르웨이의 탐험가 **로널드 아문센**Ronald Amunsen(1872~1928)과 영국의 스콧Robert Scott(1868~1912) 대령은 남극 정복을 위해 치열하게 경쟁하고 있었다. 모든 탐험조건은 스콧 대령이 훨씬 유리하였다. 하지만 승리의 여신은 단순하게 탐험에만 전념한 아문센의 손을 들어 주었다. 그 배경을 살펴보면 다음과 같다.

세계적인 탐험가 아문센은 1872년 7월 16일 노르웨이의 수도 오슬로 근처인 보르게Borege에서 4형제 중 막내로 태어났다. 아버지가 선원인 관계로 일찍이 바다에 눈을 뜨게 된 아문센은 당시 유명한 탐험가 존 프랭클린의 북서항로 탐험기를 읽고 크게 감동받아 탐험가가 되기로 결심하였다.

그러나 어머니는 험난한 바다생활을 잘 알고 있는 선원의 아내로서 아들의 이런 생각을 탐탁지 않게 생각하였다. 그녀는 아들이 안정된 직업인 의사가 되기를 원하였다. 아문센은 할 수 없이 어머니의 뜻에 따라 의과대학에 진학하였다. 그러나 어머니가 폐렴으로 갑자기 사망하자 의학공부를 중도에 포기하고 자신이 하고 싶어 하는 탐험을 계획하였다.

1909년 아문센은 북극탐험을 최초 계획하였으나 미국인 피어리가 북극점을 정복하였다는 소식을 들었다. 그는 즉시 목표를 남극으로 바꾸어 탐험계획을 구체적으로 준비하였다. 이런 탐험계획은 당시 해가지지 않는 나라인 영국에서도 진행되었다. 영국 탐험대는 현역 해군대령인 스콧의 지휘아래 국가의 풍부한 자금과 최신장비를 지원받아 보다 순조롭게 준비되고 있었다.

이 두 사람은 같은 시기에 조국의 명예를 걸고 경쟁해야 하였지만 출발부터 서로 다른 점이 많았다. 1910년 6월 1일 스콧대령은 성대한 환송과 함께 언론의 관심을 받으며 출발하였다. 하지만 아문센은 6일 후, 대원들에게 남극을 탐험한다는 사실도 숨긴 채 쓸쓸히 조국을 출발하였다.

탐험대를 이끄는 리더들의 경력도 서로 달랐다. 아문센은 19살 때부터 벨기에 탐험대에 항해사로 참여하였다. 청어배를 타고 동토인 그린란드에서 에스키모인들과 생활하며 그들의 생존법을 배우는 등 산전수전 다 겪은 야전스타일이었다. 반면 스콧대령은 대영제국의 해군 대령으로서 과학적인 문명기술을 신봉하며 기존 선배들의 탐험 스타일을 고집하는 자존심 강한 모범생 스타일이었다.

고국을 떠난 두 사람은 장기간 항해를 거쳐 남극에 가까운 곳에 베이스캠프를 설치하였다. 아문센은 스콧대령의 캠프보다 남극에서 100km나 가까운 곳에 캠프를 마련하고 본격적인 남극탐험 출발준비를 하였다.

1911년 10월 19일, 드디어 아문센은 대원 4명과 52마리의 썰매 개인 허스키를 이용하여 남극으로 출발하였다. 그는 탐험의 목적을 오직 '남극 정복'이라는 데 두고 그것을 위해 모든 것을 최적화시켰다.

최초에는 대원 8명으로 출발하려 하였으나 추위에 강하고 책임감이 있는 4명으로 줄였다. 그들은 모두 세계스키 선수권 우승자, 개썰매 우승자, 그리고 포경선 사수 등 추위를 이기고 탐험에 전념할 수 있는 인원들이었다. 이동수단도 오로지 개썰매 4대에 800kg이 넘는 짐을 실어 단순화시켰다.

아문센은 출발과 동시에 노르웨이 황실과 후원자에게 약속한 과학적 탐사는 내려놓기로 마음먹었다. 그의 계획은 목적지까지 하루 23km씩 행군하여 100일 만에 도착하는 것이었다. 하루 목표를 달성하면 무조건 휴식을 취하도록 하였고, 탐험을 위한 체력 보충에만 힘썼다.

아문센의 탐험대는 계획대로 순조롭게 전진하였다. 수월한 이동을 위해서 식량도 최소화하였다. 잔인한 방법이지만 개가 죽으면 대원들과 다른 개들의 식량으로 활용하였다. 또한 현지에서 바다표범 등을 사냥하여 영양을 보충하기도 하였다.

한편 스콧의 탐험대는 열흘 정도 뒤인 11월 1일에 출발하였다. 대원은 8명으로 군인 4명과 나머지는 기상이나 지질학자 등 과학자들이었다. 편성으로 볼 때 탐험과 함께 지질조사 등이 병행되는 구조였다.

이동방법도 복잡하였다. 아문센과는 달리 직접 썰매를 끄는 스키팀, 모터썰매, 추위에 잘 견디는 만주산 조랑말, 개썰매 등 네 가지 수단을 동원하였다. 출발시간도 각각 달랐다. 이동속도를 고려하여 스키팀을 가장 먼저 출발시키고 모터썰매, 조랑말, 마지막은 가장 빠른 개썰매 순으로 출발시켰다. 아문센은 사전에 스콧의 이 계획을 알고는 "이동수단을 개썰매 하나로 단순하게 하는 것이 좋겠다."고 조언하였지만 묵살당하였다.

요란한 스콧일행의 출발은 머지않아 삐꺼덕 거리기 시작하였다. 출발 때부터 추운 날씨에 연료가 얼어붙어 모터썰매가 문제를 일으키더니 5일 뒤에는 완전히 멈춰버려 포기해야만 했다. 어쩔 수 없이 그 짐은 모두 나눠서 부담해야 만했다. 이동속도는 일진이 좋은 날에도 10마일을 가지 못하였다.

다음은 열 마리의 말이 문제였다. 썰매 개 허스키는 사람과 같이 먹고 추운 날에도 눈구덩이를 파고 스스로가 추위를 피할 수 있었지만 말은 달랐다. 먹이를 위해 건초를 별도로 마련해야 했고 추위도 개보다 약하였다. 추운 극지방의 밤 날씨에 견디기 위해 방풍시설과 함께 담요를 씌워서 관리를 해주어야만 했다. 이런 일이 체력을 아껴야 하는 대원들에게는 여간 성가신 일이 아니었다.

결정적으로 행군에 방해가 되는 것은 말이 크레파스에 빠졌을 때였다. 개와는 달리 무게가 무거워 끌어올리는 데 많은 노력이 필요하였다. 결국 스콧은 말을 모두 사살하고 말이 끌던 짐은 다시 33마리의 썰매 개가 나눠서 끌도록 하였다.

스콧대령의 탐험대는 식량도 문제였다. 아문센 일행과는 달리 모든 식량을 가져온 것에 의지했다. 자존심 강한 영국 해군으로서는 아문센 탐험대처럼 개의 고기나 말의 고기를 먹는다는 것은 상상할 수 없었다. 그리고 주변의 식량이 될 수 있는 사냥감 역시 손을 대지 않았다.

그만큼 식량은 빨리 떨어질 수밖에 없었다. 특히 식량의 대부분이 캔 음식이었는데 당시 캔의 저장 기술이 발전하지 못하여 이음새가 추위를 견디지 못하고 터져서 버려야만 했다.

악재에 악재가 겹쳤다. 아문센보다 몇 갑절 더한 짐을 이제는 개와 사람이 직접 끌어야만 하였다. 그러다 보니 개는 금방 지쳐서 빨리 죽었고, 대원들은 오로지 맨몸으로 무거운 짐을 끌어야만 하여 피로가 가중되었다.

그래도 그때라도 짐의 많은 부분을 차지하는 식량을 적절하게 버리면서 현지에서 조달하는 방법을 강구했더라면 행군이 훨씬 쉬워졌을 것이다. 그러나 스콧 탐험대는 그보다도 명분을 더 중요하게 생각하였다.

대원들은 점점 더 지쳐가기 시작하였다. 아문센의 대원들과는 달리 생존보다는 지식을 앞세운 대원들은 체력이 더 쉽게 고갈되었다. 복장도 장애가 되었다. 아문센 일행은 순록가죽으로 만들어 통풍과 방풍이 잘되어 추위에 완벽하게 견뎌냈지만 스콧일행의 복장은 그렇지 못하였다.

영국에서 직조한 최첨단 모직 옷이었지만 물이 스며들면 오히려 벌거벗은 것보다 더 체감온도가 떨어지는 데다 자체 방한능력도 아문센 일행의 순록가죽에 비해 훨씬 떨어졌다.

스콧탐험대가 악전고투하는 동안 아문센 탐험대는 계획대로 순탄하게 행군을 계속하였다. 아문센은 행군을 하면서 돌아올 길을 생각하여 적당한 거리에 차례로 식량을 눈밭에 묻고 깃발로 표시하였다. 끌고 가는 짐은 점점 가벼워졌고 행군은 그만큼 빨라졌다.

12월 8일 아문센은 탐험가 섀클턴이 기록한 인류가 도달한 최남단인 88도 23분을 지나갔다. 남극까지는 100마일이 남은 셈이다. 대원들과 사람들은 모두 굶주림과 피로에 시달렸지만 희망을 가지고 전진하였다.

드디어 1911년 12월 14일 오후 3시, 아문센 일행은 남위 90도의 남극에 도착하였다. 조국을 떠난 지 1년 반만의 쾌거였다. 도착 몇 백 미터 전에 대원들은 "개는 누가 앞에 가는 것을 좋아합니다."라며 아문센에게 인류최초의 미지의 땅을 밟게 배려해 주었다. 그곳에는 아문센이 우려한 것처럼 스콧의 발자취는 없었다.

아문센은 가장 먼저 휴대한 노르웨이 국기를 남극점에 꽂고 캠프이름을 폴하임Polheim(극점의 고향)으로 지었다. 탐험대는 그곳에서 4일 동안 머물다가 떠났다. 그리고 나중에 올 스콧일행을 위해서 약간의 식량과 순록 가죽으로 만든 털옷을 남겼다.

물론 진심이 담긴 몇 자의 편지도 남겼다. "존경하는 스콧대령님, 당신이 우리 다음에 도착한 최초의 사람들이 될 것입니다. 텐트 속에 약간의 물품을 두고 가니 쓸모가 있으면 부담 없이 사용하십시오. 무사귀환을 빌겠습니다."

1912년 1월 18일 스콧일행은 아문센보다 35일 늦게 남극점에 도착하였다. 기진맥진한 스콧일행이 처음 본 것은 아문센이 세운 노르웨이 국기와 텐트였다. 스콧은 일행에게 "최악의 사태다. 노르웨이인이 이미 우리를 앞질렀다."고 개탄하였다.

실의에 빠진 스콧은 돌아오는 길도 문제였다. 오는 길을 아문센 팀과는 달리 표식을 해두지 않은 것이다. 그 와중에도 학술적 목적은 잊지 않았다. 남극의 토양 생태조사는 물론 심지어 황제펭귄의 생태까지 조사하였다. 그리고 학술가치가 있는 광물을 15kg이나 챙겼다.

하지만 돌아오는 길에 꼭 필요한 아문센이 남기고 간 식량이나 의복은 거들떠보지도 않았다. 경쟁자의 도움을 받았다는 것을 치욕으로 안 것이다. 굶주림과 추위에 떨고 있는 상황에서 죽음을 목전에 둔 스콧일행에게 식량과 의복보다 더한 가치가 무엇이 있겠는가?

스콧은 패배했다는 무력감과 함께 힘겹게 귀환의 길에 올랐다. 지친 대원들은 썰매를 직접 끌어야만 했다. 아문센은 복귀 시 자신들이 미리 표시해둔 길로 비축해둔 식량을 공급받으면서 수월하게 귀환한 것에 비해 스콧은 오로지 가지고 있는 약간의 식량에 의존하면서 미지의 길을 개척하며 돌아오고 있었다.

한 달 정도 지난 후부터 대원들은 하나 둘씩 쓰러지기 시작하다가 3월

17일에는 군인인 오츠 대원이 과거 보어전쟁 때 다친 다리의 상처가 동상으로 덧나 행군에 뒤처지자 스스로 침낭을 챙겨 눈보라 속으로 사라지기도 하였다.

3월 29일 스콧은 자신의 최후가 가까워짐을 알았다. 바닥난 식량과 추위로 더 이상 버틸 힘이 없었다. 그는 남은 기력으로 최후의 일기를 썼다. "우리는 끝까지 버티려고 하였지만 몸이 쇠약해서 끝이 보이는 것 같다. 나는 더 이상 글을 쓸 수도 없다. 신이시여 우리를 보호하소서!" 스콧은 팀원과 함께 어쩔 수 없이 죽음을 맞이하였다. 메인 베이스캠프에서 불과 18km 떨어진 지점이었다.

스콧 탐험대의 비참한 최후에 비해 아문센은 돌아오는 길에도 오직 무사귀환만을 생각하며 표시해둔 지점을 역으로 거치면서 96일 만에 베이스캠프에 도착하였다. 다만 썰매 개는 식량으로 충당되어 11마리밖에 안 되었지만 대원들은 모두 안전하였고 오히려 출발할 때보다도 더 건강한 모습이었다.

아문센의 성공과 스콧의 실패의 원인은 사안을 해결하는 방법에 있었다. 이것을 다시 정리하면 아문센은 명확한 탐험의 목적 하나만을 위해 복잡한 것들을 단순화시켰다. 출발과 동시에 탐험의 또 하나의 목적인 과학적 조사는 포기하였다. 인원도 탐험에 최적화된 최소인원을 선발하였고 이동수단은 개썰매 하나에 의존하였다.

탐험을 시작하면서도 이동로의 적당한 간격에 식량을 두고 가면서 깃발로 표시해두어 올 때의 이정표가 되는 동시에 식량을 재배급받을 수 있는 두 마리의 토끼를 잡을 수 있었다. 식량이 부족하면 데리고 간 썰매 개를 잡아먹었고 현지에서 사냥을 하여 조달하는 등 탐험의 최적조건 한 가지만을 위해 신경을 썼다.

그러나 스콧의 탐험대는 이와 반대였다. 극한 남극오지를 탐험하나만 하기도 버겁고 어려운 일인데 과학적 조사까지 병행하는가 하면 영국해군의 자존심까지 세워야 하는 고려요소가 더 있었다. 탐험대 선발도 탐험과 조사를 병행하다 보니 추위와 현지적응에 상대적으로 취약한 과학자들이 다수 포함되어 체력적으로 문제가 되었다.

결정적인 문제는 이동수단이 다양하고 출발도 서로 달리하는 복잡한 절차에 있었다. 단순한 아문센 탐험대와는 달리 한 가지 수단이 문제가 생기면 그것이 연쇄적으로 다른 수단에까지 부담을 주어 탐험에 지장을 초래하였다. 결국 이 문제는 대원들의 피로를 가중시켰고 식량부족으로 굶주림과도 싸워야만 했다.

남극에 도착 당시 대원들은 안전하게 돌아갈 궁리만 하기도 어려운 상황이었다. 그런데 과학조사와 광물까지 채취하고 체면을 지키기 위해 아문센의 선의까지 무시하면서 이정표도 없는 미지의 길을 다시 개척하여 돌아오기에는 체력이 너무도 소진되었던 것이다. 위기 상황에서 고려요소가 복잡했던 것이 스콧 대령의 결정적인 실패 원인이었다.

우리는 100년 전의 이 두 탐험가의 성공과 실패에서 리더의 역할을 분명하게 되짚어 볼 필요가 있다. 성공한 리더는 복잡한 문제를 쉽고 간단하게 풀 수 있는 지혜를 가지지만 실패한 리더는 단순한 문제를 오히려 복잡하고 난해하게 만들어 갈등과 위기를 자초한다는 것이다.

현대의 우리사회 조직은 매우 복잡하게 발전하고 있다. 사회의 제요소나 기능들이 다양하게 분업화되고 서로간의 이해관계도 복잡하게 얽혀 있다. 또한 SNS 등 온라인 세계에서 만들어진 다양한 지식과 정보를 올바르게 판단하여 선택하는 것은 더욱 난해하고 복잡한 일이 되었다.

이런 환경에서 리더의 올바른 판단은 그만큼 어렵다. 하지만 우리가 안고 있는 복잡한 문제는 의외로 단순하다는 데 그 해법이 있다. 그것은 먼저 문제의 본질이 무엇인가에 대한 단순한 물음에서 본질적인 답을 찾으면 된다. 복잡한 영어문장에서 수식어를 빼면 의외로 단순한 구조를 찾을 수 있듯이 말이다.

그리고 그 다음은 해결방법을 단순화시켜야 한다. 문제해결을 위한 방법과 수단을 단순화시켜 집중시키면 의외로 쉽게 해결할 수 있다. 아문센이 오직 남극정복 하나의 목표에 집중하면서 모든 과정을 단순화시켰듯이 복잡한 현안도 이와 같이 해야 할 필요가 있다.

만약 단순화과정이 어렵다면 여러 개의 대안 중에 어느 것이 가장 중요하고 가치 있는지를 판단해야 한다. 그리고 그중 가장 중요한 대안 하나를 선택하여 최우선순위로 두고 집중해야 한다. 스콧 대령이 실패한 원인은 고려해야 할 중요한 가치를 너무 많이 두려고 했기 때문이다.

조직 내 난해하고 복잡한 문제는 수시로 발생한다. 그런데 이런 문제일수록 복잡하게 생각하면 더욱 미궁에 빠지게 된다. 이때는 문제의 핵심을 찾아 단순하게 해결하려는 시도가 필요하다. 그리고 덜 중요한 것은 과감히 내려놓고 가장 가치 있는 것에 집중할 때 복잡한 문제의 실타래는 쉽게 풀릴 것이다. 올바른 리더라면 새로운 일을 번잡하게 만들기보다는 불필요한 일을 단순하게 줄여주는 것이 더 현명하다.

'치밀'하게 계획하고 잔인하게 시행한다

호랑이 등에 올라타기도 힘들지만 한번 올라타면 끝까지 달려야만 살 수 있다. 힘들다고 중간에 내리면 잡아먹힌다. 리더가 어떠한 일을 계획하고 실행할 때도 마찬가지다. 리더의 계획은 사나운 호랑이 등에 무사히 올라탈 수 있을 정도로 치밀해야 하지만, 일단 마음먹고 추진하면 그 어떤 시련과 갈등이 있더라도 도중에 포기해서는 안 된다.

제2차 세계대전 당시 일본 제국의 해군 연합함대 사령관이었던 **야마모토**Yamamoto(1884~1943) 제독은 미국의 영토인 진주만 기습작전을 성공시킨 일본의 전쟁영웅이다. 그가 세계 최강인 미국의 자존감에 큰 타격을 주며 이 작전을 성공시킨 원인은 치밀하고도 철저한 사전계획이었다.

야마모토는 20세에 일본 해군사관학교를 졸업하고 곧바로 러일전쟁에 참전하여 일찍이 전쟁을 경험하였다. 그는 1919년 미국 하버드 대학교에 유학하였고, 그 경력으로 주미 무관을 역임한 미국통 엘리트 장교였다. 한 마디로 실전과 전략을 두루 갖춘 해군 제독이었다.

전쟁이 한창일 무렵인 1930년대 말, 일본의 군부 내에서는 미국과의 일전이 불가피하다는 여론이 고개를 들었다. 이 여론은 주로 일본의 육군 내 강경파들 사이에서 형성되었다. 그러나 일부 현실론자들은 이를 반대하였는데 야마모토가 그 중심이었다. 그는 과거 미국의 유학생활을 하면서 그들의 거대한 잠재력을 체험하여 잘 알고 있었다.

당시 일본 수상이었던 고노에는 주전파들의 압박이 가해오자 미국 전략통인 야마모토 제독을 불러 그의 의견을 물었다. "제독, 당신은 미국과의 전쟁에서 승산이 있다고 보시오?" 야마모토는 단호하게 대답하였다. "우리가 미국을 이길 수는 없습니다!" 이어서 "처음 1년간은 승리할 수 있을지도 모릅니다. 그러나 미국 국력으로 볼 때 전쟁이 지속될수록 불리해질 것입니다."라고 소신을 밝혔다.

그러나 일본 제국주의의 전쟁을 주도하던 육군 내 강경파들의 입장은 변함이 없었다. 이들은 끝까지 미국 공격을 고수하면서 천왕을 설득하여 허락을 받아냈다. 야마모토 제독은 상황이 이렇게 진전되자 생각을 바꿀 수밖에 없었다. 그는 "이왕 전쟁을 할 바에는 미국의 태평양 함대 주력기지인 진주만을 선제적으로 공격하자."고 주장하였다.

지휘부의 허락을 받아낸 야마모토 제독은 진주만 기습을 위하여 치밀하게 전략을 수립하기 시작하였다. 그동안의 세계해전의 양상은 거함거포주의巨艦巨砲主義, 즉 거대한 함포를 탑재한 대규모 전함이 해상에서 적 함대를 공격하는 전략이 주를 이루었다.

그러나 야마모토의 생각은 달랐다. 그는 이를 무시하고 새로운 해군전략을 구상하였는데 그것은 바로 항공모함을 기지로 하는 항공전이었다. 기존의 공격수단이 대포였다면 신전략은 항공모함에서 발진한 항공기로 적을 타격하는 것이었다.

야마모토의 이 계획에 대해서 일본 군부는 심하게 반대하였다. 한 번도 이러한 전략을 실전에 활용한 경험이 없었기 때문이었다. 그러나 야마모토는 이 전략에 대한 확신을 가지고 있었다. 주변의 반대로 갈등이 거세질수록 야마모토는 더욱 치밀하고 신중하게 사전계획을 세워나갔다.

1940년 초 항공기 공격력에 대한 사전 시험평가를 시작으로, 그 다음 해인 1941년 1월에는 해군 항공기 전문가인 오오니시 제독을 중심으로 한 추진단을 편성하였다. 진주만 공습이 구체화되자 그해 4월에는 이 계획을 연합함대 참모들에게 전파하여 다시 세밀하게 검토하도록 협조하여 검증을 받았다.

그 다음은 실전적 교육훈련을 계획하였다. 진주만과 유사한 일본 해안 가고시마를 선정하여 실전훈련을 시작하였다. 그런데 이 단계에서 치명적인 문제가 발생하였다. 항공기로 적의 함대를 공격할 수 있는 핵심무기 체계인 어뢰의 작동문제였다. 당시 일본의 어뢰는 최고의 성능을 자랑했지만 진주만처럼 수심이 얕으면 항공기에서 투하된 어뢰가 작동하지 못하고 해저에 처박힐 수밖에 없었다.

야마모토 제독은 고심하였다. 어떻게 하면 이 문제를 해결할 수 있을까? 그는 고민을 거듭하며 여러 가지 방법을 강구하다가 묘안을 생각해냈다. 투하된 어뢰의 부력을 높이기 위해 어뢰의 프로펠러 추진부에 간단한 목제부품을 달아 개량한 것이다. 그리고 조종사들이 어뢰투하 시 최대한 고도를 낮게 하여 낙하에너지를 최소화시키는 전술적 계획도 병행하여 세웠다.

개량된 어뢰로 다시 한 번 가고시마 해안에서 실전적인 훈련을 실시하였다. 그 결과는 성공적이었다. 개량된 어뢰는 진주만과 수심이 비슷한 가고시마 해안에 투하되어서도 정상적으로 그 성능을 발휘하였다.

그런데 작전이 임박하던 시기에 또 하나의 문제가 생겼다. 야마모토의 이 전략에 대해서 휘하 지휘관 및 참모들이 또다시 의구심을 가지고 반기를 들었다. 그중에는 작전의 핵심인 기동함대 사령관 나구모 제독의 반대가 심하였다. 이에 야마모토 제독은 강력하게 대응하였다. 나구모 제독을 불러 "명령에 따르지 않으면 직위해제 시키겠다."고 엄포를 놓았다.

1941년 11월 26일 우여곡절 끝에 야마모토의 연합함대는 진주만 공습을 위해 일본을 출항하였다. 일본의 함대는 항공기 414대를 실은 항공모함 6척과 잠수함을 포함한 전함, 순양함 등 26척의 함정들이 작전에 가담하였다. 이 세력은 미국의 태평양 함대를 능가하는 막강한 전력이었다.

그해 12월 7일 일본함대는 작전지역에 은밀히 도착하는 데 성공하였고, 야마모토 제독의 명령으로 역사적인 진주만 공습이 시작되었다. 항공모함에서 발진한 일본 항공기들은 진주만의 미군 기지를 무차별 공격하였다. 갑작스런 기습에 미군은 대책 없이 당하기만 하였다. 대부분의 미군 군사시설은 파괴되었다. 미국 국민 또한 이로 인해 엄청난 전쟁의 공포에 떨어야만 했다.

그야말로 이 작전은 대성공을 거두었다. 그러나 야마모토 제독은 성공에 환호성을 지르는 부하들과는 달리 "잠자는 사자의 코털을 건드린 것이 아닌지 두렵다."며 후일을 걱정하였다. 야마모토의 우려는 곧 현실화되었다. 미국은 곧바로 전열을 가다듬어 대반격을 시작하였다. 그리고 그 이후 일본은 미드웨이 해전 등 크고 작은 해전에서 패하면서 점차 전세가 기울어져 갔다.

1943년 4월 18일 야마모토 제독은 태평양 전선의 장병들 사기를 독려하기 위해 항공기로 솔로몬 제도의 부건빌섬으로 향하였다. 그런데 불행히도 사전에 미군의 암호 해독으로 동선이 노출되었다. 결국 진주만 복수를 위해 대기하고 있던 미군 전투기에 의해 항공기가 격추되면서 야마모토는 항공기와 함께 산화하고 말았다. 일본의 전쟁영웅이면서 적국에는 두려움의 대상이었던 야마모토 제독의 최후는 이렇게 끝이 났다. 일본은 그의 죽음을 애도하면서 성대한 국장으로 장례식을 치렀고, 해군원수의 칭호가 추서되었다.

야마모토 제독은 그가 예언한 것처럼 전쟁에서는 졌지만 세계 최강의 미국을 상대로 진주만 기습작전을 성공적으로 이끌었다. 그리고 그의 공적은 전사에 기리 남을 위대한 일이었다. 그가 한 전쟁을 이끄는 사령관으로서 성공한 비결은 치밀한 사전계획과 강력한 의지력을 통한 추진력이었다. 현대의 리더들이 위기 상황에서 가져야 할 또 하나의 자세가 아닐까 한다.

동물의 왕 호랑이는 사냥의 목표가 생기면 행동이 달라진다. 최대한 몸을 낮추고 목표물의 움직임을 예의주시한다. 그리고는 한발 한발 끈기 있게 목표물에 다가간다. 때로는 소리를 최대한 줄이기 위해 한발을 들고 서 있다가 다시 살며시 내딛는 행동을 반복하기도 한다.

그러다가 목표물에 어느 정도 다가서서 덮칠 때는 뭉툭한 발속에 감춰진 발톱을 내세우고 몸을 구부렸다가 용수철처럼 솟구쳐 일격에 상대를 공격한다. 그런데 호랑이의 이런 신중한 사전행동에도 불구하고 실패하는 것이 성공하는 것보다 훨씬 많다.

다른 맹수들도 마찬가지다. 야생에서 호랑이와 같은 맹수들은 이렇게 넘어지고 부딪혀 깨지면서 살아가는 생존법을 터득해야만 살아남을 수 있다. 그들에게 고난과 실패는 일상이지만 결코 좌절이란 없다. 우리의 삶에서 고난과 갈등을 이겨내기 위해서는 이와 같은 생존방식이 필요하다.

미국 자본주의의 대표적인 다국적 프랜차이즈 기업인 KFC의 창업자 **커널 샌더스**Colonel H Sanders(1890~1980)는 자신의 사업구상을 1,008번이나 거절당하였다가 65세에 겨우 계약을 성공시켜 신화를 일궈냈다. 오늘날 세계도처의 KFC매장에는 친근한 인상의 흰색양복을 입은 할아버지 상像을 볼 수 있는데 그의 웃는 얼굴 이면에는 수많은 난관과 어려움을 이겨낸 땀과 눈물이 스며들어 있다.

샌더스는 6살 때 아버지가 돌아가시고 홀어머니 밑에서 어린 동생들을 돌보며 어렵게 생활했다. 그는 부득이 7살 때부터 생계를 위해 요리를 할 수밖에 없었고, 그것이 훗날 자신의 삶에 소중한 자산이 되었다.

샌더스가 사업에 처음 손을 댄 것은 30대 초반 아세틸렌 램프 제조사업이었다. 전 재산을 모아 추진한 이 사업은 전기램프가 나오면서 완전히 말아먹었다. 그 후 자구책으로 타이어 공장에 영업사원으로 취직하였으나 역시 회사부도로 직장을 잃게 되었다. 그의 삶속의 고난은 이렇게 시작되었다.

1930년 그의 나이 40살이 되던 해에 켄터키주 코빈Corbin에 있는 작은 주유소를 운영하면서 배고픈 여행객을 상대로 닭요리와 간단한 음식을 판매하게 되었다. 그런데 이 사업이 의외로 반응이 좋았다. 그는 건너편에 140명이 앉을 수 있는 전문 레스토랑과 모텔을 지어 사업을 확장하였는데 기대 이상으로 잘 되었다. 고난은 끝난 듯했다.

그러나 그의 나이 49살에 그 잘나가던 사업은 화재로 인해 하루아침에 잿더미로 변하였다. 그는 이번에도 좌절하지 않았다. 절취부심으로 재기하여 2년 후에는 그 자리에 대규모 레스토랑을 짓고 자신이 터득한 맛좋은 11가지 양념을 완성시켜 훌륭한 요리를 손님들에게 선보였다. 이 사업역시 잘 되어 10년간 승승장구하게 되었는데 또 한 번 그에게 불행이 다가왔다. 코빈에 갑자기 고속도로가 생기면서 손님이 급격히 줄어든 것이다. 결국 그는 사업에 손을 떼고 가게는 경매에 넘겨졌다.

보통사람 같으면 벌써 포기했어야 할 기구한 운명이었지만 샌더스는 포기하지 않았다. 그는 그의 인생이 실패할 때마다 소중한 교훈을 얻었다. 램프사업 실패에서는 사업 트렌드를 읽는 법을 배웠고 주유소 식당을 운영하면서 손님에게 서비스 하는 법을 배웠다. 그렇게 실패하면서 배운 것이 훗날 성공의 밑거름이 되었다.

하지만 샌더스가 62살이 되던 1952년까지 그는 빈털터리였다. 그의 수

중에는 정부의 사회보장기금으로 주어진 105달러가 전부였다. 육순이 넘은 노인이 단돈 105달러로 무엇을 할 수 있을까? 그러나 그 노인은 낙망하지 않고 새로운 꿈을 찾아 떠났다. 남은 돈으로 압력솥을 사서 낡은 트럭에 몸을 싣고 직접 자신의 닭튀김 요리법을 팔기 위해 전국으로 떠돌아다녔다.

몸은 피곤했고 사람들의 반응은 냉담했다. 허름한 노인의 사업제안에 누구하나 호의적으로 받아주지 않았다. 샌더스는 노구에도 불구하고 트럭에서 잠을 자고 주유소 화장실에서 면도하고 세수를 했다. 그리고 또다시 반복되는 제안과 거절의 시간을 보내야만 했다. 그가 믿었던 소중한 꿈은 철저히 외면당하면서 2년이란 세월이 흘렀다.

전국을 떠돌던 샌더스는 유타주의 솔트레이크 시티에 이르게 되었다. 거기서 그는 새로운 운명의 동업자를 만났다. 피터 하먼이라는 햄버거 가게 주인에게 자신의 프라이드치킨 요리법을 선보이자 흔쾌히 사업승낙을 하였다. 1,008번째의 거절을 뒤로 하고 1,009번째의 성공을 이루는 순간이었다.

샌더스는 닭 1마리당 5센트(약 57원)의 로열티를 받는 조건으로 계약서를 작성하였다. 드디어 KFC 1호점이 탄생하였다. 그의 나이 65세에 첫 계약을 성공시킨 것이다. 이후 10년이 지난 1964년 미국과 캐나다 등지에 600개의 KFC 체인점이 생기면서 그의 고난은 끝이 났다. 지금은 전 세계 100여 개 국에 15,000여 개의 매장을 갖고 있는 미국의 대표적인 프랜차이즈 기업이 되었다.

샌더스는 75세까지 일하다가 물러난 뒤 자신의 상징인 흰 양복에 나비넥타이를 메고 전국의 매장을 다니면서 젊은 직원들을 교육하였다. "훌륭한 생각을 하는 사람은 많지만 그것을 실천하는 사람은 드물다. 나는 절대 포기하지 않았다. 대신 실패할 때마다 경험을 쌓고 다음에는 더 잘할 수 있는 방법을 찾아냈다."고 강조해 말했다.

현재까지도 샌더스의 고향인 캔터키에서는 동향인 링컨 대통령보다 샌더스가 더 존경받으며 인기도 많다. 샌더스의 말처럼 우리 주변에는 훌륭한 생각을 하는 사람은 많다. 그렇지만 그것을 실행에 옮기는 사람은 그리 많지 않다. 설령 실행에 옮기더라도 65세의 나이에 1,008번의 좌절을 이겨낼 수 있는 사람은 과연 몇이나 될까?

보통의 우리 일상은 고난과 위기에서 넘어지고 일어서기를 반복하며 살아간다. 조직을 관리하는 리더는 더 많은 풍파와 난관이 그의 리더십을 실험하기 위해 기다리고 있다. 이런 난국을 타개하기 위해 리더에게 필요한 것은 전략적 지혜와 불굴의 추진력이다.

리더의 전략적인 마인드에는 치밀함이 요구된다. 어떤 일을 도모할 때 사전 계획이 허술하면 실행에 대단한 혼선과 갈등을 유발할 수 있다. 여기서 우리는 야마모토가 진주만 기습작전을 입안할 때의 치밀함을 다시 한번 상기할 필요가 있다.

야마모토는 항공전이라는 새로운 전략을 시행하기 위해 사전 시험평가, 추진단 편성 전략수립, 주변참모들과 전략 검증 등 신중하고 치밀하게 계획을 수립하였다. 그리고 그 계획 아래 유사한 해안을 선택하여 다시 한번 실전적 교육 훈련을 반복하여 실시하였다. 거기에서 생기는 훈련 간 문제점은 또다시 보완하여 완벽에 가까운 계획을 완성하였다.

리더의 계획도 이와 같아야 한다. 사전계획이 치밀할수록 이후 흘리는 피와 땀은 적어진다. 하지만 아무리 치밀하고 좋은 계획도 막상 시행하고자 하면 난관과 고난에 봉착하기 마련이다. 이럴 때 필요한 것이 리더의 강력한 추진력이다. 리더는 일단 추진하기로 마음먹은 계획은 잔인할 정도로 실행에 옮겨야 한다. 그 어떤 고난이 뒤따르더라도 절대로 멈추어서는 안 된다.

러시아의 소설가 안톤 체호프Anton Chekhov(1860~1904)는 "손가락이 가시에 찔렸다면 눈에 찔리지 않은 것을 다행으로 생각하라."고 하였다. 샌더스가 인생역전을 할 수 있었던 것은 1,008번이 주는 고난과 시련을 겪으면서도 좌절하지 않고 오히려 소중한 경험과 교훈을 얻는다는 자세로 자신의 의지를 실행에 옮겼기 때문이다.

혹여 고난으로 의지가 약해질 때는 최후의 방법이 있다. 투지를 되살리기 위해 퇴로를 차단하는 것이다. 퇴로가 너무 많으면 최대의 투지를 발휘하지 못한다. 이때는 '올인 전략'을 사용할 필요도 있다. 16세기 스페인군이 남미의 아스테카 부족을 점령할 때 지휘관 코르테스는 타고 온 배를 모두 불살라 버렸다. 병사들에게 후퇴란 물에 빠져 죽는 것이었다. 500명밖에 안 되는 병력으로 2,000배가 넘는 원주민과 싸워 이긴 비결이 여기에 있었다.

우리가 살고 있는 험난한 세상에서 승자의 길은 험하고도 힘들다. 호랑이와 같은 맹수도 나약한 먹잇감 하나를 잡을 때 섣불리 달려들지 않고 전력을 다한다. 조직의 중요한 운명을 결정할 리더 역시 치밀한 기획력으로 조직의 성공률을 높여야 한다. 그리고 그 과정에서 오는 고난과 시련은 강한 의지력으로 극복해야 한다. '치밀하게 계획하고 잔인하게 시행하면' 해결 못할 일이 없다.

'일관성' 있는 믿음으로 신뢰를 주라

리더의 언행은 일관성 있고 예측가능해야 한다. 그래야만 조직은 안정을 찾아 불만이 적다. 리더의 말이 가볍거나 행동의 변화가 심하면 부하들은 방향을 잃고 갈등한다. 마치 조회시간에 선두의 작은 움직임을 맞추기 위해서는 후미로 갈수록 더 크게 움직여야 하는 것과 같다. 리더가 선두에 서서 소신 있고 일관성 있게 조직을 이끌면 부하는 동요 없이 따르게 될 것이다.

인도의 타타그룹 회장인 **라탄 타타**Ratan Tata는 기업가로서 세계적으로 존경받는 사람이다. 그는 회장으로 취임하면서 인도 국민이나 직원들에게 한 약속의 말에 대해 책임지고 일관되게 실천함으로써 회사를 세계적인 명기업으로 이끌었다.

타타그룹은 1865년 창립되어 무려 155년의 역사를 가지고 있는 인도의 대표적인 국민기업이다. 이 회사는 현재 타타 자동차를 비롯하여 일곱 개 분야에 100개의 계열사를 가지고 있으며, 직원 수만 80여 개 국의 약 42만 명이 넘는 세계적인 기업이다.

그러나 라탄 타타 회장이 취임 당시인 1990년대 초까지만 해도 그룹 내부의 신구세대 경영진이 심각한 내분으로 갈등을 빚고 있었다. 그리고 타타 회장은 창업주의 증손자로서 내성적인 성격을 가진 탓에 회사의 총수로서 적합하지 않다고 반대하는 사람들도 많았다.

1991년 회장으로 취임한 타타 회장은 이 난국을 타개하기 위해 가장 먼저 갈등을 빚는 신구 경영진의 교체원칙을 세웠다. 회사정년을 75세로 정하고 여기에 해당되는 사람들은 모두 교체하였고, 자신도 이 원칙을 지킬 것을 약속했다. 그리고 기업이념을 '신의와 헌신'으로 정하고 엄격한 기업윤리와 사회적 책임을 핵심가치로 천명하였다.

회장은 첫 출근부터 회사의 안정과 혁신을 위해 직원들과 소통하며 동고동락하였다. 자신의 말은 항상 신중하게 하되 한번 한 약속은 상대의 지위고하를 막론하고 철저히 지키려고 노력하였다. 그리고 어려운 일에는 언제나 앞장서서 해결하려 하였다.

한번은 타타 회장이 임원들과 함께 사업차 출장을 가다가 자동차에 펑크가 났다. 운전사는 황급히 차를 길가에 세우고 자동차 바퀴를 갈아 끼우려고 하였다. 그 사이 임원들은 차에서 내려 잡담을 하거나 스트레칭을 하며 기다리고 있었다.

그런데 황당하게도 회장이 보이지 않았다. "회장님이 어디 가셨지?" 하며 주변을 찾아보니 회장은 펑크 난 차량 뒤편에서 잭과 스패너를 쥐고 운전자를 도와 열심히 타이어를 갈아 끼우고 있었다.

옆에 있던 임원들은 땀을 뻘뻘 흘리며 타이어를 갈아 끼우는 타타 회장을 보고 자신들의 행동에 부끄러움을 느끼는 한편 회장을 마음속 깊이 존경하게 되었다.

타타 회장의 이러한 배려의 리더십은 2003년 회사의 혁신적인 사업 아이템을 계발하는 계기가 되었다. 어느 비 오는 날 타타 회장이 거리를 걷다가 우연히 가족 4명이 탄 작은 오토바이인 스쿠터가 빗길에 넘어지는 사고를 목격하였다. 어린 아이가 빗속에서 떨고 있는 모습을 본 타타 회장은 속으로 '돈 없는 서민들을 위해 오토바이 가격으로도 충분히 살 수 있는 자동차를 만들어야 하겠다!'고 결심하였다.

이후 2004년 타타 회장은 자신의 결심을 전 국민 앞에서 약속하였다. "10만 루피(약 240만원)의 값싼 소형 국민차를 만들겠다."고 천명하였다. 타타 회장의 이런 약속을 믿는 사람은 거의 없었다. 무엇보다도 타타그룹 내에서 반대가 심하였다. 자동차 업계에서도 타타의 약속은 불가능하다고 생각했다. "어떻게 오토바이 가격으로 차를 만들 수 있겠는가?"

그러나 타타 회장의 생각은 변함이 없었다. 비록 회사가 손해를 보더라도 서민을 위해 한 약속은 무슨 수를 써서라도 지켜야 한다고 마음먹었다. 그리고 이 사업을 '나노Nano 프로젝트'로 명명하였다.

초저가 자동차 개발과정은 고난의 연속이었다. 차의 성능을 고려하면 가격을 못 맞추고 가격을 맞추면 차의 요구성능을 맞추기가 어려웠다. 무수한 시행착오를 겪으면서 연구는 진행되었고 새로운 시도가 있을 때마다 직원들은 회장의 눈치를 보지 않을 수 없었다.

그러나 타타 회장은 무수히 올라오는 실패보고서를 보고서도 화를 내지 않았다. 오히려 자신도 프로젝트에 참여하여 새로운 아이디어를 내는 데 도움을 주고 직원들을 격려하였다. "여러분이 하는 이 사업은 회사를 위한 일이기도 하지만 못사는 서민들을 위한 일입니다. 사명감을 갖고 조금 더 힘을 냅시다!"

2008년 1월 10일, 4년간의 우여곡절 끝에 드디어 나노 프로젝트가 완성되었다. 세계에서 유례없는 초미니 자동차가 탄생한 것이다. 수많은 취재진이 모인 가운데 뉴델리의 자동차 전시장에 타타 회장을 태운 나노 자동차가 등장하게 되었다.

타타 회장은 그동안의 고충과 개발경과를 짤막하게 보고하였다. "처음 약속했던 4년 전보다 철강재와 타이어 등 부품가격이 크게 올라 차량 가격을 정하는 데 어려움이 많았습니다."라고 운을 띄운 뒤 잠깐 동안 정적이 흘렀다. 엄청난 개발비용과 파란만장한 연구과정을 거쳤다는 것을 사람들은 알고 있었기 때문에 회장의 차량 가격에 대한 발언에 주목하였다. 그러나 타타 회장의 마지막 발언에 모든 사람은 감격했다. "그렇지만 약속은 약속인 만큼 기본모델의 출고 가격은 약속대로 10만 루피로 정하였습니다."

이 발언에 참석자 모두는 환호하며 박수를 쳤다. 그리고 자신들과의 약속을 끝까지 지켜준 타타 회장을 신뢰하였고, 타타그룹을 위해 돈을 쓰는 것은 아깝지 않다고 생각했다. 타타그룹 직원들 역시 회장의 인간애에 기초한 기업철학과 일관된 소신을 존중하였다.

직원들의 이런 믿음은 회사의 위기 상황에서 조직을 하나로 묶는 힘이 되었다. 2008년 11월, 타타그룹의 상징인 타지마할 팰리스 호텔Taj Mahal Palace Hotel에서 테러가 발생하여 164명이 숨지고 308명이 다치는 충격적인 사건이 발생하였다.

그러나 이 테러 이후에 타타그룹의 정체성은 확연히 나타나 널리 알려지게 되었다. 투숙객 1,500명을 대피시키는 과정에서 호텔직원 11명이 사망했으나 테러범의 공격이 이어지는 동안 도망가거나 자리를 이탈한 직원을 단 한명도 없었다. 심지어는 테러리스트의 총탄을 몸으로 앞장서서 막은 직원도 있었다.

무엇이 이들을 이토록 용감하게 만들었는가? 그것은 평소 타타 회장이 직원들에게 보여준 일관된 신뢰와 믿음 때문이었다. 호텔 총지배인은 언론과의 인터뷰에서 이렇게 말했다. "우리 직원들은 테러 당시 자신의 집이 공격받고 있다고 느꼈을 것입니다. 타타그룹 문화에는 신뢰라는 가치가 녹아있습니다. 저는 이 회사에서 일하는 것이 무척 자랑스럽습니다!"

이 사건 처리방식에도 타타 회장의 평소의 철학과 소신이 그대로 묻어 있었다. 그는 인사담당 임원이 피해보상에 대한 계획을 보고했을 때 "비용이 얼마나 많이 드는가?"하는 질문대신에 "그 정도면 충분한가? 우리가 더 도와줄 수 있는 일은 무엇인가?"라고 물었다. 보통 이런 재난의 경우 회사의 책임을 회피하려고 하는 데 회장은 오히려 회사 책임이 없는 인근 주민들의 피해까지 보상해 주었다.

2012년 타타 회장이 75세가 되던 해에 회장 취임 시 약속한 21년 전의 은퇴약속을 실행에 옮겼다. 자신의 회장 자리는 인척관계가 아닌 시루스 미스트리 부회장에게 물려주고 일선에서 물러났다. 어려웠던 회사를 세계적인 기업으로 성장시킨 타타 회장으로서는 얼마든지 회사의 경영권을 연장할 수 있었지만 한번 약속한 것을 지키려는 회장의 의지를 꺾지는 못하였다.

타타 회장은 퇴임 후 많은 메시지를 남겼다. "타타그룹은 이익만을 추구하는 기업과는 달리 회장의 기업정신인 '신뢰와 헌신'을 실천하는 국민그룹이다. 따라서 일체의 정경유착이나 비자금 조성 등의 비리가 없이 투명하게 운영되고 있고, 직원들을 가족처럼 대하여 노사 간의 갈등도 존재하지 않는다."는 것이다.

또한 회사의 이윤 66%를 빈민구제와 교육사업에 사용하여 국민들에게 되돌려 줌으로써 '타타가 돈을 벌면 국민들에게 돌아간다'는 이미지를 심어주었다. 인도 국민들은 아직도 "정치에는 간디, 경제에는 타타"라는 인식을 마음속에 깊이 간직하고 있다.

타타 회장은 누구나 할 수 있지만 아무나 하지 못하는 리더십을 우리에게 보여주었다. 리더의 준엄한 약속과 그것을 지키려는 일관된 행동이 그것이다. 리더가 일관된 믿음을 주면 부하는 배신하지 않는다. 어려운 상황에서도 리더가 올바른 방향으로 이끌 것이라는 믿음이 있기 때문이다. 이것은 목숨을 담보로 작전을 수행하는 군에 꼭 필요한 가치다.

베트남전이 한창이던 1966년, 미국의 **제임스 할러웨이**James L, Holloway 제독이 항공모함인 엔터프라이즈호의 함장으로 근무할 때의 일이다. 상부의 명령에 의해 작전을 수행하기 위해 미국을 출항하여 베트남으로 이동 중이었다.

당시 대원들은 작전임무를 준비하느라 제대로 휴식을 취하지도 못하고 바쁘게 생활하여 매우 피곤한 상태였다. 다행히 항공모함은 중간 기항지인 필리핀의 슈빅Subic항에 며칠 정박할 예정이었다. 함장은 이때 대원들을 외출 보내 휴식시간을 주기로 하였다. 대원들은 정박기간에 외출할 수 있다는 생각에 잔뜩 기대하고 있었다.

그러나 항모는 태평양을 건너오는 동안 태풍으로 인해 예정일보다 5일이나 늦은 새벽 시간에 슈빅항에 도착하였다. 해군지휘부에서는 작전 계획상 "당일 정비와 보급을 마치고 18시경에 작전지인 베트남으로 떠나라."는 지시를 항모에 하였다.

함장은 난감하였다. 지금 함대원들에게 필요한 것은 휴식인데 바로 출동하라는 상부의 명령을 따르지 않을 수 없었다. 대원들은 상부의 이런 명령을 알고 불평불만을 하기 시작하였다. "휴식도 없이 당일 떠나라는 것은 너무 한 일이다. 땅에 발 디딜 여유는 주어야 하는 게 아니냐?"

이때 함장인 할러웨이 제독은 중대한 결심을 하였다. 당직자를 제외한 3,000명의 대원들에게 "금일 9시부터 17시까지 외출을 허가한다."고 지시하였다. 함장의 이 지시에 대원들은 만세를 부르며 환영하였지만 주요 참모와 부서장들은 우려를 표하며 반대하였다. "지금은 작전차 이동 중입니다. 3,000명의 대원들을 내보냈다가 모두 복귀하지 않으면 제때에 출항

할 수 없습니다."

그러나 함장은 단호하게 말했다. "자네들의 말도 일리가 있다. 그러나 대원들은 현재 피로를 회복할 휴식이 필요해. 나는 대원들을 믿는다. 만약 문제가 생기면 그 책임은 내가 진다."

대원들은 좋아하며 예정시간에 외출을 나갔다.

오후 16시 30분이 되자 참모들은 불안해지기 시작하였다. 귀함시간 30분 전인데도 배에 복귀하는 사람들은 한 명도 없었다. 이윽고 참모 중에는 불만을 토로하는 사람이 생기기 시작하였다. "함장의 지시는 너무 무모한 것이었다."

그러나 정작 함장은 담담해 하면서 부하들을 신뢰한다는 표정이었다. 비는 폭풍우처럼 세차게 내리기 시작하였다. 그런데 멀리서 뿌연 사람들의 모습이 보이기 시작하였다. 그리고 복귀시간 20분 전이 되자 항공모함 입구는 귀대하려는 장병들로 북새통을 이루었다.

드디어 17시 정각이 되자 술에 취한 대원들을 업고 뛰어 들어온 12명을 끝으로 3,000명 전원이 귀대하였다. 대원들은 자신들을 진심으로 믿고 배려해준 지휘관을 위해 무사고로 화답한 것이다.

항공모함은 예정시간인 18시에 베트남으로 이상 없이 출항하게 되었다. 물론 함정대원들은 더욱 사기충천하여 열심히 근무하였고 마지막 까지 임무를 잘 마칠 수 있었다. 할러웨이 제독도 이후 승승장구하여 1974년 미 해군참모총장이 되었다. 비록 부하와 말로 한 약속이라도 이를 일관성 있게 지키려는 리더가 성공하지 못할 이유가 없는 것이다.

리더는 항상 조직을 믿음으로 일관성 있게 이끌어야 한다. 아무리 세찬 바람이 불어도 흔들림이 없는 신념과 소신으로 지향하는 목적을 향해야 한다. 그러면 조직은 더 견고하게 리더의 비전을 신뢰하고 같은 방향으로 지지할 것이다. 그러나 리더의 말이 가볍고 행동이 수시로 바뀌면 조직은 불안해지고 불만도 커진다.

최근 미군의 사드THAAD(Terminal High Attitude Area Defence, 고고도 미사일 방어체계)무기의 국내 배치문제로 온 나라가 시끄러운 적이 있었다. 이런 혼란과 갈등의 원인은 정책결정자들의 일관성 없는 처신 때문이라는 지적이 많았다.

최초 경북 성주지역 내 공군기지로 정하였다가 주변의 반대에 부딪혀 인근 롯데 소유 골프장으로 번복하는 등 여러 차례의 입장 변화로 갈등을 더 키우는 꼴이 되었다. 많은 사람들은 처음 결정 시 신중했어야 하고, 결정을 했으면 일관되게 추진하는 것이 좋았다는 평가가 있었다.

현재 우리사회는 소신 없이 기회주의적 행동을 하는 리더들이 많다. 자신의 신념보다는 힘과 권력에 의지하여 양지만을 추구하는 철새 리더들이 이 사회의 불신을 키우고 있다. 우리의 미래는 이런 무소신 기회주의자들에게 맡겨져서는 안 된다. 소신 있고 일관된 리더가 이 사회를 이끌어야 한다.

그러려면 리더는 작은 약속도 버리지 않아야 한다. 리더의 약속은 반드시 지켜야 할 '마음의 법'이기 때문이다. 아무리 보잘것없는 사람과 사소한 약속을 하더라도 그것을 지켜야 신뢰가 생긴다. 선거 때만 되면 남발하는 공약들이 그야말로 공허한 약속이 되어서는 우리사회의 정치지도자들이 신뢰받지 못한다. 타타 회장처럼 수많은 난관에도 자신이 한 약속을 지키려는 일관된 소신을 사람들은 지지한다.

이를 위해 리더의 가치관과 신념도 확고해야 한다. 높은 도덕적 가치관으로 세상의 옳고 그름을 바르게 판단하고 이를 일관성 있게 밀고 나가는 투철한 신념이 있어야 한다. 그것이 조직이 추구하는 목표와 인식을 같이 할 때 조직은 더 안정되고 위기에서도 흔들리지 않는다.

다만, 주의할 점은 리더의 인지적 일관성Cognitive Consistency이다. 이것은 사람의 생각과 감정들이 서로 일관성을 유지하려는 심리적 경향을 말하지만 자칫 고집불통의 괴물이 된다. 즉 평소 좋지 않은 감정을 가진 사람은 아무리 좋은 일을 하더라도 좋지 않게 보려고 하고, 반대로 좋은 사람은 큰 실수를 하더라도 용납하는 것과 같다. 이런 부정적인 일관성은 조직관리에 부정적인 영향을 준다.

리더의 일관성은 오히려 잘못된 아집과 편견을 바꿀 수 있는 확장성을 가질 때 그 의미가 크다. 작전 중인 항모지만 작전에 큰 차질이 없는 한 외출도 할 수 있는 것이다. 큰 기조나 방향에 흔들리지 않지만 사소한 변화를 수용할 수 있는 일관성이 바람직한 리더십이다.

현대의 우리사회가 요구하는 리더는 고집스런 리더도, 방향성 없는 무소신의 리더도 아니다. 시대의 변화에 유연하게 대응하지만 원칙과 소신을 가지고 미래의 비전을 일관성 있게 제시하는 리더이다. 그리고 작은 약속도 소홀하지 않고 목숨처럼 지킴으로써 주변으로부터 신뢰를 받는 그런 리더가 우리사회의 불신과 갈등을 관리할 수 있다.

제11장

리더는 '책임(責任)'으로 말한다

실수는 인정하고 '책임'은 끝까지 진다

인간은 누구나 실수를 한다. 리더라고 예외가 될 수 없다. 그러나 그 실수를 겸허하게 인정하고 책임지느냐, 아니냐에 따라 결과는 달라진다. 지위가 높은 리더일수록 자신의 명예나 권위가 실추되는 것을 우려하여 변명하거나 덮고 가고 싶은 강한 유혹에 빠진다. 그런데 그런 유혹은 이후 사실왜곡이나 책임전가 같은 도덕적 문제로 부각되어 더욱 곤경에 빠질 가능성이 있다.

미국의 42대 대통령인 빌 클린턴Bill Clinton은 재임 당시 백악관 인턴사원인 모니카 르윈스키와의 성추문 사건이 언론에 노출되어 대통령 탄핵문제로 비화되는 수모를 당하였다. 그런데 이 문제는 사건 초기 클린턴이 사실을 곧바로 인정하지 않고 변명함으로써 더 확대되었다.

클린턴이 정치전면에 나설 당시 그의 화려한 정치 이력은 언론에 주목

받기에 충분했다. 그의 나이 30세에 이미 고향인 아칸소주에서 검찰총장이 되었고, 32세에 최연소 주지사에 당선될 정도로 정치적 능력을 인정받았다. 미국 국민들은 클린턴이 민주당 대선 후보로 지명되었을 때 그의 젊고 활력 넘치는 매력에 푹 빠져버렸다.

다만 그에게는 약점이 하나 있었다. 상대후보 측에서 거론하였듯이 클린턴의 여성편력이 문제였다. 미국 국민들은 이런 약점에도 불구하고 젊고 품위까지 갖춘 클린턴을 선호하였다. 1992년 46세의 젊은 나이에 클린턴은 미국 국민들의 사랑을 한 몸에 받으며 대통령에 당선되었다.

그의 대통령 당선은 유복자인 결손가정 출신이 아메리칸 드림의 아이콘이 되었다는 점에서 국민들을 더욱 열광시켰다. 대통령 재임기간 중에는 역대 어느 대통령보다도 경제정책이 성공을 거두어 호황을 누렸다. 특히 그의 인간적인 매력에서 느껴지는 친화력은 미국 국민들을 갈등에서 화합으로 이끌어내는 촉매제가 되었다.

국민들로부터 절대적인 사랑을 받던 클린턴은 1996년 공화당의 밥 돌 후보를 누르고 재선에 성공하였다. 그는 미국 국민들에게 누구보다도 성공적인 대통령이 될 것이라는 믿음을 주기에 충분하였다. 그러나 그런 그에게 운명의 어두운 그림자가 조금씩 드리워졌다. 그동안 약점으로 보인 여성문제가 불거지기 시작한 것이다.

1998년 1월 21일 워싱턴포스트지에 모니카 르윈스키와의 성추문 사건이 보도되었다. 미국을 비롯한 전 세계인들은 경악을 금치 못하였지만 일부 측근들 중에는 올 것이 왔다는 반응이었다. 모든 언론은 매일 대서특필하였고, 정치적으로도 큰 이슈로 떠올라 공격을 받았다. 이 문제는 그동안 클린턴의 모든 공과를 한꺼번에 삼켜 버렸다. 그의 이미지도 한순간 나락으로 떨어졌다. 논란이 확산되자 클린턴은 더 이상 침묵을 지킬 수가 없었다.

클린턴 대통령은 신년 연두교서 발표일인 1월 27일 참모들의 의견을 받아들여 자신의 입장을 언론에 밝혔다. 그는 기자들 앞에서 "나는 (르윈스키와) 성관계를 가지지 않았다."고 부인하였다. 그날 아침 부인인 힐러리도 TV쇼에 출연하여 "남편에 대한 혐의를 믿지 않으며 이는 거대한 정치적 음모다!"라며 남편을 옹호하는 발언을 하였다.

물론 클린턴은 부인의 이 발언에 대해 양심의 가책을 느낄 수밖에 없었다. 훗날 그는 자서전에서 "내가 지금 가장 후회하는 것은 미국 국민들과 가족을 속였다는 것이다. 나는 창피했다. 아내와 딸에게 그것을 감추고 싶었다."는 인간적인 고백을 하기도 하였다.

얼마 후 클린턴의 세기의 성추문 사건은 미국의 특별검사인 켄 스타Ken Starr에 의해 낱낱이 파헤쳐졌다. 수사보고서에는 법률적으로 적시된 혐의 내용보다 훨씬 상세하고 노골적인 내용이 묘사되었다. 클린턴은 더 이상 자신이 이와 관련된 모든 것을 숨길 수 없음을 알았다.

괴로운 7개월이 지나고 연방대배심의 증언이 예정된 8월 15일 아침이 되었다. 고통 속에 밤을 새운 클린턴은 부인에게 "르윈스키와의 일은 사실이다."라고 털어놓았다. 힐러리는 당황해 하면서 "왜 지난 1월에 사실대로 이야기하지 않았느냐?"며 화를 내었다. 클린턴은 "미안하다."라는 말밖에 할 수 없었다.

그는 대배심 증언에서 "96년과 97년에 몇 번 르윈스키와 부적절한 관계가 있었다."고 시인하였다. 그런데 그의 발언은 완전한 시인이 아닌 반쪽 정도의 시인이었다. 부적절한 관계가 성관계를 의미하지는 않고 일부 신체적인 접촉 정도만 시인한 것이었으며, 켄 스타 검사측이 이를 성행위로 규정하는 데 불만을 가졌다.

이틀 후인 8월 17일 오후 10시에 클린턴은 대국민 연설을 통해 자신의 입장을 밝혔다 "모든 사람들 심지어는 아내까지 잘못된 판단을 하게 만들었다."며 자신의 실수를 인정하는 듯하였다.

그러나 몇 분 후 그의 태도는 다시 돌변하였다. 자신의 잘못을 인정하였던 시간에 맞먹는 시간을 자신의 변명과 다른 사람들을 탓하는 시간으로 할애하였다. "이번 사건은 정치적인 의도가 숨어있으며 켄 스타 검사의 법적 해석에도 문제가 있다."는 비난이 포함되어 있었다.

그의 이러한 연설은 미국 국민들을 또 한 번 실망시켰다. 국민들은 클린턴의 이러한 사과를 진정성 있게 받아들이지 않았고, 클린턴이 말한 '부적절한 관계'라는 말은 변명을 위한 신조어로 조롱거리가 되었다.

1998년 10월 미 하원은 켄 스타 검사의 조사보고서를 토대로 탄핵 조사안을 가결하였고 그해 12월 탄핵안도 가결하게 되었다. 클린턴은 다시 한 번 자신의 잘못을 뉘우치고 인정하며, 백악관 참모들은 물론 주변 사람들에게 사과를 했다.

그리고 백악관의 연례조찬 기도회 행사에 종교지도자를 초청하여 다시 한 번 차신의 실수에 대해 "나는 그동안 내 자신에 대해 깊은 사색을 하게 되었습니다. 용서받기 위해서는 먼저 진실한 참회가 있어야 한다는 사실을 깨달았습니다."라며 진심으로 용서를 구했다.

1999년 2월 12일 클린턴은 르윈스키 사건의 위증과 사법방해 혐의로 미 하원에서 탄핵당하였다. 하지만 대통령의 성추문으로 탄핵은 너무 심하다는 여론 때문에 미 상원에서 탄핵동의안이 부결되었다. 다시 한 번 용서를 받은 셈이었다. 그러나 그의 명예나 금전적 손실은 엄청나게 컸다.

대통령직을 연임하면서 건국 이래 최장기적으로 경제적 호황을 가져오고 만성적으로 적자였던 연방정부의 재정을 흑자로 돌린 성과는 한순간 퇴색되었다. 경제적인 타격도 컸다. 2001년 퇴임하였으나 그동안의 소송으로 인한 비용 1,200만 달러(약 140억 원)를 지불해야 했다. 그로 인해 약 450만 달러는 빚으로 남아 거의 파산 직전까지 갔다. 이후 이 사건은 2016년 부인 힐러리의 대선에서도 영향을 미쳤다. 상대편인 트럼프 진영으로부터 클린턴의 여성편력에 대해 집중공격을 받았던 것이다.

클린턴은 지금도 미국 국민으로부터 사랑과 미움을 동시에 받았던 대통령으로 기억되고 있다. 젊고 활력 넘치는 포용의 정치시대를 열었고, 미국 젊은이들의 꿈을 갖게 하였던 대통령이었지만, 자신의 실수를 책임지지 않고 변명으로 일관한 '타락 정치인'이라는 오명을 동시에 갖게 된 것이다.

링컨 대통령은 이런 유명한 말을 하였다. "몇 사람을 오래 속일 수도 있고 모든 사람들을 잠시 속일 수도 있다. 그러나 모든 사람을 오래 속일 수는 없다!" 리더가 실수로 난처한 국면에 처하였을 때 링컨의 이 말은 반드시 마음속 깊이 새겨야 한다. 순간적으로 양심을 버리고 거짓말을 하는 것은 잠시 자신을 살리기 위해 영원히 죽는 길을 선택하는 것임을 말이다.

리더는 한마디로 책임지는 사람이다. 자신의 일이든 조직의 일이든 문제가 생기면 거기에 대한 책임은 모두 리더의 몫이다. 그렇기 때문에 올바른 리더십은 리더의 책임감에서 비롯된다고 하는 것이다.

1970년대 일본의 '서민 재상宰相'으로 인기가 높았던 다나까田中 수상은 초등학교 학력이 전부였지만 리더로서 책임의식이 탁월했던 정치인이었다. 그가 일본의 대장성 장관으로 임명되었을 때 많은 주변 사람들은 그의 학력을 문제 삼았다. 지금까지 대장성에는 동경대학 출신의 우수한 수재들이 중심이 된 엘리트 관료집단이었기 때문이다.

그러나 다나까의 취임일성으로 모든 논란은 잠재워졌다. 그는 취임사에서 "여러분은 세상이 알아주는 천재이고 나는 초등학교밖에 나오지 못한 사람입니다. 그런 내가 대장성 장관이 되었다고 하니 많은 사람들이 걱정하고 있습니다. 그러나 걱정하지 마십시오. 여러분은 이전처럼 대장성 일을 하십시오. 저는 오직 책임만 지겠습니다!"

다나까는 훌륭하게 장관직을 수행하고 일본의 국정을 책임지는 수상의 직책까지 오르게 된 입지전적인 인물이 되었다. 물론 이후 뇌물사건에 연루되어 수상직을 사임하게 되는 불명예를 안았다. 하지만 그는 아직까지도 일본사람들에게 책임감을 가진 훌륭한 리더로서 마음깊이 존경받고 있다.

리더의 책임과 권한은 막중하지만, 그 역시 불완전한 인격체이다. 수많은 난제와 갈등을 겪다보면 실수를 하는 것은 당연한 일이다. 그런데 현실에 닥친 국면을 모면하기에 급급하여 자신의 실수를 인정하지 않고 애써 변명하는 경향이 있다. 심지어는 스스로에게 최면을 걸어 더욱 뻔뻔한 거짓말로 상황을 타개하려 한다.

로마의 철학자 키케로Cicero는 "인간은 누구나 실수를 한다. 하지만 이를 인정하지 않는 것은 바보다."라고 말했다. 리더로서 실수를 인정하지 않는 것은 오히려 상황을 악화시키는 바보짓이다. 이후에는 실수보다는 변명과 거짓말로 이어지는 도덕적인 문제가 더 큰 문제로 불거지게 된다. 이런 문제일수록 가장 인간적인 방법으로 사과하는 것이 최선의 방법이 된다. 그렇다면 리더의 실수에 대한 사과는 어떻게 해야 하는가?

첫째로 자신의 실수를 겸허히 인정해야 한다. 클린턴처럼 사과를 하면서도 자기 합리화를 위해 사족은 붙이면 안 된다. 그러면 사과의 진정성이 떨어질 뿐만 아니라 더 큰 비난을 받게 된다. 다소 억울한 점이나 부하들에게 책임이 있더라도 타인에게 잘못을 전가하지 말고 겸허히 인정하면 더 큰 화를 면하게 된다.

둘째로 사과는 신속해야 한다. 잘못이 인정되면 바로 사과하는 것이 좋다. 시간이 지체되면 사안에 대한 오해는 물론 주변의 폭로로 곤란을 겪게 된다. 또한 자기보호의 심리적 방어기제가 작동하여 자기 합리화를 위한 변명이나 거짓말의 유혹을 받게 된다. 이러한 문제에서 벗어나기 위해서는 적절하면서도 신속한 사과가 되어야 한다.

셋째로 잘못에 대한 진정한 뉘우침이 있어야 한다. 자신의 잘못에 대해 정직하게 이실직고 하고 "다시는 그런 일이 없도록 하겠습니다."라는 다짐이 필요하다. 말로는 잘못을 인정하면서도 표정이나 행동에서 그런 면이 보이지 않으면 사과는 오히려 역효과를 가져온다.

그리고 그 다음으로 리더가 할 일은 책임지는 것이다. 조직과 관련된 모든 문제는 조직의 장長인 리더가 그 책임을 피할 수 없다. 리더가 먼저 나서서 책임을 지고 문제를 수습하고자 하면 의외로 쉽게 문제를 해결할 수 있다.

제2차 세계대전 당시 일본에 원자폭탄 투하를 명한 트루먼 대통령은 책상에 "The buck stops hear!" 즉 "모든 책임은 여기에서 멈춘다."는 문구를 걸어놓고 근무하였다고 한다. 국정과 관련된 모든 책임은 대통령인 자신이 진다는 말이다.

공자 역시 리더의 책임의 중요성을 강조하였다. "군자는 모든 책임을 자신에게서 찾지만 소인은 모든 책임을 다른 사람에게 돌린다."고 하였다. 리더가 책임을 회피하면 그 순간부터 리더는 그 자격을 의심받게 된다. 그리고 조직으로부터 신뢰를 잃고 소인배가 되어 버린다. 부하의 책임까지도 리더가 감수하는 것이 리더의 진정한 자세다.

올바른 리더는 권위를 내세워 자신의 잘못을 덮으려 하지 않는다. 실수는 솔직하게 고백하고 재발하지 않도록 노력하는 용기가 있어야 한다. 그리고 그에 따른 책임은 전적으로 리더가 지고자 할 때 분란과 갈등은 거기서 멈춘다. 갈등과 위기관리를 위한 리더십은 '리더의 책임'에서 완성된다고 해도 과언이 아니다.

과감하게 '일임'하여 중심으로 세운다

리더는 모든 것을 다 알고 다 할 수 있는 슈퍼맨이 아니다. 유능한 리더일수록 핵심적인 권한만 행사하고 나머지는 부하들에게 적절하게 위임할 줄 아는 사람이다. 이런 적절한 권한위임權限委任(Empowerment)은 부하들에게 조직에 대한 책임의식을 높여주고 갈등과 위기 상황에 능동적으로 대처할 수 있는 능력을 키워준다.

미국은 현재 세계 최강의 군사력을 가진 나라이다. 그 중에서도 해군력은 세계 10위까지의 모든 해군력을 합친 것보다 더 막강하다. 그런 최강의 해군력을 현재까지 이어올 수 있었던 것은 그동안 해군지휘관들의 탁월한 리더십 결과였다. 그 핵심이 바로 '권한위임'이다.

태평양 전쟁 시 해군의 전설 니미츠 제독을 도와 일본해군을 격파하고 전쟁을 승리로 이끌었던 제독 중에는 **레이먼드 스푸루언스**Raymand Spruance 제독이 단연 돋보이는데, 그는 누구보다도 권한위임에 적극적인 리더였다.

스푸루언스는 1886년 미국 메릴랜드주의 볼티모어에서 태어나 미국 해군사관학교를 졸업하고 해군장교가 되었다. 그는 초임장교를 거쳐 해군의 꽃인 전투함 함장이 되기까지 줄곧 수상함의 경력을 쌓아온 정통파 수상함 장교의 길을 걸었다. 평소 그의 지휘철학은 부하를 믿고 자신의 권한을 위임하여 보다 책임감 있게 일하도록 하는 것이었다.

스푸루언스가 대령 시절, 미국의 최신 주력 전투함인 미시시피함의 함장으로 부임하게 되었다. 이전까지는 전임 함장이 군함의 지휘소인 함교에서 거의 살다시피 하면서 함정을 지휘하였지만 스푸루언스는 그 반대였다. 그는 함교에 꼭 필요한 경우 외는 올라가는 일이 없었다. 오로지 함정 운영책임자인 당직사관에게 배를 맡겼다. 장병들은 전임 함장과는 너무 다른 신임 함장의 지휘스타일에 대해 의아해하면서 반신반의하였다.

함장이 부임한지 얼마 되지 않아 상부로부터 야간 출동명령이 떨어졌다. 미시시피함은 샌디에이고 해군기지를 떠나 작전지역 해상으로 가기 위해 출항을 하게 되었다. 보통 함정의 입출항은 함 안전에 위험이 따르므로 규정상 지휘관인 함장이 함교에서 직접 배를 지휘하여야만 하였다.

신임 함장은 군함이 기지를 떠나 롱비치 연안의 방파제를 빠져나가는 동안 함교에 말없이 앉아 항해장교와 당직사관들이 배를 운용하는 것을 지켜보기만 하였다. 그러다가 군함이 안전하게 방파제를 벗어나자마자 당직사관인 신참대위에게 함정의 모든 지휘를 맡겼다. 그리고 함장은 곧바로 함장실로 들어가서 잠을 청하였다.

그런데 군함이 대양을 향할 때 쯤 한척의 대형 민간상선이 항해 안전거리를 무시하고 다가오는 것이었다. 항해 중인 모든 선박은 서로 조우하게 되면 충돌을 피하기 위해 미리 속도를 줄이고 방향을 틀어서 회피하게 되어 있다. 그런데 그 상선은 무슨 이유에서인지 이를 지키지 않고 위험하게 다가오고 있었다.

승조원들은 긴장하지 않을 수 없었다. 조금만 서로 기동을 잘못하면 덩치 큰 상선과 충돌할 수 있는 절체절명의 순간이었다. 다행히도 신참대위가 지휘하는 군함의 승조원들이 혼신의 노력을 다하여 상선과의 충돌을 겨우 면하였다. 조함책임자인 당직사관 대위는 긴장하여 온몸이 식은땀으로 젖었다.

겨우 정신을 차린 대위는 천하태평으로 자고 있는 함장에게 "함장님! 방금 민간상선이 우리 군함을 보지 못하여 하마터면 충돌할 뻔 하였습니다." 라고 이 상황을 보고하였다. 침대에서 이 보고를 받은 함장은 아무렇지도 않게 "이봐 대위, 민간인 배들은 항상 그렇게 한다네. 필요하면 적절한 시기에 속도를 늦추게!"라고 말하고는 돌아누워 다시 잠을 자는 것이었다.

그 장교는 이런 함장의 대담함에 적지 않게 놀랐다. 그리고는 주변 사람들에게 이 상황에 대해 "나는 놀랐다. 그는 아무것도 모르는 젊은 당직장교에게 처음으로 항해를 맡기면서도 침대에서 나와 보지도 않은 미국 최고의 구축함 함장이었다."라고 고백했다.

그런데 이상하게도 무모할 정도로 대담한 신임함장이 지휘하는 함정의 분위기는 오히려 전보다 나아졌다. 그동안 타성에 젖어 함장의 지시에 로봇처럼 움직이던 함정의 분위기는 점차 활력 있고 생동감이 넘치게 되었다.

함장은 항상 자신의 생각을 먼저 말하고, 임무를 수행하는 방식은 부하들 각자가 알아서 하도록 맡겼다. 일체 간섭도 하지 않았다. 부하들은 점차 이런 지휘관의 업무방식에 익숙해졌다. 부하들 스스로가 창의력을 발휘하여 책임감 있게 임무를 수행하기 위해 노력하였고, 사기도 늘 충만하였다. 이런 분위기를 타고 스프루언스는 승승장구하여 수상함 함대 사령관이 되었다.

태평양 전쟁이 한창이던 1942년 5월, 스프루언스 제독은 일본과의 미드웨이 해전에서 기동부대 사령관직을 맡게 되었다. 그는 항모 엔터프라이즈호에 승함하여 일본과의 해전을 진두지휘하였다. 막강한 일본해군과의 치열한 항모전 끝에 대승을 거두게 되었다. 미국은 이로 인해 태평양 제해권을 갖게 되었다.

그런데 특이한 것은 보통 장군들은 전투에서 승리하면 전공을 크게 부풀려 상부에 보고하는데 스프루언스 제독은 자신의 공을 실제보다 줄여서 보고하였다. 그의 이런 겸양은 전쟁 이후 일본의 자료에서 훨씬 큰 공적으로 기록되어 세상에 알려졌다.

스프루언스 제독의 이런 성품을 높이 평가한 사람은 당시 태평양 총사령관인 니미츠 제독이었다. 니미츠는 이런 그를 자신의 참모장으로 임명하였다. 덕장은 덕장을 알아보는 법이다. 니미츠 제독 역시 철저하게 임무를 부하들에게 위임하는 덕장의 리더십을 가진 인물이었다.

니미츠는 사령관으로 육·해·공군의 방대한 합동전력을 운영하면서도 부하들에게 임무와 책임을 명확하게 나누어 주었다. 그리고 자신은 사령부에서 큰 전략적 판단만 하였을 뿐 세세한 전술적인 부분은 현지 지휘관들이 알아서 할 수 있도록 위임해주었다. 스프루언스는 이런 니미츠 제독의 지휘스타일을 좋아했고 선배 지휘관으로서 존경했다.

1945년 4월 미군 지휘부는 스프루언스 제독을 대장으로 승진시켜 5함대 사령관으로 임명하여 일본과의 막바지 전투를 총지휘하게 하였다. 당시 휘하부대의 주력인 기동부대의 지휘관은 **마크 미쳐**Marc A Mitscher 중장이었다. 그는 스프루언스 사령관보다 해군사관학교 4년 후배였다.

미쳐 제독은 스프루언스와는 달리 미해군 항공조종사 출신으로 '기동함대의 아버지'로 불릴 정도로 해군 항공분야에서 능력을 인정받는 지휘관이었다. 그러나 그 또한 공을 내세우기를 싫어하고 부하들에게 권한을 위임하는 지휘스타일은 상관인 스프루언스 사령관과 비슷하였다.

　미쳐 제독의 이런 지휘스타일을 조금 더 언급하면 그는 당시 자신의 참모장이었던 알레이 버크 대령에게 엄청난 권한과 함께 책임을 위임하여 주었다. 미쳐 제독은 수많은 항공전력 등을 지휘하는 지휘관이었지만 하루에 5분이상의 문서결재를 허락하지 않았다.

　그는 참모장에게 "나는 하루에 5분 이상은 결재하지 않을 것이다. 나머지는 당신이 알아서 하라. 그리고 내가 결재하는 문서는 2페이지가 넘지 않게 하라!"하고 지시하였다. 그는 부하들의 보고서 전체를 읽는 일이 거의 없었다. 항상 업무의 핵심만 보려고 노력하였고 나머지 사소한 것은 부하들에게 위임하여 책임지게 하였다.

　이렇게 지휘성향이 비슷한 두 최고 지휘관들이 마침내 일본 해군의 마지막 숨통을 끊기 위해 텐고Ten-go작전을 지휘하게 되었다. 미쳐 제독은 적을 공격하기 위해 대규모 항공전력을 항모에서 발진시켰다. 그런데 이런 중요한 작전을 수행하면서도 상관인 스프루언스 사령관에게 보고도 하지 않았다.

　그는 모든 항공전력이 이륙한 다음에야 버크 참모장에게 "사령관님께 내가 일본함대에 대한 공격을 제안한다고 전해주게!"라고 하고는 한술 더 떠서 "사령관님께서 해치울지 아니면 내가 해치워도 좋은지를 물어보게!"라고 지시하였다. 전시 상황에서 상관에게 통보식으로 보고하는 것은 상식을 넘어선 행동이다.

　그런데 이 전황을 보고 받은 스프루언스 역시 "자네가 해치우게!"라고 간단히 대답했다. 이는 미해군 전사상 가장 짧고 핵심적인 지시였다. 사령관은 미쳐 제독의 뒤늦은 보고에 개의치 않았다. 항공분야를 책임지고 있는 부하지휘관에게 소신껏 판단할 수 있도록 권한을 위임해주었다. 그 결과는 대성공이었다. 미국 해군의 항공전력은 일본 주력함대의 항공모함과 군함을 격파하고 해양에서 일본의 도발의지를 완전히 꺾어버렸다.

니미츠 제독은 일본이 항복하여 많은 미군 장군들이 항복조인식에 참여하였지만 스프루언스 제독만은 수상함대를 이끌고 태평양 바다에 머무르게 하였다. 이는 일본 잔존세력들의 추가적인 군사도발을 하지 못하도록 하는 의미로, 자신이 가장 신임하는 제독에게 임무를 맡긴 것이다.

스프루언스는 전쟁이 끝난 그해 11월 자신의 군생활 멘토였던 니미츠의 뒤를 이어 태평양 사령관이 되었다. 미쳐 제독 또한 대장으로 승진하여 대서양 함대 사령관으로 임명되었다.

당시 자존심 강하기로 소문났던 해군 참모총장 어네스트 킹Ernest King (1878~1956)은 태평할 정도로 권한을 위임하였던 스프루언스 제독을 두고 이렇게 말했다. "나는 미해군에서 가장 똑똑하다. 스프루언스를 빼고 말이다."라며 그를 높이 평가하였다.

그리고 후일이지만 미쳐 제독의 권한을 위임받아 업무에 충실하였던 참모장 버크제독 또한 자신의 예하 함장들에게 "지휘관의 명령 없이도 적과 접촉하면 망설임 없이 공격하라!"는 지시를 내릴 정도로 선배들의 이런 리더십의 전통을 이어갔다. 그 역시 미 해군총장을 세 번이나 역임하면서 "현대의 미해군의 기틀을 마련하였다"는 호평을 받았다.

태평양 전쟁 당시 미해군의 주요 지휘관이었던 스프루언스와 그의 상관 니미츠, 그리고 부하인 미쳐와 버크 제독은 위기에 처한 조국을 구하고 전쟁을 승리로 이끌었다. 그들의 승리를 이끌었던 강력한 리더십은 평소 부하를 신뢰하고 권한위임을 통하여 부하들 스스로가 위기를 타개할 수 있는 능력을 부여했기 때문이다.

조직운영에서 적절한 권한위임은 매우 중요하다. 조직이 커질수록 리더가 조직전체를 통괄하기는 사실상 힘들다. 리더는 부하에게 각 역할에 따라 적절하게 권한을 위임하고 중요하고 핵심적인 일만 챙겨나가는 것이 효율적이다. 모든 일을 자신이 직접 챙기는 '만기총람萬機總攬'의 리더는 조직을 능동적으로 관리하지 못한다.

리더는 흔히 네 가지 유형으로 분류된다. 능력이 있고 부지런한 리더, 능력은 있지만 게으른 리더, 그 반대로 능력은 없지만 부지런한 리더, 능력도 없고 게으른 리더다. 그중에서 능력이 없고 부지런한 리더를 최악으로 평가하는 반면, 능력은 출중하지만 다소 게으른 리더를 최고로 친다.

표면적으로는 능력도 있고 부지런한 리더가 최고로 보이지만 실제로 조직운영에는 그렇지 않다고 한다. 그런 평가 이면에는 묘하게도 '권한이임의 리더십'이 그 잣대로 숨겨져 있다.

최상의 리더일수록 사안에 대한 본질을 명확하게 보고 선택과 집중을 하는 능력을 갖고 있다. 그리고 부하들이 스스로 일할 수 있도록 적당하게 게으름을 피워 권한을 나누어줌으로써 오히려 유능한 부하들을 만들어낼 수 있는 기회를 가진다. 그래서 최고로 친다.

리더의 권한위임이 모든 리더십의 해법이 될 수는 없다. 그러나 분명히 조직의 갈등관리에 긍정적인 것은 사실이다. 그렇다면 최고의 리더가 되기 위한 권한위임은 어떻게 해야 하는가?

먼저 부하를 믿고 신뢰해야 한다. 옛말에 "못 미더우면 쓰지 말고 일단 맡겼으면 믿어주라!"고 하였다. 부하에게 믿음을 주되 부족한 것이 있으면 질책이 아닌 애정 어린 조언으로 그의 잠자던 능력을 일깨워주어야 한다. 부하의 머리는 묶어놓고 몸만 빌려 사용하도록 해서는 부하와 신뢰를 쌓을 수 없다.

또한, 권한을 주면 반드시 책임도 같이 갖게 해야 한다. 권한에 비해 책임이 크면 사기가 떨어질 것이고 그 반대로 권한이 더 비대하면 주변에 위화감을 주어 갈등이 생길 수 있다. 명확하게 권한을 위임해 주지만 그에 따른 책임감을 반드시 부과해야 부하들 스스로가 자신을 통제할 수 있다.

그 다음은 관심을 가져주는 것이다. 권한을 맡기고는 나몰라라 하는 것은 올바른 권한위임의 자세가 아니다. 맡겨두되 내버려 두지 말아야 하는 것이다. 물론 시시콜콜 지적하고 감시하는 모습을 보여서는 안 된다. 스프루언스처럼 부하에게 모든 것을 맡겨둔 것 같지만 수시로 관심을 갖고 확인하여야 한다.

그리고 권한을 주더라도 한계는 명확해야 한다. 아랫사람이 리더를 대신하여 권한을 행사하지만 리더를 능가하게 해서는 안 된다. 부하 스스로가 가마에 탈 수 있게는 하지만 리더의 목에 타는 일이 없도록 권한의 한계를 명확하게 정해주어야 한다. 그래야만 위계질서가 흐트러지지 않는 범위에서 부하의 능력을 발휘할 수 있다.

세계적인 리더십 전문가인 존 맥스웰John Maxwell은 "권한위임을 통해 부하직원이 성장하면 조직의 성과가 높아지면서 리더의 권한과 영역도 더 확대된다."고 하였다. 리더의 권한위임은 자신의 권한을 부하에게 뺏긴다는 개념이 아니라 그것을 통하여 조직의 성과를 높이는 권한확대의 개념으로 인식해야 한다. 조직을 손아귀에 쥐고 있어도 권한은 나눠주고 말없이 응원하는 게으른 리더가 갈등과 위기에도 강하다.

고수의 칼날은 '쉽게 보이지' 않는다

진정한 무림의 고수는 자신의 칼날을 상대에게 보이지 않는다. 시기를 보고 언제 칼을 뽑을지를 인내하고 기다린다. 그렇지만 일단 칼을 뽑으면 단칼에 상대를 제압할 수 있도록 조용히 승부를 건다. 그렇기 때문에 보통 사람들의 눈에는 고수의 칼이 얼마나 위력이 있는지 잘 보이지 않는다. 그러니 상대에게 원한을 살 일도 없다. 리더가 조직을 관리할 때도 무림의 고수처럼 해야 원한이 적다.

중국의 춘추전국시대에 조趙나라의 충신이며 책략가였던 인상여藺相如는 자신이 생각하는 더 큰 가치를 위해서는 주변의 그 어떤 수모도 참아가며 자신의 칼날을 깊숙이 감출 줄 아는 사람이었다. 그러나 한번 칼을 뽑으면 자신의 모든 것을 걸어 승부를 하는 대담한 책략가였다.

인상여의 정확한 출생시기와 출신지는 모르지만 역사에는 기원전 200

년대 중반사람으로 기록되어 있다. 그는 조정 환관의 우두머리인 무현의 시종이었지만 용기 있고 지혜가 출중하여 주변에 그의 명성이 자자했다고 한다.

당시는 중국천하가 양육강식으로 서로 물고 물리던 혼란의 시대였다. 그 가운데서도 진秦나라가 가장 강대하여 힘이 약한 인상여의 조나라는 눈치를 볼 수밖에 없는 상황이었다. 어느 날 두 나라 간에 골치 아픈 문제가 생겼다. 인상여가 모시던 혜문왕惠文王이 천하의 보물인 화씨벽和氏璧(고리모양의 비취)을 가지고 있었는데 이것을 진나라의 소양왕昭襄王이 탐하였다. 진나라 소양왕은 힘을 앞세워 화씨벽과 진나라 성읍 열다섯 개를 맞바꾸자는 협박성 제의를 해왔다. 물론 자신들의 성읍을 순순히 내어줄 리도 만무했다.

힘이 약한 조나라 왕은 고민하였다. 진나라 왕의 제의를 거절하면 나라가 위태롭게 되고 그렇다고 승낙하면 성은커녕 아끼던 화씨벽만 빼앗길 형국이었다. 조나라 조정은 이 문제로 혼란에 빠지게 되었다. 제의를 거절하자는 측과 받아들이자는 측이 연일 팽팽히 맞섰다. 이때 환관 무현이 왕에게 나서서 인상여를 천거하며 이 문제를 함께 논의하게 하였다.

그러자 왕이 인상여를 불러 "진나라 왕이 내가 가지고 있는 화씨벽과 성읍 열다섯 개를 맞바꾸자고 하는데 어떻게 하면 좋겠는가?"라고 물었다. 인상여는 신중하지만 지체 없이 "폐하. 진나라는 강하고 우리나라는 약한데 진나라 왕의 제의를 어떻게 거절할 수 있겠습니까?"라고 답하였다.

이에 왕은 "그러면 진나라 왕이 화씨벽만 취하고 성읍을 주지 않으면 그 때는 어떻게 한단 말인가?"라고 되묻자 인상여는 "그렇다면 거기에 대한 허물과 책임은 진나라에 있겠지요. 폐하께서 허락하시면 제가 진나라에 가서 담판을 짓겠습니다!"라고 다시 답했다.

인상여의 결기 있는 태도에 왕은 다소 안심하며 인상여를 특사로 임명하였다. 그리고는 보물인 화씨벽을 주어 진나라로 가게 하였다. 그런데 예상대로 진나라 왕은 화씨벽을 건네받고는 며칠이 지나도록 성읍을 줄 낌새가 전혀 보이지 않았다.

참다 못한 인상여는 이런 진나라 왕을 직접 찾아가서 알현하였다. "대왕이시여! 사실 보물인 화씨벽에는 작은 흠집이 있습니다. 제가 그곳을 알려 드리겠습니다." 하고는 보물을 되돌려 받았다.

그 다음 그는 재빨리 궁전 내 기둥 옆에 가서 큰소리로 외쳤다. "화씨벽은 천하의 보물입니다. 우리왕은 신臣으로 하여금 화씨벽을 바치게 하기 전에 닷새 동안 목욕재계하였습니다. 그런데 대왕께서는 오만한 자세로 화씨벽을 신하들에게 구경만 시켰을 뿐 목욕재계도 하지 않고 약속하였던 성읍도 주지 않았습니다. 이는 보물에 대한 모독이며 신의에 대한 배반입니다. 그래서 거짓말로 다시 화씨벽을 받아 냈습니다. 만약 대왕께서 강제로 이 보물을 빼앗으려 하신다면 신은 이 보물을 기둥에 부딪쳐 깨뜨리고 저도 기둥에 머리를 박아 죽겠습니다!"

인상여의 서슬 퍼런 기세에 진나라 왕은 그만 기가 죽고 말았다. 그는 즉시 신하들에게 지도를 가지고 오게 하여 열다섯 개 성읍을 표시하며 돌려줄 것을 약속하였다. 그러나 인상여는 이를 믿지 않고 왕에게 "대왕께서 이 보물을 취하시려면 우리 왕처럼 5일간 목욕재계를 하고 예를 갖추어야 합니다. 그때까지 제가 보관하겠습니다."라고 고하였다. 그리고 보물을 챙겨 숙소로 돌아왔다.

인상여는 그 즉시 동행했던 조나라 관리에게 화씨벽을 주어 귀국하도록 하였다. 그러면서 조 왕에게 자신의 말을 전하게 하였다. "신은 아직 진나라가 성읍 15개를 줄 의도가 있는지 확인하지 못하였습니다. 이에 우선 사람을 시켜 폐하께 보물을 돌려보냅니다. 장차 신은 여기서 죽을지 모르지만 절대로 나라의 명예를 더럽히는 일은 하지 않을 것입니다!" 조 왕은 이 말을 전해 듣고 눈물을 흘리며 감복하였다.

닷새가 지나자 진나라 왕은 인상여를 궁으로 불렀다. 인상여는 왕 앞에 가서 "진나라의 역대 왕께서는 지금까지 제대로 약속을 지킨 적이 한 번도 없었습니다. 그래서 화씨벽을 일단 조나라로 보냈으니 성읍 15개를 먼저 주시면 보물을 다시 보내주겠습니다."라고 당당히 말하였다.

진나라 왕은 놀라서 입을 다물 수가 없었다. 주변의 진나라 신하들은 분노하여 인상여를 죽이자고 난리를 쳤다. 왕은 곰곰이 생각하다가 "과인이 대부를 죽여도 보물을 얻지 못할 바에야 오히려 양국 간의 우호를 두텁게 하는 편이 낫겠소!"라고 만류하였다. 그리고 인상여를 극진히 대접하여 고국으로 돌려보냈다.

인상여가 무사히 돌아오자 왕은 그를 매우 칭찬하며 벼슬을 내렸다. 진나라는 성읍을 주지 않았고 조나라도 보물을 주지 않는 선에서 양국의 갈등은 잘 마무리 되었다.

그런데 얼마의 시간이 지나자 진나라 왕은 또다시 꺼림칙한 제의를 해왔다. 양국 간의 우호를 맺기 위해 조나라 왕을 진나라의 민지澠池라는 곳으로 초청하였다. 혜문왕은 다시 고민에 빠졌다. 필시 진나라에서는 무슨 음모를 꾸미는 것이 분명하였다. 이를 알고 있는 왕은 두려워서 가지 않으려고 하였다.

이때 인상여가 다시 나서서, "폐하께서 가지 않으시면 저들이 우리를 얕잡아 볼 수가 있습니다. 제가 수행하고자 하오니 함께 가시는 것이 좋을 듯합니다."라고 하여 왕은 인상여의 말을 듣고 함께 진나라로 떠났다.

왕이 민지에 도착하자마자 진나라 왕은 크게 환영연회를 베풀었다. 여흥이 어느 정도 무르익자 진나라의 왕은 본색을 드러냈다. 조나라 왕에게 명령하듯 "과인이 듣기로 군왕께서 비파를 잘 연주한다고 들었소이다. 여기 마침 비파가 있으니 한곡 청하고 싶소."라고 반 강제적으로 부탁하였다.

이웃나라 왕에게 악기를 연주하도록 하는 것은 매우 치욕적인 것이다. 그러나 조나라 왕은 강압적인 분위기에 어쩔 수 없이 비파를 연주할 수밖에 없었다. 그러자 진나라 왕은 역사를 기록하는 사관史官에게 지시하여

"조나라 왕이 진나라 왕의 명을 받고 비파를 탔다."고 기록하게 하였다. 지난번 인상여에게 당한 치욕을 제대로 갚아준 셈이다.

이를 지켜보던 인상여는 분노감을 감추며 진나라 왕 앞에 서서. "우리 왕께서도 대왕이 진나라 음악에 정통하다는 이야기를 들으셨습니다. 신이 이제 분부盆缶(타악기의 일종)를 바치겠으니 청컨대 한번 연주해주십시오!"라고 말했다.

진나라 왕은 황당해 하면서 불쾌감이 역력한 표정을 지었다. 그러자 인상여는 다시 한 번 재촉하였다. 왕이 이를 거절하자 인상여는 술잔을 들고 왕에게 다가섰다. 그리고는 품에 있던 작은 칼을 빼어들고 큰 소리로 외쳤다. "저와 대왕의 거리는 불과 다섯 걸음입니다. 이 자리에서 칼로 저의 목을 찌른다면 대왕의 얼굴을 피로 적실 수도 있습니다!"

한마디로 "시키는 대로 하지 않으면 나도 죽지만 왕도 죽일 수 있다."는 일종의 위협이었다. 진나라 왕은 인상여의 의기를 평소에 아는 처지라 할 수 없이 분부를 연주하였다. 그제야 인상여는 칼을 거두고 자리로 돌아와 수행한 조나라 사관을 불러 "진왕이 조왕의 명을 받들어 분부를 연주하였다."고 기록하게 하였다.

진나라 왕은 조나라 왕을 조롱하려다가 오히려 자신이 당하고 말았다. 그러나 인상여의 행동이 틀린 것이 없으므로 어쩌지 못하고 양국 간의 우호를 긴밀히 한다는 형식적인 명목만 서류에 남기고 헤어지게 되었다.

조나라의 혜문왕은 고국으로 돌아와 인상여에게 최고 관직인 상경上卿을 제수하였다. 재상의 높은 자리였다. 그런데 얼마 지나지 않아 나라에 내분이 생겼다. 당시 조나라의 장군이었던 염파廉頗가 이를 시기한 것이다. 조나라에서 문신의 대표가 인상여라면 무신의 대표는 염파였다. 그는 수많은 전투에서 전공을 세운 백전노장이면서 조나라를 지탱하는 양축이나 다름없는 인물이었다.

염파장군은 자신의 고생에 비해 인상여는 말 한 번 잘하여 높은 관직에 올랐다고 생각하며 불만을 가졌다. 그는 주변에 "나는 목숨을 걸고 전장에서 큰 공을 세웠는데 인상여는 고작 세치 혀로 나보다 직위가 높은 것이 말이 되는가? 더구나 그는 출신이 미천하니 차마 그의 밑에 있을 수 없다."고 말하고 다녔다.

이런 불평은 사람의 입을 통하여 인상여의 귀에까지 들리게 되었다. 인상여는 그 후부터 염파를 길에서 만나면 의도적으로 피하고 다녔다. 그러던 어느 날 인상여는 수레를 타고 집으로 가다가 염파의 수레와 마주치게 되었다. 인상여는 황급히 수레꾼에게 명하여 골목길로 피하였다.

이런 소문은 하인들에게까지 나돌아 염파의 하인들은 인상여의 하인들을 노골적으로 무시하였다. 급기야 인상여의 하인들은 인상여에게 "저희가 상경대감을 모시는 이유는 높은 뜻을 사모하기 때문입니다. 그런데 지금 대감께서는 염파장군보다 높은 직위에 있는데도 불구하고 그를 두려워하시어 피하기시만 하는데 이게 무슨 창피한 일입니까?"라고 불평을 이야기하였다.

이 말을 들은 인상여는 조용히 웃으며 "그대들이 보기엔 염파 장군이 더 무서운가? 진나라 왕이 더 무서운가?"라고 되물었다. 하인들은 "그야 진나라 왕이 더 무섭지요."하고 대답하였다.

이에 인상여는 "나는 진나라 왕의 위세에도 적지에서 그를 꾸짖었고 그 신하들을 부끄럽게 하였다. 그런 내가 염파 장군을 두려워하겠는가? 진나라가 지금 우리나라를 넘보지 못하는 것은 나와 염파 장군이 있기 때문이다. 만일 우리 둘이 다투면 적국인 진나라만 이롭게 된다. 나는 나라의 위급함을 먼저 생각해 사사로운 원망을 뒤로 하고 있는 것이다!"

인상여는 나라를 위하여 자신의 작은 모욕쯤은 기꺼이 인내할 줄 알았다. 인상여의 하인들은 그 말을 듣고 역시 자신이 모시는 상경대감은 큰 그릇의 사람이라는 것을 느끼고 다시 존경하게 되었다. 이 말은 하인들의 입을 통하여 염파에게 전해졌다. 이 말을 들은 염파는 그동안 자신의 처신을 몹시 부끄러워하였다.

염파는 즉시 인상여에게 사과하기로 마음먹고는 웃통을 벗고 가시나무 한 다발을 걸머진 채 인상여의 집으로 찾아갔다. 그리고는 집 대문 앞에 엎드려 눈물을 흘리며 "못난 제가 천박하고 좁은 소견으로 대감의 넓고 큰 도량을 헤아리지 못하였습니다. 이렇게 교만하게 행동했으니 저는 죽어도 그 죄를 씻을 수 없게 되었습니다. 부디 제가 짊어지고 온 이 회초리로 저를 처벌하여 주십시오."라고 사죄하였다.

인상여는 빌고 있는 염파장군에게 황급히 다가가 장군을 부축이며 "우리는 모두 사직을 받드는 신하입니다. 나의 뜻을 알아주셨다니 송구스럽습니다."라는 위로로 답했다.

염파 장군 역시 인상여의 손을 꼭 잡으며 "나는 이제부터 대감과 함께 생사를 같이 하겠습니다. 비록 내 목에 칼이 들어와도 우정은 영원히 변치 않겠습니다."라고 굳은 약조를 하였다. 여기서 유래된 사자성어가 바로 '문경지교刎頸之交'로 목이라도 내줄 정도의 깊은 우정을 말한다.

두 사람은 이를 계기로 매사에 서로 배려하고 생사를 같이 하는 친한 벗이 되었다. 그 이후 재상과 장군이 단합하니 조나라는 더욱 강성하게 되어 진나라가 감히 침범하지 못하였다. 큰 가치를 위해 사사로운 수모쯤은 인내할 줄 아는 인상여의 넓은 도량이 이 시대 리더들의 가슴에 큰 울림이 되었으면 한다.

우리 속담에 '참을 인忍자 세 번이면 살인도 면한다'는 말이 있다. 상대의 비난을 참아내고 스스로의 분노를 절제하면 큰 화를 피할 수 있다. 당장은 수모를 당한 만큼 맞대응하는 것이 통쾌할지 모르지만 상대와의 갈등의 골은 더욱 깊어진다. 상대의 비난의 공격을 최소화하는 것은 단단한 마음의 벽을 만들어 받아치는 것이 아니라 스펀지 같이 부드럽게 받아들여 참아내는 것이다. 이것이 지고도 이기는 지혜이다.

옛날 공자의 애제자인 자장子張이 공자에게 묻길 "스승이시여! 세상에 나아가서 몸을 닦는 가장 아름다운 길이 무엇인지요?"라고 묻자 공자는 "모든 행동의 근본 중에는 참는 것이 으뜸이다!"며 인내를 강조하였다.

자장이 "무엇 때문에 참아야 합니까?"하고 되묻자 공자가 말하길 "천자가 참으면 나라에 해가 없고, 제후가 인내하면 나라를 크게 이루고, 관리가 참으면 그 지위가 올라가고, 형제가 참으면 집안이 부귀하고, 부부가 참으면 일생을 함께 하고, 친구끼리 참으면 이름이 깎이지 않고, 자신이 참으면 화가 없을 것이다!"라고 가르쳤다. 분노와 화를 피하는 가장 좋은 방법은 참고 인내하는 것이다.

그런데 그것보다 더 현명한 방법은 사전에 그런 갈등의 빌미를 주지 않는 것이다. 바보에게는 적이 없다고 한다. 스스로를 낮추면서 어리석게 보여 자신을 감추면 모든 갈등을 피해갈 수 있다. 삼국지에서 유비는 간웅奸雄으로 소문난 조조의 경계심을 풀기 위해 스스로 겁쟁이처럼 굴었다. 어느 날 천둥이 치자 조조가 보는 앞에서 잽싸게 자신의 몸을 책상 밑으로 숨겼다. 그때까지 조조는 유비를 희대의 영웅으로 여겨 경계하였으나 이후 겁 많은 졸장부로 여겨 스스로 경계를 풀었다. 그러나 유비의 이런 행동은 조조의 의도를 정확하게 간파한 한수 위의 행동이었다. 당시 힘이 약했던 유비는 자신을 숨겨 힘을 비축하였다가 후일을 도모하였던 것이다.

중국 청나라 때의 문인 정판교는 난득호도難得糊塗라는 시에서 "총명해 보이는 것도 어렵지만 바보처럼 보이기도 어렵다. 그러나 똑똑한데 바보처럼 보이기는 더욱 어렵다. 하나를 내려놓고 일보 뒤로 물러나면 하는 일마다 마음이 편할 것이요, 그러면 자신이 의도하지 않아도 이후에 복이 돌아올 것이다!"라고 하였다.

리더는 이처럼 때에 따라 행동을 달리할 줄 알아야 한다. 때가 아니면 뒤로 물러서서 자신을 깊숙이 감추고 기다려야 한다. 무림의 고수가 자신의 칼날을 쉽게 보여주지 않듯이 사사로운 감정을 절제하고 심지어는 스스로를 낮게 보여 상대의 공격이 무디어질 때까지 기다리는 것이 현명한 일이다.

그러면 상당한 부분의 원한과 갈등은 그 자체에서 해결된다. 만약 그것이 안 된다 하더라도 무딜 대로 무디어진 상대의 공격을 부드러운 칼로 상대하면 쉽게 상대를 굴복시킬 수 있다. 다시 한 번 생각할 것은 위기를 극복하고 기회로 만들 수 있는 것은 분노와 복수가 아니라 절제된 가운데 냉철하게 상황을 판단하고 전략적으로 인내하는 것임을 깨닫는 것이다.

'내려놓을수록' 근심은 사라진다

물동이는 비울수록 더 많이 채울 수 있다. 우리 인간사의 이치도 마찬가지다. 스스로의 탐욕을 버리고 마음을 비우면 오히려 많은 것이 얻어진다. 그러나 쓸데없는 욕심을 부리며 자신의 작은 손아귀에 움켜잡으려고 애쓰면 애쓸수록 근심과 시기가 흘러넘친다.

고대 그리스의 철학자 디오게네스Diogenes(BC.412?~323)는 평생을 옷자락 하나만 걸친 채 집도 없이 떠돌아다니면서 살았다. 마치 개처럼 살았다고 해서 견유학파(퀴니코스 학파)의 대표자라고 한다. 비록 그는 가진 것은 없었지만 많은 것을 가진 현대 사람들에게 비움의 행복을 깨우치도록 가르침을 주었다.

디오게네스는 젊은 시절 고향을 버리고 방랑자의 삶을 살았다. 그 계기는 환전상이었던 아버지가 화폐위조혐의로 감옥에 가게 되자 그 자신도 공범으로 몰려 고향인 흑해연안의 작은 도시 시노페에서 추방된 것이다.

그러나 그는 이런 자신의 처지를 슬퍼하지 않았다. 오히려 자신을 쫓아내는 통치자에게 "내가 받아야 할 처벌이 이것이라면 나도 당신을 처벌하겠소. 당신은 여기 시노페에 남아있는 벌을 받으시오!"라고 말하고는 주저 없이 고향을 떠났다. 이 말은 세속의 역겨움을 빗대어 표현한 것이다.

이후 그는 도시의 속박에서 벗어나 자유스러운 방랑자가 되었다. 그는 주로 아테네를 떠돌아다니면서 격식과 번거로움보다는 단순하고 순수한 삶을 추구하였다. 그는 세상 사람들에게 "나는 아무것도 가진 게 없다는 풍요로움을 누리고 있다. 적게 구하는 사람은 만족하게 될 것이고, 많이 가지려고 하는 사람은 영원히 근심이 멈추지 않을 것이다."라고 일갈하곤 하였다.

그의 이런 철학과 독특한 삶의 방식이 아테네 사람들에게는 기인으로 통했다. 당대에 아테네에는 플라톤이라는 유명한 철학자가 사람들의 존경을 받고 있었다. 그러나 디오게네스는 생각이 다른 플라톤을 좋아하지 않았다. 단순하고 순수함을 추구하는 자신과는 달리 플라톤의 추상적이고 난해한 철학이 마음에 들지 않았다.

어느 날 플라톤이 광장에 사람들을 모아놓고 인간을 '두발로 걷는 깃털 없는 짐승'으로 비유하며 자신의 철학을 설파하였다. 이 말을 들은 디오게네스는 그 즉시 닭의 털을 뽑아 들고 와서는 "플라톤의 말에 의하면 이것이 인간이다."라며 플라톤을 직설적으로 비판하였다. 이후 플라톤은 사람을 말하고자 할 때 항상 "손톱과 발톱을 가진"이라는 말을 단서에 두었다고 한다.

무엇보다도 디오게네스가 플라톤을 못마땅하게 생각한 것은 그의 말과 행동이 다르다는 것 때문이었다. 플라톤이 말로는 욕심을 버리라고 하고는 실제로 자신은 큰 집에서 호화스럽게 살고 있었다. 그러다 하루는 작심하고 플라톤의 집에 찾아가 흙투성이의 발로 침대와 집안을 짓밟고 나왔다. 플라톤은 이런 디오게네스를 "미친 소크라테스다."라고 평하였다.

얼마 후 디오게네스는 이와 비슷한 일을 또 한 번 저질렀다. 자신을 따르던 사람이 갑자기 돈을 많이 벌어 호화스러운 집을 짓고는 괴짜 스승을 집으로 초대하였다. 맨발에 누더기를 걸치고 초대에 응한 디오게네스는 집안을 둘러보다가 주인에게 다가가 대뜸 얼굴에 침을 뱉었다. 갑작스런 일에 황당하여 집주인이 항의하자 "당신의 집이 너무 깨끗하고 호화스러워 침을 뱉을 만한 장소를 찾지 못했네. 다행히 당신의 얼굴이 탐욕으로 가득 차 더러워 보이기에 침을 뱉은 걸세."라고 말하고는 곧바로 뛰쳐나와 움막으로 돌아왔다.

디오게네스는 천성적으로 사치와 탐욕을 경멸했다. 그의 이런 삶의 철학과 기행이 아테네에 알려지면서 많은 사람들이 그를 따랐고 자연스레 그의 명성도 퍼지기 시작했다. 그의 유명세가 당시 세계적인 정복자인 알렉산더 대왕의 귀까지 들려왔다. 왕은 호기심에 이 괴짜 철학자를 만나기 위해 그가 살고 있는 움막으로 찾아왔다.

디오게네스는 추운 날씨에도 불구하고 거의 벌거숭이인 채로 움막에 누워서 햇볕을 쬐고 있었다. 왕이 다가가 자신이 왕임을 밝히면서 물었다. "당신이 지금 원하는 것이 무엇이오? 내가 들어주겠소."라고 하자 디오게네스는 귀찮은 듯이 왕을 한번 쳐다보고는 퉁명스럽게 말했다. "정 그러시다면 햇볕을 가리지 말고 비켜서 주시오."라고 말하고는 계속 누워서 햇볕을 쬐었다.

현명한 정복자 알렉산더는 그 순간 디오게네스로부터 많은 것을 느끼고 배웠다. 그는 자리를 뜨면서 "만약 내가 알렉산더 대왕이 되지 않았다면 디오게네스가 되었을 것이다."라며 감복하였다. 디오게네스는 이에 대해 "내가 디오게네스가 아니었다면 나 또한 디오게네스가 되고 싶었을 거요."라는 말로 현재의 자신의 처지에 만족하는 답을 했다고 한다.

그 다음의 대화도 가관이었다. 떠나는 왕을 향해 "지금 어디로 가는 것이오?"라고 묻자 왕은 "인도를 정벌하러 가오."라고 답했고, 디오게네스는 "그러면 그 다음은 무엇을 할 작정이오?"라고 되물었다. 왕은 "그 다음에는 편히 쉴 것이오."라고 하자 디오게네스는 "나는 이미 오래전부터 편히 쉬고 있소!"라고 답했다.

디오게네스의 말에는 모든 것을 내려놓을 때 편해지고 참된 자유를 얻을 수 있다는 의미가 내포되어 있었다. 훗날 그의 제자 크라테스는 스승에 대해 "그의 이런 삶이야말로 모든 것에서 벗어나는 비결이었다."라고 평하였다.

사람들이 만든 이야기에 의하면 알렉산더와 디오게네스가 죽어서 저승에서 만났다. 죽음의 강을 건너면서 두 사람이 대화를 하게 되었다. 왕이 "당신 여기서 다시 보게 되는구려. 정복자와 노예 신분으로 말이오."라고 하자 디오게네스가 "그렇군요. 정복자 디오게네스와 노예 알렉산더가 말입니다. 당신은 정복을 향한 열정의 노예이고 나는 세상의 모든 욕망을 정복한 위대한 정복자죠."라고 말하며 헤어졌다고 한다.

사람들이 이런 이야기를 만들어낸 것은 욕망을 정복한 디오게네스의 삶이 더 가치 있다는 것을 나타내기 위함이었을 것이다. 디오게네스는 자신만의 독특한 삶을 살다가 아흔 살이 되어 죽었다. 그는 죽으면서 "자신의 시신은 들판에 던져 동물들의 먹이가 되도록 하라."는 유언을 남겼다. 벌거숭이로 태어나서 아무것도 남기지 않고 가는 것이 진정한 자유임을 잘 알고 있었기 때문이다.

디오게네스를 존경하며 그의 영향을 받았던 알렉산더 대왕 역시 죽음을 맞이하며 비슷한 말을 남겼다. 비록 페르시아와 인도를 거쳐 대제국을 건설하였지만 33세의 젊은 나이에 죽음을 맞이한 위대한 왕은 "내가 죽으면 무덤 밖으로 내 손이 나오도록 묻어주시오."라는 유언을 남겼다. 욕심이 얼마나 허망한 것이며 죽을 때는 빈손으로 가는 것임을 세상 사람들에게 보여주고 싶었던 것이다.

우리는 디오게네스의 삶처럼 세상을 등지면서 모든 것을 내려놓고 살 필요는 없다. 그러나 그가 평생 삶의 철학에서 행동으로 보여준 소중한 교훈은 기억할 필요가 있다. 지나친 탐욕은 허망한 것이며 내려놓는 삶이 주는 행복과 자유가 얼마나 소중한 것인가를 말이다.

이런 삶의 철학은 동양에서도 뿌리 깊은 사상 중의 하나다. 도가사상의 대가인 **장자**莊子가 제자들과 함께 세상을 유람하면서 이런 이치를 새삼 깨달았다.

장자가 어느 마을에 도착하여 잎이 무성하고 가지가 큰 나무 밑에서 쉬게 되었다. 주변이 어수선하여 돌아보니 벌목공들이 나무를 한창 벌목하고 있었다. 그런데 희한하게도 자신이 쉬고 있는 나무만 유일하게 남아있었다. 장자가 한 벌목꾼에게 물었다. "왜 이 나무는 베지 않는 것이오?" 그러자 벌목꾼이 답하길 "이 나무는 크고 무성하지만 속이 비어 쓸모가 없지요." 하고는 하던 일을 계속하였다. 장자는 순간 깨달음을 얻고 제자들에게 가르침을 주었다. "이 나무는 속이 비어 있어 타고난 수명을 다할 수 있는 것이다."

세계적으로 장수하는 나무는 모두 속이 비어 있다고 한다. 수령이 수천 년이나 되는 아프리카의 바오밥 나무나 미국 서부에 있는 레드우드 삼나무 역시 속이 비어 있기 때문에 더 크며, 오래 살 수 있다. 그 이유는 속이 비어 있어 최소한의 에너지만으로 버티고 벌목공의 톱날도 피할 수 있기 때문이다.

나무가 크고 높아 쓸모가 있으면 쉽게 베어진다. 우리 인간의 관계도 마찬가지다. 능력이 있고 지위가 높아지면 주변의 시기와 질투, 모함의 대상이 된다. 이럴 때일수록 장수하는 나무처럼 욕망을 비운다면 갈등으로부터 쉽게 벗어난다.

우리나라 종교계의 큰 별이었던 성철 스님은 "덜고 또 덜어 아주 덜 것이 없는 곳에 이르면 참다운 자유를 얻는다."고 하였다. 각박한 세상을 사는 우리가 이렇게 고매한 성직자나 철학자처럼 살아갈 수는 없을 것이다. 하지만 적어도 사사로운 욕망으로 조직에 해가 되지 않도록 각별히 자신을 돌아볼 줄 알아야 한다. 높아질수록 욕심을 내려놓고 스스로를 비우면 화禍에서 멀어진다.

후환을 '경계'하고 미리 '대비'한다

우연히 성공하는 경우는 있지만 우연히 실패하는 경우는 없다고 한다. 우리의 삶 속에서 실패로 생길 수 있는 갈등과 위기는 반드시 그 원인과 이유가 있다는 말이다. 이는 곧 사전에 이를 미리 예측하고 대비한다면 갈등과 위기를 막을 수 있다는 것을 의미한다.

중국의 전설적인 명의名醫인 **편작**扁鵲(BC.407~310)은 "세상의 진정한 명의는 병을 치유하는 것보다 미리 병세를 알고 예방하는 것이다!"라고 하였다. 편작의 이러한 의술이 조직의 병인 갈등을 치유하는 데도 적절한 비유가 될 수 있다.

편작은 춘추전국시대의 정鄭나라 사람으로 원래 이름은 진월인秦越人이다. 그에게는 세 명의 형제가 있었는데 모두 의술이 뛰어났다. 하지만 편작만이 세상에 널리 알려졌다. 그는 전국을 떠돌아다니며 자신의 뛰어난 의술을 펼쳐 죽은 사람도 살린다는 칭송을 받았다.

한번은 편작이 제齊나라에 머물 때에 그곳 왕인 환공桓公이 편작의 유명세를 알고 사람을 보내 궁궐 안으로 들어오게 하였다. 편작은 환공을 보자마자 그의 안색을 살피더니 엎드려 절하며 말하길 "폐하는 몸에 병이 있으니 지금 당장 치료하지 않으면 병이 깊어질 것입니다."라고 간곡히 아뢰었다.

왕은 어이없다는 듯이 웃으며 "과인의 건강에는 문제가 없으니 그대는 걱정하지 말라!"고 말했다.

닷새 후 편작은 다시 왕을 만나 진단하였다. "폐하! 병이 이제 더 깊어져 혈맥 안으로 들어갔으니 이제라도 속히 치료하셔야 합니다."라고 간언하였다. 왕은 이번에는 약간의 노기를 띠며 "과인에게 병이 없다고 하지 않았는가!"라고 쏘아붙였다.

며칠이 지난 후 편작은 다시 왕을 알현하고는 "폐하! 이제는 더 이상 치료를 미룰 수가 없습니다. 병이 이미 장기腸器까지 미쳤습니다!"라고 아뢰자 왕은 이번에도 아랑곳하지 않았다.

다시 닷새 후에 편작이 왕을 찾아와 안색을 살피더니 이번에는 아무 말 없이 달아나듯 궁궐을 빠져 나갔다. 왕은 이를 이상하게 여기고 사람을 보내어 그 이유를 물었다. 그러자 편작은 "무릇 병이 사람의 피부에 있을 때는 탕약으로 치료하면 되고 혈맥에 머무를 때는 침과 뜸으로 효과를 볼 수 있습니다. 그러나 질병이 뼈 속에 들어가면 아무리 뛰어난 명의라도 고칠 수 없습니다. 오늘 폐하를 뵈오니 이미 병이 골수로 들어갔기에 그냥 물러난 것입니다."라고 답하고는 가는 길을 재촉했다.

이 일이 있고 며칠이 지난 후 왕은 편작의 말대로 몸져눕게 되었다. 왕은 사람을 시켜 애타게 편작을 찾았으나 편작은 이미 제나라를 떠나 이웃 나라인 진나라로 가버린 뒤였다. 그로부터 얼마 후 왕은 병으로 세상을 떠나게 되었다.

조직의 갈등도 왕의 병과 같다. 조짐이 있을 때 치유해야 큰 어려움을 막을 수 있다. 이를 소홀히 하여 조직 전체로 번졌을 때는 천하의 명의인 편작이 치유해도 소용이 없어진다.

여러 나라를 떠돌던 편작이 마침내 고향으로 돌아왔다. 고향에는 나이 많은 아버지가 천식喘息으로 고생하고 계셨다. 편작은 항상 정성스럽게 약을 달여 치료해 주었지만 병세는 그다지 좋아지지 않았다.

하루는 편작이 다른 지방으로 며칠 동안 외진을 가게 되었다. 출발에 앞서 자신이 아끼던 수제자를 불러 아버지를 잘 간호해달라고 특별히 부탁을 하였다. 그리고는 자신이 그동안 아버지를 위해 처방해 두었던 약을 주면서 "정해진 시간에 거르는 일없이 잘 달여 먹이게!"라고 당부하며 길을 떠났다.

편작의 제자는 며칠 동안 스승이 시키는 대로 아버지에게 약을 달여 먹였다. 하지만 별다른 차도를 보이지 않게 되자 나름대로 궁리를 하였다. "스승에게 배운 지식으로 새로운 약을 써 보자. 아버님이 나으시면 스승님도 좋아하시겠지?"라며 자신이 직접 정성스럽게 약을 지어 아버지에게 달여 드렸다.

편작의 아버지는 그 제자가 지어준 약을 먹고 깨끗하게 병이 나았다. 제자는 뛸 듯이 기뻐하면서 스승에게 자랑하기 위해 집에 올 날만 기다리고 있었다. 며칠 후 여정을 마치고 편작이 집에 들어오는 소리가 들리자 제자는 대문 밖으로 뛰쳐나가 "스승님 제가 지은 약을 먹고 아버님의 병이 깨끗이 나았습니다."라고 스승에게 말했다.

그런데 제자의 기대와는 달리 스승인 편작의 얼굴이 어두워지면서 크게 나무라기 시작하였다. "내 분명히 아버지에게 달여 드릴 약을 별도로 주지 않았느냐? 그런데 왜 시키지 않은 일을 하였더냐? 이제 큰일이다. 아버지가 곧 돌아가시게 되었구나!"라고 말하고 방으로 들어가 버리는 것이 아닌가?

제자는 영문을 몰랐다. 한편으로는 자신을 칭찬하기는커녕 나무라는 스승이 원망스럽기까지 하였다. 그러나 몇 달이 지나자 편작의 말대로 아버지가 병들어 눕더니 곧 돌아가셨다. 편작은 아버지의 장례를 치른 다음 제자를 조용히 불러 지난 일에 대해서 가르침을 주었다.

"아버지가 병이 있을 때는 각별하게 몸조심을 하셔서 먹고 싶은 것과 하고 싶은 것을 삼가셨네. 그런데 병이 나아지게 되자 기름진 음식을 드시고 세상일에도 욕심을 내시게 되어 결국 병이 도져 세상을 떠나게 되었지. 나는 일찍이 이것을 알고 아버님의 병환을 조절하고 완치하지 않도록 하였네. 나의 뜻을 알겠는가?"

제자는 "스승님은 역시 신의神醫이십니다. 소인이 미처 그 큰 뜻을 헤아리지 못하였나이다. 용서하여 주십시오."라고 감읍하며 반성의 눈물을 흘렸다.

편작의 의술은 가히 귀신도 놀랄 정도의 경지였다. 편작의 말대로 "사람은 아무 병이 없는 사람보다 한 가지 병을 가진 사람이 더 오래 산다."

고 한다. 그래서 '일병장수—病長壽'라는 말이 나왔다.

역설처럼 보이는 이 진리가 조직의 갈등에도 그대로 적용된다. 건강한 조직은 갈등이 없는 조직이 아니라 갈등이 있지만 잘 관리되는 조직이다. 일병장수처럼 갈등은 오히려 조직을 더욱 창의적이고 역동적으로 만들 수 있다. 다만 갈등이 너무 심화되지 않도록 잘 관리되는 것이 전제가 되어야 한다.

편작의 유랑병이 도져서 다시 여러 나라를 떠돌다가 위魏나라에 머물게 되었다. 어느 날 그 나라 왕인 문왕이 편작을 불렀다. 문왕 역시 편작의 의술이 뛰어나지만 두형 또한 편작과 버금가다는 소문을 알고 있는 터였다. 왕이 편작에게 물었다. "내가 듣기로 너희 삼형제가 모두 의술이 뛰어나다고 하는데 그중 누가 제일인가?" 편작은 "큰 형님이 제일 뛰어나고 그 다음이 두 번째 형님이며, 제가 제일 못합니다."하고 주저 없이 답하였다.

이에 왕은 "그런데 세상에는 왜 너의 의술을 제일 알아주는가?"라고 되물었다. 편작은 "저의 큰 형님은 병이 나기 전에 그 원인을 찾아 치료하시는 분입니다. 사람들은 사전에 병을 예방하여 큰 병이 나지 않았다는 사실을 모르기 때문에 큰 형님의 고마움을 모르는 것입니다. 작은 형님은 병이 난 초기에 치료를 하기 때문에 사람들은 그저 사소한 병만 치료할 줄 안다고 생각합니다. 그래서 그의 이름이 고향땅을 넘어서질 못했습니다."라고 대답했다.

왕은 편작의 말이 맞는다고 생각하고 다시 맞장구쳤다. "그럼 너는 어떠하냐?" 그러자 편작은 "저는 병세가 심해진 다음에야 큰 수술을 통해 치료하니 사람들은 제가 큰 병을 고쳐주었다고 생각합니다. 그래서 저의 의술이 가장 뛰어나다고 잘못 알려진 것입니다. 저는 이름만 높았지 의술은 두 형님을 따라갈 수 없습니다."라고 대답했다.

왕은 편작이 의술에도 뛰어났지만 겸손함까지 지닌 진정한 명의라는 사실에 감탄을 하고 후한 상을 내렸다. 그 후 편작의 명성은 더욱 자자해졌는데 그것은 두 형님처럼 미리 병의 원인을 알아내고 병세가 커지기 전에 치료할 줄 알았기 때문이었다.

편작은 죽은 사람도 살린다는 중국 고대의 전설적인 명의다. 그가 신의神醫로 후세에 추앙받는 것은 단순히 의술이 뛰어나기 때문만이 아니라 그의 혼과 사상이 담겨 있기 때문이다. 편작의 의술은 예방이 핵심이다. 그리고 그의 이런 철학과 소신은 현대의 조직 갈등관리에 고스란히 적용될 수 있다.

첫째로, 사소한 갈등도 소홀해서는 안 된다. 조직의 갈등은 마치 우리 인체의 병病과 같다. 우리 몸에 병이 깊어지면 죽음에 이르듯이 갈등도 심화되면 조직은 큰 위기를 맞게 된다. 이를 예방하기 위해서는 편작의 의술처럼 사소한 병세라도 소홀하지 않아야 한다.

1930년 초 미국의 보험회사 직원인 하인리히는 대형사고 1건이 일어나기 까지는 그와 관련된 작은 사고가 29건, 그리고 300건의 사소한 징후가 있다는 사실을 통계적으로 밝혀냈다. 이것이 그 유명한 '하인리히 법칙'이다.

우리가 겪고 있는 심각한 갈등도 마찬가지다. 사전에 수많은 불만과 불협화음 같은 작은 징후들이 있었음에도 이를 간과하거나 제대로 관리하지 않아서 발생한다. 한국이 낳은 세계적인 등반가 엄홍길은 등반하기 전에 꼭 하는 일이 있다고 한다. 그것은 혹 등산화에 들어갔을지 모르는 작은 모래알이나 이물질을 털어내는 것이다. 주변에서는 하찮게 여길지 모르는 이 일이 해발 8,000m가 넘는 혹독한 산에서는 집중력을 잃게 되어 목숨까지 위태로워지는 원인이 된다.

이처럼 우리는 사소한 일에 얽매여서는 안 되지만 이를 간과해서는 더욱 안 된다. 비록 작은 갈등이라도 초기에 그 원인을 바로 잡아야 큰 손실을 막을 수 있다. 편작이 환공의 병을 보고 그토록 치료를 강요한 것도 작을 때 막는 것이 효과적이었음을 알았기 때문이다.

둘째로, 편작이 우리에게 알려준 일병장수의 지혜다. 편작은 부친의 병을 치유하는 방법을 알면서도 고쳐주지 않았다. 긴장의 끈을 놓지 않게 하기 위해서다. 조직에서의 갈등 역시 조직 내부에 적절한 긴장감을 주는 역할을 한다. 하지만 조직에 긴장도가 떨어지는 순간 작은 갈등의 불씨가 큰 위기를 불러온다.

아프리카의 하마는 몸무게가 3톤이나 되는 거구에다가 송곳니가 50cm나 되어 경쟁자인 악어의 몸을 두 동강낼 수도 있다. 그런 하마가 초원의 왕 사자의 밥이 되는 것은 경계심을 풀고 너무 멀리 풀을 뜯기 위해 물 밖으로 나왔을 때이다. 조직의 안위를 위해서는 적절한 긴장감과 경계심이 반드시 필요하다.

마지막으로 미래의 걱정과 우환은 미리 대비해야 한다. 편작이 자신의 큰 형을 최고의 명의로 치켜세운 이유도 거기에 있다. 최고의 리더는 장차 조직의 미래에 대한 환란을 예견하고 충분한 대비책을 갖는 사람이다.

지금부터 150년 전인 1867년 3월 20일 미국과 당시 제정 러시아는 알래스카 매입을 놓고 빅딜을 추진하였는데 이 협상은 훗날 미국이 소련의 군사적 위협을 막아내는 데 큰 역할을 하였다. 당시 이를 주도한 미국의 **윌리엄 스워드**William Seward 국무장관은 미 의회와 언론에 의해 '스워드의 어리석은 짓Seward's Folly'이라고 맹비난을 받았다.

그러나 그는 이 땅이 미래의 미국 안보위협을 차단하는 전략적 가치를 가졌다는 것을 예견하고 밀어붙였다. 당시 미국이 지불한 금액은 720만 달러로 현재가치로는 약 17억 달러라는 막대한 예산이었다. 그러나 이것을 평수로 계산하면 1,200평을 고작 우리 돈 2원에 산 꼴이다.

이 땅은 스워드의 예상처럼 냉전시대에 전략기지 역할을 하였음은 물론 막대한 자원이 매장되어 있어 미국에 엄청난 부를 안겨주었다. 만약 이 땅을 러시아에 남겨두었다면 수천 기의 미사일이 미국의 턱밑에서 심장부를 겨누고 있었을 것이다. 현재 미국의 49번째 주인 알래스카는, 한 정치인의 미래를 내다보는 혜안으로 오늘날 미국에 안전과 번영을 가져다주었다.

옛말에 '거안려위居安慮危'라는 말이 있다. 평안할 때 위기를 생각하라는 말이다. 톰소여의 모험으로 잘 알려진 미국 소설가 마크 트웨인Mark Twain은 "위기는 그 일이 일어날 것이라는 사실을 몰라서가 아니라 그런 일이 일어나지 않을 것이라는 데서 온다."고 하였다. 리더는 항상 조직의 평안을 위해 갈등에서 시작되는 위기에 미리 대비해야 한다.

이제 이 책의 마지막을 정리하기 위해 성경에 나오는 솔로몬의 지혜를 다시 한 번 빌리고자 한다. 다윗왕은 선지자들에게 자기 반지에 새겨 놓을 가장 지혜로운 말을 뽑아 오도록 시켰다. 갈등과 위기를 슬기롭게 극복할 수 있는 말을 원한 것이다. 곤경에 처한 선지자들이 지혜로운 솔로몬 왕자를 찾아가 사정이야기를 하고 도움을 요청하였다. 솔로몬은 잠시 눈을 감고 기도한 후 말했다. 그것이 바로 "이 또한 지나가리라!This too, shall pass away"이었다.

현재 우리가 겪고 있는 갈등 역시 잘 관리하면 위기는 곧 지나가게 될 것이다. 사소한 갈등이라도 이것이 심화되지 않도록 잘 관리하고 미래에 생길 수 있는 후환은 미리 대비해야 한다. 이것은 이 시대의 리더가 가져야 할 가장 중요한 본연의 의무이자 시대적 사명이다. 갈등이 잘 관리되는 사회가 안정 속에 평화와 번영을 이룰 수 있고, 그리고 그 꿈은 이 시대의 리더가 실현시켜야 한다.

저자 약력

박성재 공공정책학 박사

해군사관학교 43기(89년)로 임관한 이후 군사경찰(전, 헌병) 장교로서
35년간 공직생활을 하였다. 주요 경력으로는 해군 군사경찰단장(병과
장), 국방부 과학수사연구소장, 국방부 조사본부 기획처장을 역임하였다.
오랜 군생활 동안 '조직의 갈등관리를 위한 리더십'을 깊이 연구하였고,
실제 주요 참모 및 지휘관 생활에서 실전적으로 경험하면서 체득하였다.
앞으로 우리 사회를 이끌어가야 할 리더들이 "현재 우리가 겪고 있는 갈등
을 어떻게 관리해야 할 것인가?"라는 과제를 놓고 사회와 더 소통하면서 그 답을 찾고자 하
는 데 보탬이 되기 위해 노력하고 있다.

* e-mail: psj91189@naver.com

갈등의 시대, 진정한 리더의 자격

초판발행	2021년 1월 25일
지은이	박성재
펴낸이	안종만·안상준
편 집	박가온
기획/마케팅	이영조
표지디자인	Benstory
제 작	고철민·조영환
펴낸곳	(주) **박영사**
	서울특별시 금천구 가산디지털2로 53, 210호(가산동, 한라시그마밸리)
	등록 1959. 3. 11. 제300-1959-1호(倫)
전 화	02)733-6771
f a x	02)736-4818
e-mail	pys@pybook.co.kr
homepage	www.pybook.co.kr
ISBN	979-11-303-1182-1 03390

copyright©박성재, 2021, Printed in Korea

* 파본은 구입하신 곳에서 교환해 드립니다. 본서의 무단복제행위를 금합니다.
* 저자와 협의하여 인지첩부를 생략합니다.

정 가   20,000원